核磁共振导论

（第2版）

Introduction to Magnetic Resonance Spectroscopy ESR，NMR，NQR（Second Edition）

【印】D. N. Sathyanarayana　著
朱凯然　译

国防工業出版社
·北京·

著作权合同登记　图字：军-2015-091号

图书在版编目（CIP）数据

核磁共振导论：第2版/（印）D.N.萨蒂亚纳拉亚纳（D.N.Sathyanarayana）著；朱凯然译. —北京：国防工业出版社, 2020.11

书名原文: Introduction to Magnetic Resonance Spectroscopy ESR, NMR, NQR（Second Edition）

ISBN 978-7-118-12164-3

Ⅰ. ①核…　Ⅱ. ①D…　②朱…　Ⅲ. ①核磁共振－研究　Ⅳ. ①O482.53

中国版本图书馆CIP数据核字（2020）第181021号

※

国防工業出版社出版发行

（北京市海淀区紫竹院南路23号　邮政编码 100048）

三河市腾飞印务有限公司印刷

新华书店经售

*

开本 710×1000　1/16　印张 23¼　字数 433 千字

2020年11月第1版第1次印刷　印数 1—1500册　定价 198.00元

国防书店：（010）88540777　　书店传真：（010）88540776

发行业务：（010）88540717　　发行传真：（010）88540762

前　言（第2版）

本书受到各大高校学生和老师的青睐，对此作者感到非常欣慰，并表示感谢。如果熟悉本书第1版的读者，将发现本书没有重大变化。

作者以第1版相同的方式继续编写了本书，希望保持书的篇幅不变。

本书适用于化学、物理和生物科学领域的研究生和研究人员，它是一本相对非数学公式化的书，可解决与有机和无机分子结构和行为有关的问题，并在某些章节给出了重要效应的理论基础。

作者谨向部门主席 A. G. Samuelson 教授表示衷心的感谢，并且感谢妻子 Vijayalakshmi 和儿子们 Supradeep 和 Sushirdeep 的宽容与鼓励。

已修正本书第1版中的错误和歧义之处，欢迎教师和学生提供反馈，特别是有关本版本中的错误和不足之处，将非常感谢有关进一步改进书稿的建议。最后，非常感谢新德里和班加罗尔的出版商 I. K。

D. N. SATHYANARAYANA

班加罗尔

2013 年 7 月 18 号

前　言（第1版）

本书内容涉及由电磁辐射的磁场分量与核和电子自旋相互作用产生的波谱，书中章节先后讨论了电子自旋共振、核磁共振和核四极共振波谱的基本原理。本书旨在利用插图介绍磁共振波谱学。本书作为磁共振波谱学入门导论，主要针对硕士生以及研究化学、生物化学、药学和物理学的科研工作者，也可作为自学参考资料，本书易于阅读和理解。

过去30年见证了核磁共振波谱技术发展成为最强大的分析工具之一。深入理解这种先进技术对有效应用磁共振波谱学是必要的。在磁共振波谱学这个大学科中，本书的篇幅让作者进退两难：一种做法是覆盖所有领域，难免显得肤浅；另一种做法是限制范围，以便对所选主题进行合理的覆盖。这里采用第二种做法，原因有二：首先，可展开连贯性较强和浅显易懂的阐述；其次，核共振波谱学已成为一种常规分析方法。

第一部分介绍了ESR波谱学，第二部分和第三部分分别讨论了NMR和NQR波谱学。

特别感谢Priyadarsi De博士、Subrahmanya博士和Veerendra博士对本书的贡献；非常感谢贾瓦哈拉尔·尼赫鲁高级科学研究中心（班加尼尔）的S. N. Bhat教授、萨达尔帕特尔大学（古吉拉特邦）的Arabinda Ray教授和印度理工学院（坎普尔）的S. Manogaran教授，他们认真而敏锐地阅读了整篇手稿，并提出了建设性的意见；非常感谢各位作者和出版商，允许复制受版权保护的资料。

感谢印度科学研究所（班加罗尔）所长P. Balaram教授的帮助，特别感谢前主席A. R. Chakravarty教授、K. L. Sebastian教授，以及印度科学研究所无机和物理化学部主席A. G. Samuelson教授的全力支持；非常感谢同事V. Krishnan教授的帮助；衷心感谢新德里科学技术部资助，本书已列入“USERS”计划；非常感谢印度科学研究所继续教育中心课程开发小组为书稿准备所提供的资助；感谢Sridhar先生的手稿录入工作，同时也感谢班加罗尔大学化学系的Madhusudhana Reddy先生，以及感谢Srinivasa Murthy先生的绘图工作；感谢出版商在整个制作过程中给予的全力支持；在编写本书过程中，难免出现错误，我将感谢指出错误和/或提出其他建设性意见的读者。

最后，特别感谢妻子 Vijayalakshmi 和我的孩子 Supradeep、Sushirdeep 在撰写本书过程中所给予的爱、支持和情感寄托。

D. N. SATHYANARAYANA

译者序

本书原作者 D. N. Sathyanarayana 教授曾在印度科学研究所无机与物理化学系工作，他在无机化学和有机磁共振波谱学方面享有盛名。他以简单易懂的图表代替了复杂的数学公式，重点突出，条理清晰并辅以应用实例，渐进式地展开论述。他还著有其他两本畅销书：《振动波谱学理论与应用》和《电子吸收波谱学及其相关技术》。

自 20 世纪 40 年代相继发现电子自旋共振（Electron Spin Resonance，ESR）、核磁共振（Nuclear Magnetic Resonance，NMR）和核四极矩共振（Nuclear Quadrupole Resonance，NQR）现象以来，磁共振技术在化学、物理、生物和医学等方面都获得了极其广泛的应用。

本书主要介绍了磁共振波谱学的基本原理与典型应用，重点从三大方面进行了论述：ESR，NMR 和 NQR，每个部分均包括相关波谱学分析方法的物理基础和化学应用实例。本书重点是获取和解释实验过程中经常遇到的波谱现象，可用于解决与有机和无机分子结构和行为相关的问题。本书适用于化学、物理学、生物学以及药理学专业的研究生，也同样适用于磁共振研究领域的高等院校广大师生、研究学者以及研究院所专业技术人员。

本书第 2 ~ 8 章的译文初稿由刘科满提供，第 9 ~ 14 章的译文初稿由朱冰提供，全书由朱凯然校对和统稿。

本书获西安石油大学优秀学术著作出版基金资助，并经评审列入总装备部装备译著出版基金资助计划。

在本书的翻译过程中，西安石油大学电子工程学院党瑞荣、程为彬、高炜欣、仵杰、贾惠芹和武晓朦等教授给予了大力支持，国家“千人计划”特聘专家王波教授提供了许多宝贵建议。感谢 D. N. Sathyanarayana 教授对本书疑点的解答与交流；感谢美国莱斯大学 George Hirasaki 教授在 NMR 方面的指导和美国莱斯大学陈波博士和周颖博士的鼓励。研究生雒媛在书稿图表和文档处理等方面做了大量工作，刘科满博士和朱冰博士参与本书的翻译工作，国防工业出版社编辑对本书的支持与关注，在此一并表示衷心的感谢。

由于译者水平有限，译文中不妥之处在所难免，敬请读者批评指正。

朱凯然
中国西安
2019年10月25日

目　录

第1章　绪论 …… 1

1.1　引言 …… 1
1.2　电磁辐射 …… 2
1.3　频谱谱线数 …… 3
1.4　谱线宽度 …… 4
1.5　谱带强度 …… 5
1.6　自旋跃迁 …… 6

第一部分　电子自旋共振

第2章　基本理论 …… 10

2.1　概述 …… 10
2.2　电子自旋和磁矩 …… 11
2.3　ESR 跃迁 …… 13
2.4　选择规则 …… 14
2.5　g 因子 …… 14
2.6　谱表示法 …… 15
2.7　磁偶极子与微波的相互作用 …… 16
2.8　拉莫尔进动 …… 17
2.9　共振现象 …… 18
2.10　弛豫过程 …… 19
2.11　跃迁概率 …… 20

第3章　超精细结构 …… 23

3.1　核超精细分裂 …… 23
3.2　含有单个质子的自由基 …… 23

3.3 自旋哈密顿 …… 25
3.4 选择规则 …… 27
3.5 含单组等价质子的自由基 …… 28
3.6 含有多个等价质子的自由基 …… 33
3.7 核自旋 $I = 1/2$ 的其他自由基 …… 37
3.8 核自旋 $I > 1/2$ 的自由基 …… 38
3.9 芳香族自由基 …… 42
3.10 超精细相互作用的原因 …… 44
3.10.1 偶极相互作用 …… 44
3.10.2 各向同性超精细相互作用 …… 45
3.10.3 自旋极化 …… 47
3.11 σ 自由基 …… 50
3.12 基于 HMO 理论的谱归属 …… 52
3.13 交替烃 …… 53
3.14 超精细分裂常数 …… 57
3.15 二级分裂 …… 58
3.16 应用 …… 59
3.16.1 识别和结构解析 …… 59
3.16.2 瞬态顺磁性物质的研究 …… 59
3.16.3 生化应用 …… 60
3.16.4 分析应用 …… 60
第4章 ESR 实验 …… 61
4.1 ESR 频谱仪 …… 61
4.1.1 源 …… 61
4.1.2 采样腔 …… 61
4.1.3 磁体 …… 62
4.2 采样过程 …… 63
4.3 参考频谱 …… 63
4.3 g 值的测定 …… 64
第5章 频谱特性：线宽和各向异性 …… 67
5.1 线宽 …… 67
5.1.1 概述 …… 67
5.1.2 生存期谱线展宽 …… 68
5.1.3 非均匀展宽 …… 70
5.1.4 均匀展宽 …… 70

5.1.5 影响线宽的其他因素 …… 70
5.2 各向异性 …… 71
5.2.1 g 因子的各向异性 …… 71
5.2.2 **A** 值的各向异性 …… 75
第 6 章 动态过程 …… 76
6.1 引言 …… 76
6.2 相互转换的一般模型 …… 76
6.3 电子自旋交换 …… 78
6.4 电子转移 …… 79
6.5 质子交换 …… 80
6.6 流变分子 …… 80
第 7 章 三重态 …… 82
7.1 概述 …… 82
7.2 三重态的自旋跃迁 …… 83
7.3 偶极场效应 …… 84
7.4 零场分裂 …… 84
7.5 萘的三重态谱 …… 86
7.6 三重态谱的超精细分裂和零场分裂 …… 89
第 8 章 过渡金属配合物 …… 90
8.1 引言 …… 90
8.2 过渡金属配合物谱的特征 …… 91
8.3 金属离子的能级 …… 93
8.3.1 罗素 - 桑德斯耦合 …… 93
8.3.2 洪特规则 …… 94
8.3.3 自旋 - 轨道耦合 …… 97
8.4 晶体场对 d 轨道的影响 …… 97
8.5 晶体场对 g 值的影响 …… 101
8.6 JAHN-TELLER 和 KRAMERS 定理 …… 102
8.7 第一过渡系谱的概述 …… 102
8.7.1 $3d^1$ 和 $3d^9$ 离子 …… 103
8.7.2 $3d^2$ 和 $3d^8$ 离子 …… 110
8.7.3 $3d^3$ 和 $3d^7$ 离子 …… 112
8.7.4 $3d^4$ 和 $3d^6$ 离子 …… 114
8.7.5 $3d^5$ 离子 …… 115

第 9 章　双共振技术 ······ 119
9. 1　引言 ······ 119
9. 2　电子 - 核双共振 ······ 119
9. 3　电子 - 电子双共振 ······ 122

第二部分　核磁共振 ······ 125

第 10 章　一般准则 ······ 126
10. 1　核自旋和磁矩 ······ 126
10. 2　谐振频率 ······ 129
10. 3　能级粒子布居 ······ 130
10. 4　拉莫尔进动 ······ 131
10. 5　NMR 波谱 ······ 133
10. 6　弛豫过程 ······ 134
第 11 章　化学位移 ······ 136
11. 1　屏蔽常数 ······ 136
11. 2　化学位移 ······ 137
11. 3　峰值强度的测量 ······ 137
11. 4　化学位移的测量 ······ 139
11. 5　参考化合物 ······ 141
11. 6　化学位移的应用 ······ 143
11. 7　化学位移解释 ······ 143
11. 8　屏蔽常数的由来 ······ 145
11. 8. 1　局部抗磁屏蔽 ······ 146
11. 8. 2　相邻基团各向异性 ······ 147
11. 8. 3　环电流 ······ 151
11. 8. 4　局部顺磁屏蔽 ······ 153
11. 8. 5　接触相互作用 ······ 154
11. 8. 6　氢键 ······ 154
第 12 章　自旋耦合 ······ 157
12. 1　标量耦合 ······ 157
12. 2　耦合系统的能级 ······ 159
12. 3　一阶谱 ······ 160
12. 4　自旋系统的命名 ······ 161
12. 5　耦合模式 ······ 162

12.5.1 AX 系统 …… 163
12.5.2 AX_2 系统 …… 164
12.5.3 AX_3 系统 …… 164
12.5.4 AX_n 系统 …… 165
12.5.5 AMX 系统 …… 166
12.5.6 **$I \geq 1$** 的自旋系统 …… 168
12.6 耦合常数观测值 …… 169
12.7 双键耦合 …… 171
12.8 三键耦合 …… 172
12.9 远程耦合 …… 173
12.10 二级波谱 …… 174
12.10.1 AB 系统 …… 174
12.10.2 AB_2 系统 …… 178
12.10.3 ABX 系统 …… 179
12.11 自旋耦合的起源 …… 182
12.11.1 接触作用 …… 182
12.11.2 偶极作用 …… 184
12.12 频谱分析辅助方法 …… 184
12.11.1 变化的磁场 …… 184
12.11.2 同位素替代 …… 184
12.11.3 谱的计算 …… 185
第 13 章 实验方面：NMR …… 186
13.1 傅里叶 NMR 频谱仪 …… 186
13.1.1 磁体 …… 187
13.1.2 射频发射器 …… 189
13.1.3 核磁共振探头 …… 189
13.1.4 计算机 …… 189
13.2 射频脉冲 …… 190
13.3 核磁共振实验理论 …… 192
13.4 拉莫尔进动和弛豫 …… 192
13.5 NMR 频谱 …… 197
13.6 校准 …… 197
13.7 FT NMR 的优点 …… 198
13.8 采样过程 …… 198
13.9 变温 NMR …… 199

第14章　动态 NMR 频谱法 …… 200
14.1　前言 …… 200
14.2　对称双位交换 …… 201
14.3　慢交换 …… 202
14.4　快交换 …… 203
14.5　中速交换 …… 203
14.6　内旋转势垒 …… 204
14.7　非对称双位交换 …… 206
14.8　环反转 …… 208
14.9　流变分子 …… 209
14.10　分子间交换过程 …… 210
14.10.1　质子交换 …… 210
14.11　分子内交换过程 …… 213
14.11.1　酮-烯醇互变异构现象 …… 213
14.11.2　氟代磷烷 …… 214
14.11.3　有机金属化合物 …… 214
14.11.4　代乙烷 …… 217
第15章　^{13}C、^{19}F 及 ^{31}P 原子核谱 …… 220
15.1　引言 …… 220
15.2　^{13}C NMR …… 220
15.2.1　谱峰归属 …… 222
15.2.2　偏共振去耦 …… 223
15.2.3　门控去耦 …… 225
15.2.4　其他 NMR 实验 …… 225
15.2.5　极化转移实验 …… 226
15.3　质子连接实验（APT） …… 229
15.4　INEPT 频谱 …… 231
15.5　DEPT 频谱 …… 234
15.6　^{13}C 化学位移 …… 238
15.7　$^{13}C-^{1}H$ 耦合常数 …… 241
15.8　^{19}F NMR …… 243
15.8.1　化学位移 …… 243
15.8.2　耦合常数 …… 244
15.8.3　举例 …… 245
15.9　^{31}P NMR …… 247

15.9.1 化学位移 …… 247
15.9.2 耦合常数 …… 248
15.9.3 其他典型实例 …… 249
15.10 几何异构体 …… 250
15.11 双键耦合 …… 252
15.12 远程耦合 …… 252
第16章 弛豫过程 …… 254
16.1 引言 …… 254
16.2 自旋-晶格弛豫 …… 254
16.3 自旋-自旋弛豫 …… 257
16.4 弛豫时间测量 …… 258
16.4.1 T_1 的测量：反转恢复方法 …… 259
16.4.2 T_2 测量：自旋回波方法 …… 263
16.4.3 四极弛豫 …… 265
16.5 四极弛豫对频谱的影响 …… 266
16.6 弛豫时间的应用 …… 267
第17章 多重共振技术 …… 269
17.1 同核双共振 …… 269
17.2 杂核双共振 …… 271
17.2.1 乙硼烷 …… 272
17.2.2 N_2F_2 …… 272
17.3 宽带去耦 …… 273
17.4 偏共振去耦 …… 274
17.5 门控去耦 …… 274
17.6 自旋微扰 …… 275
17.7 耦合常数的符号 …… 276
17.8 与低丰度核的耦合 …… 278
17.9 核 Overhauser 效应 …… 279
17.10 核间双共振 …… 283
第18章 精选话题 …… 286
18.1 顺磁物质的频谱 …… 286
18.1.1 接触位移 …… 286
18.1.2 接触位移的由来 …… 289
18.1.3 伪接触位移 …… 290
18.1.4 接触位移的应用 …… 291

18.1.5 抗磁性复合物 …… 292
18.1.6 自由基的频谱 …… 293
18.1.7 镧系元素位移试剂 …… 294
18.1.8 磁化率测量 …… 297
18.2 固态 NMR …… 297
18.2.1 宽谱线 NMR …… 297
18.2.2 魔角自旋 …… 298
18.2.3 应用 …… 301
18.3 核磁共振成像（MRI） …… 302
第 19 章 2D NMR 波谱学 …… 305
19.1 引言 …… 305
19.2 2D NMR 原理 …… 305
19.2.1 预备 …… 306
19.2.2 演化 …… 307
19.2.3 混合 …… 307
19.2.4 检测 …… 307
19.3 2D NMR 实验 …… 307
19.4 2D NMR 频谱描述 …… 309
19.5 $^{1}H-^{1}H$ COSY …… 310
19.6 COSY 修正 …… 314
19.6.1 COSY – DQF …… 314
19.6.2 COSY 45 …… 316
19.6.3 长距离 COSY …… 316
19.7 HETCOR（$^{1}H-^{13}C$ COSY） …… 316
19.7.1 异核多量子相关（HMQC） …… 320
19.7.2 异核多键连接（HMBC） …… 321
19.8 *J* – 分辨频谱 …… 322
19.9 2D NOE 频谱（NOESY） …… 323
19.10 2D INADEQUATE 波谱 …… 326
19.11 2D NMR 应用 …… 330
第三部分 核四极矩共振 …… 333
第 20 章 核四极矩共振波谱学 …… 334
20.1 引言 …… 334
20.2 核四极矩 …… 335

20.3 电场梯度……………………………………………………………………… 337
20.4 非对称参数……………………………………………………………………… 338
20.5 核四极跃迁……………………………………………………………………… 340
20.5.1 轴对称分子…………………………………………………………………… 340
20.5.2 轴向非对称分子……………………………………………………………… 343
20.6 外部磁场的作用………………………………………………………………… 345
20.7 应用……………………………………………………………………………… 347
20.7.1 化学键和结构………………………………………………………………… 347
20.7.2 固态效应……………………………………………………………………… 350
20.7.3 氢键结合……………………………………………………………………… 352
20.8 实验方面………………………………………………………………………… 352
附录……………………………………………………………………………… 354

第1章　绪　　论

1.1　引　　言

处理核自旋和电子自旋需选用特定的波谱方法，它们是：

核磁共振（NMR）；

核四极矩共振（NQR）；

电子自旋共振（ESR）。

这种特殊性选择是由于它们具有共性，且广泛应用于化学领域。本章将对这些方法及其所涉及的技术做简单的介绍，并总结出它们的共同点。

所有电子和某些原子核具有一个特性，称为“自旋”，磁共振频谱分析仪能够检测到它们所产生的频谱。磁共振是为数不多的，可用于获取原子级别的分子结构和动态信息技术之一。磁共振波谱学可提供非常具体的信息，其他波谱学技术通常只能给出分子级别的信息。磁共振波谱学理论上对电子自旋共振（ESR）和核磁共振（NMR）均适用，但所涉及磁相互作用的符号和大小存在差异，主要不同之处在于磁矩的大小和用于激励共振的辐射频率。利用ESR和NMR现象之间的差异，有针对性地设计了许多实验研究。例如，电子自旋通常会引起NMR频谱谱线展宽，同时，核自旋会导致ESR频谱分裂，这些相互作用提供了分子结构信息。因NMR通常不能用于顺磁性物质，所以ESR对NMR是一种有用的补充，两者均取决于与自旋粒子（电子或原子核）相关的磁矩。由磁场引起的能级分裂通常称为“塞曼效应”，这是由荷兰物理学家塞曼发现的，因此而得名。依据该理论，ESR是研究电子塞曼能级之间的跃迁，而NMR是研究原子核塞曼能级之间的跃迁。ESR和NMR波谱学中一个有趣的方面在于，通过施加不同的磁场可将不同的自旋能级分离开。而在波谱学的其他分支中，对特定系统而言，其能级是不变的。磁共振波谱学的一个特性是需要施加静态磁场。

针对不同的检测系统类型，三种方法均存在一定的局限性。ESR受含有未配对电子样品的限制，这些样品主要是d和f区元素的化合物和自由基。NMR

和 NQR 技术需要特定同位素原子核，此类原子核具有合适的自旋和其他特性。NQR 只能用于固态样品，而 NMR 更适用于液体，对固态而言相对困难，某些系统只能在低温下进行研究。目前，可轻易地利用每种技术对各种各样的材料进行研究，通常情况下，可采用多种互补技术获得更多的信息。这将在随后的章节中依次介绍。

本书的目的是阐述磁共振波谱学（ESR、NMR 和 NQR）的定性理论及其应用，描述频谱测量设备，讨论一些在化学领域的代表性应用。

1.2 电磁辐射

根据波动理论，不同形式的电磁辐射，如可见光、红外线、无线电波等，由振荡且相互垂直的电场和磁场组成，它们的传播方向也相互垂直。波以光速（3×10^8m/s）传播。为了简便起见，图 1.1 所示为平面极化辐射图，其中电场分量在 yz 平面内，磁场分量处于 xz 平面内，辐射强度正比于波幅度值的平方。在任意给定时刻，波在沿传播方向上的不同点处具有不同的电场和磁场强度。图 1.1 中波长 λ 大小变化引起不同形式的辐射，由单波长刻画的辐射称为单色波，同时，多色辐射包含不同波长的辐射，它可分成若干个单色辐射。

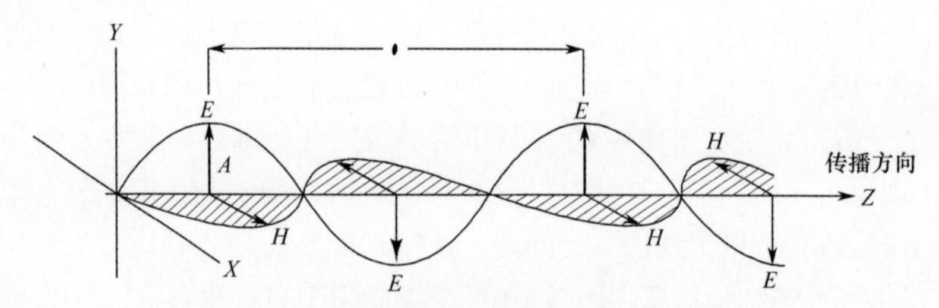

图 1.1 沿 z 轴传播的极化电磁辐射平面示意图

A—波的幅度值。

辐射可由其波长（λ）和频率（v）来表示，频率单位为赫兹（Hz），这两个量之间的关系式为

$$v(\mathrm{Hz}) = \frac{c(\mathrm{cm/s})}{\lambda(\mathrm{cm})} \tag{1.1}$$

图 1.2 所示为电磁波频谱，涵盖了相当宽的频率和波长范围。从伽马射线到射频，频率值跨度约 20 个数量级。在电磁频谱和一系列著名的频谱分析方法中，NMR、NQR 和 ESR 频谱分析技术在较长波段内占有一席之地。

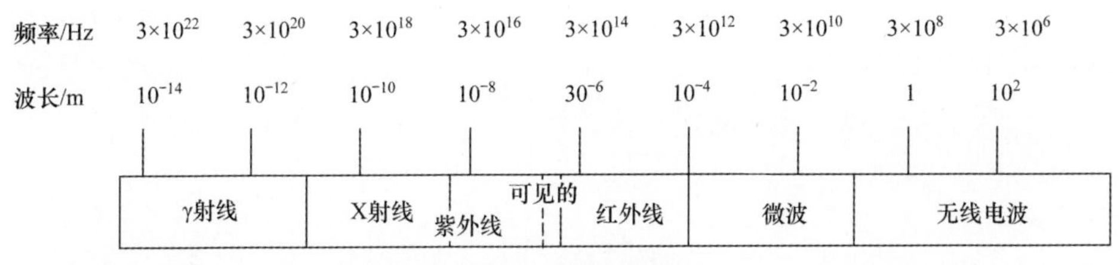

图 1.2 电磁波频谱

电磁波辐射可以看作基本粒子流，也就是光子。不同形式的辐射具有不同能量的光子，光子以光速传播。在磁共振频谱分析仪中，所关注的是微波或射频辐射的电磁分量与分子之间的相互作用，这种相互作用导致分子共振来吸收辐射。磁偶极子转换的固有特性是其强度弱于电偶极子转换。而在其他形式的频谱学（即旋转、振动和电子频谱学）中，分子则与电磁辐射电场分量之间产生相互作用。

所有波谱学技术本质上与能量测量相关。三种磁共振方法的不同之处在于分子之间的相互作用（产生频谱转换）和能量范围（图 1.2）。所涉及的能量范围为 0.001~10J/mol。现有技术的频域范围是 10kHz ~ 1000MHz 和 9 ~ 36GHz。这些相对小的范围有两个重要的影响，即频谱中的谱线条数和频谱总强度。

为了产生辐射吸收共振，辐射频率必须与分子中任意两个量化能级的能量差值（ ΔE ）相匹配。所需匹配的辐射频率 v 可表示为

$$\Delta E = hv/\lambda \tag{1.2}$$

式中：h 为普朗克常数。

一个量子吸收能量 hv 将从一个分子的低能级升高到下一个较高能级。

1.3 频谱谱线数

一般地，样品吸收电磁波辐射，电子（原子核）从基态被激发到不同的高能态，所观测到的吸收谱线数取决于激发态数目和选择准则。然而，若基态为一组紧邻的子能级且假定其数目众多，那么，从一个或多个较低能级发生跃迁都是有可能的。一组能级的数目应服从玻耳兹曼分布：

$$N_2/N_1 = \exp(-\Delta E/kT) \tag{1.3}$$

式中：N_1 和 N_2 分别为高低能级的粒子数，依赖于两能级间的能量差 ΔE 和热能量 kT 。

kT 通常比较大，对磁共振技术来讲，在室温下能量的最大增加量约为 25J/mol。这就意味着所有子能态几乎具有相同的粒子数，且它们之间均可能发生跃迁。例如元素碘，^{127}I 原子核在基态之上 344MHz 和 1032MHz 处具有两个激励态（图 1.3）。但 NQR 选择准则仅允许邻近能态之间发生跃迁。然而，

由于第一个激励态与基态上的粒子数近乎相同，因此，频谱中344MHz和688MHz处出现两条谱线。

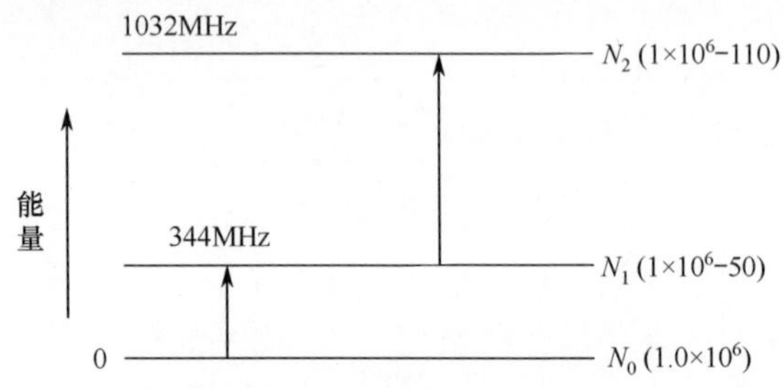

图1.3　298K时，I_2的能级、粒子数和NQR跃迁图
（括号中的值表示能级上的相对粒子数）

1.4　谱线宽度

所有频谱是吸收频带而不是离散线。每种技术频谱带宽均存在特有最小带宽，这是由去激发过程性质所决定，因为激发态能量实际上是大于ΔE的，而ΔE依赖于去激发过程的时间尺度。时间尺度通常表示为生存期的一半$\tau_{1/2}$，也就是粒子数减少50%所用的时间或生存期的均值$\tau = \tau_{1/2}\ln 2$。能量范围ΔE和生存期τ可由不确定原则关联起来，即

$$\Delta E \cdot \tau \geqslant h/4\pi(= 3.18 \times 10^{-11}\text{J} \cdot \text{mol}^{-1}) \tag{1.4}$$

激发态的生存期越长，能量边界就越清晰，吸收谱线就越窄。不同技术之间的生存周期是不同的，有时会发生多个去激发过程。在NMR和ESR中，两种常规去激发机制是自旋-晶格和自旋-自旋弛豫，这将在后面详述。

当不同的两个或多个化学种类共同存在于动态平衡中时，例如，两个构象异构体，在某些形式的波谱学中，通常可看到对应于单种类的谱峰。而采用其他波谱学方法时，可能只给出单个平均峰，且每种波谱学技术对特定的时间尺度非常敏感。在某些频谱区域内，一种处理方法可能会引起谱线宽度展宽，而同样的处理方法在其他频域内无影响。该特点可再次由海森堡（Heisenberg）不确定原则来解释，正如式（1.4）所示。由于$\Delta E = h\Delta v$，式（1.4）可以简化为

$$\Delta v \cdot \tau \geqslant 1/4\pi \tag{1.5}$$

若一个分子经历从基态到激发态的跃迁，其生存期为10^{-5} s，那么，激发态能量的不确定度和相应的谱线宽度为

$$\Delta E = \frac{h}{4\pi \times 10^{-5}} = \frac{6.626 \times 10^{-34}}{4 \times 3.142 \times 10^{-5}} = 0.527 \times 10^{-29}\text{J}$$

$$\Delta v = 1/(4\pi\tau) = 1/(4 \times 3.142 \times 10^{-5}) = 0.796 \times 10^{4}\text{Hz}$$

考察这样一个系统：由于在交换过程中存在不同点，可产生两个不同的谱峰。当化学交换速率接近于频率差值 Δv 时，这两个谱峰开始变宽。随着交换速率变得越来越快，两谱峰逐渐靠近，融合，最后形成尖的单峰。

若进程（化学或物理）越快，激励态生存期 τ 越短，其谱线宽度就越宽。例如，在红外线区域中，可以分辨对应于两个不同点（间隔 0.1cm^{-1}）的两个频带。将该值代入式（1.5）中，可得

$$\Delta v = 0.1\text{cm}^{-1} \times 3 \times 10^{10}\text{cm/s} = 3 \times 10^{9}\text{Hz}$$

$$\tau = \frac{1}{4\pi(3 \times 10^{9}\ \text{Hz})} = 2.65 \times 10^{-11}\text{s}$$

因此，这一进程的生存期约为 10^{-11}s 或更小的值将引起频谱展宽。生存期为一阶速率常数的倒数，进程的速率常数至少为 10^{11}s^{-1}，在红外线频带内将引起谱线展宽。故此，由谱线展宽可获得分子动力学信息。对 ESR 跃迁来讲，激励自旋态的典型生存期为 10^{-8}s，其谱线宽度约为 10^{7}Hz。

若种类互换太快以至于生存期比 τ 还要短，此时只会产生平均谱线。将这两种状态间的频率差值 Δv 代入式（1.5），可计算得到该值。例如，在 NMR 中，对于两质子峰（间隔 100Hz）系统，可得

$$\tau = 1/4\pi(100\text{s}^{-1}) = 0.8 \times 10^{-3}\text{s}$$

如此一来，质子交换过程具有恒定速率约 $5 \times 10^{2}\text{s}^{-1}$，将会导致这两个共振表现为一个宽谱线。随着速率常数变得远大于 $5 \times 10^{2}\text{s}^{-1}$（举例来说，可通过升高温度来得到正的活化热含量过程），展宽的单谱线开始变尖锐。当进程变得非常快时，谱线宽度将不再受化学进程的影响，并产生尖锐谱线。在 NMR 和 ESR 中，所研究的进程速率分别发生在 $10^{-1} \sim 10^{-5}$s 和 $10^{-4} \sim 10^{-8}$s 中。因此，在 NMR 技术中主要研究弛豫时间和化学交换，但这很难通过 ESR 获得，而相比于 NMR，ESR 谱线宽度和分裂则对应于更短的时间尺度。

1.5 谱带强度

当系统以共振频率进行辐射时，不仅处于基态的原子核（电子）被激发了，而且处于激发态的原子核（电子）也经历类似规模的放射到较低能态的过程。受激吸收和发射过程是在辐射过程中发生的简单吸收和发射过程。在任意方向上经历转变的分子数与发生跃迁的粒子数成正比，吸收谱线强度取决于经历这两种跃迁类型的原子核（电子）数目之差。对于目前所涉及的大部分能量范围来说，这些差异都非常小。ESR 能够给出最大的能量扩展和最强的频谱，这意味它是最灵敏的技术。NMR 样品则必须含有至少 10^{-6}mol 的原子核（即毫克溶剂），以便产生合理的频谱，ESR 能够检测到 10^{11} 自旋，即 10^{-12}mol，并且对含有远小于微摩尔的样品，ESR 也能照常提供优质频谱。对所有技术而言，

均可通过冷却样品的方式来提高灵敏度，使得粒子数差值变得更大（kT 变得更小）。

在 NMR 和 ESR 中，能级间距直接取决于外部磁场强度，因此，通过增加磁场可提高灵敏度。在 NQR 中，能级间距完全受控于样品中电子分布，NQR 频谱展现了密集能级间的跃迁（典型值 10 ~ 100MHz），所以很难获得强的 NQR 频谱。

能态间粒子数差小将引起饱和问题。为了达到辐射净吸收，基态上的激发速率必须超过高能态上发射速率。若激励速率变得越来越高，两个能态上的粒子数会快速地变得一致，频谱强度减小甚至变成 0。对于每种波谱学技术和每种样品，通常存在最优辐射功率。

一旦辐射被吸收，原子（原子核）不再处于激发态。激发过程较快，在 NMR 中溶液的激发态能量约为 10^8 Hz，在几微秒的延迟后，就会自发性地释放能量到较低能态。激励阶段样品所积累的能量可通过其他方式耗散，如转移到晶格内。这样的弛豫过程比自发性发射更迅速，通过研究谱线宽度变化可获得有用信息。

1.6 自旋跃迁

吸收、发射和受激发射的原理示意图如图 1.4 所示。电磁波以跃迁频率 v 对样品进行辐射时，受激吸收导致分子从一个较低能态跃迁到一个较高能态。从较低能级 1 跃迁到较高能级 2 的跃迁速率可由 $B_{12}\rho(v)$ 表示，其中 B_{12} 是受激吸收的爱因斯坦系数，$\rho(v)\mathrm{d}v$ 是频域 $v + \mathrm{d}v$ 内的辐射能量密度。处于较高能级上的分子或原子通过自发性或受辐射激励发射的方式返回到较低能态。受激发射速率可表示为 $B_{21}\rho(v)$，其中 B_{21} 为受激发射的爱因斯坦系数。激发态也可自发性地以速率 A_{21} 发射，其中 A_{21} 为自发性发射的爱因斯坦系数。向上和向下跃迁的总速率与较低能级和较高能级上的分子数之和成正比，这在前面已讨论过。考察从能级 2 到能级 1 的自发性发射，设 A_{21} 表示单位时间内的跃迁概率，那么，每秒内自发性发射数目为 N_2A_{21}，其中 N_2 表示能级 2 上的分子数。从能级 2 到能级 1 的受激发射正比于以频率 v 辐射的能量密度 $\rho(v)$，同

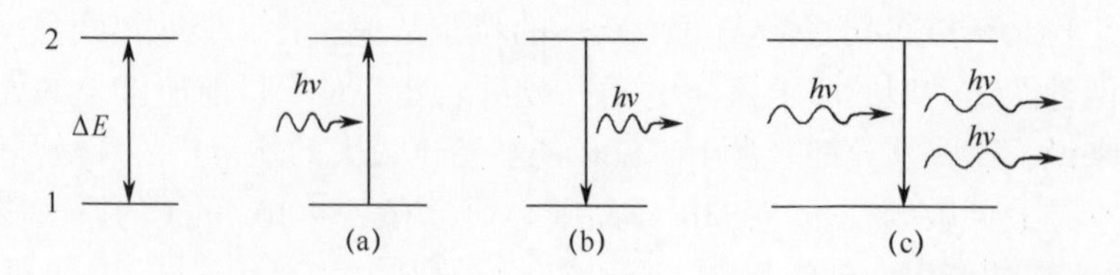

图 1.4 （a）吸收、（b）自发性发射和（c）受激发射的原理示意图

时，它也取决于 N_2 、B_{21} 和每秒受激发射的数目，可表示为 $N_2B_{21}\rho(v)$ 。从能级2到能级1跃迁总数为 $N_2A_{21}+N_2B_{21}\rho(v)$ 。类似地，从能级1到能级2的受激吸收速率为 $N_1B_{12}\rho(v)$ ，其中，N_1 为能级1上的分子数。

达到热平衡时，向下跃迁的净速率与向上跃迁的相同，即

$$N_2A_{21}+N_2B_{21}\rho(v)=N_1B_{12}\rho(v) \tag{1.6}$$

$$\rho(v)(N_1B_{12}-N_2B_{21})=N_2A_{21} \tag{1.7}$$

爱因斯坦指出受激吸收和发射的两系数是相等的，即 $B_{12}=B_{21}=B$ ，且自发性发射系数可表示为

$$A_{21}=\left(\frac{8\pi hv^3}{c^3}\right)B \tag{1.8}$$

因此，自发性发射在可见光和紫外线区域占主导地位，在红外线区域占比例很少，而在微波和射频区域所占比例可忽略不计。

跃迁概率与辐射强度成正比。由于辐射会使相邻能态之间的粒子数平衡，所以应采用低能量的微波或射频辐射。辐射强度应设置得足够高，以便获得精确检测，但辐射强度的最低水平应避免使两能级间粒子数达到平衡。

第一部分

电子自旋共振

第 2 章　基本理论

2.1　概　　述

早在磁共振谱中直接观测到的磁相互作用，在原子频谱中被测定为精细结构。ESR 频谱技术是用于检测和研究顺磁性物质是否含有未配对电子的一种谱分析技术。1944 年，苏联物理学家 Zavoisky 在检测 $CuCl_2 \cdot 2H_2O$ 的一个电子顺磁共振吸收谱峰时，首先观测到电子自旋共振现象。ESR 谱也可称为电子顺磁共振（EPR）和电子磁共振（EMR）。

在大多数物质中，电子配对构成了化学键。化学键分为两种：一种是一个或多个电子从一个原子转移到另一个原子上，形成离子键；另一种是两个或多个原子共用它们的外层电子，形成共价键。在磁场中，含有配对电子的物质被略微排斥，称为抗磁性；含有未配对电子的物质被略微吸引，称为顺磁性。含有未配对电子的物质既可以自然存在，也可以人工合成。自然存在的顺磁性物质有氧气、一氧化氮、氮气、二氧化氮、过渡金属离子及其复合物。含有未配对电子的分子称为自由基。像甲基（ CH_3 ）这样的自由基，可以是在化学反应过程中形成的中间物，也可以是通过 X 射线和其他高能量放射线辐射某种相应的物质而生成的。在气态、液态和固态样品中都已观测到自由基的存在，它们的生存期通常很短。

ESR 频谱技术已经广泛应用于各种领域，主要包括过渡金属化合物、含未配对电子的半导体、有机自由基、色心、铁磁性和反铁磁性材料和辐射损伤中心等。值得注意的是在反应机理方面 ESR 谱的主要特点是，它具有探测短生存期顺磁性中间物的能力。本章将重点研究自由基的电子结构，如果自由基的生存期大于 10^{-6}s，可以利用 ESR 波谱学对其进行研究；如果自由基的生存期小于 10^{-6}s，则需要在低温下研究基质中的自由基，这是因为低温能使其生存期变长。

液态下的 ESR 频谱理论较固态下的简单得多。本章将主要对含有一个未配对电子的有机自由基溶液展开讨论，然后就过渡金属化合物的频谱进行简单扼要的讨论。

2.2　电子自旋和磁矩

电子的基本属性包括质量、电荷、轨道角动量和固有角动量，称其为自旋。当原子、原子核和电子相对孤立时，轨道角动量是它们的固定特性。斯特恩 - 格拉赫的实验表明，除了轨道运动产生的角动量之外，电子还有固有的角动量。斯特恩 - 格拉赫实验中，一束银原子通过非均匀磁场，用检测器记录该银原子在两个不同路径上的穿越情况，如图 2.1 所示。本征自旋角动量具有固定值 $(\sqrt{3}/2)h/2\pi$，z 轴分量为 $\pm(1/2)h/2\pi$，其中 h 为普朗克常数。

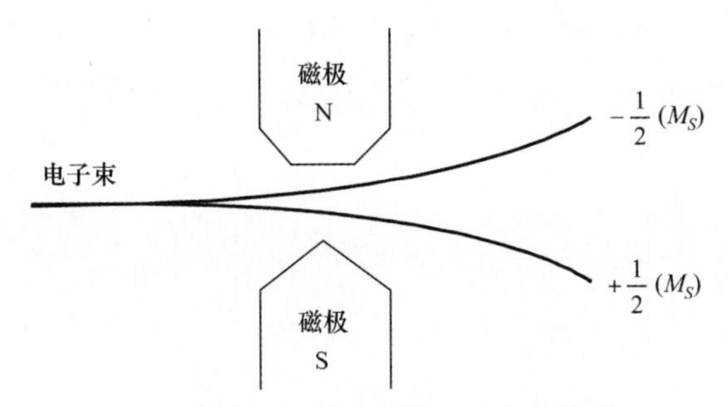

图 2.1　非均匀磁场中电子自旋检测

存在两种类型的磁偶极子，一种是由电子围绕原子核运动而产生的，另一种是由电子以其中轴线为中心做自旋运动而产生的。后者产生磁矩，该磁矩与角动量的大小成正比，磁偶极子的强度由它的磁矩来表示。磁矩分量是可以被测量的，例如，通过观察非均匀磁场中偏转粒子数量（斯特恩 - 格拉赫实验）。在绝大多数情况下（99% 以上），总电子磁偶极矩主要由自旋角动量引起，同时具有较小的轨道角动量。大致上，轨道和自旋角动量可以认为是相互独立的量，在必要时，自旋 - 轨道相互作用可作为修正项。自旋、轨道角动量和所产生磁矩的约定方向如图 2.2 所示。

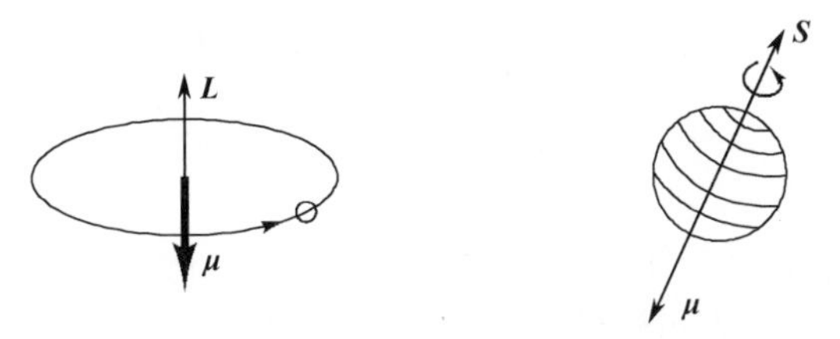

图 2.2　旋转方向和自旋 $\boldsymbol{S}$ 的相对方向、轨道角动量 $\boldsymbol{L}$ 和磁矩 $\boldsymbol{M}$ 的约定方向

依据海森堡（Heisenberg）不确定原理，在原子核系统中，有关自旋角动量的所有参数均可被确定测量，即为其平方值 $\boldsymbol{S}^2$，z 轴分量通常表示为 $\boldsymbol{S}_z$。

可以利用总自旋量子数来描述含有多个电子的系统，总自旋量子数是多个自旋的向量之和，即 $\boldsymbol{S}=\sum \boldsymbol{S}_i$，其中 i 表示第 i 个自旋。依据所考察系统，$\boldsymbol{S}$ 可以是整数或半整数值，如 0，1/2，1，3/2，…，总自旋角动量的大小由式（2.1）给出：

$$\boldsymbol{S} = \sqrt{\boldsymbol{S}(\boldsymbol{S}+1)}\,h/2\pi \tag{2.1}$$

如图 2.2 所示，$\boldsymbol{\mu}$ 和 $\boldsymbol{S}$ 的方向垂直于电子旋转方向。通常，选择外部磁场方向作为 z 轴方向。自旋磁量子数 M_S 有 $(2S+1)$ 个取值，取值范围为 $S, S-1, \cdots, -S$。如上所述，沿 z 轴方向的未配对电子自旋角动量的分量 $\boldsymbol{S}_z$ 为

$$\boldsymbol{S}_z = m_S h/2\pi \tag{2.2}$$

式中：量子数 m_S（对于单个电子来说）的取值为 $\pm 1/2$，1/2 是结合了先进的理论和实验观察综合得到的。对于 $S=1/2$ 和 $S=1$ 的自旋角动量沿 z 轴方向的分量如图 2.3 所示。

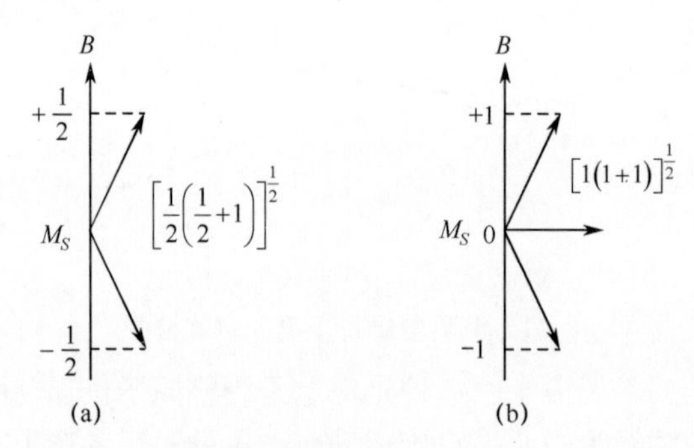

图 2.3 磁场强度为 $\boldsymbol{B}$，自旋角动量的可能值 $S(S+1)^{1/2}$ 及其分量 $\boldsymbol{S}_Z = m_S h/2\pi$
(a) $S=1/2$；(b) $S=1$。

电子自旋产生的磁矩与自旋角动量之间的关系可表示为

$$\boldsymbol{\mu} = g\left(\frac{eh}{4\pi m}\sqrt{S(S+1)}\right)h/2\pi \tag{2.3}$$

则电子自旋磁矩沿 z 轴方向的分量 $\boldsymbol{\mu}_z$ 为

$$\boldsymbol{\mu}_z = -g\frac{eh}{4\pi m}M_S = -g\beta_e M_S \tag{2.4}$$

式中：g 为无量纲常数，通常称为 Lande 分裂因子，简称为 g 因子，它反映了电子的物理特性。

自由电子的 g 值为 2.00232，由于电子是负电荷，所以式（2.4）取负号。这表明电子自旋产生的磁矩矢量 $\boldsymbol{\mu}_z$ 的方向与自旋角动量的方向相反（图 2.2）。对于电子来说，定义 Bohr 磁子 $\beta_e = eh/4\pi m$，其值为 $9.2741\times10^{-24}\ \mathrm{J\cdot T^{-1}}$，它是电子自旋磁矩的基本单位。

式（2.4）也可写为

$$\boldsymbol{\mu}_z = \gamma_e \left(\frac{h}{2\pi}\right) M_S$$

式中：γ_e 为电子的磁旋比。

2.3　ESR 跃迁

没有外部磁场时，样品中未配对电子的磁矩方向是随机的，但是当有外部磁场时，它们的方向往往是一致的，都指向外部磁场的方向，如图 2.4 所示。那么，就有必要研究恒定的外加磁场中非相互作用的磁偶极子。在场强为 $\boldsymbol{B}$ 的磁场中，磁偶极矩 $\boldsymbol{\mu}$ 的势能 E 可表示为

$$E = -\boldsymbol{\mu} \cdot \boldsymbol{B} = -\boldsymbol{\mu}\boldsymbol{B}\cos\theta \tag{2.5}$$

式中：θ 为磁矩 $\boldsymbol{\mu}$ 和磁场 $\boldsymbol{B}$ 的夹角。

式（2.5）中的负号表示，当磁矩方向与外部磁场方向反向平行时，能量最低。

由式（2.4）和式（2.5）可获得一组自旋能量，即

$$E = g\beta_e \boldsymbol{B} M_S \tag{2.6}$$

$S = 1/2$ 的两个自旋能级与磁场间的变化关系如图 2.5 所示。若施加适当频率的电磁辐射，且其光子能量 $h\nu$ 满足能级差 ΔE，即

$$\Delta E = h\nu = g\beta_e \boldsymbol{B} \tag{2.7}$$

那么，两能级 $M_S = \pm 1/2$ 间将发生跃迁，式（2.7）为共振条件。

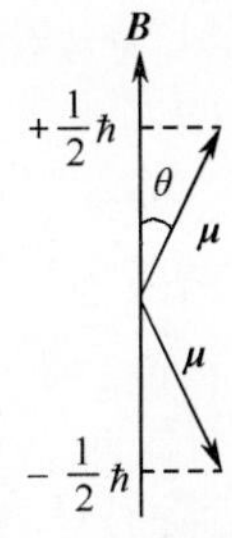

图 2.4　外部磁场中的电子自旋磁矩的可能方向

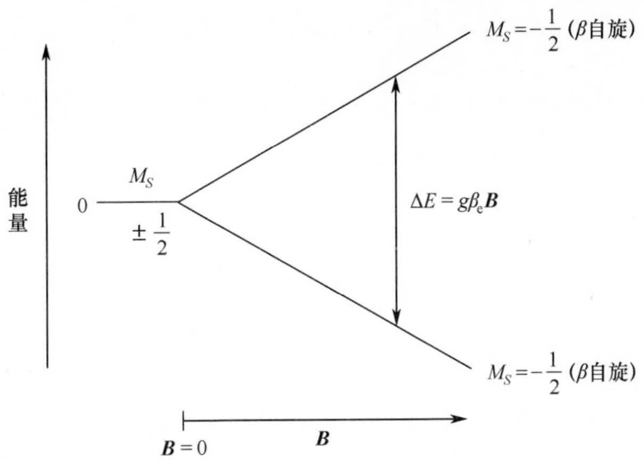

图 2.5　$S = 1/2$，ESR 跃迁的能级随磁场变化关系

ESR实验也包括对能量差的测量。通常所施加的磁场强度约为0.34T（3400Gs）。假设$g = 2.0$，磁场强度为0.34T，未配对电子的ESR频率为

$$\nu = \frac{g\beta_e \boldsymbol{B}}{h}$$
$$= \frac{(2.0)(9.274\times10^{-24}\mathrm{J\cdot T^{-1}})(0.34\mathrm{T})}{6.626\times10^{-34}\mathrm{J\cdot s}}$$
$$= 9.518\times10^{9}\mathrm{Hz}$$
$$= 9.518\mathrm{GHz}$$

可以看出，ESR跃迁的频率恰好位于电磁频谱的微波波段。对于典型的ESR实验来说，$h\nu$对应的能量为$10^{-3}\mathrm{kJ\cdot mol^{-1}}$（约$1\mathrm{cm^{-1}}$）。

2.4 选择规则

要使得分子能够吸收电磁辐射还必须满足2个条件：

（1）电磁辐射的总能量必须与分子的能级差相对应；

（2）电磁辐射的振荡磁偶极子分量必须能够通过激发分子中的振荡磁偶极子，从而与分子发生相互作用。ESR跃迁是由电子自旋磁矩与入射微波辐射的振荡磁场相互作用引起的。

在进行ESR实验时，样品应置于电磁铁两极之间，然后施加适当的微波辐射，根据谐振条件，改变磁场。当入射微波辐射频率与电子自旋能级差相对应时，即可用检测器监测样品吸收的微波。最后绘制ESR谱，即可得到吸收强度与所施加的磁场强度间的关系（见第4章）。

2.5 *g*因子

不同型号的频谱仪所使用的微波频率也会有所不同，根据样品的共振信号频率，频谱仪的频率（或所施加的磁场）应能在一定范围内变化。通常磁场和微波频率都不能用来表示频谱的位置。为了方便起见，用g值表示吸收谱。

在不同的外加磁场作用下，不同类型的分子都会产生共振。这是因为外部磁场作用时，将激发电子围绕分子旋转，样品中会形成一个内部磁场。这种轨道运动形成了一个小的附加磁场。附加磁场的大小与施加磁场成正比，电子自旋磁矩会和局部磁场相互作用。同时，也存在永久性的局部磁场，它们与外部磁场不相关。这些永久性的局部场通常是由分子中存在磁性原子核而形成的。内部磁场有可能增强或削弱外部磁场。这种局部场引起了g因子的变化，也就是：

$$g_{\text{eff}} = \frac{\Delta E}{\beta_e \boldsymbol{B}_{\text{res}}} = \frac{h\nu}{\beta_e \boldsymbol{B}_{\text{res}}} \tag{2.8}$$

式中：$\boldsymbol{B}_{\text{res}}$为共振时的磁场强度。

例如，当磁场强度为0.1629T时，辐射样品氧化镁MgO在频率为9.418GHz处共振信号较强。g值为

$$g = \frac{h\nu}{\beta_e \boldsymbol{B}_0} = \frac{(6.626 \times 10^{-34}\,\text{J}\cdot\text{s})(9.418 \times 10^{9}\,\text{s}^{-1})}{(9.274 \times 10^{-24}\,\text{J}\cdot\text{T}^{-1})(0.1629\text{T})} = 4.13$$

真空中自由电子的g值为2.00232。在化学系统中，未配对电子占据了一个轨道，即可能位于单一原子上，也可能游离于分子或自由基之间。此时g值反映了轨道的性质。g值可能不等于2，也很少有小于2的情况，但它最大有可能达到9（甚至更大些）。样品中未配对电子的g值对顺磁性离子的化学环境是非常敏感的。

因此，g因子是分子中未配对电子分布的数量特征。g值与自由电子的值存在偏差，这和后面讨论的NMR化学位移非常类似。未配对电子的轨道角动量和电子自旋相互作用（即自旋轨道耦合）是引起g值产生偏差的唯一原因。大多数自由基分子对称性很低，因此轨道角动量很容易消失，使得自旋－轨道耦合非常小，因此，g值近似等于自由电子的g值。在混合低激发电子态与基态电子态时，经常能观察到小偏差（0.05或更小），因此，自由基的g值使用范围很有限。

2.6　谱表示法

与较尖锐的窄带信号相比，宽带信号ESR谱的主要缺点是其谱更难观察和测量。正是由于这个原因，ESR谱几乎总是由吸收曲线与磁场强度曲线的一阶导数（斜率）得到的。如果谱线宽度非常宽，那么用这种方法得到的灵敏度更高。图2.6（a）是一个单峰的吸收曲线，图2.6（b）是图2.6（a）的一阶导数曲线。导数曲线在吸收曲线的最大值处与横坐标相交。图2.6（c）曲线是图2.6（d）曲线导数的吸收曲线。图2.6（c）的肩峰没有超过最大值，因此它的导数曲线图2.6（d）不跨横坐标，这表明有重叠带。

影响ESR信号的形状、位置和宽度的因素很多。ESR的吸收谱强度为共振曲线下的总面积，它与顺磁性物质的浓度成正比。通过测量已知样品与未知样品的面积比例关系，就可以估计出顺磁性物质的量。如果已知和未知的样品是相似类型的自旋系统，这个方法是很有效的，例如自由基。综合考虑影响强度的所有参数，信号下的面积可用来测定样品中顺磁性物质的浓度。在有利条件下，该方法是非常灵敏的，最低检测浓度可达10^{-13}mol。因此，对吸收强度积分，可用于浓度估计和不稳定自由基的衰减动力学研究。虽然不能可靠地测

量绝对强度，但原则上在一个系统中，信号的相对强度与系统中相对电子数量是成比例的。当频谱相对简单时，可以近似比较一阶导数曲线上的峰-峰值（最大到最小），从而得到相对强度。

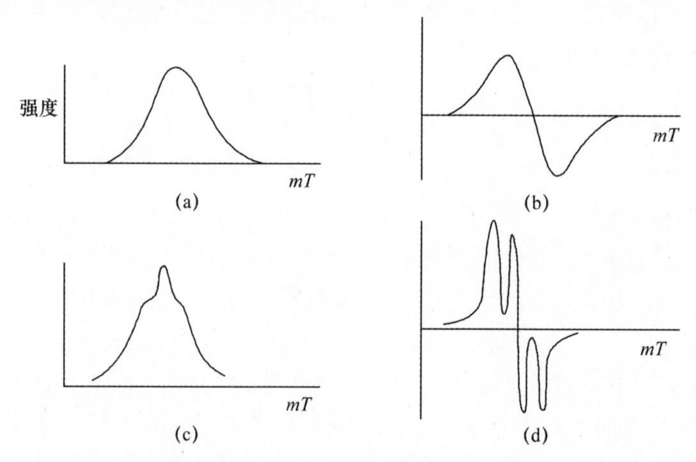

图2.6 典型的ESR吸收曲线：（b）和（d）分别是（a）和（c）的一阶导数曲线

2.7 磁偶极子与微波的相互作用

如前所述，在磁场 $S=1/2$ 的简单系统中，电子分布在 $M_S=+1/2(\alpha)$ 和 $M_S=-1/2(\beta)$ 两个能级上。低能态下（N_β）电子吸收辐射能量 $\boldsymbol{h\nu}$ 将激发它向高能态（N_α）跃迁。高能态的电子通过激发损失能量，从而返回到较低能态。因此，微波辐射的净吸收能量与基态和激发态间的能量差是成比例的。

由能级差 ΔE 区分开的两态间粒子数量将服从玻耳兹曼分布：

$$N_\alpha/N_\beta=\exp(-\Delta E/kT) \tag{2.9}$$

式中：k 为玻耳兹曼常数；T 为热力学温度，单位为K，它取决于达到热平衡时的温度。

严格来说，电子分布服从费米-狄拉克统计，但当电子自旋间的相互作用比较弱时，将服从玻耳兹曼统计。

将式（2.7）中的 ΔE 代入式（2.9），有

$$N_\alpha/N_\beta=\exp(-g\beta_e\boldsymbol{B}/kT) \tag{2.10}$$

室温下，由于 $g\beta_e\boldsymbol{B}$（当 $B=0.3\text{T}$，$g\beta_e\boldsymbol{B}$ 约为 $0.3\ \text{cm}^{-1}$）约低于 kT（约 $200\ \text{cm}^{-1}$）三个数量级，而当 $x\ll1$ 时，$e^{-x}=1-x$，则式（2.10）可改写为

$$\frac{N_\alpha}{N_\beta}=1-\frac{g\beta_e\boldsymbol{B}}{kT}=1-\frac{h\nu}{kT} \tag{2.11}$$

假设室温下（$T = 300\text{K}$），$g = 2.0$，$\boldsymbol{B} = 0.34\text{T}$，由于 v 的量级约为 10^{10}Hz，则式（2.11）给出的 N_α/N_β 比值为 0.9984，或者说，$N_\beta/N_\alpha = 1.0015$。因此，在 ESR 实验中，较低的能态比它高一级的能态更密集，实际上只有一小部分的电子自旋有助于吸收。粒子数之差与热力学温度呈反比例，与施加磁场呈正变化。因此，通过施加更强的外部磁场和更低的温度可增大它们之间的差值，可提高 ESR 技术的灵敏度。

2.8　拉莫尔进动

根据经典力学和量子力学理论，磁偶极子并不是精确地指向或背离所施加磁场的方向，它做与顶部垂直倾斜的旋转运动，如图 2.4 所示。磁矩 $\boldsymbol{\mu}$ 与外加磁场 $\boldsymbol{B}$ 的相互作用会产生一个力矩，使磁矩趋向于 $\boldsymbol{B}$。在平行于水平面的平面内，该力矩的方向垂直于自旋角动量矢量，如图 2.7 所示。由于电子在旋转，所以力矩会引起一种称为“进动”的运动，如图 2.7 所示。它沿着磁场方向进动，进动的速率由磁场强度和自旋速率确定，如同一个自旋的回旋仪围绕磁场进动。所引起的运动形成圆锥形的轨迹，其轴与外部磁场方向（取 z 轴方向）一致。自旋角动量矢量可以在两个圆锥的任意一个上（另一个锥体在图 2.7中未画出）。拉莫尔进动角速度 $\boldsymbol{\omega}$rad/s 由式（2.12）给出：

$$\boldsymbol{\omega} = \gamma \boldsymbol{B} \tag{2.12}$$

式中：γ 为电子的磁旋比。磁矩进动的旋转频率就是拉莫尔频率。

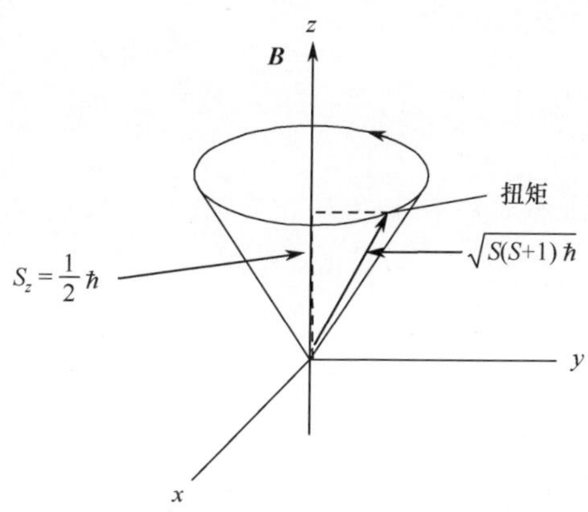

图 2.7　外磁场中的自旋角动量；扭矩使磁矩绕磁场方向进动

拉莫尔频率与所施加的磁场成正比，也取决于磁矩 $\boldsymbol{\mu}$。如果式（2.12）的单位是 Hz，那么就可以由式（2.13）得到进动频率：

$$v = \frac{\gamma \boldsymbol{B}}{2\pi} = \frac{g\beta_e \boldsymbol{B}}{h} \tag{2.13}$$

如图2.7所示，进动磁矩$\boldsymbol{\mu}$可以分解为两个分量：平行于所施加磁场的轴线分量$\boldsymbol{\mu}_z$和垂直于所施加磁场的方向分量$\boldsymbol{\mu}_x$。当$\boldsymbol{\mu}_z$为静态时，$\boldsymbol{\mu}_x$以与进动磁矩相同的角频率旋转。指向z轴方向的净磁矩与两个能级的能量之差成正比。

2.9 共振现象

在ESR实验中，共振磁场$\boldsymbol{B}_1$由沿着x方向的线圈产生，该线圈垂直于所施加磁场的轴线方向，如图2.8所示。在数学上，一个平面偏振波可以分解成两个相反的旋转分量：

$$\begin{cases}\boldsymbol{B}_r = (\boldsymbol{B}_1)_x\cos 2\pi\nu t + (\boldsymbol{B}_1)_y\sin 2\pi\nu t \\ \boldsymbol{B}_l = (\boldsymbol{B}_1)_x\cos 2\pi\nu t - (\boldsymbol{B}_1)_y\sin 2\pi\nu t\end{cases} \tag{2.14}$$

式中：$\boldsymbol{B}_l$和$\boldsymbol{B}_r$分别为左旋圆和右旋圆极化电磁场。$\boldsymbol{B}_l$与$\boldsymbol{B}_r$之和为$2(\boldsymbol{B}_1)_x\cos 2\pi\nu t$，它仅是进动电磁场在$x$轴上的分量，在共振频率$v_0$处，抵消场可忽略不计。与拉莫尔进动方向相反的进动分量对共振的影响非常小。

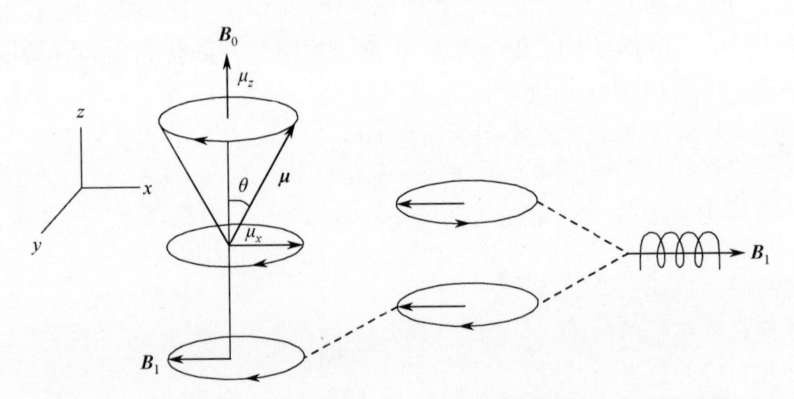

图2.8 电子磁矩$\boldsymbol{\mu}$围绕磁场$\boldsymbol{B}_0$的进动示意图；线性振动磁场的两个循环极化分量表示示意图

电子自旋磁体除了绕主磁场$\boldsymbol{B}_0$进动外，也试图绕较小磁场$\boldsymbol{B}_1$方向进动。磁场$\boldsymbol{B}_1$相对是无效的，这是因为：①它很小；②磁体相对于它的方向将会随着主磁场$\boldsymbol{B}_0$中$\boldsymbol{\mu}$的进动运动而不断变化。然而，在xy平面上，若$\boldsymbol{B}_1$是以角速度$\boldsymbol{\omega}$循环极化电磁场旋转的磁场向量，则该系统可以看作以$\boldsymbol{B}_1$为参考的旋转系。当旋转的角速度$\boldsymbol{\omega} = \boldsymbol{\omega}_1$时，相对于磁场$\boldsymbol{B}_1$，电子磁体产生的磁场相对平稳并保持相对恒定。“拉莫尔频率”旋转的坐标系已建立起来，如果没有其他磁场作用，坐标系中的磁矩向量$\boldsymbol{\mu}$会相对稳定。换句话说，在旋转系统中，静态磁场的影响将降低为0。如果第二磁场$\boldsymbol{B}_1$的角速度不等于拉莫尔频率，$\boldsymbol{B}_1$也将在旋转坐标系中旋转。其作用是在电子磁体上施加一个扭矩，使其趋于垂直于$\boldsymbol{B}_0$的平面方向。如果磁场$\boldsymbol{B}_1$本身按照拉莫尔频率旋转，那么在进动系统中，它会像一个恒定的磁场，并且在同一方向上的转矩总会引起大的共振。因此，除了磁场 $\boldsymbol{B}_0$ 外，绕磁场 $\boldsymbol{B}_1$ 自由进动能量从磁场 $\boldsymbol{B}_1$ 传输到电子磁体上，反之亦然，这是磁共振现象的经典描述。因此，在磁场 $\boldsymbol{B}_1$ 中，微波辐射场激发了两个方向间的跃迁，而不是引起连续进动。旋转电子转矩的电场可以用 x 轴方向的线圈来进行检测，因此不受激励频率的影响。可以用电子测量方法来检测电子自旋相对于激励场的相位滞后。磁共振波谱仪仅检测在 xy 平面上的磁化分量 M_{xy} ，而不是 M_z 分量。

2.10 弛豫过程

如上所述，ESR 信号强度取决于两个电子自旋能级之间的能量差。当产生共振时，若热平衡相对稳定，由于较低能态的粒子数目非常大，故而可得到辐射能量的净吸收。为了保持稳定状态（热平衡），必然存在一种机制：被激励到更高能态的电子将释放能量并返回到较低能级，否则，将持续吸收能量，直到两能级粒子数相等。当辐射净吸收不再发生时，也就观测不到共振信号，这种情况称为“饱和”。在 ESR 测量过程中，通常利用低功率微波辐射激励电子自旋跃迁来避免该现象，跃迁率直接取决于微波辐射密度。

饱和伊始通常伴随着共振信号的逐渐扩大和失真。关闭入射微波辐射后，依据热效应可知，该系统将恢复到平衡状态。恢复平衡的过程称为弛豫过程，此时，自旋粒子回归到它们的平衡值。恢复到平衡的过程为指数过程，该过程由弛豫时间来描述。

弛豫过程包括两种形式：自旋 - 晶格弛豫和自旋 - 自旋弛豫。自旋 - 晶格弛豫涉及自旋的热平衡系统，其所处环境通常称为“晶格”，其衰变时间常数为 T_1 。当自旋比被破坏时，为了恢复平衡，能量将从自旋系统传输到晶格。通常，除了与自旋直接相关的系统外，术语“晶格”是指系统的自由度。因为自旋系统与晶格的热运动相耦合，可以是气态、液态或固态，使晶格处于热平衡态，所以可能发生自旋弛豫。这种过剩磁能的非辐射转移过程称为自旋 - 晶格弛豫。由于自旋能量是沿外磁场方向定义的，所以也称为纵向弛豫。T_1 的大小随温度变化，它随着温度的降低而增加。不同系统的 T_1 值变化是相当大的，T_1 越大表明弛豫越慢。

自旋 - 自旋弛豫或横向弛豫用特征时间常数 T_2 表示。它是基于样品中不同顺磁性离子的磁性环境也存在轻微不同来解释的。尽管各向异性的相互作用平均为 0，例如在溶液中的偶极 - 偶极相互作用，但是如果顺磁性离子旋转较慢，有些离子在某一个方向上保持的时间较长，当施加适当的外加磁场时，离子会发生共振；而其他顺磁性离子仍保持其他方向，在不同的外加磁场中产生共振。因此，样品中的顺磁性物质会在一个很小范围内的磁场中共振。在衰变到随机方向的过程中，单个自旋失去相位一致性。自旋－自旋相互作用是邻近顺磁性物质的小磁场作用的结果。换句话说，静电场的变化引起自旋进动的频率稍有不同，从而为相干相位损失检测提供了一种手段。因为自旋－自旋弛豫与净能量变化无关，所以自旋－自旋弛豫不能降低饱和度。通过用同晶型抗磁化合物（例如，$ZnSO_4$ 中的少量 $CuSO_4$）稀释样品，将增加顺磁性离子之间的距离，来减小 T_2 值。研究过渡金属化合物时通常都这样做。

自旋－晶格弛豫主要是由局部磁场中的“磁噪声”或时间波动引起的。噪声主要是由邻近磁偶极子的弛豫过程或不同化学环境中的电子旋转运动或交换引起的。每个过程都具有一个特征时间尺度，噪声具有明确的频率分布范围。任何接近拉莫尔频率的噪声成分都会诱发不同能级的跃迁，这种跃迁与应用微波诱发磁共振的过程相似，大于和小于拉莫尔频率的噪声是无效的。能态之间的跃迁就是恢复热平衡的过程。因此，磁噪声是有助于自旋－晶格弛豫速率的主要因素，即 $1/T_1$ 。跃迁会减少能态的弛豫时间，并引起自旋进动之间的相干相位损失。在分子运动非常缓慢的极限情况下，贯穿样品的磁场依然存在局部波动，这是因为与拉莫尔频率相比，样品中存在不随时间变化的（至少变化非常缓慢）其他磁偶极子，因此不存在能态间诱导跃迁机制，它们的生存时间很长。

影响自旋晶格弛豫时间 T_1 的机制有很多，其中最重要的是电子自旋和轨道运动之间的相互作用。如果自旋轨道耦合比较强，T_1 可能非常短，以至于谱线非常宽，几乎检测不到。许多过渡金属离子均存在这种情况。降低温度可以使 T_1 值增加，有时可能要求温度低至1K时的频谱。

在室温下，自旋－晶格弛豫通常（ T_1 约为10^{-6}s）是有效的，但在较低温度下，其有效性逐渐降低。弛豫时间为 $10^{-6} \sim 10^{-8}$ 时，自旋－自旋弛豫通常是有效的。因此，ESR 弛豫时间通常太短以至于无法使用脉冲测量技术进行准确的测量，而这种技术在 NMR 中是常见的。固态（ $T_1 \gg T_2$ ）弛豫的主要形式是自旋－自旋弛豫，而液体在低温时有较好的热运动，自旋－自旋弛豫相对就不那么重要了。

2.11 跃迁概率

如前所述，在静态磁场中，两个电子自旋能级之差服从玻耳兹曼分布。对于含有两个能级的系统（ $S = 1/2$ ），能级差的任何变化 n ，$n = N_\beta - N_\alpha$ ，其中，N_β 是 $M_s = -1/2$ 的数量，N_α 是 $M_s = +1/2$ 的数量，都只能通过计算自旋系统的总能量的净损失或增益来得到。当 $n = 0$ 时，自旋系统能量值最大，随着 n 的增加，自旋系统失去能量。从热力学角度来讲，这意味着自旋系统必须与周围环境进行热接触，如图2.9所示。

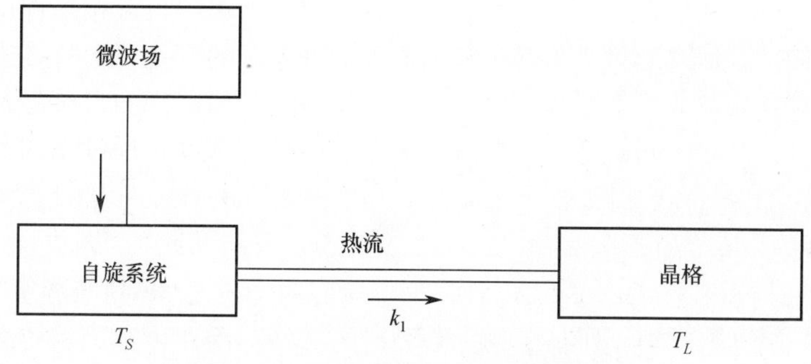

图2.9　系统和晶格之间的能量流动

定义温度 T_S 为自旋温度，在该温度下玻耳兹曼分布能给出可观测的粒子数。把自旋周围晶格的常态温度作为晶格温度，记为 T_L。假设初始状态下，$T_S > T_L$，那么自旋系统传送给晶格的（热）能率表示为

$$\frac{\mathrm{d}E}{\mathrm{d}t} = k_1 k(T_S - T_L) \tag{2.15}$$

式中：k 为玻耳兹曼常数；k_1 为一阶速率常数。因为 k_1 的单位为 s^{-1}，所以 k_1 可以表示为自旋－晶格弛豫时间 T_1 的倒数，即 $k_1 = 1/T_1$，它表示自旋系统与晶格之间热接触效率。能量从晶格传递到自旋系统，直到 $T_S = T_L$ 为止，此时总系统将达到热平衡。

如果用适当频率的微波辐射该系统，从而引起共振吸收，那么能量就会传输到自旋系统中，这是由于系统吸收了微波辐射能量。辐射能量的吸收率用速率常数 k_2 表示，它正比于微波功率密度 $\rho(\nu)$。当 $k_2 \ll k_1$ 时，自旋系统可以有效地将过剩能量释放到晶格，直到 $T_S = T_L$ 为止，使稳定的 n 值有微小变化。不过，当 $k_2 \approx k_1$ 时，自旋系统不再快速有效地将过剩能量释放到晶格当中，这导致 $T_S > T_L$，从而造成 n 值减少，这就是发生饱和的基础。具有短 T_1 值的自旋系统不再易于达到饱和状态，反之亦然。

弛豫机制实际上是传输过剩自旋能量的过程，从而使得较低能级上的过剩自旋保持恒定。因为在不存在外部磁场的情况下，两能级上的粒子数目是一样的，当在施加外部磁场之后，系统中建立的两个自旋态的热平衡表明自旋系统和其周围环境之间存在相互作用，它们引起了自旋方向改变，同时多余的磁场能量将转移到其他自由度上。

由于自旋系统是耦合到晶格上的，且晶格处于热平衡状态，因此就有可能发生自旋－晶格弛豫。这意味着激发向上和向下的自旋跃迁的概率是不相等的。

单位时间内在 m 和 m' 两个能态间发生ESR跃迁的概率可以用一阶微扰理

论来推导：

$$P_{mm'} = \gamma^2 B_1^2 \mid < m | S_x | m' > |^2 \delta(\nu_{mm'} - \nu) \tag{2.16}$$

式中：B_1 为 x 方向上所施加的微波辐射场的大小。

跃迁概率正比于辐射场幅度的平方，因此低功率微波的目的是避免饱和。在式（2.16）中 $< m | S_x | m' >$ 是电子自旋算子的 x 分量的量子力学矩阵，通常 $< m | S_x | m' >$ 为0，除非 $m = m' + 1$ ，也就是 $\Delta M_s = \pm 1$ 。$\delta(v_{mm'} - v)$ 是狄拉克 δ 函数，一般为0，除非 $v_{mm'} = v$ ，这是因为：当 $v_{mm'} = v$ 时，$\delta(v_{mm'} - v) = 1$ ；当 $v_{mm'} \neq v$ 时，$\delta(v_{mm'} - v) = 0$ 。其中，$\nu_{mm'}$ 对应的是 m 和 m' 两个能态间能量差的频率。δ 函数表示实际中不存在的无限高的尖峰。因此，取而代之的是一个线空间函数 $g(\nu)$ ，这样式（2.16）可写为

$$P_{mm'} = \gamma^2 B_1^2 \mid < m | S_x | m' > |^2 g(\nu) \tag{2.17}$$

对于单电子来说，$\boldsymbol{S} = 1/2$ ，因此，式（2.17）可改写为

$$P_{mm'} = \gamma^2 B_1^2 \mid < \alpha | S_x | \beta > |^2 g(\nu) \tag{2.18}$$

由于只允许一种跃迁，因此式（2.18）变为

$$P = \gamma^2 B_1^2 g(\nu) \tag{2.19}$$

溶液中的ESR频谱线一般具有类似于洛伦兹线的形状，其表达式为

$$g(\boldsymbol{\omega}) = \left(\frac{T_2}{\pi}\right)\frac{1}{1 + T_2^2\,(\boldsymbol{\omega} - \boldsymbol{\omega}_0)^2} \tag{2.20}$$

线形函数由角频率函数 $g(\boldsymbol{\omega}) = g(\nu)/2\pi$ 给出，T_2 是横向弛豫时间（见第5章）。在 $\boldsymbol{\omega} = \boldsymbol{\omega}_0$ 处，产生共振尖峰，谱宽度为峰值半高宽的1/2，即为 $2/T_2$ 。图2.10给出了一个洛伦兹曲线的特征形式。导数曲线的两个峰分别对应于吸收曲线最大斜率点，它们之间的距离为 $2/T_2\sqrt{3}$ 。

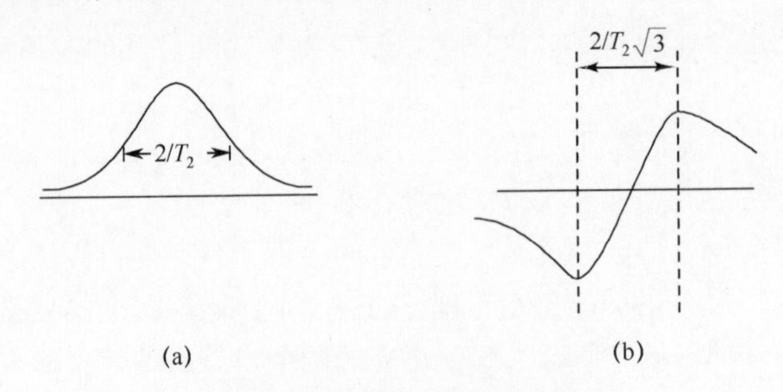

图2.10　ESR吸收曲线线形

（a）洛伦兹曲线；（b）一阶导数曲线。

第 3 章　超精细结构

3.1　核超精细分裂

电子自旋和核自旋之间的磁相互作用引起样品的 ESR 谱线分裂，它可能分裂成单谱线或更为复杂的谱线模式，这种磁相互作用通常称为核超精细相互作用，其能量很小，约为 $10^{-2}cm^{-1}$。电子自旋能级分裂称为超精细分裂，在 ESR 频谱中所产生的谱线群称为超精细结构。超精细多重态谱线之间的间距定义为超精细耦合常数，用符号 a 表示。超精细结构的出现使得 ESR 波谱学主要用于解决化学和物理问题。超精细结构分析可为自由基识别和顺磁物质电子结构研究提供依据。

在正常实验条件下，超精细相互作用远小于塞曼分裂。超精细耦合常数 a 的大小取决于以下因素：①核磁矩与核自旋的比率（也就是核 g 因子）；②原子核附近的电子自旋密度。

3.2　含有单个质子的自由基

最简单的例子是一个未配对电子与原子核（如质子，其自旋为 $I = 1/2$）的相互作用。自由空间中，氢原子是一个简单而典型的系统，这是由于它具有球对称性，不存在各向异性。氢原子的 ESR 谱并不是如图 3.1 所示的单谱线，而是一对谱线，其间隔为超精细耦合常数 $a = 50.7mT$，如图 3.2 所示。测量两个吸收峰值间的中点值可获得 g 值。两条谱线（频谱仪工作频率为 9.5GHz，磁场强度为0.33535T）之间的中点值对应于 $g = 2.0023$。

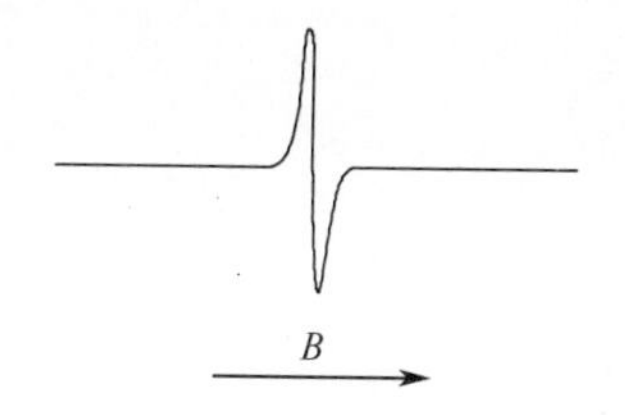

图 3.1　$a = 0$ 时，氢原子的 ESR 谱频；谱图的纵坐标为微波辐射吸收，横坐标为在磁场中的一阶导数模式

强磁场中，当核自旋量子数 $I \neq 0$ 时，核自旋磁量子数 m_I 的取值范围为 $-I \sim I$，共有 $2I+1$ 个状态，即 $I, I-1, I-2, \cdots, 0, -I+1, -I$。所有的核自旋磁量子数 m_I 的总和称为总自旋磁量子数 M_I。对于单核系统来说，$M_I = m_I$。

对于核自旋 $I = 1/2$ 的系统，其核自旋磁量子数存在两个值：$m_I = \pm 1/2$ 。由于质子的核自旋 $I = 1/2$ ，所以电子的能量将随核自旋磁矩的方向变化，其平行或反向平行于外部磁场的磁矩方向。

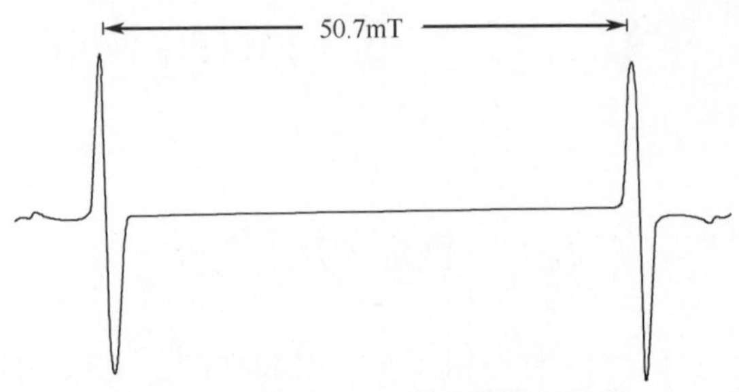

图 3.2　氢原子 ESR 谱的超精细分裂

电子自旋对磁场的轻微变化非常敏感，这取决于核自旋方向是平行还是反向平行于所施加磁场。因此，电子自旋的每个方向可能与两质子自旋方向中的其中一个有关。核超精细相互作用将电子的塞曼能级分为两层，如图 3.3 所示。对于任意核来说，$m_I = +1/2$ 与 $m_I = -1/2$ 的出现概率几乎是相等的。因此，氢原子的 ESR 谱线会被分裂成两个强度相等的分量，如图 3.2 所示。超精细分裂是独立于外加磁场的。

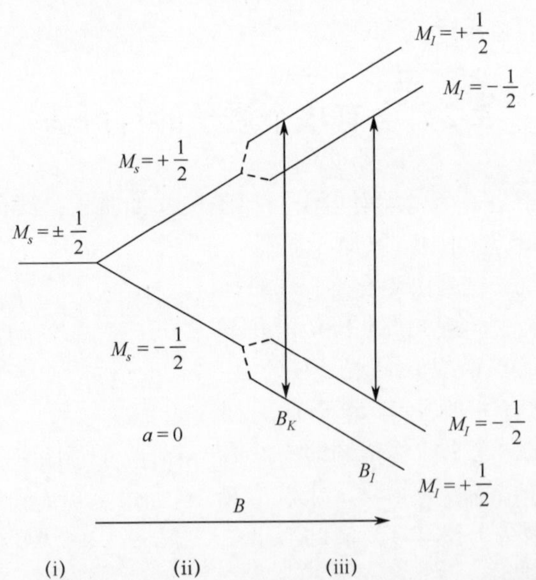

图 3.3　具有一个未配对电子和 $I = 1/2$ 的核（如氢原子）系统能级图，在不同的外部磁场下，核自旋 $I = 1/2$ 未配对电子的塞曼（**Zeeman**）分裂

(**i**) 无外部磁场；(**ii**) 进一步分裂，有磁场时的电子自旋；(**iii**) 外磁场中，受质子束缚的电子。用箭头表示允许的跃迁，超精细分裂常数由磁场 $\boldsymbol{B}_l - \boldsymbol{B}_k$ 差值给出。

3.3　自旋哈密顿

引起电子自旋共振的全部能量是不同相互作用之和，称为“自旋哈密顿”。ESR 谱可用“有效自旋哈密顿”来解释，“有效自旋哈密顿”是指只含有用来解释所研究化合物谱的那些效应。自旋哈密顿的重要性是在于它提供了一种标准现象学分析方法，可用少量的参数来描述 ESR 频谱。通过指定有效的自旋和少量参数（如 g 、a 等）就可以表征 ESR 谱，这些参数值度量了自旋哈密顿中不同项的大小。

对于 $S = 1/2$ 的系统，用量子数 $m_s = \pm 1/2$ 来表征两种自旋态，假设用 $S\hbar$ 表示自旋角动量算符，则

$$\begin{cases} \hat{S}_z\psi_\alpha = +\dfrac{1}{2}\psi\alpha \\ \hat{S}_z\psi_\beta = -\dfrac{1}{2}\psi_\beta \end{cases} \tag{3.1}$$

式中：α 、β 分别表示 $m_s = +1/2$ 和 $m_s = -1/2$ 时的自旋状态；$\hat{S}_z$ 表示自旋算符。

电子磁矩 $\boldsymbol{\mu}_e$ 和外加磁场 $\boldsymbol{B}$ 间的相互作用可以用哈密顿量来表示：

$$H = -\mu_e\boldsymbol{B} \tag{3.2}$$

如果外加磁场方向为 z 轴方向，则

$$H = g\beta_e\boldsymbol{B}\hat{S}_z \tag{3.3}$$

对电子自旋函数 α 、β 进行哈密顿函数运算得到的结果如图 3.4 所示。由于氢原子是球对称的，所以其自旋哈密顿很简单。原子核与电子都和外加磁场相互作用，所产生的能量可表示为

$$H = g\beta_e\boldsymbol{B}S_z - g_N\beta_N\boldsymbol{B}S_z \tag{3.4}$$

式中：g 、g_N 分别为电子的 g 因子和原子核的 g 因子。核自旋的能量比电子自旋能量小得多。

电子自旋函数有两种，分别用 $|\alpha_e\rangle$ 和 $|\beta_e\rangle$ 表示 $m_s = +1/2$ 和 $m_s = -1/2$ 时的状态：

$$\begin{cases} S_Z|\alpha_e\rangle = \left(+\dfrac{1}{2}\right)|\alpha_e\rangle \\ S_Z|\beta_e\rangle = \left(-\dfrac{1}{2}\right)|\beta_e\rangle \end{cases} \tag{3.5}$$

对于质子自旋有类似的表示：

$$\begin{cases} I_Z|\alpha_N\rangle = \left(+\dfrac{1}{2}\right)|\alpha_N\rangle \\ S_Z|\beta_N\rangle = \left(-\dfrac{1}{2}\right)|\beta_N\rangle \end{cases} \tag{3.6}$$

与氢原子类似，电子自旋方向可能与两个质子自旋方向中的一个有关。上述四种状态是简并的，但在外部磁场作用下，消除了能级简并。$\widehat{S}_Z$ 对于核自旋函数是无效的，$\widehat{I}_Z$ 对于电子自旋函数是无效的。

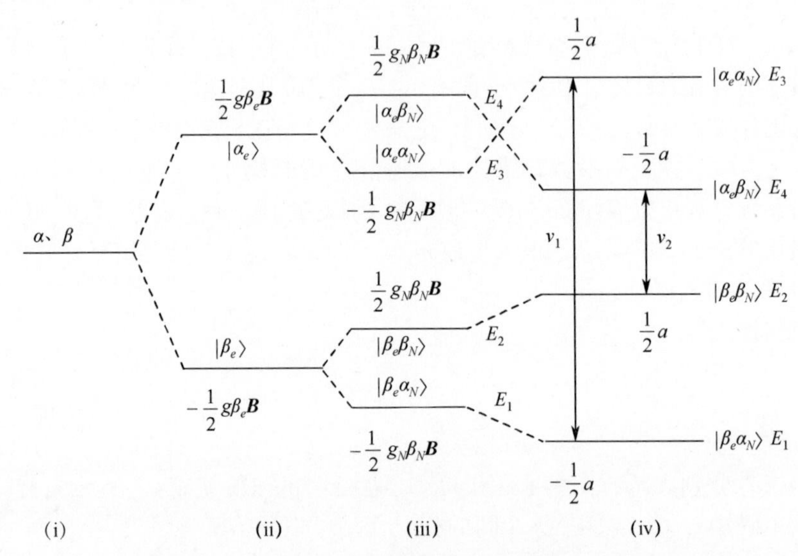

图 3.4　氢原子的自旋能级和允许的 ESR 跃迁

(i) 自由电子；(ii) 电子塞曼能级；(iii) 电子 + 核塞曼能级；(iv) 超精细相互作用。

四种能态的零阶能量值可表示为

$$\begin{cases} E_1 = \left(\frac{1}{2}\right)g\beta_e\boldsymbol{B} - \left(\frac{1}{2}\right)g_N\beta_N\boldsymbol{B} \mid \alpha_e\alpha_N\rangle \\ E_2 = \left(\frac{1}{2}\right)g\beta_e\boldsymbol{B} + \left(\frac{1}{2}\right)g_N\beta_N\boldsymbol{B} \mid \alpha_e\beta_N\rangle \\ E_3 = \left(-\frac{1}{2}\right)g\beta_e\boldsymbol{B} - \left(\frac{1}{2}\right)g_N\beta_N\boldsymbol{B} \mid \beta_e\alpha_N\rangle \\ E_1 = \left(-\frac{1}{2}\right)g\beta_e\boldsymbol{B} + \left(\frac{1}{2}\right)g_N\beta_N\boldsymbol{B} \mid \beta_e\beta_N\rangle \end{cases} \tag{3.7}$$

在自由空间中氢原子（和其他各向同性系统）完整的哈密顿函数为

$$H = g\beta_e\boldsymbol{B}S_Z - g_N\beta_N\boldsymbol{B}I + aI.S \tag{3.8}$$

式中：a 为各向同性的超精细耦合常数。

对于外加磁场方向沿 z 轴方向的球形系统来说，式（3.8）可修正为

$$H = g\beta_e\boldsymbol{B}S_Z - g_N\beta_N\boldsymbol{B}I_Z + aI.S \tag{3.9}$$

式（3.9）的第一项是电子塞曼效应；第二项是氢原子的原子核磁矩与外加磁场的相互作用，它与第一项符号相反，且小于第一项。式（3.9）的前两项为磁场中氢原子自旋态的能量，如图 3.4（iii）所示。这样就有四种电子和

核自旋函数，可以得到四个能量。当 $\Delta M_S = \pm 1$ 时，这两种跃迁具有相同的能量，如图3.3（iii）所示，因此若只考虑哈密顿量的前两项，氢原子ESR谱和自由电子ESR谱是一样的，例如当 $g = 2.0023$ 时，只得到一个期望信号。

式（3.9）的第三项 $aI.S$ 是电子和核自旋矩的耦合，对应于这两个向量的标量积，然而 $aI.S$ 项与耦合的机制无关。分裂常数 a 表征了相互作用的大小并且具有能量维度。这就是费米（Fermi）接触相互作用，将在后面讨论。将这种相互作用的结果加到如图4.3（iii）所示的能级上，将使能级产生变化，如图4.3（iV）所示。这样一来两跃迁的能量不再相等，其能量差值为 a 。

可忽略表示较小原子核塞曼效应的项，因其不影响液相谱，则简化的哈密顿函数为

$$H = g\beta_e \boldsymbol{B} S_Z + aS_Z I_Z \tag{3.10}$$

则氢原子的一阶能量为

$$E = g\beta_e \boldsymbol{B} m_s + am_s m_I \tag{3.11}$$

图3.4（iv）给出了低于1/2a 和高于1/2a 时的两种跃迁，其间距为 a 。将 m_S 和 m_I 代入式（3.11），就可以得到如图3.4（iv）所示的能级。

3.4　选择规则

ESR跃迁是指只有电子自旋变化的跃迁，而涉及核自旋的跃迁称为NMR跃迁。电子自旋和原子核自旋同时变化的跃迁是不允许的，且出现这种情况的概率非常低。ESR跃迁的选择规则为

$$\Delta M_S = \pm 1 \quad 且 \quad \Delta M_I = 0 \tag{3.12}$$

由图3.4可知，存在两种跃迁，其中箭头指示的跃迁满足选择规则。由于磁场是变化的，所以发生共振时有两个磁场值。两个跃迁间的能量为 $g\beta_e \boldsymbol{B}S + (1/2)a$ ，两个谱峰间距为超精细偶合常数 a 。当 a 为正值时，分裂如图3.4所示，当 a 为负值时，较低能态为 $m_S = -1/2$, $m_I = -1/2$ （即 $\beta_e\beta_N$ ）。通常，a 的符号并非由谱来确定，而是根据所涉及核的不同来确定，可用带下标的耦合常数表示，如 a_H 、a_N 等。溶液中自由基的耦合常数单位通常为mT或G。对于有机自由基来说，其质子超精细分裂的范围为0～3mT。目前已知氢原子的超精细耦合常数是最大的（其值为50.68mT）。

显然，超精细耦合常数明显大于核自旋-自旋耦合常数，约为其 10^6 倍。这是由于电子更紧密地贴近自身核而不是另外一个核，其相互作用更强烈。主谱线的位置或超精细模式的重心确定了 g 因子。电子自旋与外部磁场的相互作用以及超精细相互作用并不改变 g 值的大小。

用 aM_SM_I 表示电子自旋和核自旋之间的相互作用，其中 a 是忽略了较小原子核塞曼效应的超精细分裂常数，则式（2.7）（第2章）可以修正为

$$E = g\beta_e m_s \boldsymbol{B} + a m_s m_I \tag{3.13}$$

对于具有单个核的电子自旋相互作用来说，如氢原子，四个自旋态的能量如下：

$$\begin{cases} E_{1/2,\,1/2} = \left(\dfrac{1}{2}\right) g\beta_e \boldsymbol{B} + \left(\dfrac{1}{4}\right) a \\ E_{1/2,\,-1/2} = \left(\dfrac{1}{2}\right) g\beta_e \boldsymbol{B} - \left(\dfrac{1}{4}\right) a \\ E_{-1/2,\,-1/2} = \left(-\dfrac{1}{2}\right) g\beta_e \boldsymbol{B} + \left(\dfrac{1}{4}\right) a \\ E_{-1/2,\,1/2} = \left(-\dfrac{1}{2}\right) g\beta_e \boldsymbol{B} - \left(\dfrac{1}{4}\right) a \end{cases} \tag{3.14}$$

则两个允许的 ESR 跃迁为

$$\begin{cases} h\nu_1 = g\beta_e \boldsymbol{B} + \dfrac{1}{2} a \\ h\nu_2 = g\beta_e \boldsymbol{B} - \dfrac{1}{2} a \end{cases} \tag{3.15}$$

超精细分裂常数为两个跃迁之间的能量差。

以 ^{23}Na 为例，计算其共振时的磁场。对于 Na（$I = 3/2$），共振频率为 9300MHz 时（$g = 2.0022$），在超精细耦合作用下，ESR 谱分裂为四部分，超精细耦合常数 $a = 885$MHz。为了计算共振时的磁场，需要知道 g 值和 a 的值。从式（3.13）可知，$h\nu_0 = g\beta_e \boldsymbol{B}_0 + ham_I$，因此，$\boldsymbol{B}_0 = h(g\beta_e \boldsymbol{B})^{-1}(\nu_0 - am_I)$。代入上述数值后，可得

$$B_0 = \frac{6.626 \times 10^{-34}\ \mathrm{J_S}(9.3 \times 10^9\ \mathrm{s^{-1}} - 8.85 \times 10^8 \mathrm{s^{-1}} m_I)}{(2.0022)(9.274 \times 10^{-24}\ \mathrm{JT^{-1}})}$$

将 $m_{\mathrm{I}} = \dfrac{3}{2}$、$\dfrac{1}{2}$、$-\dfrac{3}{2}$ 和 $-\dfrac{1}{2}$ 代入上式，计算可得 B 值分别为 0.2844、0.3160、0.376 和 0.3792。

3.5 含单组等价质子的自由基

现在讨论一个电子自旋与两个等价质子间相互作用的系统。简单描述该系统如下：由于电子自旋跃迁，质子 1 原有的单谱线将分裂为双重谱线，能级图如图 3.5 所示，由于与质子 2 的相互作用，每一条谱线将进一步分裂成两条谱线。根据选择规则，产生共振时，需有三个外加磁场的值。此时，可观测到三个等间距谱线的超精细结构，其中，中心谱线的强度是其他两条谱线强度的 2 倍，中心谱线是由两个双重简并能级间的跃迁产生的。

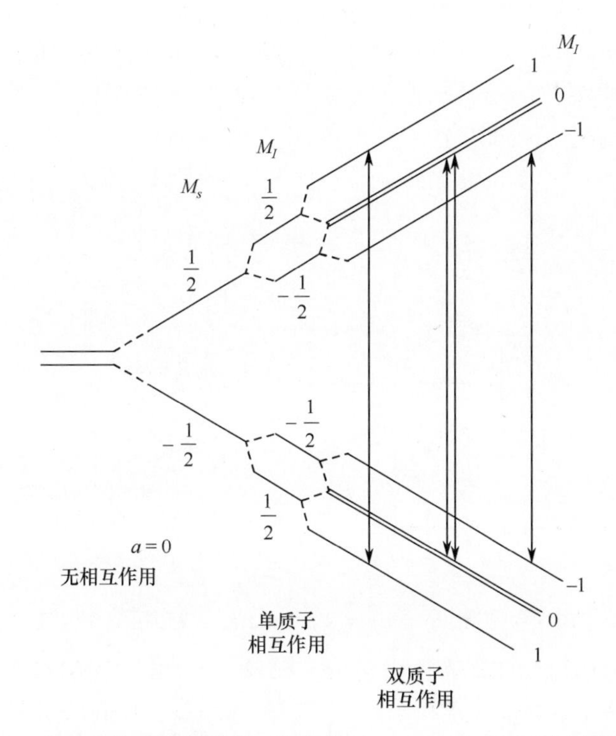

图 3.5　在变化的外部磁场中，自由基（$S=1/2$）的电子自旋能级与两个等价质子间的相互作用

CH_2OH 自由基是含两个等价亚甲基质子的最简单系统之一。在含有 Ti^{+3} 的甲醇（CH_3OH）溶液中加入双氧水（H_2O_2）就可以生成这种自由基。当溶液 pH 值足够低（约 1.0）时，检测不到 OH 质子的超精细分裂，因其存在快速交换。

对于具有两个等价耦合核自旋（$I=1/2$）的自由基，可以假设有三种不同的核自旋亚群，如表 3.1 所列。

表 3.1　两个等价耦合核自旋超精细结构的强度比，$I=1/2$

核自旋排列	m_I		$M_I=\sum m_I$	$B_{局部}$	共振场 B_{res}	强度比
	m_1	m_2				
↑↑	1/2	1/2	1	a	$B'-a$	1
↑↓	1/2	−1/2	0	0	B'	2
↓↑	−1/2	1/2				
↓↓	−1/2	−1/2	−1	a	$B'+a$	1

存在两种不同方法可使 $M_I = 0$，但只有一种方法可以得到 $M_I = 1$ 或 $M_I = -1$，所以观测到对应跃迁强度比值为1:2:1。分子中占据对称位置的核具有相同的耦合常数，这种核称为等价核。对于 $^{\bullet}CH_2OH$ 自由基来说，$—CH_2$ 基团上两个质子是等价的。由于高丰度同位素 ^{12}C 和 ^{16}O 不存在核自旋，所以无法观测到碳和氢原子的超精细分裂。图 3.6 所示为与每个质子超精细相互作用时的共振分裂。

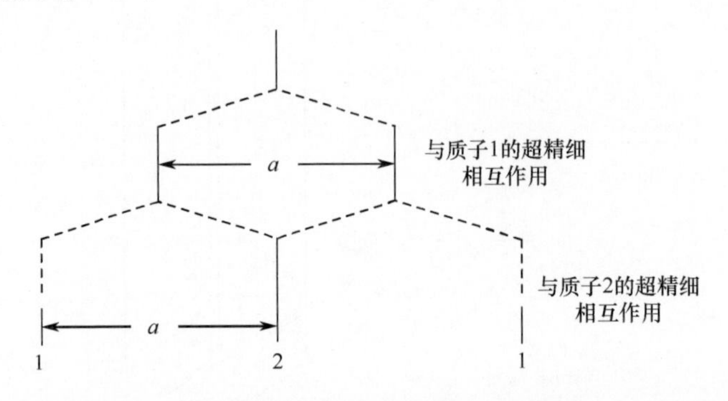

图 3.6　两个等价质子 $a_1 = a_2 = a$ 产生的谱三线超精细结构图（实线）

由 CH_2 质子产生的简单频谱包含 1:2:1 三重峰，其超精细分裂常数为 1.72mT，其 ESR 谱如图 3.7 所示。

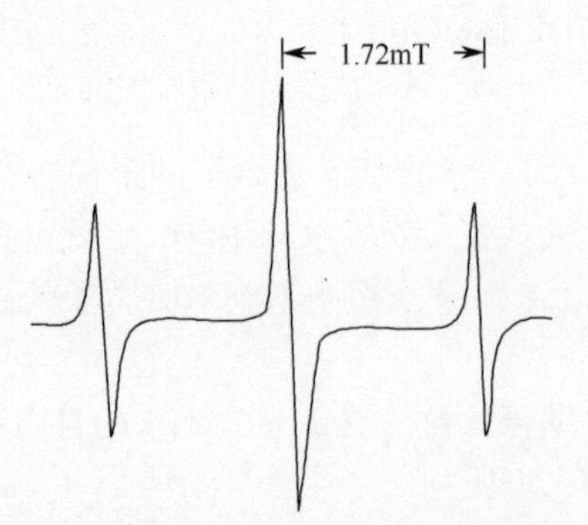

图 3.7　pH 约为 1.0 时，$^{\bullet}CH_2OH$ 的 ESR 谱

现在考虑含有三个等价质子的自由基，如 $^{\bullet}CH_3$。对于具有三个等价耦合核（$I = 1/2$）的自由基，假定核自旋的四个不同亚群见表 3.2，能级图如图 3.8所示，并给出了允许的 ESR 跃迁。

对于 $^{\bullet}CH_3$ 自由基来说，存在四个跃迁。根据表 3.2，由于四个核自旋态的比值为1:3:3:1（表 3.2），所以在 $^{\bullet}CH_3$ 的 ESR 谱中，观测到四条强度比为 1:3:3:1 的谱线。在微腔结构中液态乙烷的电子辐射会产生甲基自由基，$^{\bullet}CH_3$ 自由基的 ESR 如图 3.9 谱所示，该谱显示了相对强度比为 1:3:3:1 的四个等距谱线，间距为 2.30mT。

表3.2 三个等价耦合核（$I = 1/2$）的超精细结构中的强度比

核自旋排列	m_I			$M_I = \sum m_I$	$B_{局部}$	共振场 B_{res}	强度比
	m_1	m_2	m_3				
↑↑↑	1/2	1/2	1/2	3/2	$(3/2)a$	$B' - (3/2)a$	1
↑↑↓	1/2	1/2	−1/2				
↑↓↑	1/2	−1/2	1/2	1/2	$(1/2)a$	$B' - (1/2)a$	3
↓↑↑	−1/2	1/2	1/2				
↑↓↓	1/2	−1/2	−1/2				
↓↑↓	−1/2	1/2	−1/2	−1/2	$(-1/2)a$	$B' + (1/2)a$	3
↓↓↑	−1/2	−1/2	1/2				
↓↓↓	−1/2	−1/2	−1/2	−3/2	$(-3/2)a$	$B' + (3/2)a$	1

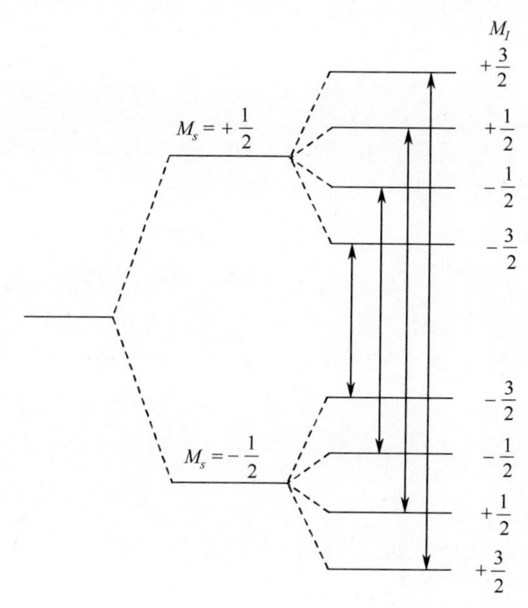

图3.8 $^{\bullet}CH_3$ 自由基的能级图以及在恒定外部磁场中允许的ESR跃迁

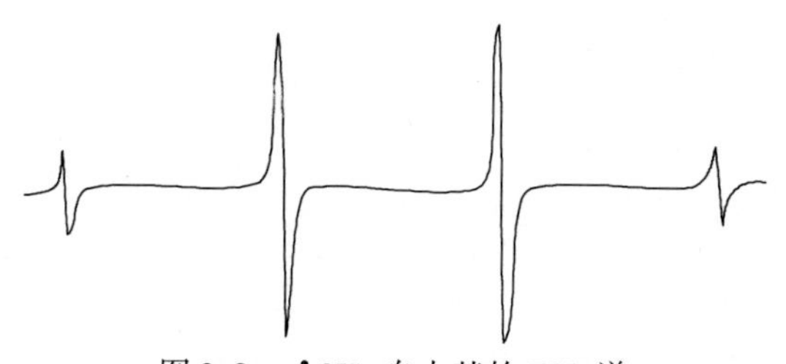

图3.9 $^{\bullet}CH_3$ 自由基的ESR谱

该处理方法可以直接推广到 n 个等价核的情况。当核自旋 $I = 1/2$ 的几个核互相耦合到同一个电子自旋上时，可得到含有（$n+1$）个等间距线谱的超精细结构（即 $2nI+1$，其中 $I = 1/2$）。超精细谱线的强度比服从系数为 $(1+x)^n$ 二项式分布。此外，这些相对强度也可以从下面给出的帕斯卡三角形的第 n 行读出，其中 n 表示等价相互作用核的数目。

帕斯卡三角形 核	超精细分裂模式
$n=0$	1
$n=1$	1　1
$n=2$	1　2　1
$n=3$	1　3　3　1
$n=4$	1　4　6　4　1
$n=5$	1　5　10　10　5　1
- - -	- -

第二行以后，保持两端为 1，每行其他的数字等于它的左上方与右上方两个数字之和。因此，可以从第三行读出两个等效质子（$n = 2$）的期望值，三个等价质子（$n = 3$）期望值可从第四行读出，以此类推。

p - 苯醌自由基阴离子 $[O - C_6H_4 - O]^-$ 含有四个等价质子自由基。苯二酚在碱性乙醇中氧化并容易产生 p - 苯醌自由基离子。正如预期的那样，其含有五个超精细谱线（$n+1$，其中 $n = 4$）的谱结构，谱线的相对强度比为 1:4:6:4:1。超精细耦合常数为 0.237mT。p - 苯醌自由基的 ESR 谱如图 3.10 所示。

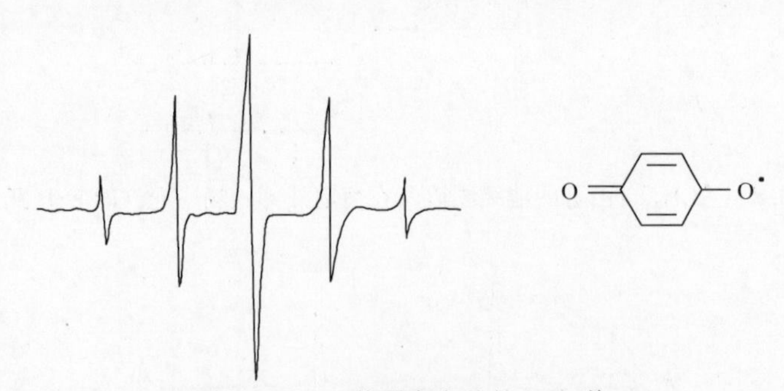

图 3.10　p - 苯醌自由基的 ESR 谱

含有五个等价质子的自由基，例如，环戊二烯自由基，分子平面上的五个质子都是等价的。它的频谱为 6 谱线结构，相对强度比为 1:5:10:10:5:1，如图 3.11 所示，超精细耦合常数为 0.6mT。

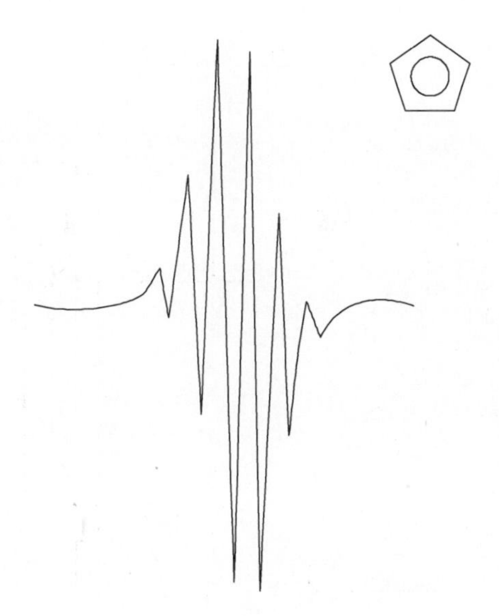

图 3.11 环戊二烯自由基的 ESR 谱

3.6 含有多个等价质子的自由基

当自由基中含有非等价核时，其超精细结构的分析将变得更加复杂。例如，若未配对电子与两组非等价原子核相互作用（也就是，具有自旋量 I_i 的 m 组原子核和具有自旋量 I_j 的 n 组原子核），那么，超精细模式中期望谱线条数是每组期望谱线条数的乘积，即 $(2mI_i+1)(2nI_j+1)$ 。若原子核均为质子，可得到 $(m+1)(n+1)$ 条谱线。特别地，如果总核自旋量为 I_1 的一组核超精细相互作用远大于另外一组总核自旋量为 I_2 的超精细相互作用，那么这两个相互作用将产生超精细结构，包含对应于强相互作用的 $(2I_1+1)$ 条谱线，弱相互作用又将每一条谱线分裂成 $(2I_2+1)$ 条紧密间隔的谱线。最后一组能级与能量分裂的顺序无关，然而在绘制分裂图时，若首先考虑较大的超精细耦合，则可避免多条谱线交叉。在超精细分裂常数大小非常接近时，易形成重叠谱，这与“理想”谱不同，重叠谱很难直接从谱结构中辨识谱线模式，这个特性将在后面分析乙基自由基时说明。

乙醇酸（$HO^{\bullet}CHCOOH$）自由基是两个不等价原子核（自旋量 $I=1/2$）耦合最简单的例子。允许跃迁的能级如图 3.12 所示，两个非等价质子自由基的超精细耦合常数分别为 a_1 和 a_2 ，且 $a_1>a_2$ ，谱图如图 3.13 所示。图 3.14 给出了溶液中乙醇酸自由基的 ESR 谱，与计算所得到的频谱一致。其超精细耦合常数分别为 $a(CH)=1.71$ mT 和 $a(OH)=0.26$ mT。值得注意的是，一般情况下，仅靠频谱分析并不能归属超精细耦合常数，可通过与其他类似自由基对比进行超精细耦合常数归属。

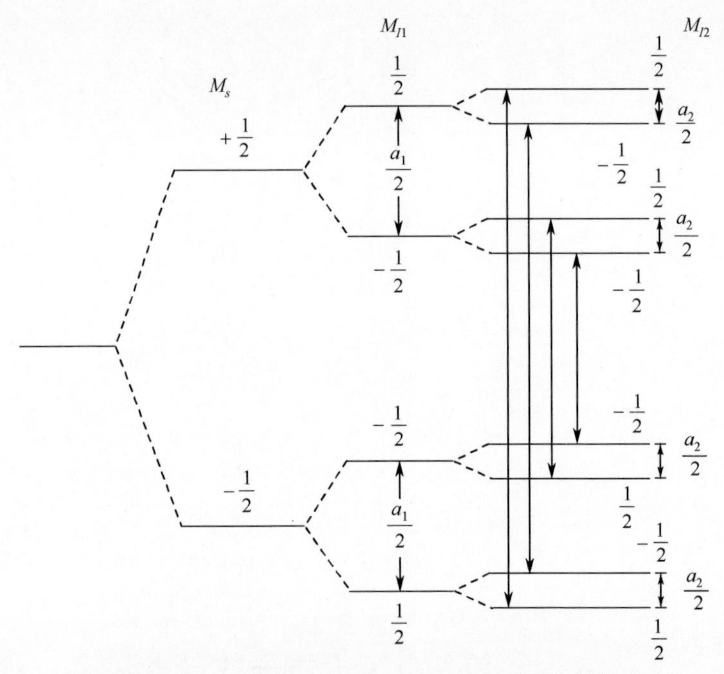

图 3.12 在恒定外磁场中，假设 $a_1 > a_2 > 0$，具有两个非等价核（$I = 1/2$）自由基的能级图和所允许的 ESR 跃迁

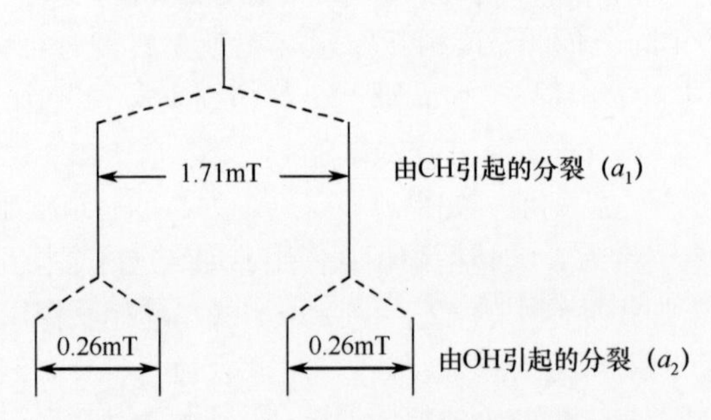

图 3.13 乙醇酸自由基中两不等价质子的 ESR 超精细结构分析

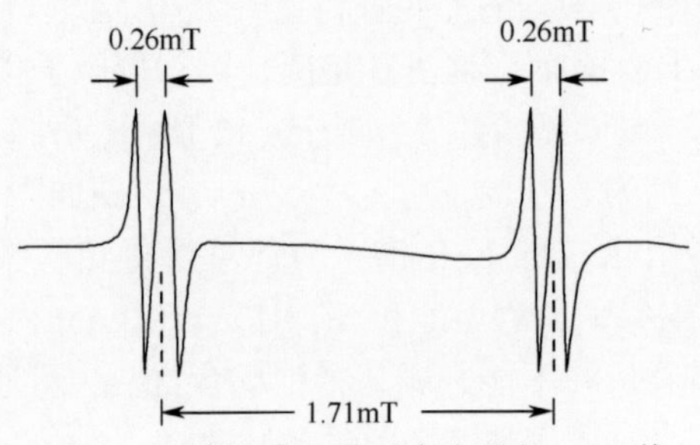

图 3.14 溶液中乙醇酸自由基的 ESR 谱

下面讨论含有三个质子的自由基系统，其中两个是等价的，$^{\bullet}CH_2OH$ 自由基属于这种情况。$^{\bullet}CH_2OH$ 自由基可通过甲醇和 H_2O_2 溶液光解得到。在弱酸溶液中，也可观测到 OH 质子引起的超精细耦合。

系统能级图可通过能级的连续分裂构建，如图 3.15 所示。显然，比较小的分裂是由 OH 质子和前面讨论的乙醇酸频谱比较得到。假设 $a(CH_2)$ 大于 $a(OH)$，可用适当长度的“棒”来计算 $^{\bullet}CH_2OH$ 的 ESR 谱，如图 3.16 所示。图 3.17 给出了 $^{\bullet}CH_2OH$ 的 ESR 谱，与理论计算得到的谱一致。超精细谱线是三跃迁特有质子加倍产生的。根据谱图，$a(CH_2)$ = 1.74 mT, $a(OH)$ = 0.115 mT。

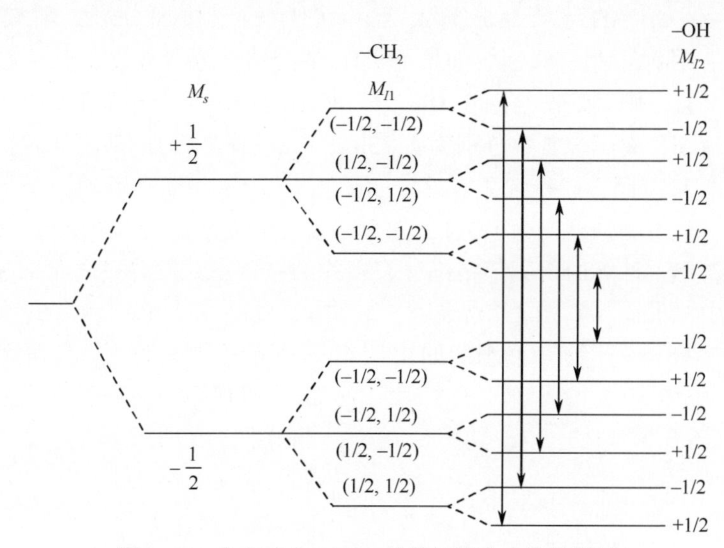

图 3.15　自由基 $^{\bullet}CH_2OH$ 的能级图和允许的跃迁

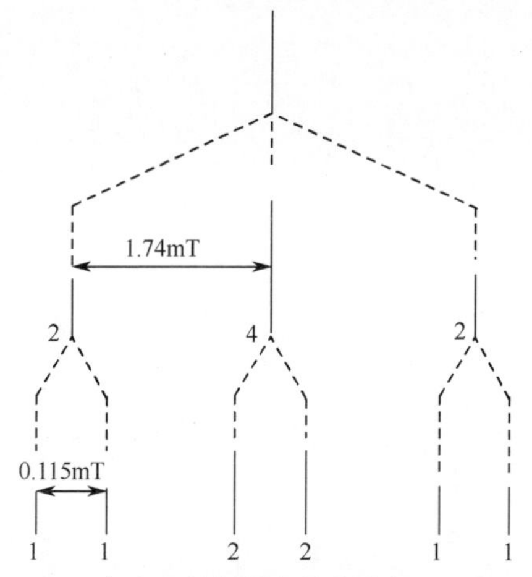

图 3.16　溶液中 $^{\bullet}CH_2OH$ 自由基的超精细结构分析，$a(CH_2) > a(OH)$（实线）

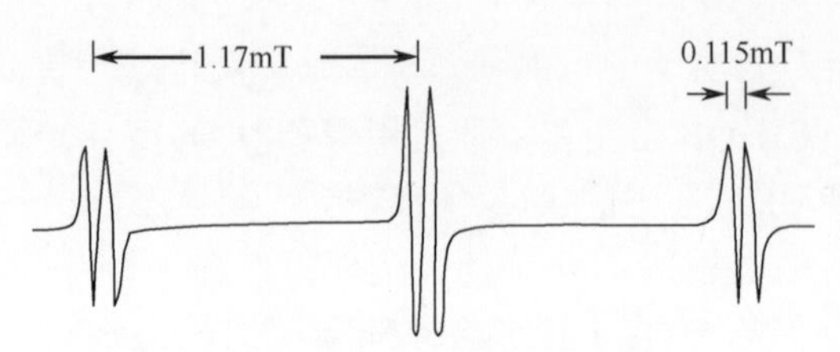

图3.17　$^{\bullet}CH_2OH$ 的ESR谱

利用高能电子辐射液态乙烷，在溶液中可产生乙基自由基。两个等价 CH_2 质子将产生三重超精细分裂，三个等价 CH_3 质子将产生四重超精细分裂。一方面，如果 — CH_2 的超精细分裂大于 — CH_3 的超精细分裂，则其谱图如图3.18（a)所示。另一方面，如果 — CH_3 的超精细分裂常数大于 — CH_2 的超精细分裂常数，则其谱图与图3.18（b）所示的期望谱图相类似。CH_2 和 CH_3 质子的超精细分裂耦合常数分别为2.25mT和2.71mT，CH_3 基团的超精细耦合常数高于 CH_2 基团，超精细分裂模式如图3.19所示。期望得到四个三重态结构，每个三重态的强度比为1:2:1，四个三重态的强度比为1:3:3:1。然而，从图中可以看出，计算所得到超精细分裂模式的三重态并没有完全在一起。在实际的频谱中，谱线（1，2，4）、（3，5，7）、（6，8，10）和（9，11，12）构成了图3.18（c）的三重态。如果四组三重态是"有序的"，强度比将为（1:2:1）、（3:6:3）、（3:6:3）和（1:2:1），那么所观测到的分裂谱线强度比应为1:2:3:1:6:3:3:6:1:3:2:1，如图3.18（c）和图3.19所示。

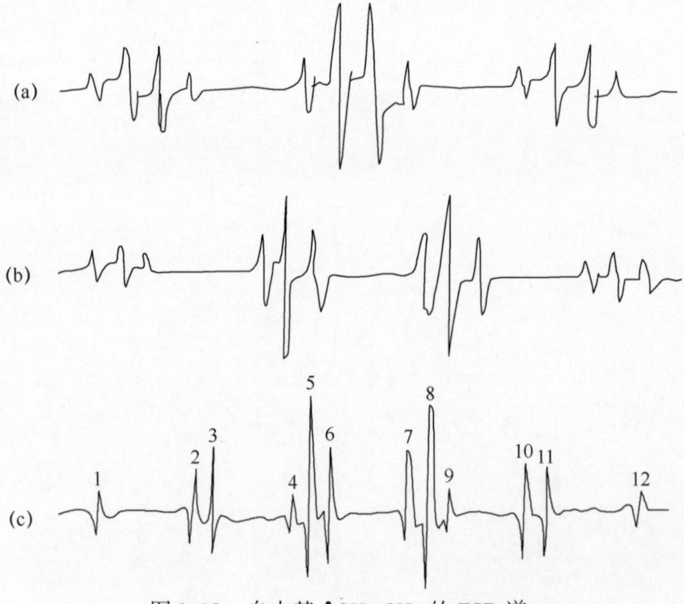

图3.18　自由基 $^{\bullet}CH_2CH_3$ 的ESR谱

（a）$a_{CH_2} > a_{CH_3}$；（b）$a_{CH_3} > a_{CH_2}$；（c）溶液中的实际频谱。

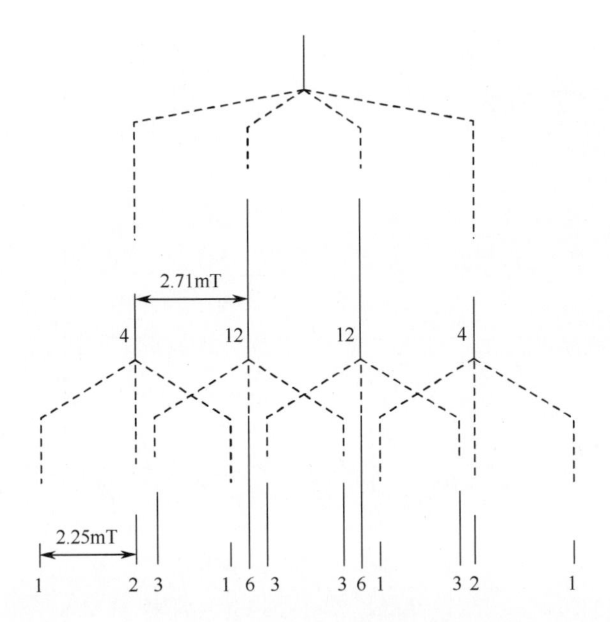

图 3.19　$^{\bullet}CH_2CH_3$ 自由基 ESR 谱超精细结构分析（实线）

3.7　核自旋 $I = 1/2$ 的其他自由基

电子－质子超精细相互作用引起的超精细分裂在有机自由基 ESR 谱中是十分常见的。但除了质子外，其他磁性原子核也可能引起超精细分裂。^{13}C、^{19}F 或 ^{31}P 等引起的超精细分裂通常很难与质子超精细分裂区分开，因而需要额外证据来确定相互作用的核。

现在讨论 ^{13}C 甲基自由基的 ESR 谱。之前讨论的 $^{\bullet}CH_3$ 自由基的四个核自旋能级中的每一个能级将由 ^{13}C 核自旋（$I = 1/2$）分裂成两个能级。在其超精细结构中，预期观测到 8 条谱线，其相对强度比为 1:1:3:3:3:3:1:1，而不是常规甲基自由基 $^{12}CH_3$ 的 4 条谱线。如果较大超精细分裂是由质子引起的，那么超精细谱结构为四组双重谱线，如图 3.20（a）所示。然而，如果较大超精细分裂是由 ^{13}C 引起的，将产生两组四重谱线，如图 3.20（b）所示。实验结果表明 ^{13}C 和 ^{1}H 的超精细分裂常数分别为 4.10mT 和 2.30mT。这些超精细分裂非常相似，以至于得到的谱既不是图 3.20（a）也不是图 3.20（b），而是如图 3.20（c）所示的“重叠”谱图。利用超精细耦合常数的实验值分析 $^{13}CH_3$ 自由基的超精细分裂结果如图 3.21 所示。^{13}C 的自然丰度仅仅约为 1.1%，因此，在正常的甲基自由基频谱中通常观测不到由 $^{13}CH_3$ 引起的分裂。

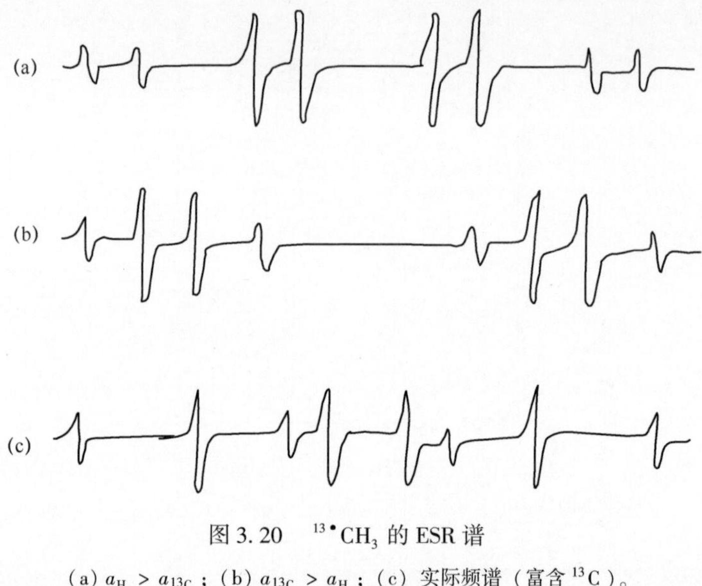

图 3.20 $^{13\bullet}CH_3$ 的 ESR 谱

（a）$a_H > a_{13C}$；（b）$a_{13C} > a_H$；（c）实际频谱（富含 ^{13}C）。

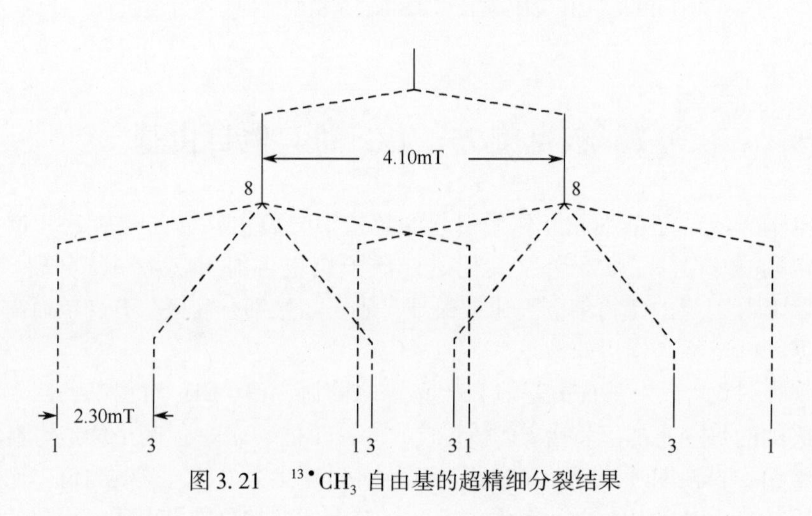

图 3.21 $^{13\bullet}CH_3$ 自由基的超精细分裂结果

3.8 核自旋 $I > 1/2$ 的自由基

前面所述的超精细相互作用很容易推广到核自旋 $I > 1/2$ 时的情况。例如，含氘或氮自由基表现出超精细结构是由于 ^2H 和 ^{14}N 有 $I = 1$ 的核自旋。M_I 的可能取值为 1、0 或 -1，因此单个电子与单个 ^2H 核或单个 ^{14}N 核耦合应产生三重超精细模式，且所有的谱线强度相同。单个核与单个电子相互作用，如氘，有6种自旋能态，用（M_S,M_I）表示。核自旋 $I = 1$ 的自由基相互作用的能级图如图3.22所示，并给出了允许的ESR跃迁。二叔丁基氮氧化物（di-t-butyl nitroxide）自由基的ESR谱与期望谱一样，如图3.23所示，超精细分裂常数为1.5mT。

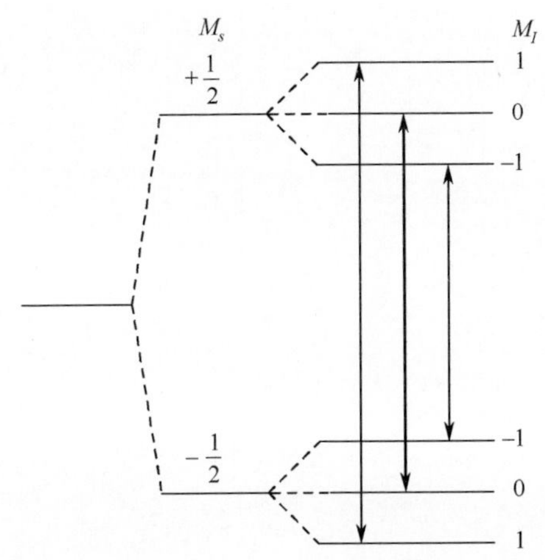

图3.22 外部磁场恒定时，$S = 1/2$ 的系统与 $I = 1$ 的核相互作用能级图和允许的ESR跃迁

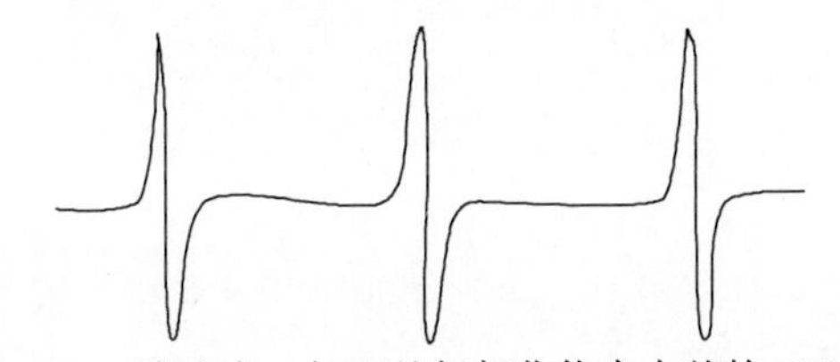

图3.23 溶液中二叔丁基氮氧化物自由基的ESR谱

室温下通过X射线辐射高氯酸铵（Ammonium Perchlorate）的单晶体会生成 NH_3 自由基。对于 $^{\bullet}NH_3$ 自由基，超精细相互作用包含了氮原子核和三等价质子。氮的未配对电子相互作用将引起三重超精细分裂，其强度比为1∶1∶1。三个等价质子又将每条谱线分裂成四条强度比为1∶3∶3∶1的谱线，形成12条谱线模式。若假设 $a_N > a_H$，如图3.24（a）所示，谱线（1，3，6，9）、（2，5，8，11）和（4，7，10，12）构成了三个四重谱。若假设 $a_H > a_N$，也表现为12条超精细分裂谱线，如图3.24（b）所示，谱线（1，2，4）、（3，5，7）、（6，8，10）和（9，11，12）构成了4个三重峰。任意一个计算得的棒状强度图均与观测谱图一致，如图3.24（c）所示。实验结果表明：$a_N = 1.81\text{mT}$、$a_H = 2.5\text{mT}$。图3.24（a）和（b）表明，如果首先取较大的

超精细分裂常数，则在棒状图中交叉谱线是最少的。

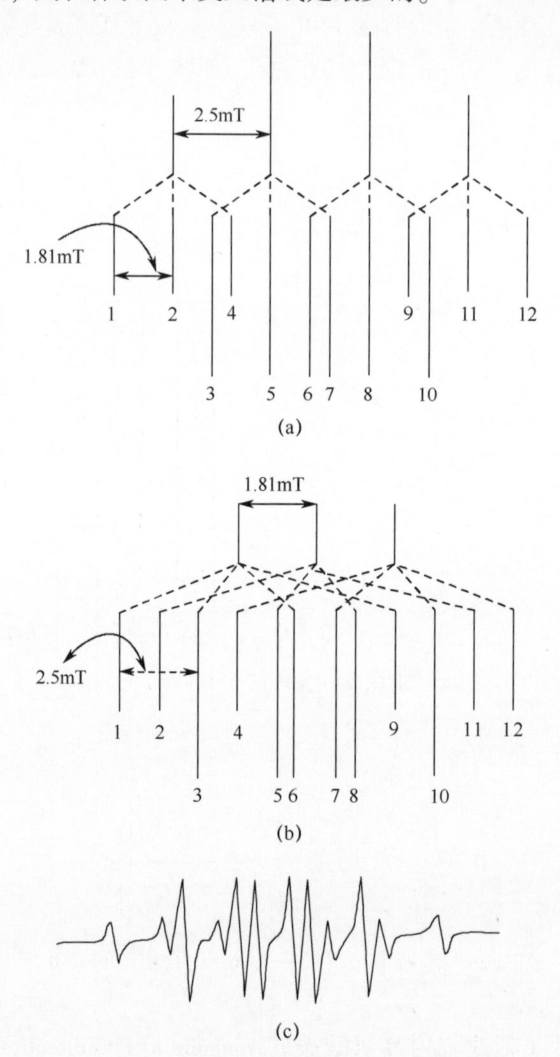

图 3.24　$^{\bullet}NH_3$ 自由基的超精细结构分析，考虑了超精细分裂情况

（a）质子首先分裂；（b）氮首先分裂；（c）$^{\bullet}NH_3$ 自由基的 ESR 谱。

对于 $^{\bullet}NH_2$ 自由基来说，由氮 a_N 产生的超精细分裂很大，以至于得到三重谱线，而每一条谱线又分裂成强度比为 1:2:1 的三重峰。

如果其中一个与 ^{14}N 核相互作用的未配对电子与另一个 ^{14}N 原子核相互作用，那么三重谱线中的每条谱线将进一步分裂为 3 条谱线，形成 9 条谱线。然而，如果两个 ^{14}N 核是等价的，存在谱线合并现象，将得到强度比为 1:2:3:2:1 的 5 条谱线，如图 3.25 所示。

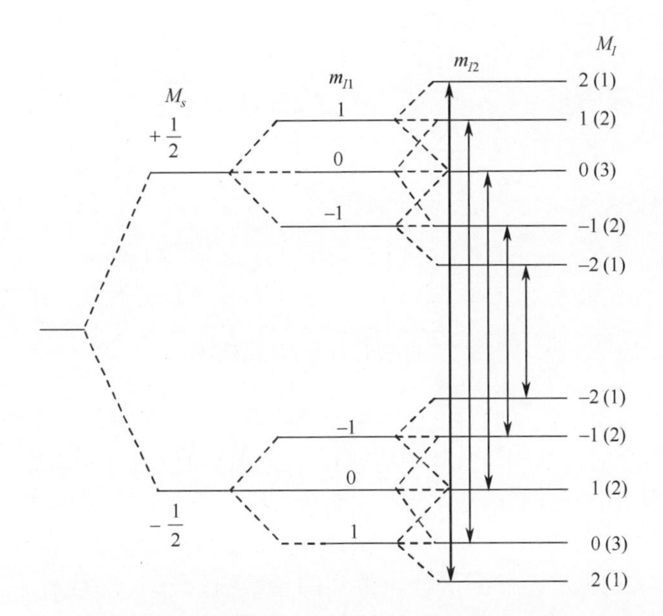

图3.25　$I = 1$ 的两个等价核超精细分裂能级图（括号中的数字表示能级的简并度）

1，1－二苯基－2－苦肼基（1，1－diphenyl－2－picryl hydrazyl，DPPH）是两个等价氮原子核耦合的例子。由氮引起的超精细耦合常数分别为 $a_1 = 0.77\text{mT}$、$a_2 = 0.92\text{mT}$。DPPH的质子耦合常数比较小，为0.1~0.2mT，因此在DPPH谱中通常观测不到由质子引起的超精细结构。值得注意的是，DPPH的两个肼基氮非磁性等价，然而，由于高浓度溶液中的快速化学交换，它们将变得等价。当为粉末状或在浓缩二甲苯溶液中时，DPPH的稀释溶液(10^{-3}M)仅显示出一个谱带，DPPH谱是强度比为1:2:3:2:1的五线谱结构（参见第4章），其强度比也可由帕斯卡三角形导出。溶液中DPPH的ESR谱如图3.26所示，DPPH的超精细结构分析如图3.27所示。

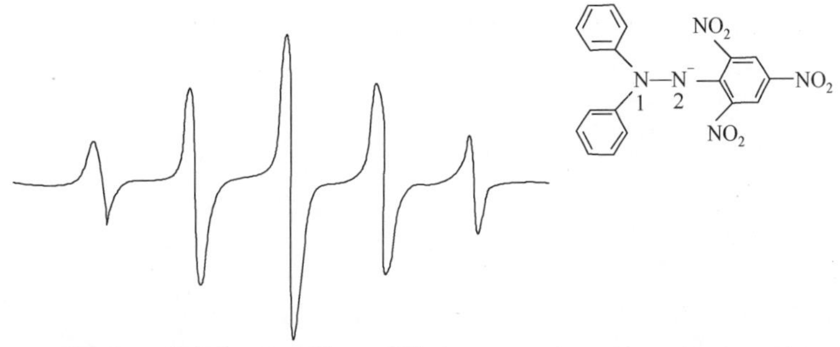

图3.26　溶液中DPPH的ESR谱（$a_1 = 0.77$ mT，$a_2 = 0.92$ mT）

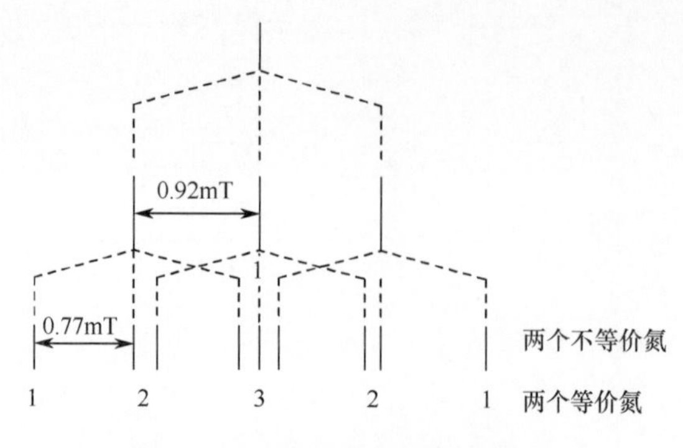

图3.27　DPPH的超精细结构分析

吡嗪单负自由基离子的频谱说明由两不同类型原子核引起ESR共振的分裂。当吡嗪与碱性金属（如四氢呋喃中的钾）反应时，将生成吡嗪单负自由基离子。未配对电子与两个等价氮相互作用产生5条谱线（$2nI+1$，$n=2$），其中每条谱线都由四个等价环质子分裂成五重谱线，进而产生25线谱。观测谱与期望谱一致，如图3.28所示。根据谱分析得到的超精细耦合常数为$a_N = 0.72\text{mT}$和$a_H = 0.27\text{mT}$，其中较大的耦合常数是由氮原子核产生的。在吡嗪阴离子钠盐的频谱中，可观测到进一步分裂为1:1:1:1的四重谱，这表明溶液中存在离子对。

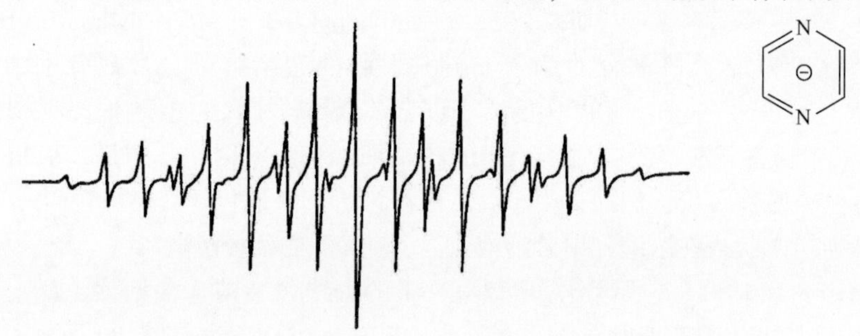

图3.28　溶液中吡嗪类阴离子自由基ESR谱，阳离子是K^+

若氮原子存在π电子密度，那么几乎所有含氮自由基将具备高分辨率^{14}N超精细结构。核四极矩相互作用总是远小于ESR的超精细分裂，因此，在氮化合物质子NMR谱中，未发现由^{14}N核四极矩引起的谱线展宽。

3.9　芳香族自由基

在没有空气的情况下，溶剂中芳香族碳氢化合物与碱金属（如二恶烷、四氢呋喃等）反应将生成有色溶液。电子从碱金属转移到碳氢化合物上而形成负自由基离子，如$C_6H_6^-$、$C_{10}H_8^-$等。溶液中芳香族碳氢化合物的正负自由基离子处于相对稳定状态。

溶于惰性溶剂（如，四氢呋喃）中的苯将与金属钠反应，根据化学方程 $C_6H_6 + Na \longrightarrow C_6H_6^- + Na^+$，产生苯阴离子（在 -70°C 以下稳定）。苯阴离子的附加电子占据 πMO（由碳的 $2p_Z$ 轨道构成），并且与 6 个氢原子相互作用。苯阴离子的 ESR 谱有 7 条超精细谱线，其相对强度比为 1:6:15:20:15:6:1，超精细分裂常数为 0.375mT，谱图如图 3.29 所示。

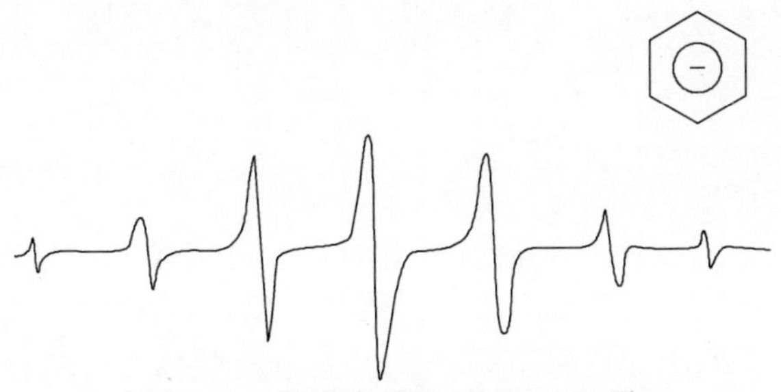

图 3.29 溶液中苯阴离子的 ESR 谱

萘阴离子自由基的频谱如图 3.30 所示。萘分子中的两组质子分别标记为 α 和 β，每组质子中又有 4 个等价质子。α 质子产生超精细五重态，分裂常数为 0.495mT，强度比为 1:4:6:4:1。β 质子使这些谱线中的每条谱线又进一步分裂为超精细五重态，分裂常数为 0.187mT，将产生 25 条谱线。从 β - 氘化萘（β - Deuterated Naphthalene）阴离子的频谱可以推断出，较大的超精细化常数是由 α 质子产生的，从后续讨论的 Huckel 分子轨道（HMO）计算中同样可以

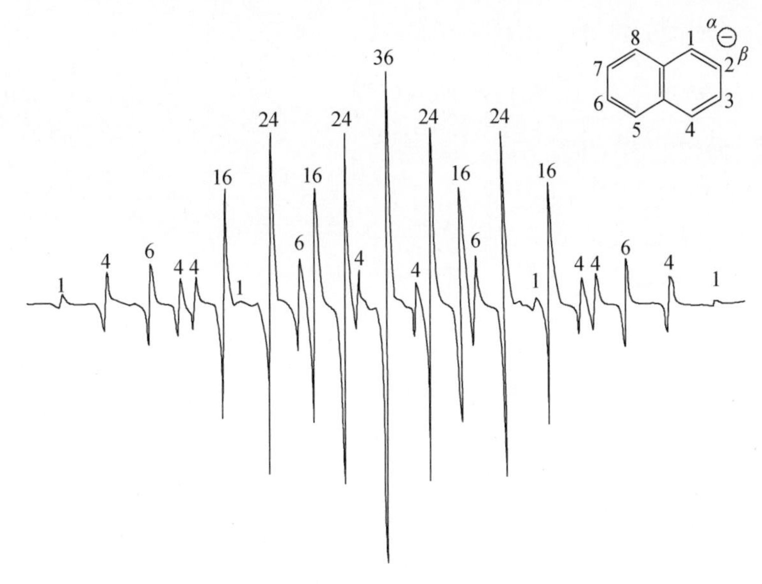

图 3.30 溶液中萘阴离子自由基的 ESR 谱；阳离子是 K^+；每个线上的数字对应于相对强度

得到这个结论。根据下面的关系式可知，用氘取代氢将使得耦合常数变小。

$$a_D = (g_D/g_H)a_H = 0.15a_H$$

式中：核 g 因子 $g_D = 0.85745$，$g_H = 5.5857$。与 NMR 谱类似，为了方便解释 ESR 谱，通常用氘取代氢。

3.10 超精细相互作用的原因

3.10.1 偶极相互作用

通过高能量 X 射线或其他辐射照射固体容易生成和诱导活化自由基。相对于溶液自由基谱线，固态自由基的超精细谱线通常非常宽。谱线展宽的主要原因是未配对电子磁矩和相邻磁性原子核之间的偶极相互作用。当偶极子间距与键长数量级相同时，该作用力将很大。这种偶极相互作用的特征是其大小取决于自由基相对于所施加磁场的取向，即在所有方向上都不相同。电子磁矩和原子核磁矩间的相互作用完全类似于两个条形磁体之间的偶极耦合。电子的两个偶极子与核之间相互作用能量的经典表达式：

$$\boldsymbol{B}_{\text{local}} = \boldsymbol{\mu}_e \boldsymbol{\mu}_N \frac{(3\cos^2\theta - 1)}{r^3} \tag{3.16}$$

式中：θ 为磁场方向与电子和原子核之间连线形成的夹角；r 为电子与原子核偶极子间的距离，如图 3.31 所示。

相互作用的能量 B_{local} 平行于外部磁场，由式（3.17）给出：

$$\boldsymbol{B}_{\text{local}} = \boldsymbol{\mu}_N(z) \frac{(3\cos^2\theta - 1)}{r^3} \tag{3.17}$$

式中：$\boldsymbol{\mu}_N(z)$ 为沿外部磁场方向的核磁矩分量。

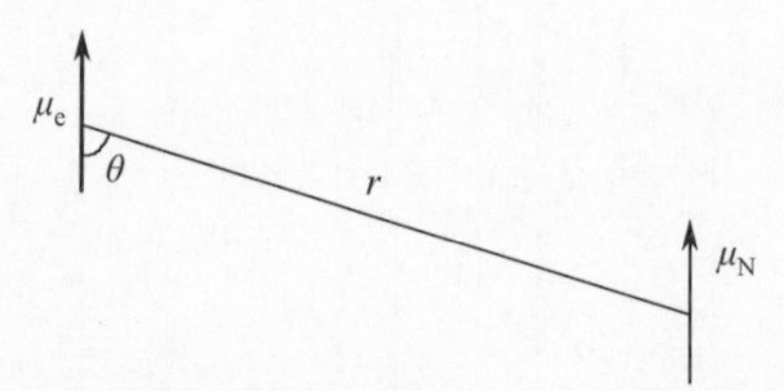

图 3.31 电子磁矩 $\boldsymbol{\mu}_e$ 和核磁矩 $\boldsymbol{\mu}_N$ 之间的偶极相互作用

偶极相互作用将改变固体中诱导自由基未配对电子的能级，显然 $\boldsymbol{B}_{\text{local}}$ 取决于 θ 的取值，因此，偶极相互作用取决于所施加磁场的偶极子方向。由此产生的局部场在所有方向都不相同，也就是说，它不是各向同性的，而是各向异性的。g 值和超精细分裂也将是各向异性的，因为它们取决于所施加磁场中样品分子的方向。溶液中的自由基随机快速翻滚，使这种情况得以简化。在溶液中，当所有取向都出现时，$\langle \cos^2\theta \rangle$ 的平均值为1/3，则所有的偶极相互作用平均为0。前面讨论的大多数ESR谱均为液体样品，其自由基可以自由地迅速定向。在不同方向上快速翻转将平均掉 g 因子和超精细分裂中的任意各向异性，因此，在溶液中可观测到窄的超精细谱线，而在固体中可观测到宽带谱线。

另外，还有两个影响超精细耦合常数 a 大小的因素：①费米接触项；②自旋极化（交换）的影响。

3.10.2　各向同性超精细相互作用

电子不局限于空间中的某一位置，则通过平均所有可能的电子位置就可计算出偶极相互作用的有效值 B_{local}。如果电子在不同方向上出现概率相等，例如，位于原子核 s 轨道中心的电子，$\langle \cos^2\theta \rangle$ 的平均值为1/3，将它代入式（3.16），则 B_{local} 为0。对氢原子来说，偶极相互作用应会消失。但奇怪的是，对具有一个未配对电子驻留在1s 轨道上的氢原子来说，观测到一个大的超精细相互作用，该作用称为各向同性超精细相互作用或费米接触相互作用，是一种量子力学概念。

电子－核耦合是磁性的，它可以是电子磁矩和核自旋之间的偶极相互作用，或是费米接触相互作用。后者取决于电子与原子核的紧密程度，只有当电子占据 s 轨道时才会发生。电子磁矩与核通过费米接触相互作用进行耦合。这种相互作用首先由费米提出的，它代表了自旋电子在原子核上产生的核矩能量，其表达式为

$$B_I = aLS \tag{3.18}$$

费米接触相互作用表明，各向同性的核超精细分裂 a 取决于原子核中未配对电子的概率密度。此概率由电子波函数的平方 $|\psi(0)|^2$ 给出，其超精细分裂常数值为

$$a = \left(\frac{8\pi}{3}\right) g\beta_e g_N \beta_N |\psi(0)| \tag{3.19}$$

式中：g_N 和 β_N 分别表示核 g 因子和核玻尔磁子

式（3.19）称为费米接触相互作用。各向同性超精细常数 a 也可用频率单位来表示，即为 a/h。在式（3.19）中，$|\psi(0)|$ 是原子核的电子波函数。氢原子的1s、2s、2p 等轨道的径向分布如图3.32所示。从图3.32可以看出，在原子核中，只有 s 轨道（1s、2s、3s）上的电子出现概率非零。然而，仅对 s 轨道来说，$|\psi(0)|^2$ 是有限的，这是因为 p、d 和 f 轨道在核处有交点。正是这个有限的电子密度产生了各向同性的超精细相互作用。因此，若未配对电子轨道在原子核处有 s 特征，则可观测到特定原子核的各向同性超精细分裂，分裂数值与未配对电子轨道所具有的s特征量有关。

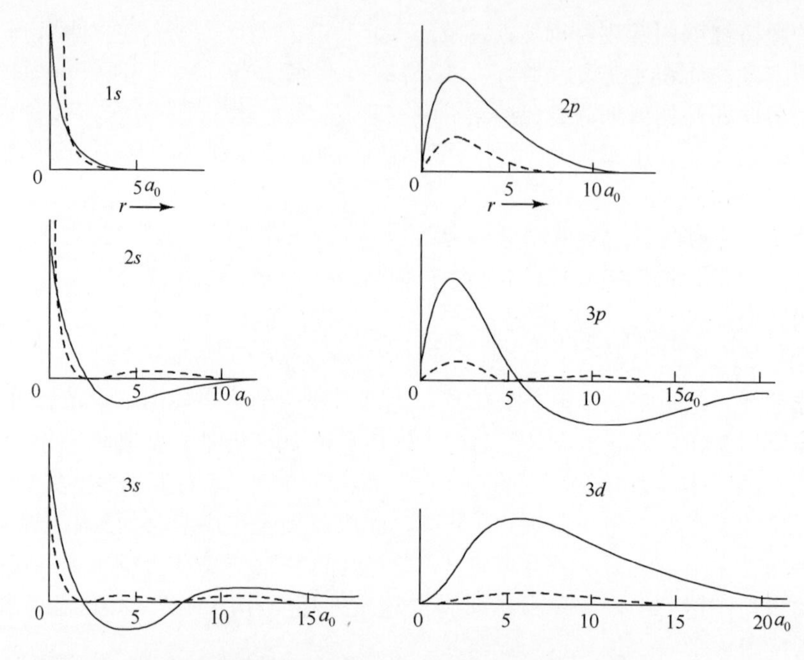

图 3.32　氢原子轨道的径向函数 $R_{n,1}$(–) 和径向函数的平方 $(R_{n,1})^2$(– –) 可表示成电子 – 原子核距离函数，以原子（ a_0 ）为单位

不论自由基是否翻滚，s 轨道都围绕其原子核呈球对称，故无偶极相互作用。费米接触相互作用是各向同性的，也就是说，它与顺磁物质的方向无关。因此，它甚至可以通过液态中快速翻滚的自由基来呈现。

氢原子的未配对电子占据 1s 轨道，其波函数表达式为

$$\psi_{1s} = \frac{1}{\sqrt{\pi a_0^3}}\exp\left(\frac{-r}{a_0}\right) \tag{3.20}$$

式中：a_0 为玻尔半径（0.05292nm）。

从式（3.20），可得

$$|\psi_{1s}(0)|^2 = \frac{1}{\pi a_0^3} \tag{3.21}$$

把 $r=0$ 时的 1s 轨道电子密度值代入式（3.19），就可以得到氢原子各向同性的超精细分裂常数值，$a_H = 50.77$mT（= 1420.14MHz），该值与实验值一致。

费米接触相互作用大小可用 s 轨道的未配对电子来表示。基态时，氢原子的电子占据 1s 轨道，其超精细分裂常数为 50.86mT。显然，氢原子 1s 轨道上的电子密度一致，因此，如果测量特定质子的超精细分裂常数是 a_H，那么 1s 轨道上未配对电子的部分由 a_H/50.7mT 给出，它是 1s 轨道对未配对电子波函数贡献的一种度量。例如，对于乙烯基（vinyl）自由基来说，观测到顺式氢

原子的超精细耦合常数为6.8mT，从广义上讲，这意味着所讨论的氢原子未配对电子密度约为68/507。

用各向同性超精细分裂理论来分析其他原子核，如^{13}C、^{14}N、…，要比分析质子更加复杂。^{13}C超精细分裂与碳原子上π电子自旋密度不成正比。例如，甲基的a_C = 4.1mT，对苯负离子的a_C = 0.28 mT。如果成正比，对于苯来说，质子超精细分裂应该接近0.7mT。

*p*电子的偶极子相互作用和*s*电子的费米接触相互作用所产生的磁场是相当大的。如前所述，由于接触相互作用，氢原子1*s*轨道电子经受核场为50.7mT，而氮原子2*s*轨道电子经受核场为55.2mT，氟原子2*s*轨道电子经受核场非常大，接近1720mT，^{14}N核2*p*轨道电子经受的平均场接近3.4mT。接触相互作用的大小可用*s*轨道未配对电子来解释，偶极－偶极相互作用可用*p*轨道未配对电子来解释。这给出了关于分子轨道（MO）性质以及未配对电子占据原子轨道性质的有价值信息。由2*p*轨道未配对电子引起的^{14}N和^{19}F的各向异性耦合常数分别为3.4mT和108.4mT。类似地，对于^{13}C来说，2*s*和2*p*轨道电子的各向同性和各向异性引起的耦合常数分别为113.0mT和6.6mT，这显示了未配对电子所占据轨道杂化性质。

3.10.3 自旋极化

甲基自由基具有平面结构，未配对电子占据碳的$2p_z$轨道。氢原子都位于$2p_z$轨道的结面，因此观测不到各向同性质子超精细分裂。同样的情形也存在于芳香π自由基中的氢原子，例如，苯阴离子自由基未配对电子占据了一个由碳原子$2p_z$原子轨道的线性组合所构成的π MO。由位于分子平面内的$2p_z$碳原子轨道形成的MO是一个结面，因此，未配对电子和质子环之间的耦合常数为0。显然，苯和其他共轭分子频谱证明质子超精细分裂发生在π自由基。McConnell等认为，芳香族π自由基中的环质子和其他系统（如甲基自由基）发生各向同性超精细相互作用机制，归因于π和σ电子之间通过间接机制进行相互作用，这种间接机制称为自旋极化。McConnell指出，未配对π电子可以通过原子交换机制与σ键相互作用，在芳香质子的*s*原子轨道上产生可评估的合成电子自旋极化。这种极化结果是氢原子未配对电子的波函数振幅是有限值，可能发生电子自旋和核自旋相互作用（例如，费米接触相互作用）。这取决于特定碳未配对电子的自旋密度，一般表现为质子超精细分裂大小和质子核磁共振化学位移（见第18章），这种效应可简单描述如下。

考虑一个共轭系统，如苯中的C—H键。碳原子的$2p_x$、$2p_y$和2*s*轨道形成三角sp^2杂化轨道，氢原子键合到一个sp^2杂化轨道上。在C—H σ成键轨道中，两种可能的电子自旋结构如图3.33所示。当$2p_z$轨道没有电子时，图3.33的组态（a）和组态（b）出现概率是相等的。在α自旋（向上自旋）

中，π 轨道（即垂直于分子平面的碳 $2p_z$ 轨道）中存在未配对电子，使 C—H σ 键的电子对以如下方式进行极化：平行于自旋（α 自旋）的电子优先位于其附近，这使得质子处的未配对自旋密度小，这种效应称为自旋极化。氢原子核处将感应出符号相反的自旋密度，感应自旋密度将与碳原子轨道的自旋密度 ϕ_μ 成比例。根据洪特（Hund）规则，在同一个原子上（这里是碳原子），如果两个电子分占两个不同轨道，更稳定的基态排列是基态的电子自旋相互平行。换句话说，图 3.33 中排列（ⅰ）出现的概率大于排列（ⅱ）的概率，其中排列（ⅰ）中碳原子的两个电子自旋是平行的，排列（ⅱ）中电子自旋是反向平行的，从而在氢原子 1s 轨道上形成一个小的净负自旋密度（即 β 自旋超过 α 自旋）。在碳原子核中会有一个正的自旋密度。质子中的负自旋密度会引起负的质子超精细分裂。自旋极化效应导致 ESR 信号超精细分裂，但该分裂明显小于由未配对电子与质子直接接触引起的分裂。

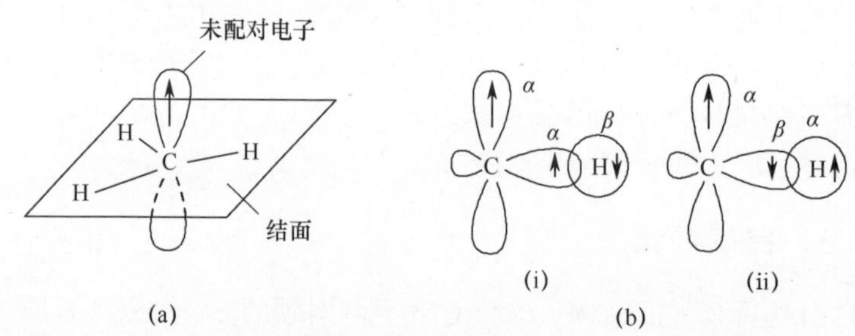

图 3.33　（a）C—H 键表明含有未配对电子的碳 $2p_z$ 原子轨道结面；（b）电子自旋（ⅰ）和（ⅱ）在 C－H 中 σ 键轨道的排序

图 3.33 中排列（ⅰ）比排列（ⅱ）稳定的原因是电子交换作用。在图 3.33（a）中，碳原子上两个主要电子可以互相交换位置，这种交换相互作用不仅产生自旋极化，也符合洪特规则。

现在讨论未配对自旋密度的概念。假设当添加一个电子到一个共轭分子中形成阴离子时，分子中的其他电子将不受影响，那么电子自旋密度或自旋密度就是指新增未配对电子的密度。然而分子中的其他电子受到新增电子的轻微影响，在分子的某些区域中，“配对”电子变得稍微不配对，自旋密度将不等于未配对电子密度。

自旋密度可以用下面的关系式定义：

$$\rho_i = \rho_{i(\alpha)} - \rho_{i(\beta)} \tag{3.22}$$

式中：ρ_i 为分子中第 i 区的自旋密度；$\rho_{i(\alpha)}$ 为 α 自旋电子在第 i 区的总自旋密度；$\rho_{i(\beta)}$ 为 β 自旋电子在第 i 区的总自旋密度。将所有 α 自旋电子密度加起来，得到总自旋密度 $\rho_{i(\alpha)}$，同样，将 β 自旋电子密度加起来，得到总自旋密度 $\rho_{i(\beta)}$。再次考察共轭分子的 >C—H 段，质子上将有一个净负电子自旋密度（也就是

β 自旋超过 α 自旋)。碳原子核中存在正的自旋密度。质子的负自旋密度会产生负的质子超精细分裂。

在共轭分子中，未配对自旋密度 $\rho(r_N)$ 离域到分子中氢原子上的超精细分裂为

$$a = \frac{8\pi}{3} g\beta_e g_N \beta_N \rho(r_N) \tag{3.23}$$

式中：$\rho(r_N)$ 为原子核中特征为 α 自旋和 β 自旋电子平均数的差。当核中存在过量的 α 自旋密度时（也就是说，电子自旋力矩平行于场），认为核是正的自旋密度。反之，过量的 β 自旋电子密度称为负的自旋密度。正自旋密度由与外部磁场方向一致的箭头表示，负自旋密度则用与磁场方向相反的箭头来表示。应该注意的是，分子中原子的未配对自旋密度数量并不与未配对电子密度直接对应。分子中原子轨道上的未配对电子可以极化成对自旋（在正交 σ 键中），使得其中一个电子常常位于另一个的附近。即使核上没有未配对电子密度离域，也会形成未配对自旋密度。

对 > C—H 段的计算表明，质子超精细分裂常数 a_H 正比于碳原子（与氢原子键合）上未配对 π 电子密度 ρ_C，即

$$a_H = Q\rho_C \tag{3.24}$$

式中：Q 为当一个完整电子在碳轨道上时 a_H 值。因此，Q 与电子位于质子核位置的概率成正比。碳的正自旋密度引起了氢的负自旋密度，Q 是负值，则次甲基（—CH）质子的超精细参数 a 前面应该加负号。

对于芳香烃片段来说，正的碳自旋密度（磁矩矢量 α 平行于 B_0）将引起高场质子化学位移，负的自旋密度 β 将引起低场质子化学位移，从 NMR 谱中可以直接得到自旋密度的符号。当然，接触位移的观测并不仅限于芳香族质子（见第18章）。Q(CH) 的负号表示在质子 1s 轨道中诱导的未配对电子自旋方向与碳原子 sp^2 轨道中诱导的电子自旋相反。然而，无论 Q 和 a 的符号是正是负，上述的讨论都是有效的。从一个自由基到另一个自由基，Q 值的变化范围为 $-2 \sim -3$ mT，但苯阴离子的 Q 值为 -2.3mT。当存在两个或多条谱线时，第一条谱线中心到最后一条谱线中心间的距离称为频谱范围，苯阴离子频谱范围接近2.25mT。利用甲基自由基 CH_3 ($\rho_C = 1$) 的 a_H 值可以计算出 Q 的近似值，通常计算得到的自由基阳离子值比对应的阴离子值稍大。苯阴离子自由基的质子超精细分裂值为0.375mT，分子具备对称性，使其电子密度在每个碳原子处为1/6。

假设氢原子 1s 轨道上某个电子引起的超精细分裂值为50.7mT，根据公式，有

$$a = Q\rho \tag{3.25}$$

式中：$^{\bullet}CH_3$ 自由基中每个质子的 $\rho_{1s} = 23/507 = 0.045$，$C_6H_6^-$ 的 $\rho_{1s} = 3.75/507 = 0.0075$。换句话说，甲基自由基中未配对电子有接近5%的时间出现在每个氢原子 1s 轨道上，而85%的时间靠近碳原子。

烷基与共轭基的区别在于烷基附近未配对电子主要在特定碳原子上。$^{\bullet}CH_3$和$^{\bullet}CH_2CH_3$的数据为

$$\rho(^{\bullet}CH_3) = 1.0;\ a_H = 2.30\text{mT};Q = 2.30\text{mT}$$

$$\rho(^{\bullet}CH_2CH_3) = 0.910;\ a_H = 2.24\text{mT};Q = 2.435\text{mT}$$

对于$^{\bullet}CH_3$自由基来说，由^{13}C引起的双重分裂值为4.1mT，碳2*s*轨道的贡献约为4%（C_{2s} = 0.04）。虽然这是一个小因素，但它在解释许多有机自由基的ESR谱的超精细结构方面具有重要意义。

分析ESR谱并根据McConnell关系就可直接测量π电子自旋密度。上述关系允许从实验质子耦合常数（实验值）获得自由基碳骨架上未配对的自旋密度分布。由于电荷分布也可根据MO理论计算，所以可以利用MO计算把测量得到的超精细分裂常数分配给特定的质子。这些自由基的自旋分布可以用简单的HMO理论来解释。实验值与理论值的一致性将会确定某一特定自由基的特性。例如，从计算得到的自旋密度可以发现，萘阴离子的较大分裂源于α质子。因此，它为MO理论的预测提供了一种检验方法。

自旋极化的一个常见问题是观测到的相关耦合常数和自旋密度间的相关性，另一个问题是有关负自旋密度的。这两个问题都需要考虑电子相关性，分子中电子的相关性产生了库仑斥力和自旋交换作用。

3.11 σ 自由基

如果自由基中未配对电子位于πMO，则其为π自由基。前面讨论的大多数有机自由基均属于这一类。对于π自由基，未配对电子主要位于碳的$2p_z$(π)轨道上，在这些轨道中观测到了较小的各向同性超精细耦合，这些耦合主要是由间接自旋极化机制产生的。然而，未配对电子占据σ轨道的自由基数量是有限的，这类自由基称为σ自由基。

若干已知自由基的质子超精细分裂值为6～18mT，这些分裂太大，且未配对电子具有明显的*s*特征。这类自由基中未配对电子主要分布在由σ键和另一个原子核（如，氢原子）所形成的σ轨道上，因此，大多数σ轨道具有相当大的*s*轨道分量。多数各向同性超精细耦合具有σ轨道特征，分裂常数的符号应为正值，这是因为σ轨道的*s*分量与质子直接相互作用。乙炔基（$^{\bullet}C{\equiv}CH$）中未配对电子占据轨道，否则指向乙炔分子中的氢原子，同理，在甲酰基中，未配对电子主要位于σ轨道上，该σ轨道将键合甲醛分子中的氢原子。

温度为4K时，HI在固态的CO中光解生成HCO自由基。它的ESR谱由间距为13.6mT的双谱峰构成。由气态电子吸收谱确定了HCO自由基具有弯曲结构。在相应的DCO自由基中，由于氘核自旋和电子自旋的超精细相互作用，

其频谱由谱线强度相等的三重态构成，DCO 自由基的超精细分裂为 2.0mT。a_D/a_H 比值与 g_D/g_H 比值高度一致，其中 $a_D/a_H = 20/136 = 0.15$，$g_D/g_H = 0.153$。HCO 质子的超精细耦合常数为 1.36mT，在 HCO 自由基中，氢原子 1s 轨道的自旋密度约为 0.27，质子超精细耦合常数为 1.38mT，这是除了氢原子外已知的最大质子耦合常数。

H—•C=O

另一个 σ 自由基的例子是乙烯基自由基（$^{\bullet}CH{=}CH_2$），在刚性系统中 H_1 的超精细耦合常数为 1.57mT，H_2（反式）为 6.85mT，H_3（顺式）为 3.42mT。乙烯基自由基未配对电子占据 σ 轨道。顺式位置的超精细分裂常数 6.85mT，表明未配对自旋在顺式氢的 1s 轨道上的时间约占 $68.5/506.8 \approx 0.135$，该分数代表在 1s 轨道上的未配对自旋密度。

3H, 2H—C=C•—H1

即使是乙烯基超精细分裂常数的最大值也比 HCO 自由基的小得多，这种差异主要归因于分裂常数随键角变化很大。σ 自由基的超精细分裂表现为大的各向异性，这将在后面讨论。

已经研究了简单的液态烷基自由基。在低温下，烷基自由基可以通过连续电子辐射液态碳氢化合物形成。乙烷基、异丙基和异丁基的超精细分裂常数（以 mT 为单位）列举如下，其显著特点是甲基或 β 质子耦合大于 α 质子，这是由于超共轭的原因。

$\dot{C}H_2$ — CH_3（2.24, 2.69）　　$(CH_3)_2\dot{C}H$（CH 2.20, CH_3 2.24）　　$(CH_3)_3\dot{C}$（CH_3 2.27）

由于超共轭作用，许多含亚甲基的 π 电子自由基都有较大的超精细分裂。例如，$H_2CN^{\bullet}$ 质子超精细分裂 $a_H = 8.7mT$，对于共轭环己二烯基而言，即使 π 电子在较大的环上扩散，它表现出较大的亚甲基质子分裂。

•N=C(H 8.70)(H)　　环己二烯基：4.77 (H, H)，0.265，1.30，0.90

（超精细分裂常数，单位，mT）

比较 $^{\bullet}CH_3$ 自由基和 $^{\bullet}CF_3$ 自由基中 ^{13}C 的耦合常数会发现一个非常有趣的

现象。对于平面 CH_3 自由基来说，a_C = 4.1mT，而对于 $^{\bullet}CF_3$ 自由基，a_C =27.16mT。$^{\bullet}CF_3$ 自由基中 ^{13}C 的超精细分裂变大的原因可以解释为由 $^{\bullet}CF_3$ 椎体结构变形引起的，这种扭曲会引起未配对电子轨道中产生一些 s 特性的电子。

如果该自由基是 σ 自由基，例如乙烯基自由基，含有未配对电子的 σMO 主要源于分子中质子的贡献。根据式（3.26），未配对电子直接离域到质子上，且 a_H 正比于 MO 波函数的平方 ψ^2，由于简单 HMO 计算未考虑 σ 键的因素，故此采用扩展的 HMO 方法。有关从 MO 波形函数评估氢核处的 ψ^2 方法早有报道，a_H 可根据式（3.26）计算。

$$a_H(\mathrm{Gs}) = 1887\psi_H^2 \tag{3.26}$$

一般来说，对于分子中的其他质子（也有例外），当直接离域明显时，自旋极化效应的贡献相对较小。用 MO 方法解释除氢之外的原子超精细分裂是相当复杂的。

3.12 基于 HMO 理论的谱归属

HMO 理论为解释 π 电子自由基的 ESR 谱提供了强有力的支持。HMO 理论也用于计算每个原子的电子密度，从而确定未配对电子的 MO 性质。有关利用 HMO 计算 MO 能量和 π 电子系统中未配对电子分布的概述，可以参考相关资料。文献中详细描述了 HMO 计算过程。为了便于说明，首先考察 1,3 - 丁二烯阴离子。温度为 195K 时，液态氨中丁二烯电解还原生成 1,3 - 丁二烯阴离子。它包含两组质子，一组由两个 CH 质子构成，另一组包含四个 CH_2 质子。预测丁二烯阴离子 ESR 谱中是否包括三个五重态或五个三重态是相当困难的，这取决于超精细分裂常数。通过下面将要讨论的丁二烯 HMOs 就可以容易地看到其谱线特征。1,3 - 丁二烯阴离子频谱如图 3.34 所示。超精细分裂常数 $a(CH_2)$ 和 $a(CH)$ 分别为：$a(CH_2) = a_1 = a_4 = -0.762$mT，$a(CH) = a_2 = a_3 = -0.279$mT。1,3 - 丁二烯阴离子 ESR 谱如图 3.35 所示。

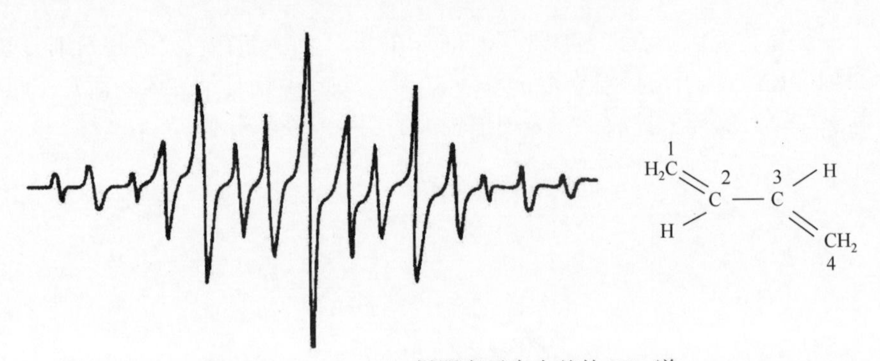

图 3.34 1，3 - 丁二烯阴离子自由基的 ESR 谱

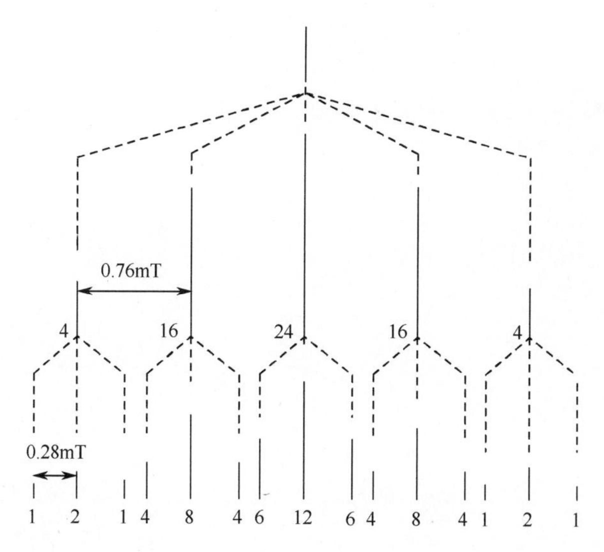

图3.35　1，3-丁二烯阴离子ESR谱超精细结构的分析

1,3-丁二烯阴离子有五个π电子。丁二烯的最低未占用HMO为$\psi_3 = 0.602\phi_1 - 0.372\phi_2 - 0.372\phi_3 + 0.602\phi_4$，其中$\phi$表示碳原子的$2p_z$轨道。未配对电子驻留在MO（$\psi_3$）。根据MO（$\psi_3$）中原子轨道系数，可以得到原子1和原子4的电子密度，也就是说，$\rho_1 = \rho_4 = (0.61)^2 = 0.372$。类似地，丁二烯阴离子中，原子2和3电子密度是$\rho_2 = \rho_3 = (0.37)^2 = 0.137$。观测到的超精细分裂比率为$a_1/a_2 = 2.73$，与π电子密度的比$\rho_1/\rho_2 = 2.72$非常一致。显然，这种对应关系与McConnell关系所给出的共轭有机自由基中未配对π电子密度与质子超精细分裂之间的线性关系是一致的。

对于萘阴离子而言，HMO理论将未配对电子置于中性萘分子最低未占用MO，其MO为

$$\psi_6 = 0.425\ (\phi_1 + \phi_4 - \phi_5 - \phi_6)\ + 0.263\ (-\phi_2 - \phi_3 + \phi_6 + \phi_7) \quad (3.27)$$

式中：ϕ为碳的$2p_\pi$原子轨道。萘的原子数目如图3.30所示。由于未配对电子占据$MO\psi_6$，可以用形成$MO\psi_6$的原子轨道系数来计算未配对电子密度。由此可知，对于α碳原子，$\rho_\alpha = (0.425)^2 = 0.181$，对于β碳原子，$\rho_\beta = (0.263)^2 = 0.069$。耦合常数期望值为-0.42～-0.16mT，与观测值-0.495～-0.187mT相吻合。计算耦合常数α和β的比值$a_\alpha/a_\beta = 2.72$，与观测值2.70（也就是，4.95/1.87）也是高度一致，进而验证了HMO理论。

3.13　交替烃

π电子系统中，若分子中的碳原子可以分为有星标和无星标的两组，且属

于同一组的两个原子不会相连，这样的系统称为交替烃。当它们分别含有奇数或偶数个碳原子时，它们又分成奇交替烃和偶交替烃。

在奇交替烃中，有星标的原子数大于无星标的原子数。一些交替烃的例子如图3.36所示。

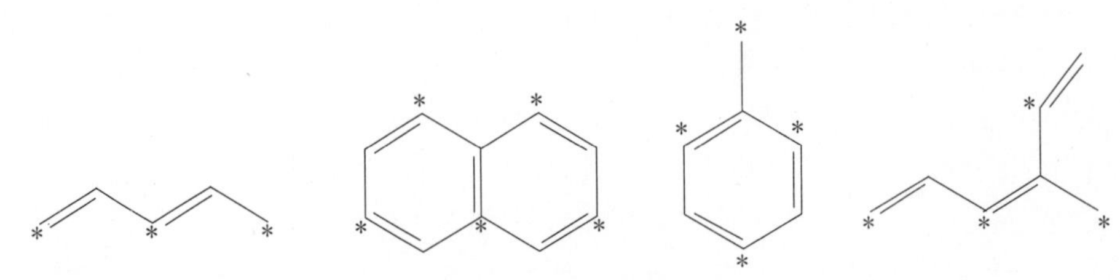

图3.36　一些交替烃的例子

HMO理论在解释ESR波谱应用方面存在局限性，即在观测到较小超精细分裂的位置处，未配对电子密度的预测值为0。例如，对于烯丙基自由基中的中心原子和苯甲基自由基中的间位，为奇数交替烃。HMO方法失效的典型例子如下。烯丙基碳原子中心的质子超精细分裂为0.407mT，碳原子末端质子超精细分裂为1.394mT和1.484mT。末端碳的两个氢原子并不是等价的，不能确定哪一个CH_2质子具有较大的超精细分裂。烯丙基的HMO轨道由碳原子的$2p_z$轨道ϕ_1、ϕ_2和ϕ_3构成，每个氢原子到另外三个碳原子的HMO轨道计算如下。

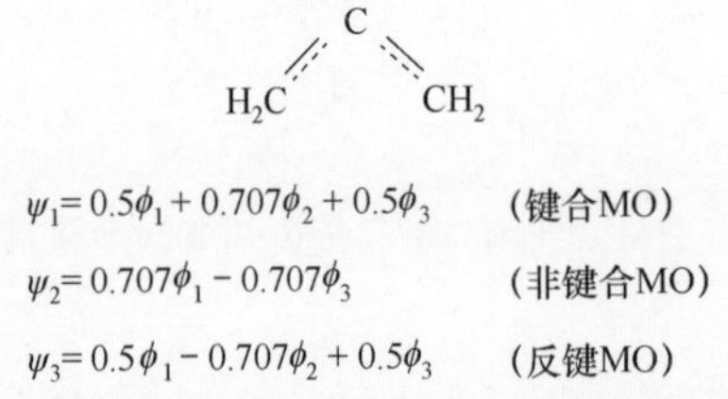

$$\psi_1 = 0.5\phi_1 + 0.707\phi_2 + 0.5\phi_3 \quad \text{(键合MO)}$$

$$\psi_2 = 0.707\phi_1 - 0.707\phi_3 \quad \text{(非键合MO)}$$

$$\psi_3 = 0.5\phi_1 - 0.707\phi_2 + 0.5\phi_3 \quad \text{(反键MO)}$$

烯丙基未配对电子驻留在Ψ_2轨道，原子末端的π电子密度为1/2，原子中心的密度为0，这与实验观测到的原子中心质子的超精细分裂为0.407mT是矛盾的。在2号原子中心，轨道Ψ_2有一个节点。如上所述，在交替烃情况下，无星标原子超精细分裂不能用HMO方法来解释，需要引入自旋密度的概念，它与未配对电子密度有大小和符号不同。然而，一般情况下，当用HMO方法计算未配对电子密度结果为0或很小时，为了合理解释ESR谱，就必须假定负自旋密度。利用MO方法时，为了得到负的自旋密度，需考虑HMO方法中被忽视的电子互斥力。烯丙基中自旋相关效应的作用是：在—CH_2碳上积累正自旋（α），并在—CH的碳上留下负自旋（β），这些负自旋量需要由更先进的MO方法处理。

值得注意的是，在单电子 MO 模型中，只有单独占据 MO（Ψ_k）的未配对电子对原子 μ $2p_z$ 轨道上的自旋量 ρ_μ 有贡献，所产生的自旋量必然总是正的。负的自旋量，即由较低能级上的电子位移引起的过量反自旋电子将出现在中心处，在该中心处，HMO 理论预测值小或无自旋量。

McLauchlan 提出微扰法来计算自旋密度（由 HMO 理论给出的零电子密度）。用微扰法已经预测到烯丙基中心碳原子 2 的自旋密度是负值，其他两个碳原子 1 和 3 的自旋密度是正值。对于苯甲基，也可用 McLauchlan 方法进行类似的计算，预测其间位是负自旋密度。由于自旋密度的代数和必须等于 1，在一个位置上存在负自旋密度意味着分子中必须有额外的自旋密度来补偿。所以，超精细分裂模式的整体展宽比 Q 值大得多(式（3.24）)。核磁共振实验表明偶交替烃中也出现负 π 电子自旋密度，如芘阴离子。

苯甲基的未配对电子驻留在非键合 MO 中。在质子 3 和 5 的位置处没有观测到超精细分裂，这是由 HMO 模型中系数为 0 导致的，该苯甲基的非键合 MO 为

$$\psi_0 = \psi_4 = -0.378\phi_2 + 0.378\phi_4 - 0.378\phi_6 + 0.756\phi_7$$

间位无星标的苯甲基 ESR 谱中存在明显的超精细分裂，而根据 HMO 理论预测该位置的电子密度为 0。苯甲基的质子超精细分裂实验值与理论值比较如下。

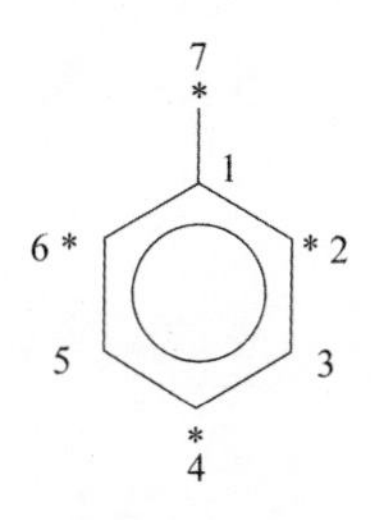

超精细分裂常数/mT

原子位置	实验值	理论值
2，6	-0.49	-0.40
4	-0.61	-0.40
3，5	+0.15	0.0
7（CH_2）	-1.59	-1.59

尽管存在这些差异，仍然可以认为 HMO 理论得到的计算值与实验值近似一致。构型相互作用的 MO 计算结果表明，在苯甲基自由基间位碳原子处存在

小的负自旋密度，这意味着苯甲基间位的质子 a_H 为正。

自由基离子的 ESR 谱检测为交替烃的理论预测提供了一种检验方法。在交替烃中，最高占据和最低未占据 MO 是成对的。在阴阳两种离子中，未配对电子占据这些轨道。阳离子和阴离子的自旋密度分布是恒等的，即 $\Psi_r^+ \equiv \Psi_r^-$。苯阴离子的超精细分裂常数为 0.35mT，对于阳离子则稍高一点，为 0.440mT。遗憾的是，该预测方法不能用来检测萘，这是由于用萘氧化 $SbCl_5$ 将生成二聚体 $(C_{10}H_8)_2^+$ 而不是 $C_{10}H_8^+$ 单体。在硼酸玻璃中模拟 X 波段的 ESR 谱，可估计萘阳离子和阴离子中质子超精细耦合常数，以及蒽的阴离子和阳离子超精细耦合常数，如下所示。

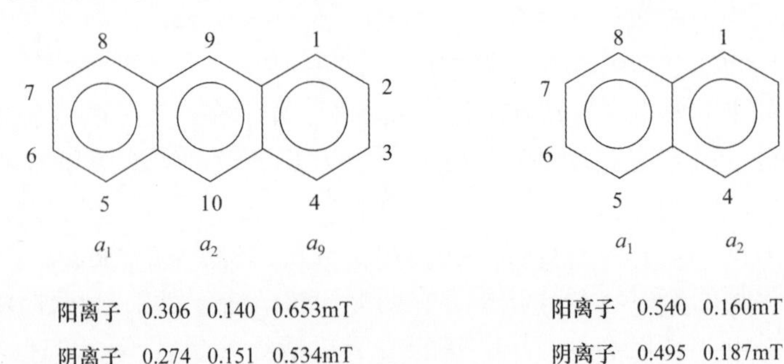

观测到的质子超精细分裂非常相似但不相同，并且它们在阳离子中通常比较高，例如苯。电子自旋密度分布和蒽阳离子占据最高 HMO 原子轨道系数如图 3.37 所示。HMO 理论预测的电子密度 $\rho_2:\rho_1:\rho_9$ 为 0.048∶0.096∶0.194，即超精细分裂常数 $a_2:a_1:a_9$ 比为 1∶2∶4，这与观测到的比值非常一致。

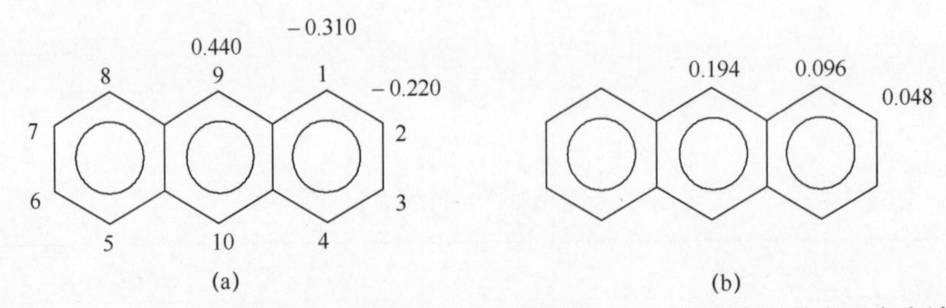

图 3.37　（a）占据最高 HMO 轨道的原子轨道系数；（b）蒽阴离子的电子密度计算

下面分析前面已讨论过的作为杂环化合物例子的吡嗪 ESR 谱。对于吡嗪阴离子，依据 HMO 理论，将未配对电子放置在中性分子的最低未占用的 MOΨ_4 上。$\Psi_4 = 0.542(\phi_1 + \phi_4) - 0.321(\phi_2 + \phi_3 + \phi_5 + \phi_6)$。氮与碳原子电子密度比为 $(0.542)^2/(0.321)^2 = 2.80$。观测到的耦合常数 $a_N = 0.722\text{mT}$，$a_H = 0.266\ \text{mT}$，$a_N/a_H = 2.71$，两者一致。除了氢原子外，利用 MO 计算结果解释超精细分裂（如 ^{13}C、^{14}N 和 ^{17}O）将更加复杂。

3.14　超精细分裂常数

超精细分裂常数随自由基性质的变化而变化，它是衡量核与电子自旋相互作用强度的一种手段。在过渡金属离子中，其电子与单个原子相互作用，且可观测到10mT或以上的超精细分裂。在有机自由基中，其电子常与几个原子核相互作用（比如在芳香族化合物中），在低黏度的溶剂中，单谱线之间的超精细分裂将会较低，并且末端谱线间的频谱范围典型值为2~3mT。图3.38列出了一些简单自由基的超精细分裂常数，所给出的分裂常数主要用于电子-质子相互作用。

溶液中，有机自由基的ESR谱线是不重叠的，比较容易分析。然而通常情况下，不能完全可分辨地绘制出来这些谱线，这使得分析变得困难，且容易出错。当存在大量相互作用核时，超精细结构会变得极其复杂，但原则上，可以通过一些简单的方法来解释溶液中所有顺磁性物质的频谱。

自由基超精细耦合常数的归属可通过与选择性氘化辅助的相关系统进行比较，以及通过上述MO方法计算电子密度来进行。当超精细谱线不全具有相同的宽度，或者当它们存在很大程度的重叠，或者当自由基参与交换反应（可能发生自旋重新分配）时，超精细耦合常数归属变得困难。当频谱较差或谱线众多时，基于假设的超精细分裂和线宽有利于对频谱进行计算机模拟。这些方法可用于特定去耦超精细相互作用，以简化频谱并有助于超精细耦合常数的归属。在这种情况下可使用双共振技术，这将在后面讨论。在不同的温度、不同的pH值以及电介质溶剂中，频谱测量证明是有效的。

一些有助于解释ESR频谱的重要规则如下：

（1）频谱中，谱线的期望位置是关于中心点对称的。

（2）无强中心线的频谱表明存在奇数个半整数自旋的等价核。然而，中心线观测法并不排除存在奇数个原子核。

（3）特别是在频谱两侧，棒状图重建应与实验谱线位置相匹配。HMO计算得到的电子密度可用于频谱归属。

（4）如果谱线重叠特别严重，或谱线比较多，基于假设的谱线宽度和超精细分裂常数进行计算机模拟是可取的。

（5）最外面两条谱线的间隔通常是最小超精细分裂。

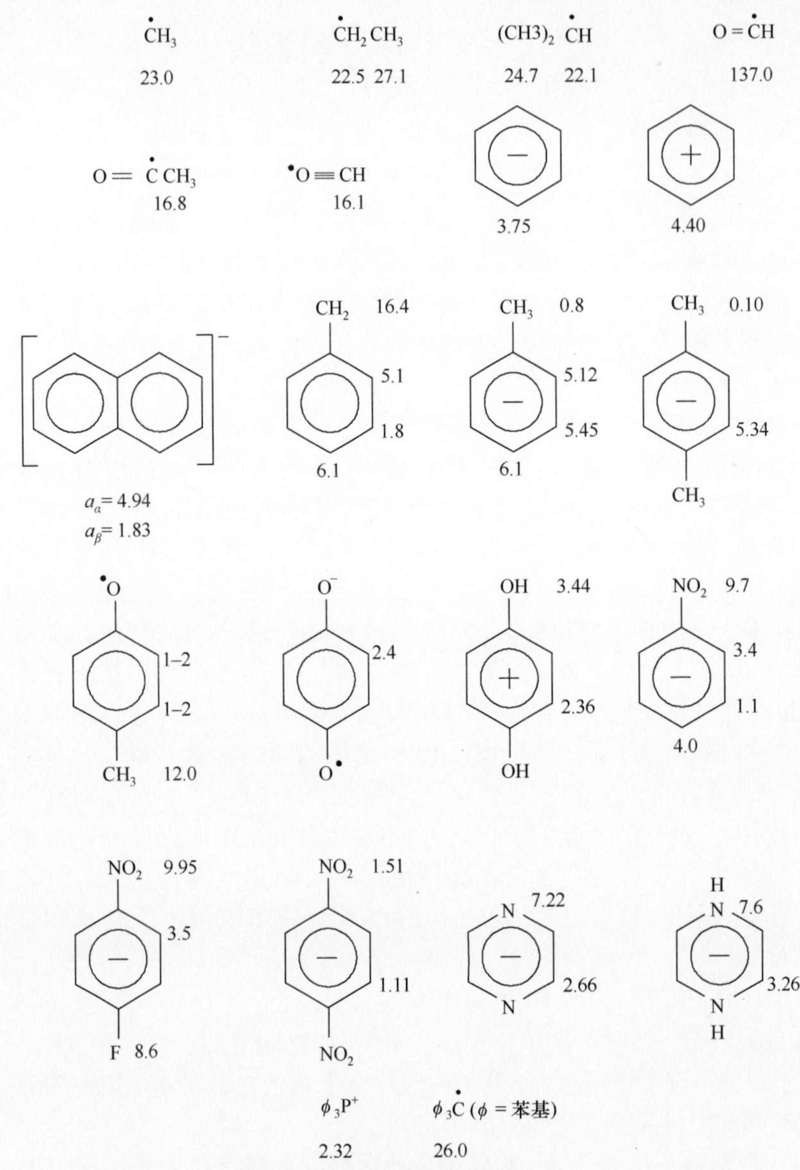

图 3.38 一些简单自由基的超精细分裂常数（以 mT × 10 为单位）

3.15 二级分裂

只有在超精细分裂（a）比电子塞曼能量（$g\beta H$）小的情况下，上述分析的超精细分裂才是有效的，所得到的频谱称为一级谱。当超精细分裂非常大或者外加磁场非常小时，会出现额外的谱线分裂，这些能量必须用二级微扰理论进行计算，这些额外的分裂通常称为二级分裂，此处不再赘述。

3.16 应　　用

3.16.1 识别和结构解析

ESR 波谱学研究的目的通常是测定顺磁性物质种类特性，由与已知频谱进行比较来完成。特定物质的特征包括 g 因子、超精细结构谱线宽度和强度。

ESR 频谱技术的优点之一是灵敏度极高，可以检测到非常少量的顺磁性材料。例如，条件良好时，可从材料中检测到 $10^{-12}g$ 的自由基信号。这种极端的敏感性可用于研究自由基。在自由基的研究中，几乎所有的有用信息都可从研究其超精细结构得到。ESR 频谱也适用于检测化学反应的中间体和磷光性三重态的弱磁性。一些研究报道表明，ESR 波谱学已经用来识别和提供利用高能量辐射材料时产生的自由基结构信息。

ESR 频谱提供了电子离域范围信息。在某些情况下，它提供了自由基形状信息。典型例子就是确定最简单的 π 自由基结构 – 甲基自由基。CH_3 自由基的 ESR 频谱是超精细分裂常数为 2.30mT 四线谱结构。根据 McConnell 公式，用 $\rho^{\pi}=1$ 和 $a_H = 2.30$ mT 计算得到 CH_3 的 Q 值为 2.30，该值与大多数芳香基均接近，这表明甲基自由基 CH_3 是一个平面结构。然而，观测到的分裂并不是 $^{\bullet}CH_3$ 自由基平面结构的明确证据，因为如果 $^{\bullet}CH_3$ 自由基非平面性未知，质子超精细分裂也将是未知的。这种情况下 $^{13\bullet}CH_3$ 的 ESR 频谱是有用的，在 $^{13\bullet}CH_3$ 的 ESR 频谱中观测到的 ^{13}C 超精细分裂为 3.85mT。如果甲基自由基是四面体，未配对电子会在其中一个 sp^3 杂化轨道上。当杂化轨道具有约 25% 的 s 特性时，根据理论估计电子自旋与 ^{13}C 核的相互作用约为 30.0mT。在 $^{\bullet}CH_3$ 自由基中观测到 ^{13}C 更细的超精细分裂，这表明未配对电子具有极少量的 s 特征，未配对电子主要位于 p 轨道上。因此，甲基最有可能是平面的。另外，CF_3 自由基中 ^{13}C 超精细分裂常数为 27.1mT，其 ^{13}C 超精细分裂的大幅增加归因于 CF_3 的近锥体结构。因此 CF_3 是 σ 自由基。

3.16.2 瞬态顺磁性物质的研究

众所周知，许多化学反应涉及顺磁性物质的形成，该顺磁性物质作为中间体，研究机理时识别这些中间体是非常重要的。ESR 频谱是检测这些中间体是否存在的最直接方法之一。然而，因这些物质的生存期短、浓度低，而且很难检测。通过使反应混合物快速流过谐振腔，可观测到几种自由基反应中间体的 ESR 频谱。只要保持连续流动，谐振腔中短生存期的自由基就会不断得到补充，并且保持较为稳定的浓度。例如，将酸化 $TiCl_3$ 溶液与酸化 CH_3OH 和 H_2O_2 溶液混合，产生 $^{\bullet}CH_2OH$ 自由基。以下的反应式是已知的。显然，羟基自由基是提取氢原子的主要原因，因为其具有更强的反应性。

$$Ti^{3+} + H_2O_2 \longrightarrow Ti^{4+} + {}^{\bullet}OH + OH^-$$

$$Ti^{3+} + {}^{\bullet}OH \longrightarrow Ti^{4+} + OH^-$$

$${}^{\bullet}OH + H_2O_2 \longrightarrow H_2O + {}^{\bullet}O_2H$$

$$CH_3OH + {}^{\bullet}OH \longrightarrow {}^{\bullet}CH_2OH + H_2O$$

在 H_2O_2 甲醇溶液中，紫外光解瞬态物质产生 CH_3CHOH 自由基，并获得该自由基的 ESR 频谱。光解产生 OH 自由基，然后从乙醇分子中提取氢原子。这是 ESR 频谱识别化学反应中自由基中间体的典型例子。ESR 频谱有利于反应动力学的研究，ESR 频谱变化不是非常快，它仅随顺磁性物质的信号强度变化而变化，无论是反应物还是产物均为时间的函数。另外，ESR 频谱在快速电子转移和其他速率过程研究中也是非常有用的。

3.16.3 生化应用

ESR 频谱具有广泛的生物学应用。对植物和动物组织的研究表明，这些物质中存在少量但具有有效浓度的自由基。根据 ESR 频谱，采用自旋标记技术可以得到有关化学信息、生物分子结构和动力学性质等。当不含未配对电子的化合物化学键合稳定自由基时，可以对其进行研究。这些自由基或自旋标记一般是 $R_1R_2N^{\bullet}O$ 型的氮自由基，其中氮原子键合到待研究的分子上。未配对电子主要位于氮原子上，它们非常稳定，并表现出对分子环境十分敏感的高分辨率。

自旋标记技术已用于研究生物学中的大分子，如蛋白质和核酸，通常标记位于或接近于大分子的活跃点。通过对比自由态和束缚态时自由基 ESR 频谱变化，可以获得有关接近结合点的生物分子或作为整体的大分子结构和动力学性质。

3.16.4 分析应用

ESR 频谱的分析应用主要涉及某些金属离子（如 Mn^{2+} 和 V^{4+}）和多核碳氢化合物的定量测定。在样品中，吸收信号下的区域与未配对电子自旋数成正比。如果预防措施、仪器条件和温度等控制得当，则可以进行定量研究。简单情况下，可以利用导数谱的峰－峰高度直接测量浓度。

综合强度通常与顺磁性物种的浓度有关，顺磁性物质浓度由具有已知未配对电子数量和未知相同谱线形状（高斯和洛伦兹，第5章）的标准参考物得到。常用标准参考物是 DPPH，它每克中含有 1.53×10^{21} 个未配对自旋。另一种标准参考物为焦糖。双样本腔可最大限度地减少测量样品与标准样品的物理交换。

第4章　ESR实验

4.1　ESR频谱仪

一种简单的ESR频谱仪结构框图如图4.1所示，ESR频谱仪主要由磁体、电源、微波辐射源、采样腔和在信号放大之后检测共振吸收谱的方法等构成。

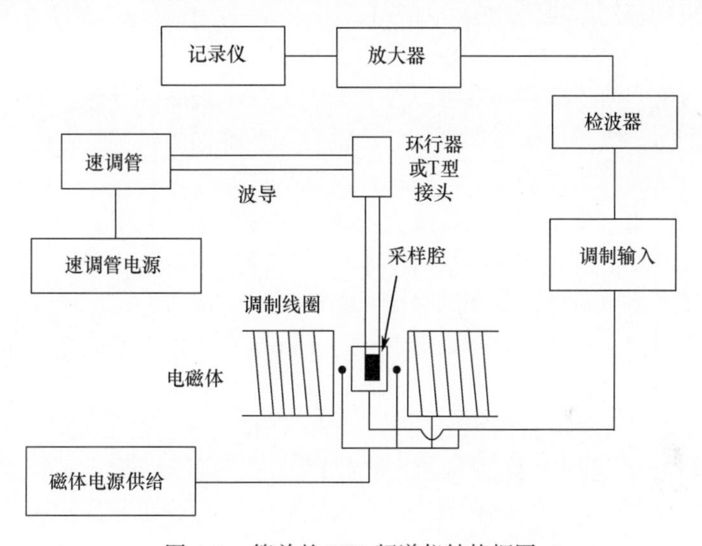

图4.1　简单的ESR频谱仪结构框图

4.1.1　源

微波辐射源是一个速调管振荡器，其常用工作频率为9000～10000MHz。速调管振荡器包含测量微波辐射频率和调整微波辐射功率大小的装置。微波从速调管到样品腔体，然后再到波导检测器。速调管连接到一节波导上，波导的终端连接到含有样品的腔体。样品放置在专门设计的单元内。

4.1.2　采样腔

含有样品的谐振腔单元是根据确保沿着样品方向的施加磁场最大化来构造

的。通常大多数频谱仪采用的都是双腔单元，目的是为了能够同时观测样品和标准参考样品。通过使用参考化合物并与之比较相对信号强度将补偿信号源误差。一般使用可旋转采样腔来研究单晶体和固态样品。

4.1.3 磁体

谐振腔单元放置在电磁体的磁极之间，常用的磁场强度为0.20～0.60T。在整个样品体积上磁场应该是稳定、均匀分布。改变磁场可以改变电子自旋能级之间的间距，所以通过扫描共振时的磁场，可使单色辐射源检测自旋跃迁。因此，ESR频谱仪工作在固定频率下，磁场是变化的。在实践中，通常都采用这种方法，原因是高频时，用恒定磁场扫描微波辐射的频率是非常困难的。可以利用场刻度盘在任何位置设置磁场，并可从该位置扫描。假定扫描方式为线性，根据标准值就可计算出其他峰的 g 值。可用频率计数器来测量微波频率。

ESR测量所需的磁场均匀性和稳定性远不如NMR波谱学所需的那么严格。精度为 $1/10^5$ 的磁场均匀性对电子自旋共振实验来说是足够的。为了扫描某个范围内的磁场，需要准备一对可以改变电流的扫描线圈，直到发生共振时，磁场都是变化的。微波场的磁偶极子矢量垂直于所施加的磁场，它诱发了未配对电子在不同能级间的跃迁。腔体中的样品放置在腔体重心处，该位置处的磁场最大。可以检测、放大和记录所吸收的微波辐射功率变化率。

为了避免发生饱和现象，微波功率应足够低。不同自旋能态间的能量差是入射微波辐射密度函数。较高的微波功率将产生更快速的自旋跃迁，因此使自旋态生存期减少，这会导致激发态能量的不确定性增加，使线宽增加，也可能产生饱和。

通常在以下几种波段的固定频率下开展ESR实验，如 X 波段、Q 波段和 K 波段，它们最早应用在雷达领域。X 波段频率最低（磁场为0.34T时，约9.4GHz; $1T = 1kgs^{-1}C^{-1} = 1JC^{-1}m^{-2}s = 1 \times 10^4 Gs$），也是最常用的波段。频率9GHz通常用于海洋雷达。

选用 K 波段（约25.0GHz）和 Q 波段（35.0GHz）时，其磁场强度分别约为0.9T和1.25T。X 波段频谱仪使用比较方便，通常用于研究液态样本，而 Q 波段频谱仪一般用于低温工作环境和单晶的研究。该类仪器的灵敏度大致随微波频率的平方（v^2）而增加。这样可以获得更好的频谱分辨率，并降低了二阶效应的影响。在高场高频测量时，有时需要检测细微的频谱信息。D 波段（140MHz）频谱仪的工作磁场强度为4.90T。在高场中，获得磁场均匀性是相当困难的，且溶液中溶剂的介电吸收变得更加严重。

为了获得最大的灵敏度，应该尽可能在低温下获得频谱，虽然样品温度不影响谱线宽度，但信号的幅度与热力学温度是成反比的。然而一般情况下，温度还是会影响谱线宽度的。通常每个系统都有一个最佳温度值，该温度时的谱线宽度是最小的。一般最佳温度低于室温，降低样品温度可以得到改进的频谱。

到目前为止，已经分析了 B_1 幅度值为常数的连续波情况。目前有一类新的脉冲技术，包括1D和2D傅里叶变换ESR频谱技术，已经用于电子自旋实践中，该方法较大地提高了信噪比。

4.2　采样过程

可以获得气体、溶液、粉末、单晶和冷冻液的ESR频谱。通常样品的频谱是在室温下的溶液或冷冻溶液中获得的。当溶剂冻结成玻璃状时，冷冻溶液获得最佳结果，否则容易形成顺磁性聚集体，导致谱线变宽。即使在形成良好的玻璃状样品的情况下，通常也无法检测到小于0.3mT或0.4mT的超精细分裂。这类溶剂有甲苯、甲基环已烷、三乙醇胺等。还有一些形成良好玻璃状溶剂的混合物、如乙醇和甲醇的混合物、甲苯和丙酮的混合物、乙醚及乙醇的混合物等。在大多数研究中，水、酒精和其他高介电常数的溶剂并不是最理想的，因为它们强烈地吸收微波辐射。然而，当没有高介电常数溶剂的替代时，通常采用非常细的腔管盛放强吸收能力的样品。样品浓度应为 $10^{-9} \sim 10^{-6} mol \cdot L^{-1}$ ，这取决于该物质的性质。ESR频谱技术的最大优点是：几乎不受样品中抗磁材料的干扰。如果顺磁性物质的浓度很高，那么就可能会发生谱线展宽的情况。鉴于此，将微量研究对象化合物掺入与其同晶型的抗磁性化合物中。仅通过与抗磁性粉末混合，并不能对固体样品进行有效的稀释，稀释必须在分子级别上进行，即，通过在与样品同晶型的抗磁物质存在条件下进行重结晶，以获得在抗磁性主体中顺磁性物质的均匀分布。

采样管的直径通常只有几毫米，填充深度为几毫米到2~3cm。优先选用石英样品管，这是因为耐热玻璃吸收更多的微波功率，并且能够显示ESR信号。除去溶剂中的氧气是必要的，因为氧气容易扩展共振谱。通过光解、放射分解和电解可使自由基原位生成，并且可以在流体中调节自由基的浓度。

气体ESR频谱非常复杂，因为分子旋转角动量与电子自旋和轨道角动量之间存在强烈耦合，而在液体和固体中淬灭了分子旋转角动量，故而不存在这种耦合。

4.3　参考频谱

ESR频谱通常记录的是一阶导数谱而不是简单的吸收峰，因此，该频谱显示为一阶导数 dI/dB 的形式。最大吸收位置为中心线穿过基准线的点。信号宽度是指最大和最小值（峰－峰）之间的间隔。1，1－二苯基－2－三硝基苯肼

（DPPH）的谱通常作为标准谱。图4.2（a）给出了苯基中的DPPH谱。它是由五条谱线构成的超精细结构，强度比为1∶3∶2∶1∶2。在高浓度溶液或固体中，相邻自由基间的快速电子交换将超精细结构平均化而形成单峰（$\Delta B_{pp} \approx 0.27$mT），如图4.2（b）所示。苯基中DPPH的$g$因子为2.0035，粉末状的$g$因子为2.0037，非常接近于自由电子的$g$因子2.0023。每克化合物中包含了$1.53 \times 10^{21}$个自旋。焦糖（$g = 2.0028$）可作为副基准，样品峰的$g$因子是根据标准计算出来的。

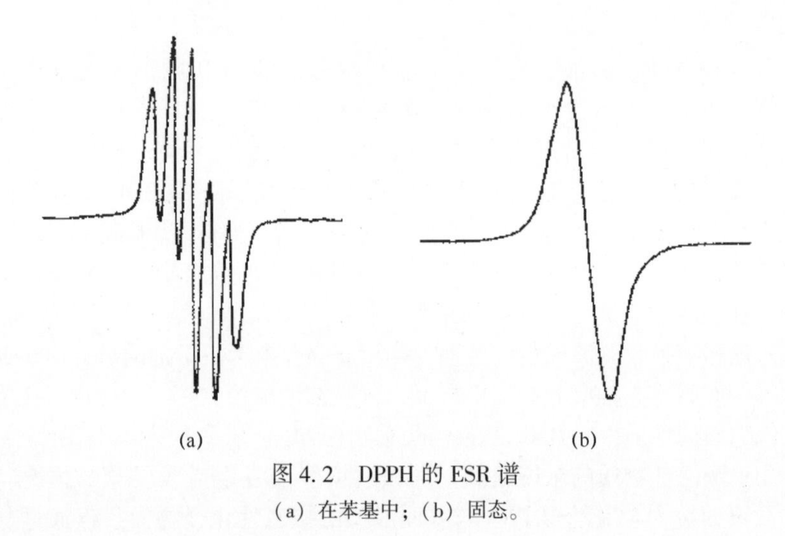

图4.2　DPPH的ESR谱

（a）在苯基中；（b）固态。

频谱由场扫描组成，如果在比标准还低的磁场中观测信号，则对应的g值会更高，并且g值会出现在谱的低场侧。

当用DPPH作为标准时，需要说明它的合成方法，应该避免样品与氧气接触。最合适的样品是由苯结晶得到的DPPH，这样氧气的影响可忽略不计。DPPH不能作为其他有机自由基的内部标准，这是因为它们的g值只有微小的变化，且不能将未知物质与标准物质区分开。至于自由基，将微量铬Cr（Ⅲ）包埋在红宝石晶体的微小碎片中，并将其黏合在样品管中作为参考，该标准表现出强烈的信号，其g值为1.40。

4.4　g值的测定

获得g值的最好方法是测量样品频谱中心与g值已知的参考物质谱中心之间的距离。如前所述，多数情况下用DPPH自由基作为标准。在频谱仪中，标准物质与未知物一起放置在双腔单元中，ESR频谱将显示两个信号，其场间隔为ΔB。样品的g值可表示为

$$g_{\text{sample}} - g_{\text{ref}} = \left(\frac{\boldsymbol{B}_{\text{sample}} - \boldsymbol{B}_{\text{ref}}}{\boldsymbol{B}_{\text{ref}}}\right) g_{\text{ref}} \tag{4.1}$$

$$g_{\text{sample}} = g_{\text{ref}}\left(1 - \frac{\Delta \boldsymbol{B}}{\boldsymbol{B}}\right) \tag{4.2}$$

式中：$\boldsymbol{B}$ 为样本共振频率的磁场。如果样品在更强的磁场中存在共振，那么 $\Delta\boldsymbol{B}$ 为一个正值；g_{ref} 为 g 值的参考值。

样品的 g 值也可以表示为

$$g_{\text{sample}} = \frac{g_{\text{ref}} \boldsymbol{B}_{\text{ref}}}{\boldsymbol{B}_{\text{sample}}} \tag{4.3}$$

表征样品的重要参数，如 g 值、A/B（例如，正峰面积与负峰面积之比）、线谱宽度和自旋浓度（例如，每克的自旋数）均可由 ESR 频谱获得。为了获得 g 值和自旋浓度，应该在相同实验条件下记录样品和参考（无论是焦糖还是 DPPH）的 ESR 频谱。通过比较样品信号下的面积与标准（其自旋浓度已知）信号下的面积，可近似地确定出自旋浓度。

g 值的测定可以用席夫碱铜（Ⅱ）配合物的频谱来说明，席夫碱铜（Ⅱ）配合物是由 2 –（4 – 氨基苯基）苯并咪唑和 2，2 – 脱氢吡咯烷 N – 醛缩合而成，如图 4.3 所示。它是 $Cu_2L_2CL_4$ 的二聚体，其中 L 表示席夫碱配体。在 $B_{\perp}$ 321.4mT 和 $B_{\parallel}$ 307.1mT 的磁场中观测其共振现象，参考物 DPPH 在 328.6mT 处共振，可能 $B_{\perp} - 7.2\text{mT}$，$B_{\parallel} - 21.5\text{mT}$。将这些值代入式（4.2），则

$$g_{\perp} = g_{\text{ref}}\left(1 - \frac{\Delta B_{\perp}}{B_{\perp}}\right)$$

$$g_{\perp} = 2.0037\left(1 - \frac{-7.2}{324.14}\right) = 2.049$$

类似地，有

$$g_{\parallel} = 2.0037\left(1 - \frac{-21.5}{307.1}\right) = 2.144$$

$$g_{\text{av}} = \left(\frac{1}{3}\right)(2g_{\perp} + g_{\parallel}) = 2.081$$

利用式（4.3）

$$g_{\text{sample}} = \frac{g_{\text{ref}} \boldsymbol{B}_{\text{ref}}}{\boldsymbol{B}_{\text{sample}}}$$

代入上述值，可得

$$g_{\perp} = \frac{(2.0037)(328.6)}{321.4} = 2.049$$

类似地，也可以计算出 $g_{\parallel}$。二聚体的半场信号出现在 114.3mT 处。

许多化学和物理过程只在一定的温度范围内才发生，因此样品的温度控制是必不可少的。在研究 ESR 频谱时，可变温度装置是很有用的，并且大多数

仪器都有温度控制装置。不同自旋态的粒子数分布是温度的函数。通常来说，g因子和超精细分裂常数与温度无关，而谱线形状、谱线宽度和弛豫时间T_1和T_2都对温度非常敏感。低温时检测灵敏度会增加。ESR频谱仪在更高的磁场下工作，其灵敏度也会提高，例如，频率为35GHz的频谱仪灵敏度是频率为9.5GHz时的近20倍。提高工作频率也可以提高频谱分辨率。超精细分裂和谱线宽度与施加磁场无关，而g值正比于磁场。

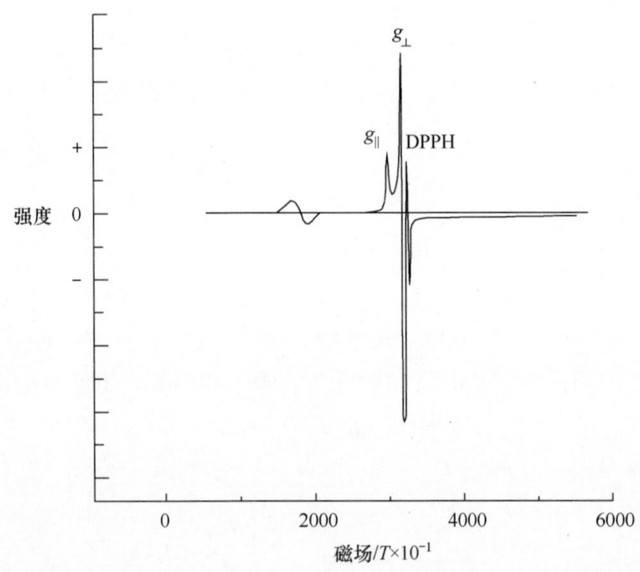

图4.3　铜（Ⅱ）配合物$Cu_2L_2CL_4$的ESR频谱（其中L表示席夫碱配体）

只要自由基的生存期大于10^{-6} s，就可通过ESR频谱来研究。如果生存期小于10^{-6} s，可以在低温下生成自由基，并可采用基质隔离技术延长其生存期。为了在很短的时间间隔内生成、稳定和观测原位自由基，则可能需要特殊测量方案，这些方法包括：①用紫外线、伽马射线或X射线照射样品；②电解氧化还原反应；③在试剂混合后，允许在短时间内观测自由基的连续流动系统；④在流动系统中混合后迅速冻结，以阻止反应达到已知的时间，从而可以在此空闲内观测不稳定自由基谱。

许多顺磁性物质很不稳定，以至于在溶液中很难观测到，应该在刚性固态中观测这种物质。对于固态系统来说，样品的ESR频谱性质明显取决于晶体样品在磁场中的取向。固体中自由基和单晶体中的过渡金属离子可以表现出这样的各向异性。当谱分辨率很差或谱线特别多时，基于假定的超精细分裂和谱线宽度对频谱进行计算机模拟，目前这类计算机程序很多。

第5章　频谱特性：线宽和各向异性

5.1　线　　宽

5.1.1　概述

前面所讨论的ESR频谱，其谱线宽度是有限的。具有洛伦兹线形状的ESR谱峰的典型线宽和其他可测量参数如图5.1所示。ESR频谱的线宽起始端比NMR核磁共振频谱起始端更加复杂。ESR吸收曲线的理论宽度值很小，约为0.01mT（10μT）。通常只有在有机自由基的溶液中才能观测到如此窄的线谱。

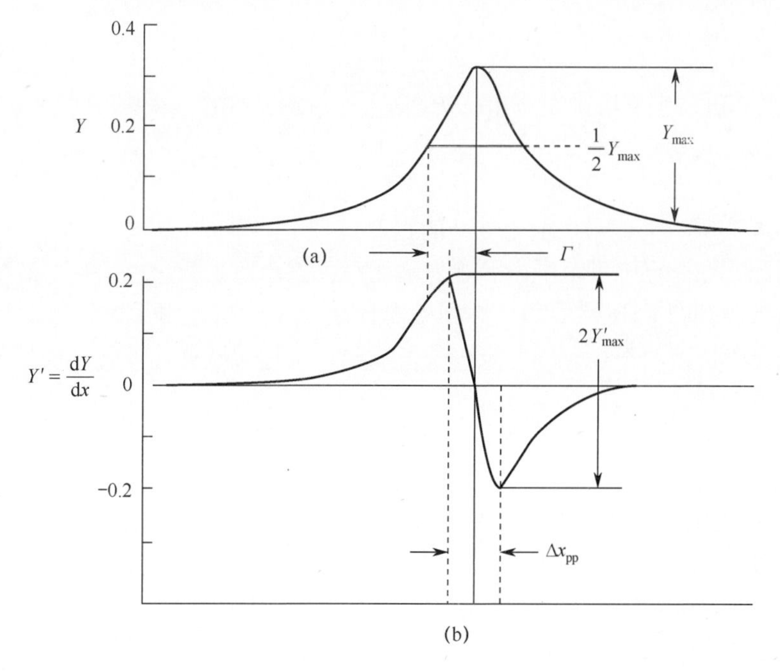

图5.1　洛伦兹线形

（a）吸收谱线；（b）其一阶导数谱。

Y—谱峰强度；$2Y'_{max}$——阶谱的峰－峰值；Γ—半高宽的1/2；$\Delta x_{pp}=(2/\sqrt{3})\Gamma$。

然而，各种弛豫过程有可能会缩短激发态的生存期，导致谱线加宽，对于过渡金属化合物来说，这点特别重要。如果存在任何低激发态的电子，弛豫将变得非常有效，谱线也明显展宽。谱线宽度因物质而异，从0.01mT的自由基离子到0.3mT的交换自由基再到超过100mT的金属化合物。如果信号太宽，会影响频谱解释。下面将简要讨论影响ESR谱线宽度的因素，这些因素可能会使观测到的信号变窄。应将微波辐射功率保持在较低水平，以确保由饱和效应引起谱线展宽不会发生。

5.1.2 生存期谱线展宽

所有的量子力学跃迁都具有有限的非零谱宽，称为生存期谱线展宽，它由激发态的有限生存期引起。因此，除了由测量仪器引起的展宽外，所有的ESR谱线都具有一个有限的固有线宽。如果系统在一种状态下存在的时间为 τ ，τ 为这种状态下的平均生存期，那么该系统能量 δE 的近似值为

$$\delta E \approx h/2\pi\tau \tag{5.1}$$

式（5.1）涉及海森堡不确定原理，因此，生存期谱线展宽就是之前讨论的不确定性展宽。当能量不确定性以频率单位表示时，即 $\delta E \approx h\delta\nu$ ，式（5.1）变为

$$\delta\nu \approx \frac{1}{2\pi\tau} \tag{5.2}$$

线宽可以用磁场中的扩散 δB 来计算。由于 $\delta E \approx g\beta_e\delta B$ ，将其代入式（5.1），可得

$$\delta E \approx h/2\pi g\beta_e\tau \tag{5.3}$$

式中：δB 为吸收曲线最大值1/2处的宽度。

因此，在一定强度范围内的施加磁场中，就会发生跃迁，且共振谱线会展宽。所观测到的ESR频谱是自由基的总体统计平均值。由于该过程同样适用于自旋系统的所有粒子，因此生存期谱线展宽是均匀展宽的实例，且它定义了给定谱线的最小线宽。

如果自旋晶格弛豫时间为 T_1 ，那么较小的 T_1 将导致较大的 δE ，因此，能级扰动使得ESR信号展宽。例如，如果典型弛豫时间为 10^{-9}s ，那么 $\delta\nu$ = 10^8Hz（100MHz），其对应的线宽接近6mT。短弛豫时间将进一步增加共振谱线的宽度，在ESR谱中，接近10MHz的谱线宽度是不常见的。该谱线可以与标准溶液的NMR吸收谱线宽度典型值（约1Hz）进行比较。在ESR中，主导弛豫过程的机制与NMR中的大不相同，ESR中存在更有效的弛豫机制使弛豫时间更短，因此与NMR相比，ESR谱线更宽。由弛豫时间引起的线宽称为“自然（或固有）线宽”，T_1 实验值通常为 10^{-6} s。

通常根据自旋－晶格弛豫时间和自旋－自旋弛豫时间的贡献来分析谱线展

宽。固有线宽由式（5.4）给出：

$$\delta B \approx \frac{\hbar}{g\beta_e(2T_1)};\quad \hbar = \frac{h}{2\pi} \tag{5.4}$$

所观测到的线宽通常远远大于根据 T_1 得到的估计值。然而，在讨论谱线宽度时，弛豫时间的概念是有用的。此处定义一种新的基于共振谱线线宽的弛豫时间 T_2，自旋-自旋弛豫时间 T_2' 包含了所有可能引起谱线展宽的各种附加因素，因此观测到的线宽一般用弛豫时间 T_2 表示：

$$\delta B = \left(\frac{\hbar}{g\beta_e}\right)\frac{1}{(T_2)} \tag{5.5}$$

式中：$\frac{1}{T_2} = \left(\frac{1}{T_2'}\right) + \left(\frac{1}{2T_1}\right)$。

每种弛豫机制对 ESR 谱线能量扩展的贡献约为 $h/2\pi\tau$。在液态样品中，如果 $T_2 = 10^{-8}$s，$T_1 = 10^{-6}$s，前者导致约 0.3mT 的扩展，后者导致约 0.003mT 的扩展。自旋-晶格弛豫所引起的展宽是由顺磁性离子和晶格热振动的相互作用引起的。不同系统的自旋-晶格弛豫时间变化是相当大的。对于有些化合物来说，自旋-晶格弛豫时间可能足够长，允许在室温下进行 ESR 频谱测量，而对于其他化合物来说，室温下可能无法记录频谱。弛豫时间通常随着温度的降低而增加，这是因为晶格的热运动减少了，为了获得高分辨率频谱，许多过渡金属的配合物需要被冷却到液氮或液氦温度。

自旋相互作用是由相邻顺磁离子存在小的磁场引起的。由于存在这些场，离子所处的总场会有较小的改变，且使能级偏移，能量分布引起了信号的展宽。由于这种影响随 $(1/r^3)(1-3\cos^2\theta)$ 变化，其中 r 是离子间的距离，θ 是磁场与 Z 轴的夹角，这类展宽完全取决于磁场的方向。通过用同晶型抗磁材料稀释顺磁性化合物来增加顺磁性物质间的距离，可降低这种影响。例如，可以在相应的抗磁性锌（Ⅱ）化合物中掺入少量的铜（Ⅱ）化合物。

在固体中，自旋-晶格弛豫不像自旋之间的相互作用那么重要。在稀释的顺磁性晶体中，邻近电子自旋的随机翻转导致自旋间彼此异相，从而引起共振信号展宽，样品浓度越高，信号展宽越强。如前所述，液相中弛豫的主要原因是偶极相互作用对自旋的调制。随机波动是由顺磁性分子和邻近核或电子自旋偶极子的相互作用引起的。

对于稳定的自由基来说，自旋晶格弛豫时间 T_1 引起的展宽相对不那么重要。在自由基的波谱中，观测到的线宽是自旋弛豫时间 T_2' 的简单函数。然而，在凝聚相和未稀释的条件下，大多数有机自由基存在极度狭窄的 ESR 谱线。有机自由基半高宽的 1/2 通常为 0.01mT，这比由磁偶极相互作用引起的要小得多，说明存在较强的交换力。过渡金属离子的 ESR 谱线宽度完全由小的 T_1 值来确定。谱线展宽的类型为均匀展宽和非均匀展宽。

5.1.3 非均匀展宽

在不同的自由基中，未配对电子所受到的磁场稍有不同。因此，任意时刻，在外部磁场作用下，当磁场扫过共振区时，只有一小部分的顺磁性物质与外部磁场共振。因此，所观测到的谱线是大量单个谱线分量的叠加，分量间存在略微偏移，从而形成无法分辨的宽带。从一个顺磁中心到另一个顺磁中心的局部磁场是变化的，但对于给定的顺磁中心，在一段时间内保持不变。由各向异性 g 和超精细相互作用所产生的局部磁场也会引起非均匀性，谱线形状具有高度不对称性。

对于给定的自旋系统，产生非均匀展宽的其他原因还包括非均匀外部磁场、难分辨的超精细结构、固态下随机定向系统中的各向异性相互作用和与其他顺磁中心的偶极相互作用。在某些情况下，局部场所引起的非均匀展宽可通过快速动态效应达到平均（例如翻转、交换和碰撞），这将产生均匀展宽的谱线。

5.1.4 均匀展宽

局部磁场的变化可以是动态的，也可以是空间的（静态）。动态情况下，每个顺磁性粒子均经历随时间波动的局部磁场；而在静态时，从一种顺磁性物质到另一种顺磁性物质，局部磁场是变化的，但对于给定的顺磁性物质，在足够短的时间内，局部磁场保持不变。可以认为每个偶极子所处的静态磁场和时间平均磁场是一样的，但瞬时磁场是不同的。例如，如果在自由基的水溶液中加入锰（Ⅱ）盐，顺磁性锰离子 Mn^{2+} 会产生一个强烈的、波动的局部磁场，这是一个均匀展宽的例子。如果冻结该溶液，那么展宽将变得不均匀，这是因为对于每个自由基来说，局部场都是静态的。通常均匀展宽的谱线是洛伦兹线形，而非均匀展宽的谱线是高斯线形。

如上所述，任何增加两个电子自旋态跃迁率的过程都将缩短生存期，从而增加线宽，该过程同样适用于自旋系统的所有元素。因此，生存期展宽是一种均匀展宽。

5.1.5 影响线宽的其他因素

在给定频谱中，一个频带宽度不同于另一个频带宽度的影响因素很多，例如，乙胺基分子构象对分子中不同质子的线宽有不同影响。带有一个阳离子或阴离子自由基离子对的不同结构间存在快速交换，这使得某些共振相对于其他共振具有更大的谱线展宽。动态过程（如受阻旋转、电子转移、电子自旋交换等）将引起谱线的均匀展宽，在后续章节中将会讨论这个话题。

5.2　各向异性

5.2.1　g 因子的各向异性

到目前为止，ESR 频谱技术主要涉及从各向同性系统（如液体）获得所谓的各向同性谱。然而大多数系统是各向异性的，能级间距和所观测到的谱取决于外磁场中的样品取向。在实践中针对各向异性系统录取了一些频谱，这些系统包含不稳定物质和固体，其中，不稳定物质可通过辐射结晶材料或包埋于主体基质中的基底获得，固体包括冻结的溶液和单晶体中的顺磁性瑕点。各向异性系统通常需要六个独立的参数来描述其频谱特性，因此作为简单标量的 g 因子现在须看作二阶对称张量，这样的张量可以用对角化的三个主要 g 因子 g_{xx} 、g_{yy} 和 g_{zz} 来确定。对于球面或立体对称的系统，它们是相等的。溶液频谱定性地表现为各向同性，因为对于这样的系统，各向异性效应通过分子的快速翻滚平均为零。然而，对于对称性较低的系统，三个 g 因子可能都是不同的。

同理可知，在多数定向系统中，超精细分裂可能存在各向异性。各向异性对 ESR 谱中 g 值和超精细分裂的影响与后面讨论的化学位移和偶极耦合对固体 NMR 谱的影响完全类似。如果用 ESR 频谱方法研究单晶体，就会发现其频谱取决于样品的取向。通过对各个方向的测量，原则上可以确定 g 值和超精细分裂张量的所有分量，从而可以得到有价值的电子分布信息。

所施加的外部磁场会在样品中产生一个内部磁场。为了方便起见，定义 $\boldsymbol{B}_{\text{res}}$ 为共振时的外部磁场：

$$h\nu = g_{\text{eff}}\beta_{\text{e}}\boldsymbol{B}_{\text{res}} \tag{5.6}$$

如前所述，通过 g 值的变化来解释局部磁场。局部磁场引起 g 值偏离自由电子值，轨道角动量是局部磁场的主要根源。在大多数自由基（或固体）中，低对称性使轨道简并完全消除，因此自旋轨道耦合的幅度很小。在自由基中，电子通常是离域的，它的行为与自由空间中具有零轨道角动量电子的行为非常类似。因此，其 g 值几乎等于自由电子（g_{e}）的值 2.00232。对于大多数自由基来说，由于低激发态电子中混入了基态电子，观测到的偏差小于 ± 0.05。在大多数情况下，这种混合不是“不相关方向”（各向同性），而是“相关方向”（各向异性）。也就是说，形成的局部磁场取决于外部磁场的分子取向。因为大多数原子轨道具有方向性，所以相互作用也是有方向的。g 值的各向异性引起谱线的不对称性，因此 ESR 频谱参数值完全取决于外磁场作用下的分子方向。

存在两种涉及轨道角动量的磁相互作用：一种是轨道角动量与电子自旋的

相互作用，称为自旋－轨道耦合，它表示电子轨道运动产生的磁偶极子和电子自旋间的相互作用，这种相互作用近似等于$\xi L.S$，其中L是轨道角动量算符，ξ是自旋轨道耦合常数，可以由原子谱实验来确定。另一种是，电子轨道运动产生的磁矩和电子自旋产生的磁矩分别以相同的方式与施加磁场相互作用，且该相互作用能量可由$\mu_0 L.B$计算得到。

轨道角动量$\boldsymbol{L}$的幅度越大，自由电子g值的偏移越大。自旋－轨道耦合常数的正负对偏移方向有很大影响。如果自旋轨道耦合常数为正，通常g值小于自由电子的g值。甚至当不存在与基态分子相关联的轨道角动量时，由于外加磁场的作用，激发态与基态的混合也可以产生轨道角动量。所观测到的g值和自由电子值之间的差额与自旋－轨道耦合常数和电子能级间隔之间的比值近似相关。

自旋角动量与轨道角动量间的相互作用引起了g值的各向异性。自旋角动量取向于场，但轨道角动量与分子轨道中运动的电子有关，考虑到这种情况，在绕分子z轴进动的环形分子轨道中，轨道角动量对电子磁矩有轨道贡献。相对于外加磁场，该轨道的两个不同方向由图5.2给出。图5.2（a）中轨道角动量的磁矩矢量$\boldsymbol{\mu}_L$和自旋磁矩的矢量$\boldsymbol{\mu}_S$指向同一个方向。图5.2（b）中给出了分子的不同方向，此处，$\boldsymbol{\mu}_L$和$\boldsymbol{\mu}_S$并不是指向同一个方向，因此，箭头所示的净磁矩方向也是不同的。

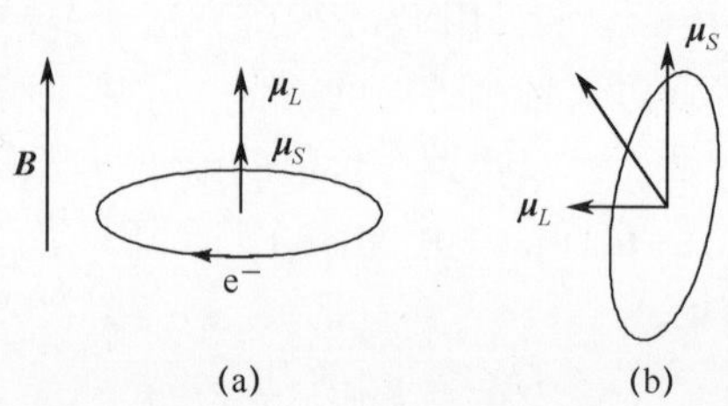

图5.2 相对于施加磁场$\boldsymbol{B}$，在分子轨道两个不同取向上，由自旋产生的磁矩与轨道角动量的耦合示意图

因此，自旋－轨道耦合的结果可看作新的有效自旋矢量，它是沿施加磁场方向量子化的矢量，或看作沿有效量子化的电子自旋方向上的新磁场矢量，这意味着自旋和施加磁场之间的相互作用取决于它们相对于一组固定在分子中的坐标系取向，而不仅仅取决于它们相对于彼此的取向。电子自旋和施加磁场之间的相互作用能量由式（5.7）给出：

$$E = \beta \boldsymbol{S} \boldsymbol{g} \boldsymbol{B} \tag{5.7}$$

式中：$\boldsymbol{S}$和$\boldsymbol{B}$为向量；$\boldsymbol{g}$为一个二阶张量，它取决于$\boldsymbol{S}$和B这两个向量。张量$\boldsymbol{g}$给出了有效自旋，也就是说，$\boldsymbol{g}.\boldsymbol{S} = \boldsymbol{S}_{\mathrm{eff}}$。对于不同的方向，通过张量$\boldsymbol{g}$的变化来体现轨道效应。在直角坐标系中，张量$\boldsymbol{g}$可表示为三阶矩阵：

$$\boldsymbol{g} = \begin{bmatrix} g_{xx} & g_{xy} & g_{yz} \\ g_{yx} & g_{yy} & g_{yz} \\ g_{zx} & g_{zy} & g_{zz} \end{bmatrix} \tag{5.8}$$

式中：x、y 和 z 定义为晶体的三个轴。

张量 g 总是对称的，也就是说，$g_{xy} = g_{yx}$，$g_{xz} = g_{zx}$，$g_{yz} = g_{zy}$，因此，它有六个独立的分量。当外加磁场的方向沿 z 轴时，沿晶体 x 轴，非对角元素 g_{xz} 对 $\boldsymbol{g}$ 是有贡献的。因此，在分子中的任意一组坐标系中，每个 $\boldsymbol{g}$ 分量都对应一个 S 标量和 $\boldsymbol{B}$ 的一个分量。在主轴坐标系 X、Y、Z 中，可以将矩阵 $\boldsymbol{g}$ 转换为对角线形式。如果分子有对称的旋转轴，那么这些轴线取向与 X、Y、Z 轴方向一致。对于低对称性的分子，主轴线可以在任何方向，但必须相互正交。三个主要的 g 值是 g_X、g_Y 和 g_Z（或者 g_{xx}、g_{yy} 和 g_{zz}），它们可以通过测量晶体在三个相互垂直方向上连续取向（相对于外部磁场）来获得。在外磁场作用下，由于 $\boldsymbol{g}$ 因子是由自旋轨道与自旋的 z 轴分量相互作用引起的，g 的期望值取决于外部磁场沿分子 x 轴、y 轴和 z 轴的任意方向。

在八面体或四面体中，x 轴、y 轴和 z 轴是等价的。因此，如果顺磁性物质位于一个完美的立方晶体中，例如在八面体或四面体中，g 值是各向同性的，也就是说，晶体的方向是独立的。对于自由基来说，$\boldsymbol{g}$ 值（$\boldsymbol{g} \approx 2.0$）也服从这种规律。在低对称性的晶体中，在外加磁场作用下，g 值取决于晶体的方向。如前所述，在低黏度溶剂溶液中，低分子量（<1000）的顺磁性物质通常呈现为单一的各向同性 $\boldsymbol{g}$ 因子。对分子翻滚进行平均处理可得 $\langle g_{av} \rangle = (1/3)(g_{xx} + g_{yy} + g_{zz})$。许多高分子量的系统中，如在溶液或液态悬浮液中的生物聚合物，可能会出现由于 $\boldsymbol{g}$ 因子的各向异性而引起谱线展宽的情况。

对于对称性较低的分子来说，同样可以得到 $\boldsymbol{g}$ 因子的三个分量 g_{xx}、g_{yy} 和 g_{zz}。如果 $g_{xx} \neq g_{yy} \neq g_{zz}$，那么张量 $\boldsymbol{g}$ 为各向异性。如果分子具有二折或更高折的旋转对称轴，那么按照惯例，把 z 轴作为对称轴的主轴；如果分子至少有一个三折或更高折的旋转轴，那么 x 轴和 y 轴是等价的，但又不同于 z 轴，那么就认为，分子具有对称轴，表示为 $g_{xx} = g_{yy} \neq g_{zz}$。在这种情况下，通常用 $g_{\parallel}$ 表示 g_{zz}，用 $g_{\perp}$ 表示 $g_{xx} = g_{yy}$。例如，许多六配位的铜（Ⅱ）配合物具有四角对称性。当磁场和分子轴平行时，在 $g_{\parallel}$ 处出现信号，当磁场和分子轴互相垂直时，在 $g_{\perp}$ 处出现信号。如果样品是单晶体，对称轴与磁场 $\boldsymbol{B}$ 的夹角为 θ，那么所有分子的方向与对称轴一致，如图 5.3 所示，则观测到的 g 值由式（5.9）给出：

$$g^2 = g_{\parallel}^2 \cos^2\theta + g_{\perp}^2 \sin^2\theta \tag{5.9}$$

如果对称性仍然较低，就需要三个主要的 $\boldsymbol{g}$ 值，在任意方向上观测到的 $\boldsymbol{g}$ 值由式（5.10）给出：

$$g^2 = g_X^2 \cos^2\theta_X + g_Y^2 \cos^2\theta_Y + g_Z^2 \cos^2\theta_Z \tag{5.10}$$

其中，角度指的是磁场与分子轴的夹角。$\boldsymbol{g}$ 值和近似的 a 值取决于磁场的方向和系统主轴（z 轴）的方向。

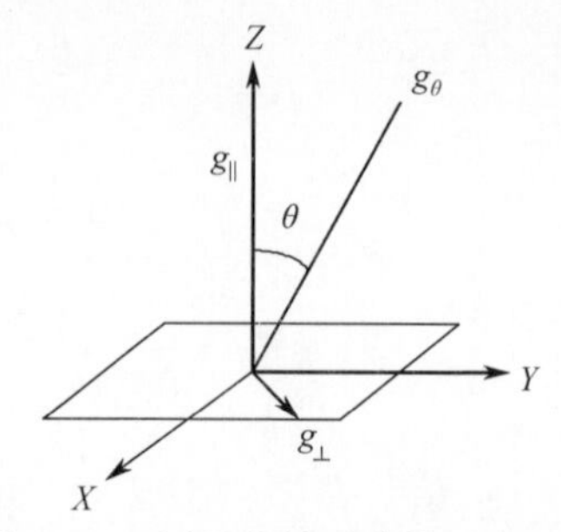

图 5.3　$\boldsymbol{g}$ 因子的轴对称性示意图

在溶液中，分子连续翻滚的速率通常大于频谱仪的频率。激发系统所需的时间内，任何各向异性平均为 0。如果溶液是冻结的或样品是一个粉末状固体，所有可能的方向仍然是随机发生的，但分子的位置是固定的。每个具有特定方向的分子有其自身的 g 值，此时观测到的谱是所有分子的合成谱。基于统计学理论，主轴平行于场的分子数量相对较少，同时主轴垂直于场的分子数量会较多，结合该因素，以及与角度相关的强度给出强度分布如图 5.4 所示。虽然在导数谱中可识别到两个主要的 $\boldsymbol{g}$ 值，但是谱的分辨率主要取决于 $g_\parallel$ 和 $g_\perp$ 的差值。对于许多斜方晶型（$g_X \neq g_Y \neq g_Z$）来说，g_X 与 g_Y 相差不大，谱在 $g_\perp$ 线处表现出不对称性。如果三个 $\boldsymbol{g}$ 值明显不同，那么在谱中就会出现三个主要的谱线。

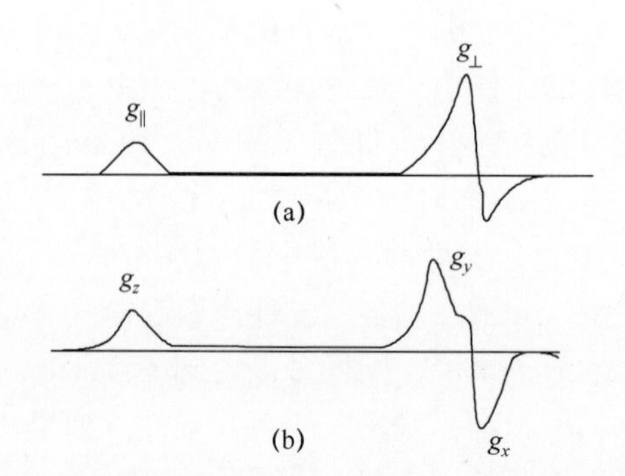

图 5.4　粉末状或冻结溶液的各向异性系统中的一阶导数 ESR 频谱的典型形状
(a) $g_\parallel > g_\perp$；(b) 菱形系统 $g_X \neq g_Y \neq g_Z$。

ESR 频谱被认为是晶体取向函数，在该方向上可以获取最大的信息量。分析这样的频谱，需要详细了解各向异性相互作用的性质。固体中的自由基和单晶体中的过渡金属离子配合物构成了另一种重要的系统种类。通过研究 $\boldsymbol{g}$ 值和 a 值的各向异性可有效地获得过渡金属配合物的基态电子信息。

下面分析硝酸钾（KNO_3）单晶体中的 NO_2 自由基。晶体所处磁场平行于 NO_2 的两折式旋转轴（z 轴），得到的 $\boldsymbol{g}$ 值为 2.006；当晶体方向固定在 x 轴或 y 轴上且平行于磁场方向时，得到的 $\boldsymbol{g}$ 值为 1.996。固态时分子绕着 z 轴快速旋转，因此，当外加磁场方向平行于 x 轴或 y 轴时，得到的 g 值结果是一样的。在不同的方向上，过渡金属离子配合物 **g** 值的差异甚至更为明显，这个将在以后讨论。对于 KNO_3 中的 NO_2 单晶体来说，得到的 a 值也具有各向异性。当分子的两折式旋转轴方向平行于外加磁场方向时，所观测到的氮超精细耦合常数为176MHz；当分子的两折式旋转轴方向垂直于外加磁场方向时，所观测到的氮超精细耦合常数为139MHz。

举个简单的例子，在氩气中，温度为77K时，用 γ 射线照射亚硝酸钠 $NaNO_3$，NO_2 的ESR频谱如图5.5所示。在ESR频谱中观测到宽的和不对称的谱线主要归因于 **g** 值的各向异性，如上所述，共振位置取决于分子在外部磁场中的取向，并且该频谱是不同取向上共振的叠加。分析频谱可得到 $g_{\|}$ 值为1.992，$g_{\perp}$ 值为2.003，$A_{\|}$ 值为146MHz，$A_{\perp}$ 值为21MHz。计算超精细耦合常数和根据频谱计算 **g** 值的过程相当复杂，此处不再赘述。

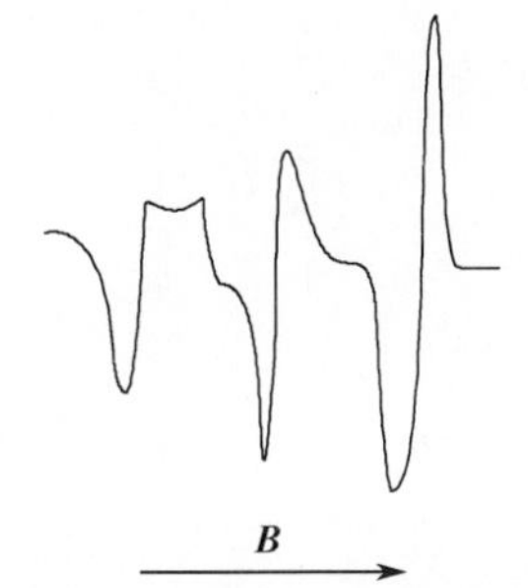

图5.5　NO_2 的ESR频谱

5.2.2　A 值的各向异性

在刚性系统中，电子和核偶极子之间的相互作用引起电子－核超精细相互作用的各向异性，用于两偶极子相互作用的经典表达式依然适用。电子磁矩与核磁矩相互作用的能量由式（5.11）给出：

$$E_{\text{偶极}} = -g\beta_e g_N \beta_N \left[\frac{S.I}{r^3} - \frac{3(S.r)(I.r)}{r^5}\right] \tag{5.11}$$

前面仅仅讨论了在溶液中自由基各向同性的相互作用，或者说，如果自由基溶液是冻结的，那么观测到的频谱是所有可能方向上谱的叠加。除非超精细分裂比固有线宽大，这种情况并不常见，因为在这种情况下，将会失去大部分的谱线结构，并且谱线分辨率很差。

如上所述，对于 **g** 值的分析同样适用于超精细分裂张量 **A**，**A** 也可以用三个分量 A_{xx}、A_{yy} 和 A_{zz} 描述。在所有ESR频谱中，超精细分裂通常存在一定程度的各向异性，这是自旋－自旋相互作用的结果，虽然本质上磁是通过原子轨道传播的，除了简单的 s 轨道外，所有原子轨道的各向异性都引起了 **A** 值的各向异性，这是因为沿着某些分子轴的相互作用比沿其他方向的相互作用更强。在自由基中，未配对电子所在轨道通常用 π 或 σ 字符表示，由于电子通常是离域的，往往产生非常小的方向性，因此自由基具有各向同性的 **A** 值。由于溶液中分子的快速运动，观测到的超精细分裂是三个主要分量的平均值 $a = (1/3)(A_{xx} + A_{yy} + A_{zz})$，张量 **A** 的主坐标系与张量 **g** 的不同。

第6章　动态过程

6.1　引　　言

在前面探讨ESR频谱时，假定自由基完全独立且无相互作用，这种情况只有在无限稀释的溶液中才可能出现。现在讨论顺磁中心之间磁性和化学相互作用以及与环境之间相互作用的一些影响。改变未配对电子磁环境的动态过程能够引起谱线展宽，进而影响谱的外观。如果这些动态过程变化足够缓慢，那么就能观测到归属于每个不同种类的ESR谱线（例如，构象异构体）。随着波动率的增加，ESR谱线展宽，并最终合并成单谱线（或一组谱线），谱线的位置就是原谱线位置加权平均值。谱分析可提供溶液中自由基发生时间依赖性现象的重要信息。

ESR频谱可以用来研究动态过程。具有时间依赖性现象，诸如化学/电子交换过程或分子运动（例如引起两个或多个空间构型的内部旋转）可影响频谱。自由基与抗磁性分子间的电子交换是引起频谱变化的另一个过程。在溶液中，自由基的线宽和超精细分裂的频率范围为0.1～100MHz，对谱线宽度有贡献的这些过程的时间尺度估计值为10^{-4}～10^{-10}s。一阶速率常数为$5\times10^{-7}\,s^{-1}$的动态过程会发生明显的谱线展宽。上述动态过程增加了频谱的复杂性，尽管如此，频谱分析还是会得到一些有价值的结构和动力学信息，本章只做简要的定性论述。

6.2　相互转换的一般模型

首先讨论一般模型。考察一个自由基，它可存在于两种不同的形式中，分别是A和B，每种都有不同的ESR频谱。为了简单起见，假定每种形式的浓度是相等的，进一步假设，每种形式都产生单一谱线，一种处于磁场$\boldsymbol{B}_a$中，另外一种处于磁场$\boldsymbol{B}_b$中（图6.1）。谱线间的距离为$\delta\boldsymbol{B}_0=\boldsymbol{B}_b-\boldsymbol{B}_a$，它通常取决于$\boldsymbol{B}$。这意味两种物质的$g$因子不同。如果$A$和$B$之间的相互转换率比较低，与参数$\gamma_e\delta\boldsymbol{B}_0$相比较，那么双谱线图如图6.1（a）所示。与$|\gamma_e\delta\boldsymbol{B}_0|^{-1}$相

比，生存期 τ_a 和 τ_b 相对较长。随着转换速率的增加，由于给定形式的生存期缩短（τ_a 或 τ_b），可观测到两个谱线展宽。对于溶液中的自由基来说，假如半高宽1/2 的典型值为0.01mT，那么根据海森堡不确定性原理，平均生存期 τ 接近于 5×10^{-7} s，这表明谱线增宽显著（见第1章）。可确定观察谱线展宽效应所需的最低速率，在慢相互转换的极限情况下，谱线宽度 $\delta\boldsymbol{B}$ 和平均生存期 τ 之间的关系式为

$$\delta\boldsymbol{B} = \delta\boldsymbol{B}_0 + \left(\frac{1}{2\tau\gamma_e}\right) \tag{6.1}$$

式中：γ_e 为电子的磁旋比；$\delta\boldsymbol{B}_0$ 为无转换时的线宽度；2τ 为 A 或 B 的平均生存期。

实际上，通常用 τ_A 和 τ_B 表示平均生存期 τ：

$$\tau = \frac{\tau_A \tau_B}{(\tau_A + \tau_B)} \tag{6.2}$$

当 $\tau_A = \tau_B$ 时，A 或 B 的平均生存期是 2τ。

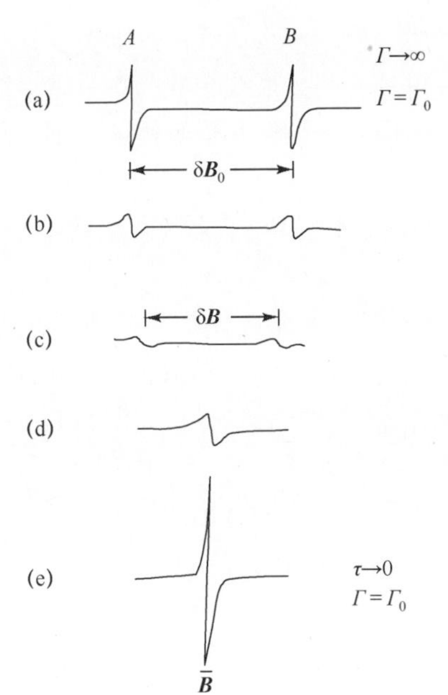

图6.1　ESR一阶导数谱，自由基两种形式 A 和 B 之间的转换速率从（a）到（e）依次增加（a）慢速；（b）中度慢速；（c）表现出谱线位移时的速率；（d）合并；（e）极限速率。

随着转换速率的增加，谱线持续展宽，并开始向它们的中点移动，如图6.1（a）～（e）所示。当相互转换率足够高时，两条谱线合并为一条谱线，谱线对应于平均共振场位置。

对于如图6.1（c）所示的情况，峰值间距和生存期之间的关系可表示为

$$(\delta \boldsymbol{B}_0^2 - \delta \boldsymbol{B}^2)^{1/2} = \frac{\sqrt{2}}{\tau \nu} \tag{6.3}$$

式中：$\delta \boldsymbol{B}_0$ 为无转换时的线宽；$\delta \boldsymbol{B}$ 是有转换时的线宽。

谱线合并现象是不确定原理的结果。当用 $\Delta\nu\tau = 1/2\pi$ 表示合并式时，$\Delta\nu$ 为两个谱线间的间隔（频率单位），那么当形式 A 和 B 可区分时，平均生存期 τ 是很小的。当转换速率非常快时，半高宽 1/2 的典型值（Γ）正比于 τ，也正比于 $\delta \boldsymbol{B}_0^2$，其对应关系为

$$\Gamma = \Gamma_0 + \gamma_e \frac{\langle \delta \boldsymbol{B}_0 \rangle^2}{4} \tag{6.4}$$

随着转换率增加到快速转换速率的极限值，谱线将变得很窄，达到最小极限宽度 $\delta \boldsymbol{B}_0$，如图 6.1（e）所示。二阶速率常数可由式（6.5）的关系求得：

$$k = \frac{1}{2\tau[R]} \tag{6.5}$$

式中：$[R]$ 为自由基 R 的摩尔浓度。

如果等价离子间发生交换，那么谱线底部加宽，在中心处变窄。当不同离子间发生交换时，所有单独的共振谱线合并为单一宽谱线。上述模型能够描述许多化学过程的特征，下面简要讨论几个具体的例子。

6.3 电子自旋交换

电子自旋交换是一种双分子反应，是指两个自由基交换其未配对自旋。ESR 波谱学遵循以下原理：顺磁性反应物或化合物的信号强度是时间的函数，可通过 ESR 波谱学研究快速电子交换反应。在自由基中，电子自旋交换过程是十分常见的。在溶液中，通常是一个双分子反应，其中自由基在碰撞过程中交换电子，不同浓度下的二叔丁基氮氧化物自由基（$((CH_3)_3C)_2NO$）的 ESR 频谱如图 6.2 所示。

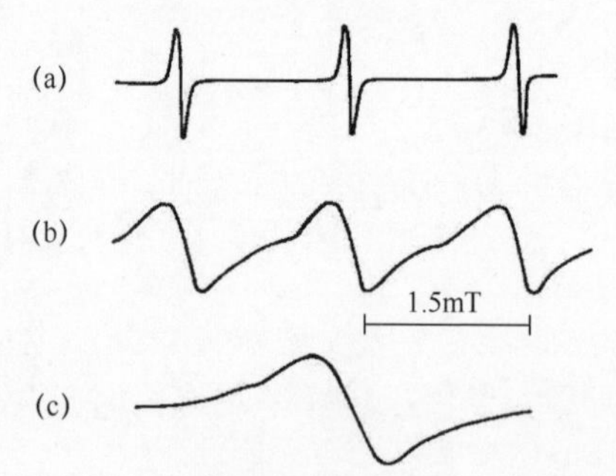

图 6.2 室温 25℃，乙醇中二叔丁基氮氧化物自由基（$((CH_3)_3C)_2NO$）的 ESR 频谱

(a) 10^{-4}M；(b) 10^{-2}M；(c) 10^{-1}M。

当自由基浓度很低时，观测到了 ^{14}N 引起的超精细三重态，如图6.2（a）所示。随着溶液中自由基浓度的增加，双分子反应速率在增加，信号拓宽且逐渐合并为单一谱线，在快速交换极限条件下，越高浓度使得谱线变得越窄。图6.2（c）所示的频谱图称为交换压缩谱。这是由于电子自旋交换太快，以至于时间平均超精细分裂场接近于0。在大多数固态自由基中，可观察到类似的交换压缩谱。前面讨论了DPPH的交换压缩谱，在 N，N-二甲基甲酰胺的 $((CH_3)_3C)_2NO$ 中，电子自旋交换的二阶速率常数为 7×10^9 $L\cdot mole^{-1}\cdot s^{-1}$，这表明发生自旋交换的概率高。电子自旋交换是一种动态过程，与偶极-偶极相互作用相比，液体中电子自旋交换会使谱线产生更大的展宽。

6.4 电子转移

发生在顺磁性萘阴离子和抗磁性萘分子本身之间的电子交换反应可用来研究自由基和抗磁性物质之间的电子转移：

$$萘(1)^- + 萘(2) \rightarrow 萘(1) + 萘(2)^-$$

在萘阴离子自由基溶液中加入萘阴离子，就会发生顺磁性物质的ESR频谱超精细结构的扩大现象。随着快速交换的进行，电子由于处于几个不同分子中而受到不同内部场分布的影响，导致谱线展宽。如果交换速率比超精细分裂低，那么萘阴离子ESR频谱超精细结构不受影响。如果交换速率非常快，那么ESR频谱将变为单谱线。对不同溶剂中的电子转移反应来说，研究其ESR频谱可以得到电子转移速率常数。自由基和抗磁性物质之间电子转移反应与电子自旋交换对频谱的影响非常相似。

电子交换会导致磁场的不确定性或者产生跃迁所需频率的不确定性。共振谱线增加宽度 $\Delta\nu$ 由式（6.6）给出：

$$\Delta\nu = \left(\frac{1}{2\pi}\right)\left(\frac{1}{\tau}\right) \tag{6.6}$$

式中：τ 为电子平均跳跃时间。

对于萘的一阶过程，可以得到下面的等式：

$$k[萘] = \left(\frac{1}{\tau}\right) = 2\pi\Delta\nu \tag{6.7}$$

式中：[萘]表示萘的浓度。

线宽的测量作为中性分子浓度的函数，通过测量线宽就可以得到二阶电子转移速率常数，此处不做详细分析。萘与萘钾盐，即四氢呋喃中的萘阴离子之间的电子交换速率常数为 6×10^7 $L\cdot mole^{-1}\cdot s^{-1}$。

6.5 质子交换

质子交换率有时大到足以显示可检测的效果。例如，在前面讨论过的$\cdot CH_2OH$自由基谱中，当pH值比较高时，显然能分辨出双重OH谱线（图3.17）。当pH值较低时，二重态谱线展宽，最终叠加成一条谱线（图3.7）。溶液中的OH质子与H^+离子快速交换，质子的二阶交换速率常数约为$1.8 \times 10^8\ L \cdot mole^{-1} \cdot s^{-1}$。

6.6 流变分子

未配对电子的内部运动也会对ESR频谱产生影响，以苯二甲醛阴离子旋转异构化为例来讨论。通过电解还原得到的对苯二甲醛离子存在顺式或反式异构体的形式，如图6.3所示。在室温下，可以观察到这两个同分异构体的ESR频谱。

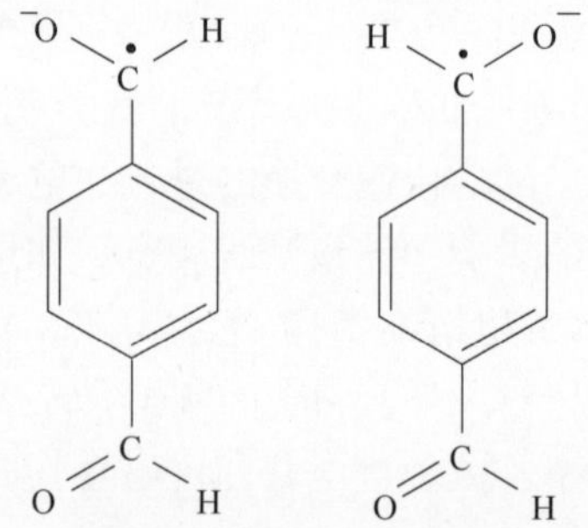

顺式　　反式

图6.3　对苯二甲醛离子的同分异构体

对于对苯二甲醛阴离子的两个同分异构体来说，质子超精细分裂是已知的。在每个同分异构体中，有三对等价质子，即两个醛质子，和相对于醛氧原子呈顺式或反式的两质子，谱线比为1∶2∶1。对于其中一个同分异构体来说，超精细分裂$a_1 = 0.208\text{mT}$，$a_2 = 0.070\text{mT}$，$a_3 = 0.359\text{mT}$；对于另一个同分异构体来说，超精细分裂$a_1' = 0.116\text{mT}$，$a_2' = 0.154\text{mT}$，$a_3' = 0.301\text{mT}$。a_3和a_3'是指定的醛质子，其余的是环质子，这表示了芳香炔π轨道中总的未配对电子自旋密度分布的变化。与超精细分裂相比，当异构化率比较小，也就是$\tau_i \gg 1/\delta \boldsymbol{B}$时，每个异构体将产生它们自己的特征谱。如果互换速率远大于超精细分裂，即$\tau_i \ll 1/\delta \boldsymbol{B}$，所观测到的自旋分布将是两个旋转异构体的平均，进而产生简单的平均谱，可以根据在不同温度下确定的速率常数来评估热力学参数。结果表明，互相转换的活化自由能约为0.85 kJ · $mole^{-1}$，对苯二甲醛的旋转异构体的生存期估计至少为10^{-5}s。

在第8章中将讨论一个用氟硅酸锌晶体稀释$Cu(H_2O)_6^{2+}$的固态实例，这些离子可能出现在任意一个三等价正方晶扭曲的八面体结构中，该结构体是由Jahn – Teller效应所引起的。

第7章　三 重 态

7.1　概　　述

到目前为止，所讨论的ESR频谱仅考虑只含有一个未配对电子的自由基。然而，许多系统中含有若干个未配对电子，例如过渡金属离子。此外，抗磁性基态分子具有激发三重态，该三重态有足够长的生存期，以便测量其ESR频谱。

有极少数分子是处于三重态的，较常见例子是双氧分子 O_2 。许多过渡金属离子以三重态甚至更高的多重态形式稳定存在。大多数三重态分子通常由光激发获得，例如，当萘受紫外线激发时，受激发的单重电子态中的一个衰变为亚稳态的三重态。将晶体冷却到低温或者在固体惰性基质中稀释萘，可以得到稳定的三重态。同样地，紫外线照射二苯基重氮甲烷会形成具有三重基态的二苯亚甲基，在低温固体基质中它是稳定的。这些三重态分子的生存期通常相当长，为 $10^{-3} \sim 10$ s。根据选择规则，从三重电子态到单重基态跃迁是自旋禁戒，三重激发态具有可观测的生存期。在受激发后三重态的衰变持续时间相对较长，这种现象称为磷光。

含有两个未配对电子且总电子自旋 $S = 1$ 的分子处于三重态。如果两个电子占据相同的空间轨道，根据泡利原理得到单重态。然而，如果每个电子占据不同的轨道，那么单重态和三重态均会出现。均具有 $m_s = \pm 1/2$ 的两个电子存在四种可能组合。两个电子之间的静电作用或交换作用将四态（由总自旋 $S = 0$ 刻画的）中的一个分离出来，即将单重基态（ $m_s = 0$ ）与其他三重态 $S = 1$ 分开。三重态由三个具有相同能量的不同子能级组成，这些子能级可通过自旋角动量（绕选定轴）的分量来区分，M_s 有三种取值：$-1, 0, +1$ 。对于两个相互作用的电子位于不同空间轨道的系统来说，四种构型可以分别表示为：$\alpha(1)\alpha(2)$ ；$\alpha(1)\beta(2)$ ；$\alpha(2)\beta(1)$ ；$\beta(1)\beta(2)$ 。其中1和2分别表示两个电子，α 和 β 分别表示上自旋和下自旋。对于有限大小的分子，这些构型可以方便地组合出关于电子交换的对称或反对称组态。

定义三重态 $S = 1$ 的三个对称态分别为

$$\begin{cases}\alpha(1)\alpha(2) & (M_S=1)\\ (1/\sqrt{2})\ [\alpha(1)\beta(2)+\beta(1)\alpha(2)] & (M_S=0)\\ \beta(1)\beta(2) & (M_S=-1)\end{cases}$$

定义单重态 $S=0$ 的反对称态为

$$(1/\sqrt{2})[\alpha(1)\beta(2)-\beta(1)\alpha(2)]$$

单重态和三重态的电子构型如图7.1所示。当没有外加磁场时，三重态的三种构型就会发生简并。

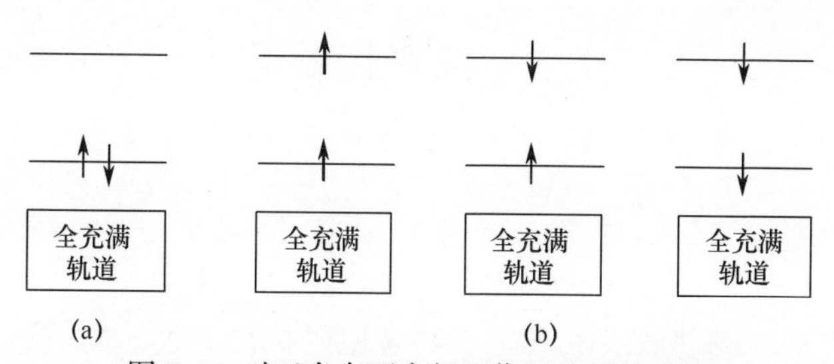

图7.1　对于含有两个相互作用电子的系统

（a）单重态；（b）对应于 $M_S=1, 0, -1$ 的三重态。

对于含有两个相互作用的电子系统来说，与三重态相比，单重态位于能量较低的轨道，用能量差 hJ 区分，其中，J 是交换能量，h 是普朗克常数。现在来分析一下三重态分子的ESR频谱。将萘的三重态ESR频谱作为代表性系统来讨论，它是一个典型的有机三重态。光学研究表明萘的单－三重分裂约为 $20000\ cm^{-1}$。为了解释三重态波谱，接下来介绍一些相关概念。

7.2　三重态的自旋跃迁

磁场中存在与三重态相对应的三个能级，$M_S=+1, 0, -1$ 可以认为是由电子自旋取向引起的：①两自旋均平行于场；②两自旋均反向平行于场；③一个自旋平行于外部场，一个自旋反向平行于外部场。以 $h/2\pi$ 为单位，值 $+1, 0, -1$ 表示总自旋角动量 M_S 在外部磁场方向上的分量，（见第2章，图2.3）。如果忽略两个电子之间的偶极相互作用，在磁场存在情况下，$M_S=+1, 0, -1$ 的简并就会被去除，如图7.2所示。$M_S=0$ 的能级不再取决于外部磁场方向，而其他两个能态的能量将随着磁场方向变化而变化，如图7.2所示。当选择规则 $\Delta M_S=\pm 1$ 时，ESR频谱仅含有一个期望信号，这是由于能级 $M_S=-1$ 与 $M_S=0$ 间的能量差和能级 $M_S=0$ 与 $M_S=1$ 的能量差是一样的。从 $M_S=-1$ 到 $M_S=1$ 能级的跃迁是禁戒的，因为 $\Delta M_S=2$。

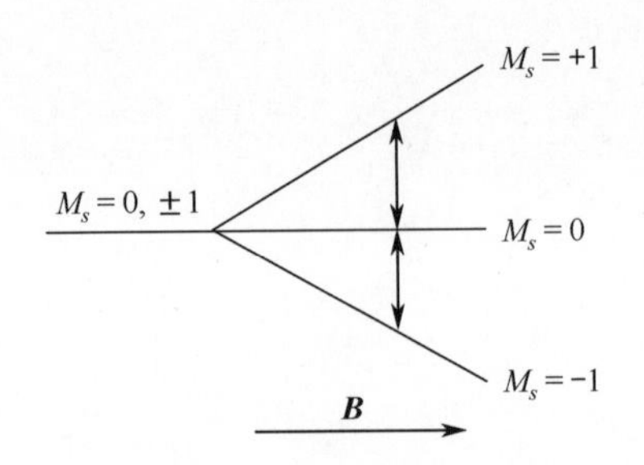

图7.2　无零场分裂磁场中三重态分裂

7.3　偶极场效应

对于三重态分子来说，通常自旋间的磁偶极相互作用（即偶极效应）和未配对电子与施加场间的相互作用具有相同数量级，强偶极场改变了这些能级。长期以来，由于没有考虑两个电子之间的偶极相互作用，试图通过ESR法检测三重态是不成功的。电子磁矩约是原子核磁矩的1000倍，电子局部场是巨大的且在频谱中占主导地位。

由两个电子自旋的大偶极效应引起的各向异性展宽是导致难以获得三重态分子ESR频谱的主要原因。偶极相互作用相当强烈，以至于为分子旋转提供一种非常有效的弛豫机制，使得谱线扩大到超出检测范围。因此，观察三重态分子的ESR频谱需要刚性基质。若所制备系统中所有三重态分子均与外部磁场取向相同，使得所有分子的分子轴与外部磁场间的夹角相同，则可以消除由各向异性引起的谱线展宽效应。

降低各向异性影响的技术是将处于过量基质中的结晶化合物激发成三重态。为特定的三重态分子找到合适的主晶体并不是件容易的事情，这是因为大多数有机晶体不能容纳（以主体分子在晶格中取向相同的常规方式）替代分子。为了研究萘的三重态，使用了含萘的单晶体杜烯（1,2,4,5－四甲基苯），萘以替代方式进入杜烯晶格中。四甲苯基和萘具有相似几何，用四甲苯基稀释萘可大大延长萘三重态的生存期。

7.4　零场分裂

除了电子交换能将能态分裂为单－三重态之外，还存在各向异性磁偶极相互作用。对于含有两个（或更多）未配对电子的系统，即使在没有外部磁场的情况下，也可以通过自身的偶极－偶极相互作用消除三重自旋态的三重简并。在晶体或冷冻样品中，偶极－偶极相互作用是各向异性的，即使没有外部磁场，相对于$M_S=0$，$M_S=\pm1$也存在能级位移，这种效应称为零场分裂，如

图7.3所示。零场分裂的程度取决于分子结构、自旋-轨道耦合程度等。如果未配对电子的数量是偶数（即，总自旋 $S = 1,2,\cdots$），那么由于零场分裂而可能彻底提升自旋简并度。当给样品施加一个稳定增加的磁场时，$M_S = \pm 1$ 能级开始发散，如图7.3（a）所示。这样做的重要结果是，在没有零场分裂的情况下两个允许跃迁 $M_S = -1 \rightarrow 0$ 和 $M_S = 0 \rightarrow 1$ 能量是相等的，而现在完全不同，且可观测到两个信号。若零场分裂与 $g\mu \boldsymbol{B}_0$ 相比较小，其结果是在 $g = 2$ 附近出现一对信号，但如果零场分裂较大（图7.4），过渡金属离子通常属于这种情况，则 g 值明显不等于2且可能难以观测到期望跃迁。

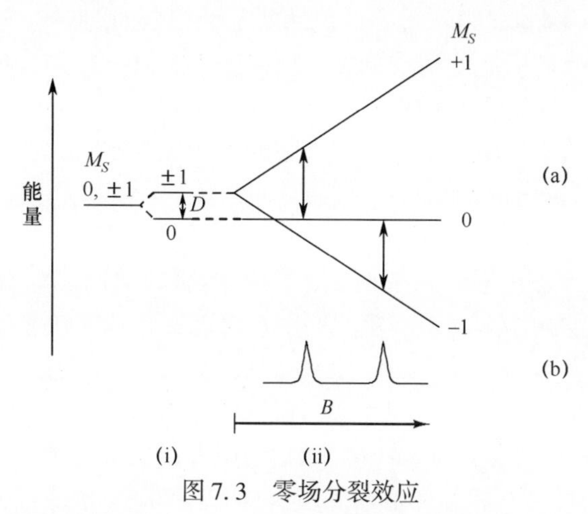

图7.3 零场分裂效应

（a）（i）三重态的零场分裂和（ii）不同外加磁场对能态能量的影响，不同能级允许的跃迁（$\Delta M_S = \pm 1$）；（b）所产生的频谱结构。

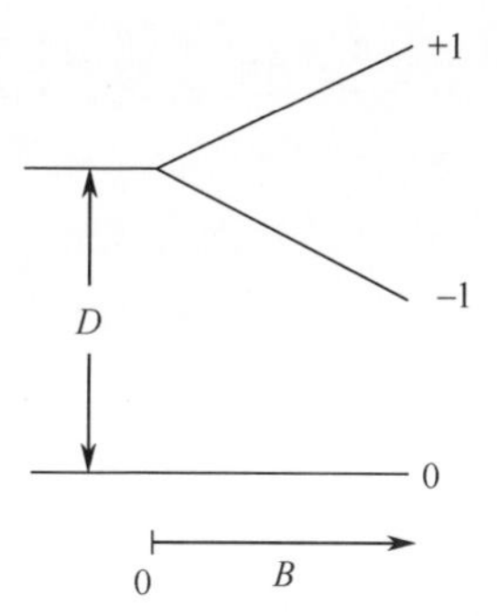

图7.4 三重态的大零场分裂

相对于能态 $M_S = 0$，偶极相互作用的净效应提高了 $M_S = 1$ 和 $M_S = -1$ 的能态，如图7.3（a）所示。所示偶极分裂 D 小于外加磁场引起的分裂，即使很小的磁场也会使能级 $M_S = 1$ 和 $M_S = -1$ 在能级 $M_S = 0$ 之上，如图7.3所示。偶极位移的大小与施加磁场无关，自旋–轨道耦合也可能影响能级模式，但能态 $M_S = 0$ 不受影响。自旋–轨道耦合可能与偶极相互作用一样或者相反。另外，如果晶体内部存在强电场，将会进一步扰动能级 $M_S = 1$ 和 $M_S = -1$，但能级 $M_S = 0$ 不受影响。通常在零场效应下分析这三个扰动结果，这是由于即使没有外部磁场，扰动也会引起 $M_S = \pm 1$ 能态向 $M_S = 0$ 偏移。零场分裂通常是很大的，例如，观测到萘三重态能级 $M_S = 0$ 和 $M_S = \pm 1$ 之间的间距约为3000MHz；当外部磁场为0.3T时，能级 $M_S = +1$ 和 $M_S = -1$ 的间距接近8000MHz。对于给定的微波辐射，三重态分子在两个不同的外加磁场中存在两个跃迁（$\Delta M_S = \pm 1$），萘三重态谱包括两条谱线，如图7.3（b）所示。精细分裂是指由零场分裂引起的谱线分裂。当 $S > 1/2$ 时，频谱呈现多条谱线，称为精细结构。一般情况下，如果有 n 个平行自旋，那么在ESR频谱中就有 n 个相同间隔的精细结构。精细结构谱线之间的间距通常比较大，为0.1～0.2T或更大，线宽为0.1～0.01mT。

零场分裂完全取决于磁场中分子的方向。可在合适的主体单晶中形成三重态分子稀释溶液，并且通过改变所加磁场中单晶的取向来研究三重态各向异性。三重态分子的两个未配对自旋之间的偶极相互作用取决于它们之间的平均间距。通常使用参数 D 和 E 表示，其中：D 是偶极相互作用的度量；E 是分子偏离三折或更高折旋转对称轴的程度。在零场中 $M_S = +1$ 和 $M_S = -1$ 间的能级差为 $2E$，这两个能量的平均值与 $M_S = 0$ 上的能量不同（它由参数 D 表示）。需要注意的是，D 和 E 的值取决于所选 z 轴。ESR谱线位置只取决于 D 和 E 的相对符号，其绝对符号通常是未知的。参数 D 和 E 的单位通常为 cm^{-1}、D/hc 和 E/hc。

7.5 萘的三重态谱

当给单晶体中的三重态分子施加外部磁场时，X 轴、Y 轴和 Z 轴的选择取决于分子的对称性。对于轴向对称的分子，如萘，Z 轴方向垂直于分子平面，Y 轴位于 C_9-C_{10} 键处，X 轴在环形平面内，且垂直于 Y 轴，如图7.5所示。相对于所施加磁场，适当地旋转晶体，使相同的谐振信号频率在0.2T附近，这意味着多晶体样品中的信号带宽超过了0.2T。在冷冻的玻璃溶液中分子的方向是随机的，共振谱线分布在0.2T范围内，产生极宽和低强度的谱线频带，致使难以检测信号。

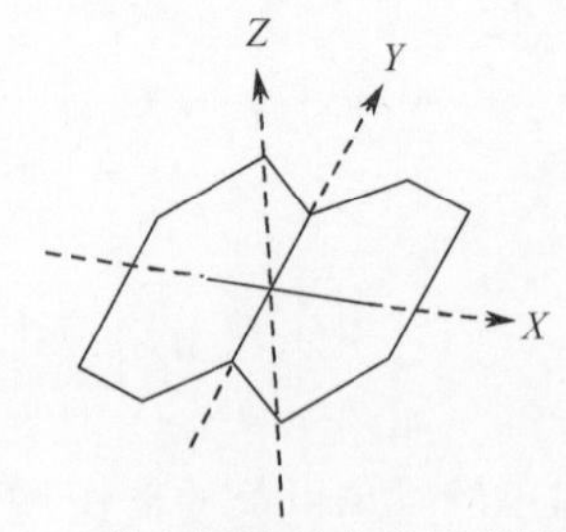

图7.5　萘坐标轴的定义示意图

对于处于其最低三重态的萘，自旋能量是关于磁场（平行于 Z 轴）的函数，观测到的跃迁如图7.6所示，此处假设$D>0$。当磁场平行于X轴和Y轴时，可以画出类似的图。当外加磁场方向沿Z轴方向时，由于相邻能级（$\Delta M_S=\pm1$）间存在跃迁，四甲苯基单晶体中萘三重态分子的谱有223.0mT和437.8mT两个信号，如图7.6所示。跃迁能量由$h\nu=g_Z\beta_e\boldsymbol{B}\pm D$给出。在施加磁场中，两条精细结构谱线间隔为$2D/g\beta_e$。对于萘三重态来说，由于$E$很小（$0.014\ cm^{-1}$），可忽略不计，两个跃迁的差值为214.8mT，因此D为$0.10\ cm^{-1}$，如图7.6所示。通过研究谱的温度特性发现D的符号为正。

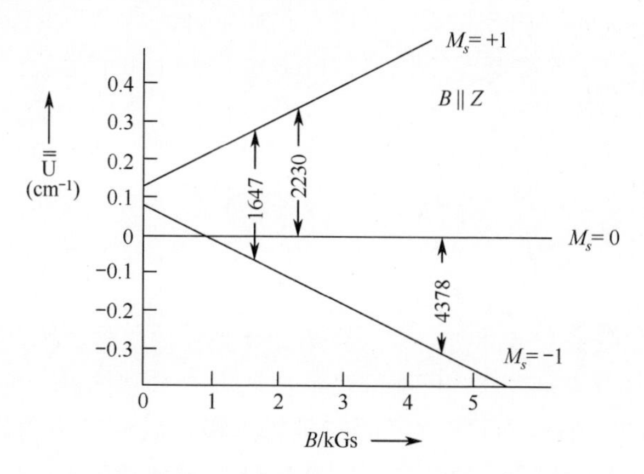

图7.6　萘三重态的自旋能量是外加磁场（平行于Z轴）的函数，$\nu=9.272$GHz

由于分子X轴、Y轴和Z轴中的每一个轴都可能与磁场平行，所以可能发生两个相邻能级之间的跃迁。因此，在有利条件下，可共获得代表相邻能级间跃迁的六条谱线。换句话说，存在三个小的亚粒子群与可检测三重态分子的直角坐标系平行。每个亚群都产生了一对相邻能级跃迁的信号，该三对信号出现在频谱中心的两侧。相对于不同方向的外加磁场，萘三重态分子的ESR谱线位置如图7.7所示。

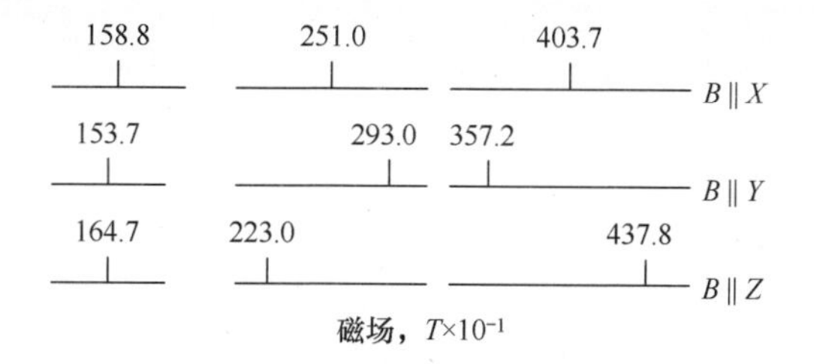

图7.7　$\nu=9.272$GHz时，不同施加磁场方向中的萘三重态分子的ESR谱线位置，以及每种情况下由$\Delta M_S=\pm1$引起的最低场跃迁

相邻能级间的跃迁是各向异性的，难以观察。在某些情况下可以检测到信号，这是因为该类信号实质上比非相邻能级之间的跃迁信号更为强烈。尽管在

方向随机的样品中可以观察到这些跃迁，但信号强度还是比单晶中同样数量的三重态分子的强度弱。可以测量分子轴几乎平行于施加磁场 $\boldsymbol{B}$ 的三重态分子共振谱，其他分子的共振强度较弱而难以检测。

只有当单重态和三重态之间的能量差大于磁相互作用时，才可以获得三重态的ESR频谱特性。通常来说，三重态的三个能级能量是 D、E、g 和 $\boldsymbol{B}$ 的函数。对于萘三重态来说，这些值分别为 g(各项同性) = 2.0030、$D = 0.102\ \text{cm}^{-1}$、$E = -0.0141\ \text{cm}^{-1}$。$D$ 和 E 的大小与两个自旋相互作用强度有关。当分子中两个电子的距离很远时，相互作用强度可以忽略不计。

零场分裂的另一个结果是，选择规则 $\Delta M_S = \pm 1$ 可能失效，并且有可能观测到更多的跃迁。在低场中，量子数 M_S 不再严格适用。与大功率微波辐射的频率相比，当零场分裂较小时，除了 $\Delta M_S = \pm 1$ 跃迁之外（图7.3），在低场中也能观测到由 $\Delta M_S = \pm 2$ 跃迁（$M_S = -1$ 和 $M_S = +1$ 之间）引起的共振。产生这些跃迁所需磁场仅为 $\Delta M_S = \pm 1$ 跃迁的1/2，因此通常称为半场共振。与 $\Delta M_S = \pm 1$ 跃迁相比，半场共振的各向异性不明显，对于不同取向的分子，其半场共振分布在一个窄带内，可以检测到相当强的信号。因此，研究低温条件下玻璃溶液中的三重态是有可能的，不再局限于单晶技术，所以具有实际意义，利用这种方式可研究许多分子的三重态。相比微波光子能量 $h\nu$，如果零场分裂参数足够大，不会发生 $\Delta M_S = \pm 2$ 跃迁。对于萘三重态，当外加磁场垂直于分子平面时，半场共振为164.7mT（图7.6）。半场跃迁表明该系统是三重态。在刚性玻璃溶液中可得到1，3，5-三苯基苯二价阴离子的ESR频谱具有三重基态，如图7.8所示，该频谱与上述讨论一致。

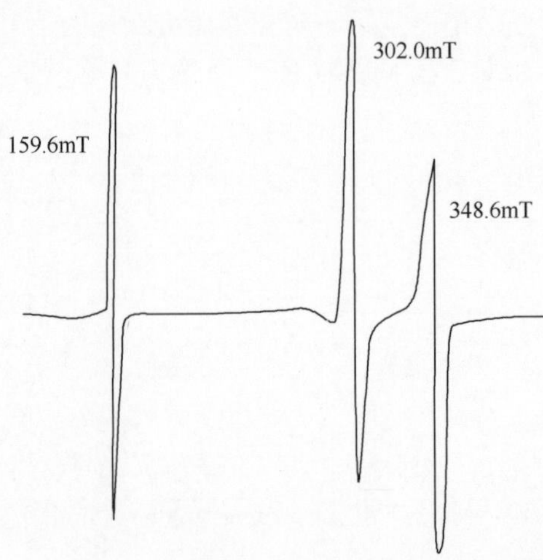

图7.8　1，3，5-三苯基苯二价阴离子刚性冷冻液的ESR谱线；在159.6mT处的共振归因于 $\Delta M_S = \pm 2$ 跃迁，而其他谱线由 $\Delta M_S = \pm 1$ 跃迁引起，单位为mT

7.6 三重态谱的超精细分裂和零场分裂

电子-核的接触相互作用远小于偶极子相互作用，因此，三重态分子的ESR频谱很少表现出任何可分解的超精细结构。然而，在单晶稀释样品的三重态频谱中已经观察到了超精细分裂，其中由各向异性引起的展宽是最小的。例如，萘三重态的每一个精细结构谱线均被四个等价α质子（$a_\alpha=0.561\mathrm{mT}$）和四个等价$\beta$质子（$a_\beta=0.229\mathrm{mT}$）分裂，这些超精细分裂常数可以与之前讨论的$a_\alpha=0.495\mathrm{mT}$和$a_\beta=0.187\mathrm{mT}$的萘阴离子自由基做比较。不同三重态分子中的零场分裂（D）如图7.9所示。

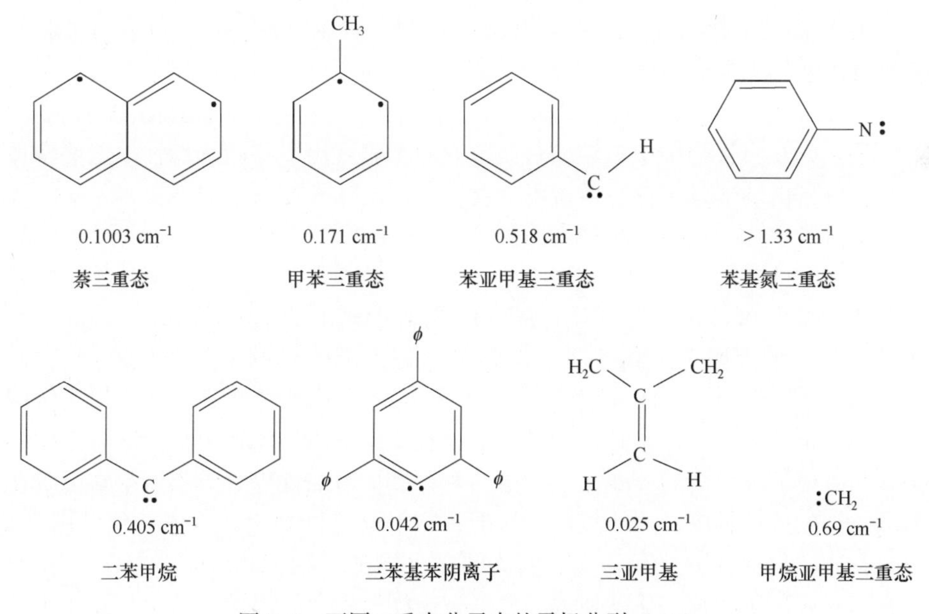

图7.9 不同三重态分子中的零场分裂（D）

除了确定三重态分子的存在性外，通过监测ESR信号的衰减来研究环境对三重态生存期的影响、玻璃和单晶体中三重态的能量转移。例如，可以选择性地激发二苯甲酮三重态，并检测混合玻璃中萘三重态的共振信号，从而证明两种物质间的能量转移。

在一个系统中，如果存在两个未配对电子，且它们的距离足够远（如超过10Å），以至于分子旋转平均得到偶极场（如各向异性超精细分裂），则该系统表现出两个弱相互作用的双重态。这种分子称为双自由基。与磁偶极子能量相比，其交换能量J并不大。

第8章　过渡金属配合物

8.1 引　　言

在通常环境下，只有极少数无机自由基是稳定的，具有代表性的包括 O_2、NO、NO_2 等。从超精细结构和它们的 ESR 频谱解释方面来说，这些自由基与有机自由基是完全类似的。还有一类数量众多的无机自由基，就是过渡金属离子的配合物，它们具有不完整 3d、4d 和 5d 轨道，且未配对电子存在于它们的 d 轨道中。在 ESR 频谱中，这些过渡金属离子表现出一些新的特性，这些特性对于有机自由基来说不存在或者不重要。

学科复杂性不利于对金属配合物 ESR 频谱展开详细讨论，在这里仅对其做简要的定性介绍。金属配合物因其在生物化学和固态化学中的多种作用而备受关注。根据氯铱配合物 $(NH_4)_2IrCl_6$ 和 Na_2IrCl_6 的 ESR 频谱，Griffiths 和 Owen给出了从金属离子到与之配位分子（称为配体）的电子领域典型示例。在 ESR 频谱中，可以明显观测到由氯离子（Cl^-）周围未配对电子相互作用引起的超精细分裂。这些超精细分裂不仅直接显示出配体轨道参与键合，而且金属与配体的 π 键合也很重要。依据所观察到的分裂能够计算出未配对电子在氯离子上的离域程度。对于过渡金属配合物来说，利用 ESR 频谱计算得到的 g 值、自旋轨道耦合常数和各项之间的间距（例如，$^3F-^3P$ 或 $^4F-^4P$）低于对应自由金属离子的值。这些研究结果通常由配体与金属离子的共价相互作用来解释。

对于过渡金属配合物来说，通过分析超精细结构和 g 值，可以研究金属性质、金属离子周围配体排列和金属-配体键合性质。一般来说，通过研究稀释单晶体 ESR 频谱可获得有关过渡金属配合物键合和能级排序的最完整结果，然而单晶体这一必要条件对可研究系统设置许多隐含限制，因此在分析多晶或冷冻玻璃态样品的波谱方面做了大量研究。关于未配对电子分布的详细信息，也可以从研究稀释多晶和玻璃态样品（冷冻合适的溶液）中获得。ESR 频谱研究可补充晶体学理论，确定单位核中磁不等价离子数量以及研究晶体中这些离子的对称性。ESR 频谱为研究过渡金属配合物的动态 Jahn-Teller 畸变提供了非常可靠的证据。

已经对过渡金属配合物，特别是第一过渡系配合物的ESR频谱进行了广泛而深入的研究。第二过渡系配合物、第三过渡系配合物、镧系元素、超铀元素的配合物以及具有生物化学重要性的过渡金属配合物，如金属蛋白也已被深入研究。ESR频谱在确定这类化合物的结构和氧化态信息方面是一种非常有用的技术，并可推导出金属离子的配位数和金属-配体键的性质。

8.2　过渡金属配合物谱的特征

过渡金属配合物ESR频谱与溶液中的小有机自由基和无机自由基谱明显不同。在过渡金属配合物中，未配对电子的有效能级可被周围配体的固有场分裂，分裂类型和程度取决于配体性质及其周围金属离子的排列。在分析过渡金属配合物时，至少还应考虑以下五个附加因素。

（1）金属配合物ESR频谱和有机自由基溶液波谱的一个主要差异是：沿金属配合物分子轴的电子自旋是可以量化的，金属配合物的几何形状将各向异性引入ESR频谱中。当配合物晶体轴方向与外部磁场方向不同时，在不同的位置均可以观测到ESR共振，这种各向异性是相当大的。通常，有机自由基波谱的信号比随机取向的金属螯合物波谱信号更为尖锐。

（2）因d轨道的简并和d轨道中存在多个未配对电子而使问题变得复杂。电子构型、零场分裂和施加磁场决定了是否能够观察到全部或某种跃迁，或者它们的g值是多少。通常很难观测和解释含有多个未配对电子配合物的ESR频谱，特别是具有偶电子构型的过渡金属配合物，其研究是非常困难的。对于电子数是偶数的系统，当零场分裂非常大时，在观测范围内有可能观测不到共振；而对于电子数是奇数的系统，有可能只观测到对应于$M_S = -1/2 \rightarrow 1/2$跃迁的单共振谱线。过渡金属配合物包含多个未配对电子和简并轨道，这表现出它们对磁矩的轨道贡献，这些磁矩将导致g因子和零场效应的各向异性。

（3）根据d轨道电子和自旋轨道耦合之间库仑斥力的共同作用可以得到实际的g因子，很大程度上偏离了2.0023（极值范围可能为：0~9），而且随着磁场中配合物取向的变化而变化。例如，在高铁血红蛋白（Ferrihaemoglobin）中，铁共振的g因子值从6（磁场处于卟啉环平面）变化到2（磁场与卟啉环平面垂直）。自旋-轨道耦合效应将基态与激发电子态混合可引起10 cm^{-1}或者更大的零场分裂。快速电子弛豫和g值各向异性均为自旋-轨道耦合效应的体现。较大质量原子的自旋-自旋耦合比较小质量原子的大得多。部分原因是第二和第三过渡系金属配合物的ESR频谱往往比第一过渡系金属配合物的ESR频谱更难以观察和解释。

（4）前面提到的萘三重态，其零场效应是由两个电子自旋间的偶极相互作用引起的，然而在过渡金属离子中，该术语可用来描述降低自旋简并的任何效应，其中包括偶极相互作用和自旋－轨道耦合。低对称性的晶体场往往会产生较大的零场分裂。在溶液中分子翻滚使得零场分裂平均为0，但自旋－自旋相互作用引起了快速弛豫，并且频谱可能太宽，以至于观察不到。将溶液冷冻到玻璃态是非常有必要的，将其自旋中心相互隔离。配体以低对称性排列在金属离子周围的另一个结果是 g 值具有各向异性。通常来说，g 值是过渡金属配合物的张量，它反映了配体场的各向异性。

（5）对于不同过渡金属配合物来说，它们自旋－晶格弛豫时间的变化是相当大的。对于有些配合物来说，弛豫时间足够长，以保证在环境温度下进行谱测量；而对于其他某些配合物来说，这是不可能的。通常弛豫时间随着温度的降低而增加，因此在观测某些过渡金属配合物的波谱之前，需要将其冷却到液氮或液氦的温度。

相对于单晶体和溶液的 ESR 频谱研究，随机取向的粉末状样品的 ESR 频谱不能提供有关自身结构和电子分布的详细信息图。然而，还有许多系统不能在单晶或溶液中研究，须利用多晶体或非晶材料。根据多晶体谱获得 g 值和 a 值是较复杂的。

将顺磁性离子以1:100（1000）的比例掺入到同晶型抗磁性晶体中来减少由相邻偶极子引起的谱线展宽，并获得高分辨率波谱，这种稀释是非常必要的。通过在同晶型抗磁性基体中稀释顺磁性离子来增加顺磁性离子间的距离，进而使其自旋－自旋相互作用减小。例如，铜（Ⅱ）配合物可作为单晶体或粉末来研究，用相应的锌配合物或在冷冻溶液中来稀释它。通过稀释固体使给定配合物的电子自旋与另一种顺磁性分子分离，从而延长自旋生存期。化学交换过程也会影响谱线宽度，通过稀释可以降低这种影响。对于纯固体来说，偶极展宽仍然是一个重要的影响因素，但在室温下的溶液中很容易观测到含有超精细结构且高分辨率的谱。利用主晶格（如 MgO 、TiO_2 和 Al_2O_3 等）引入顺磁性离子，这种技术允许在对称环境中观测顺磁性离子的波谱，它提供了一种更加系统的方法来研究晶体场效应。八面体场由 MgO 、CaO 、MnO 和 Al_2O_3 等提供，而 TiO_2 提供四面体场，主晶格如 ZnO 、ZnS 、CdS 等也可提供四面体场。

过渡金属配合物中的超精细分裂不仅可由中心金属离子的核自旋引起，而且也可由配位体的核引起。由配体原子核引起 ESR 谱线的附加分裂称为“超超精细分裂”，其耦合强度取决于原子核上未配对电子的离域程度，并且该强度随着化学键数量的增加而迅速下降。金属原子核的超精细分裂取决于自然丰度，也取决于金属同位素的磁矩。为了观察金属原子核的超精细结构，需要相当大的磁矩或磁旋比。当未配对电子几乎完全与单个金属原子相互作用时，可观测到10 mT 或更大的超精细分裂。

晶体场和配位场理论是解释过渡金属配合物的键合、磁性和电子波谱性质的基础，同样也可作为解释过渡金属配合物 ESR 频谱的基础。有关晶体场和配位场理论中过渡金属配合物的键合和结构的详细说明，可查阅书后的文献。本章仅简要概述过渡金属配合物的电子结构及其ESR频谱。

8.3 金属离子的能级

8.3.1 罗素-桑德斯耦合

首先讨论自由原子和离子的电子态，然后分析如何根据离子周围化学环境的对称性来确定其能级。根据晶体场和配位场理论，配体环境的影响可看作对自由离子的小扰动。

由于含多电子的原子存在静电相互作用，电子构型使得它们处于不同的能态。现在将确定给定电子构型可能出现的不同能态数目。最简便的能态分类方法是罗素-桑德斯耦合（Russell-Saunders Coupling）方案，在这个方案中，电子的单轨道角动量 $\boldsymbol{l}_i$ 强烈地耦合在一起形成总的轨道角动量 L。类似地，单自旋角动量 s_i 耦合在一起形成总的自旋角动量 S。L 和 S 间的弱耦合可得到总角动量 $J(=L+S)$，它有 $2J+1$ 个取值，取值范围为：$L+S, L+S-1, \cdots, L-S$。在外部磁场作用下，可消除总角动量的 $(2J+1)$ 倍简并，参考方向 J 的分量可表示为 M_J。

对应于轨道标号 s、p、d、f 等，量子数 $l=0,1,2,3,\cdots$ 表示单轨道中的轨道角动量。总轨道角动量 $L=0,1,2,3,\cdots$ 分别用大写的字母来表示，如 S、P、D、F 等（在序列中省略 J）。

用 ${}^{2S+1}L_J$ 表示一个原子能态，左上标表示自旋多重性，右下标表示 J 值。例如，对于 d^1 电子，$L=2$，$S=1/2$。$J=5/2$ 和 $J=3/2$ 分别表示为 ${}^2D_{5/2}$ 和 ${}^2D_{3/2}$，这两个能态之间的能量差是自旋-轨道耦合的结果。

与单电子构型的命名法类比可知，L 和 S 的投影分别表示为 M_L 和 M_S。所有电子的 m_l 值总和为 M_L，类似地，所有电子的 m_s 值总和为 M_S。对于给定的 L，M_L 有 $(2L+1)$ 个取值，取值范围为 $L, L-1, \cdots, -L+1, -L$。对于给定的 S，M_S 有 $(2S+1)$ 个不同整数取值，从 S 到 $-S$，这表示自旋简并或自旋多重性。

针对含有两个等价未配对电子的原子，现推导其电子排布式，如基态中含有两个等价未配对电子的碳原子的电子排布式 $1s^22s^22p^2$。因两个 $2p$ 电子具有相同的 n 和量子数 l，需利用 m_l 和 m_s 值来选择符合泡利原理的项。对于两个 p 电子，可以写出 m_l 和 m_s 值的所有合理组合，并确定其中每一个 M_L 和 M_S 的值。对于给定 L 和 S 值的排布式，有 $(2L+1)(2S+1)$ 个 M_L 和 M_S 值组合与之对应，M_L 和 M_S 的每个有效组合称为微观状态。对于 n 轨道中有 e 个电子（p 轨道6个电子，d 轨道10个电子等）的微观状态数量由下式给出：

$$\frac{n!}{e!h!}$$

式中：h 为空穴 $(n-e)$ 的数量，空穴是亚壳层的空位。

对于 p^2 构型，微观状态数为15。一个排布式对应一组微观状态，通过写出所有可能的微观状态（即所有的电子排布式），即可以找到与之对应的排布式。列出与泡利原理一致的15种微观状态，见表8.1。写出一个微观状态 $(m_{l_1}^{\pm}, m_{l_2}^{\pm})$，其中上标的“+”或“-”分别对应于 m_s 为1/2或-1/2。对于 p^2 构型来说：M_L 可以取2,1,0,-1,-2等值；M_S 可以取1,0,-1等值。

表8.1　p^2 构型的微观状态

M_L	M_S		
	1	0	-1
2		$(1^+,1^-)$	
1	$(1^+,0^+)$	$(1^+,0^-)(1^-,0^+)$	$(1^-,0^-)$
0	$(1^+,-1^+)$	$(1^+,-1^-)(1^-,-1^+)(0^+,0^-)$	$(1^-,-1^-)$
-1	$(-1^+,0^+)$	$(-1^+,0^-)(-1^-,0^+)$	$(-1^-,0^-)$
-2		$(-1^+,-1^-)$	

从 $M_S=0$、$M_L=2$ 开始，与它们相关联的是 $L=2$、$M_L=2,1,0,-1,-2$ 和 $S=0$、$M_S=0$。对应于 $M_L=2,1,0,-1,-2$，^1D 产生的微观状态有 $(1^+,1^-)$、$(1^+,0^-)$、$(1^+,-1^-)$、$(-1^+,0^-)$ 和 $(-1^+,-1^-)$；$L=0$ 和 $S=0$ 对应于 ^1S，有 $M_L=0$、$M_S=0$，它对应的微观状态为 $(0^+,0^-)$，剩余的9种微观状态对应于 ^3P。因此，$2p^2$ 构型产生了 ^3P、^1D 和 ^1S，不同的 J 值将 ^3P 项进一步分裂。由实验确定出碳原子构型为 $1s^22s^22p^2$，所对应的相对能量项如图8.1所示。自由离子相邻项之间的间距约为10000 cm^{-1} 量级，远大于自旋轨道耦合。项的复杂度随着电子数量和 L 值的增加而增加。

8.3.2　洪特规则

洪特规则（Hund's Rules）用于识别由基态电子构型产生的最低能态项，该规则分三步进行：

（1）具有最高自旋多重态的项能量最低。具有最大平行自旋数的能态电子间互斥力最小。对于含有两个未配对电子的原子来说，由相同电子构型引起的三重态比单重态的能量低。

（2）在具有相同自旋多重态的能态中，具有最高 L 项的能量最低，因此，^1D 态能量比 ^1S 态的能量低。

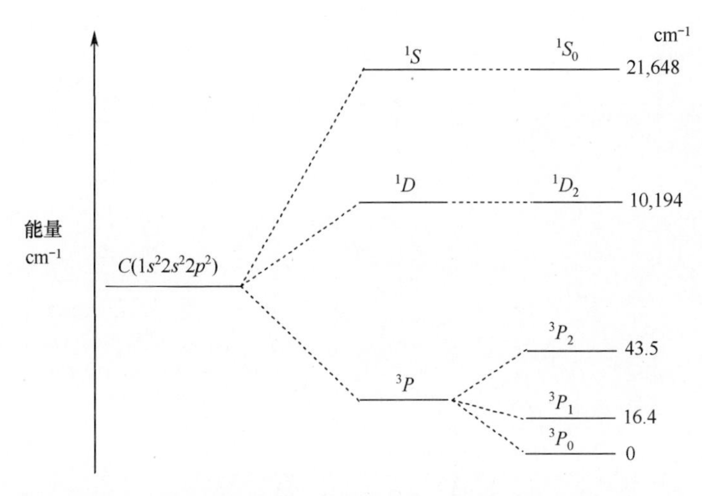

图 8.1　由碳 $1s^22s^22p^2$ 基态构型引起的项，自旋－轨道耦合引起 ^3P 项进一步分裂

（3）在给定 L 和 S 值情况下，若亚层少于1/2，具有最小 J 值能态的能量较低；若亚层多于1/2，具有最大 J 值能态的能量较低。这条规则预测碳的基态为 $^3P_0$。

众所周知，由于电子和空穴（即亚层内的空位）是等价的，电子构型 p^n 和 p^{6-n}（类似地，d^n 和 d^{10-n}）将产生相同项。例如，$C(1s^22s^22p^2)$ 和 $O(1s^22s^22p^4)$ 均产生了相同项 ^3P、^1D 和 ^1S 项，然而表示基态项的符号有所不同，氧是 $^3P_2$，碳是 $^3P_0$。

根据上述讨论的 $2p^2$ 构型，可以推导出 $3d^2$ 构型。$3d^2$ 构型产生了 ^1S、^1D、^1G、^3P 和 ^3F 项（图8.2）。由洪特规则得出最低能量基态为 $^3F_2$，其他项的能量排序均可从原子波谱学获得。

朗德间隔规则（The Landé Interval Rule）为获得罗素－桑德斯项的任意两个 J 能级间的间距提供了依据。根据这个规则，罗素－桑德斯项的任意两个 J 能级间的间距正比于其中较大的 J 值。例如，Cr^{3+}（d^3）离子基态分裂 ^4F 项见表8.2。若取 $J = 3/2$ 亚层为 $0\,cm^{-1}$，那么对应于 $J = 5/2, 7/2, 9/2$ 将分别出现在 $225cm^{-1}$、$560cm^{-1}$ 和 $960cm^{-1}$ 处，符合朗德间隔规则，最后一列基本相等。

多数情况下，希望在不构建所有可能的微观状态条件下确定基态项符号。这是通过从最高的 m_1 值开始填充轨道，并在任何轨道被双重占据之前向每个轨道上添加一个电子来实现。假定电子优先占据具有最高 m_1 值的轨道，对于 $d^4(Mn^{3+})$ 离子来说，下面给出了 m_l 和 m_s 值。

m_l	2	1	0	−1	2
m_s	+1/2	+1/2	+1/2	+1/2	
$(M_S)_{max} = 2$			$(M_L)_{max} = 2$		

如果 $M_S = 2$，那么 $S = 2$；如果 $M_L = 2$，那么 $L = 2$。当 $L = 2$ 且 $S = 2$ 时，项符号为 ^5D。

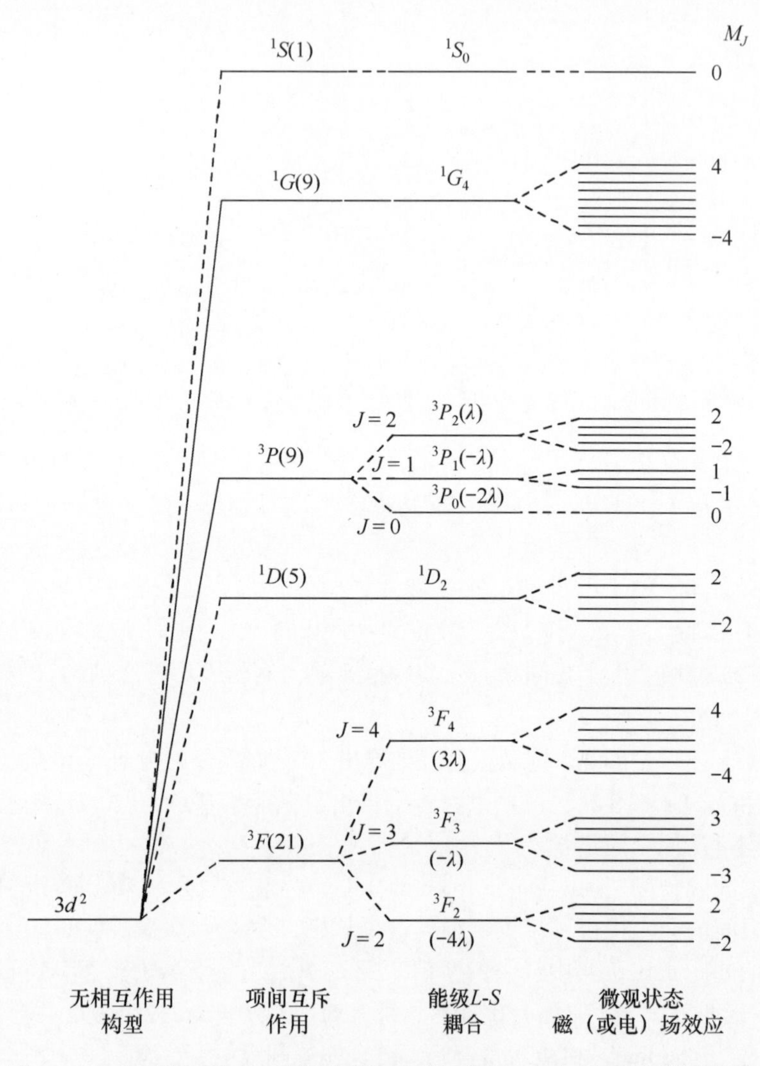

图 8.2　由金属离子基态 $3d^2$ 构型产生的项示意图，λ 为自旋轨道耦合常数，括号中数字表示每个能级的总简并度，共有 45 个能级

表 8.2　Cr^{3+}（d^3）离子基态分裂 ^4F 项

级数	能量/ cm^{-1}	间距 ΔE/ cm^{-1}	$\lambda = \Delta E/J$
$^4F_{3/2}$	0		
$^4F_{5/2}$	225	225	90

（续表）

级数	能量/ cm^{-1}	间距 ΔE/ cm^{-1}	$\lambda = \Delta E/J$
$^4F_{7/2}$	560	335	96
$^4F_{9/2}$	960	400	89

8.3.3　自旋 – 轨道耦合

电子自旋与其轨道运动的相互作用称为自旋 – 轨道耦合。自旋 – 轨道相互作用能量由式（8.1）给出：

$$E_{so} = \xi 1.\mathrm{S} \tag{8.1}$$

式中：ξ 为常数，取决于 n 、l 和 Z^4 ，Z 表示核电荷。自旋轨道分裂随 n 和 l 减少，并与 Z^4 成正比。对于一些较重元素，自旋 – 轨道耦合作用很大，以至于 *RS* 耦合失效，此时描述能态的最好方法是用 *jj* 耦合。虽然氢原子 1*s* 的电子（约 $1cm^{-1}$）基本可以忽略不计，但在较重原子中自旋 – 轨道耦合是很大的（例如，氯的 3*p* 电子为 $580cm^{-1}$ ）。

通常用 ξ 和 λ 两个参数来描述自旋 – 轨道相互作用的大小。参数 ξ 描述单个电子的自旋 – 轨道相互作用，参数 λ 描述罗素 – 桑德斯项的自旋 – 轨道相互作用的能量。参数 ξ 和参数 λ 间的关系为

$$\lambda = \pm \xi/2\mathrm{S} \tag{8.2}$$

式中：S 为总电子自旋；参数 ξ 为正值。

如果壳层不足半满，λ 的符号为"+"；如果壳层大于半满，λ 的符号为"–"；壳层为半满时，$L = 0$ ，自旋轨道能量为 0。

8.4　晶体场对 d 轨道的影响

在固体或液体中，过渡金属离子通常被配体所包围，配体带负电荷，如 Cl^- 、Br^- 、CN^- 等，或负极化，如 OH_2 、NH_3 等。配体将配对电子中的其中一个贡献给金属离子，形成金属 – 配体键。金属离子周围配体最常见排列是六个配体排列在八面体的角上或四个配体排列在四面体的角上。后续所展开的讨论仅限定在八面体配位环境中。

晶体场理论从概念上讲是很简单的，它假定金属离子与配体之间的相互作用是纯静电性质的。在八面体配合物中，六个配位体位于直角坐标轴 x、y、z 上，如图 8.3 所示，5*d* 轨道的空间方向如图 8.4 所示。在自由气态过渡金属离子中 5*d* 轨道是简并的。配合物中心的金属离子受到非球形场的作用，这是由配体引起的。轨道 $d_{x^2-y^2}$ 和轨道 d_{z^2} 金属离子的电子和该配体电子之间的静电互斥力大于轨道 d_{xy} 、d_{yz} 和 d_{xz} 的静电互斥力。

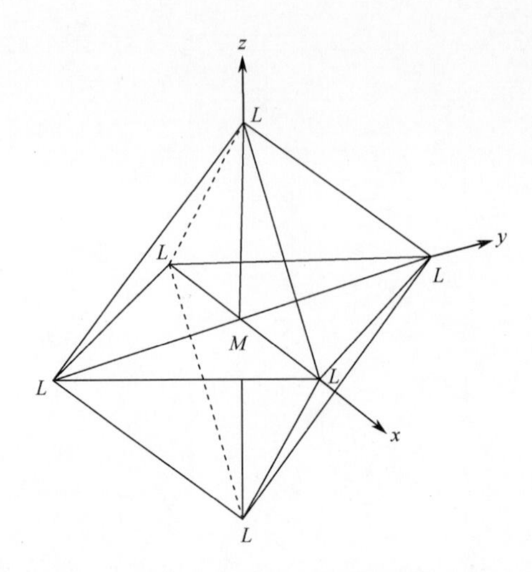

图 8.3　八面体 ML_6 配合物中，绕中心金属原子的六个配位体的排列示意图

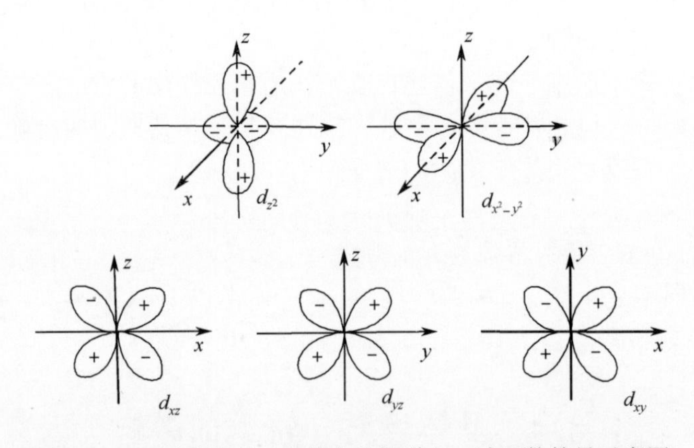

图 8.4　3d 原子轨道。在给定的轨道上，波函数符号示意图

因此，轨道 $d_{x^2-y^2}$ 和 d_{z^2} 称为 e_g 轨道，其能量将升高。其他三个轨道 d_{xy}、d_{yz} 和 d_{xz} 称为 t_{2g} 轨道，相对于球形场中 d 轨道的能量，它们的能量将会降低。两组轨道的能量差称为晶体场或配位场分裂，用符号 10Dq 或 Δ 来表示，如图 8.5所示。当形成八面体配合物时，e_g 轨道的能量相对于在球形场中将提升为 6Dq，而 t_{2g} 轨道中的每个能量将减少为 4Dq。通过电子波谱测量实验可得到 10Dq 值。相对于球对称环境中 d 轨道的能量，平均能量保持不变。

大写字母 T、E 和 A（或 B）分别表示三重、双重和非简并的能态。类似地，小写字母 t、e 和 a（或 b）分别表示三重、双重和非简并的轨道。添加诸如 1 和 2 之类的下标来表示相对于对称平面轨道的对称和反对称特性，类似地，相对于配合物点群对称的倒置中心，g 和 u 分别表示对称性和反对称性，有关详细信息可查阅相关群论书籍。

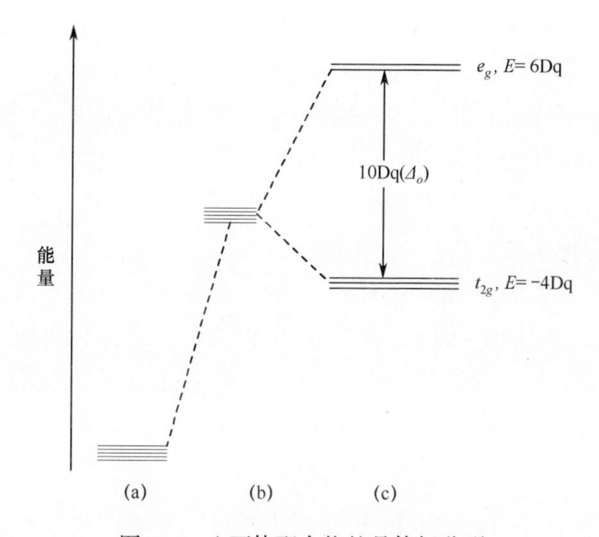

图 8.5　八面体配合物的晶体场分裂

(a) 自由金属离子；(b) 球形场；(c) 八面体场中 d 轨道分裂成 2 组。

通过改变配合物的配位几何结构，可以改变 d 轨道的分裂，它对配位体的性质也很敏感。八面体构型畸变所引起的低对称性可导致 d 轨道能级进一步分裂，如图 8.6 所示。对于八面体结构来说，有三个四重旋转轴（C_4）与图 8.3所示的 X 轴、Y 轴和 Z 轴相一致，存在四个三重旋转轴（C_3），它们是通过八面体中心连接对面三角面中心的线，有八个三角面可提供四个 C_3 旋转轴。四角畸变表示沿着八面体的三个四重旋转轴（C_4）中的一个伸长（或缩短）。沿着四个三重旋转轴（C_3）中的一个形成八面体结构畸变称为三角畸变。

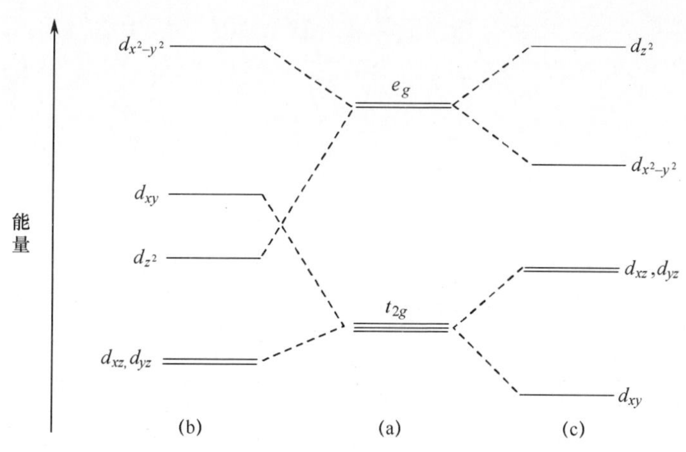

图 8.6　晶体场分裂示意图

(a) 在 z 轴上具有配体的八面体几何形状；(b) 伸长；(c) 缩短。

如果八面体配合物的两个配体沿着 z 轴远离或朝向金属离子方向移动，那么所形成的配合物称为四角畸变，后面讨论的 Jahn-Teller 效应描述了这种畸变。如果四角畸变进行充分，以至于沿 z 轴的配体被移至无限远处，那么将得到正方平面配合物（图 8.6（b））。两种最常见的四配位配合物的布局是四面体和正方形平面几何形状。四面体配合物的 10Dq 值是八面体配合物的 4/9 倍，对于四面体配合物来说，只出现弱场现象。

d 轨道电子排列取决于将电子提升到较高能量 e_g 轨道所需的 10Dq 值是高于还是低于自旋配对的能量值。对于 d^1 构型来说，晶体场稳定能量（CFSE）是 -4Dq，对于 d^2 和 d^3 构型来说，晶体场稳定能量（CFSE）分别为 -8Dq 和 -12Dq。对于这些构型，根据洪特规则电子保持未配对状态并进入 t_{2g} 轨道。对于 d^4 构型来说，与电子配对所需的能量相比，当轨道分裂比较小时，第四个电子进入 e_g 轨道中的一个，这种情况称为弱场（或高自旋）情况。如果电子构型为 $t_{2g}^3e_g^1$，那么净 CFSE 为 -6Dq。如果 d 轨道的分裂比自旋配对能量大，更有利于在 t_{2g} 能级上进行电子配对，形成 t_{2g}^4 构型，这就是强场（或低自旋）情况。对于 d^4 构型来说，强场中的 CFSE 为 -16Dq。

八面体配合物中 10Dq 的大小在 6000 ~ 4500cm^{-1} 范围内变化。当金属离子的氧化态从二价变为三价时，将引起 Dq 增加近 50%。10Dq 的大小还取决于周围金属离子配位体的数量和排序，以及配体的性质。从 $3d$ 跃迁到 $4d$，从 $4d$ 跃迁到 $5d$，其 Dq 值将增加近 50%。

d^1 和 d^6 构型的晶体场分裂模式分别与 d^9 和 d^4 离子的相反。d^n 和 d^{10-n} 离子间存在反比关系，对于相同的 $3d^n$ 构型，八面体和四面体的晶体场分裂模式正好相反。在后续章节中将分析八面体或畸变八面体环境中 $3d$ 过渡系的 ESR 频谱，由于有关四面体结构配合物 ESR 频谱研究较少，故本书不再进一步讨论四面体晶场。

图 8.7 所示为 d^1 和 d^2 构型的能级随晶体场强度（Dq）的变化曲线，称为奥格尔图（Orgel Diagram）。在八面体场中，$3d^1$ 构型的 ^2D 基态分裂成 $^2T_{2g}$ 和 ^2E_g 两个能态，如图 8.7 所示。^2E_g 态处于大于 10000cm^{-1} 的较高能级，不影响 $^2T_{2g}$ 能态特性。气态 V^{3+}（d^2 离子）的基态是 F^3。八面体晶体场将这种七重简并态消减为三重简并态 $^3T_{1g}(F)$、$^3T_{2g}$ 和一个非简并态 $^3A_{2g}$，如图 8.7 的奥格尔图所示。$^3T_{1g}(F)$ 变为基态。在八面体场中，^3P 能态转变为 $^3T_{2g}$ 能态，来自于 ^3P 和 ^3F 项的两个 T_{1g} 能态互相排斥，并且它们相互作用的大小反比于 ^3P 和 ^3F 能级的能量差。

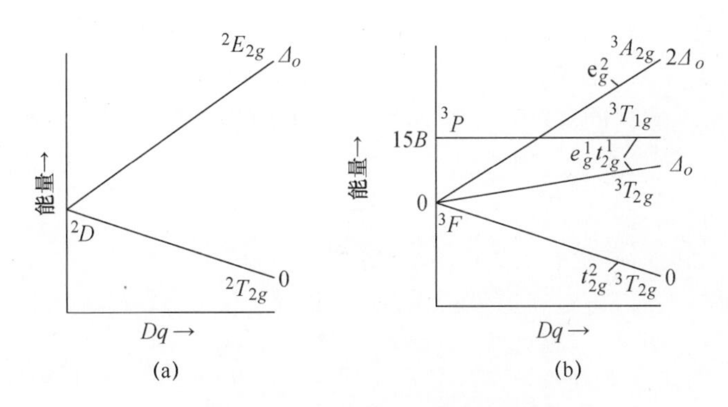

图8.7　八面体场中的奥格尔图

(a) d^1 构型；(b) d^2 构型。

8.5　晶体场对 g 值的影响

在罗素-桑德斯耦合框架下，一个孤立气体原子或离子的未配对电子的 g 值由式（8.3）给出：

$$g = 1 + \frac{J(J+1) + S(S+1) - L(L+1)}{2J(J+1)} \tag{8.3}$$

对于一个 s 电子（$L = 0$，$S = 1/2$，$J = 1/2$），根据式（8.3）可知 g 值为2.0，相对论修正后可得到自由电子的实际值为2.00232。已经得到了具有 $^2P_{3/2}$ 基态的气态卤素原子的ESR频谱，实验 g 值为3/4，与式（8.3）计算出来的结果一致。式（8.3）适用于周围原子对未配对电子轨道矩的影响很小或者无影响的情况，即游离气体原子和镧系元素化合物。

对于3d来说，未配对电子的行为颇受配体影响，其结果是轨道贡献大大降低甚至完全淬灭。具有轨道简并和含有未配对电子的任意电子构型将表现出轨道贡献，且 g 值不为2.0，这种构型的例子有 d^3 四面体、d^7 八面体（高自旋）或 d^5（低自旋）。通常情况下激发态具有轨道动量，且在一定程度上它们“混合到”基态，其磁矩和 g 值发生偏离。混合程度与激发态能量成反比，由式（8.4）给出：

$$g = 2.0023(1 - f\lambda/\Delta E) \tag{8.4}$$

式中：λ 为自旋-轨道耦合常数；f 为数值因子；ΔE 为基态和激发态（与基态混合）之间的能量差。

具有轨道非简并基态（^6S）的离子，如 Mn^{2+} 和 Fe^{3+}，其 g 值与自由电子的近似相等。在强配位场中，d 轨道分裂能量将变大，且 $\Delta E \gg \lambda$，$g \approx g_e$（自由电子值），称其为 $\boldsymbol{L}$ 和 $\boldsymbol{S}$ 去耦。

ESR吸收性质由固相结晶环境中金属离子的基态电子构型或者由溶液中局

部环境来决定。在施加磁场作用下，晶体场和自旋-轨道耦合决定了施加磁场中基态分裂的大小，也决定了电子自旋和晶格之间相互作用的程度，因此它确定了自旋晶格弛豫时间和ESR谱线宽度。g因子的测量、超精细分裂和线宽为分析结晶环境下的顺磁性物质的基态提供了信息。对于第一过渡系的离子，$3d^1 \sim 3d^9$，自旋-轨道耦合的大小从150cm^{-1}增加到$850\ \text{cm}^{-1}$。八面体场中二价金属离子的晶体场分裂10Dq值为$10000 \sim 15000\text{cm}^{-1}$。在过渡金属配合物中，低对称场和自旋-轨道耦合消除了能级简并，大多数情况下只考虑最低配位场的能级。然而，较高能级会对基态产生较大的影响。

8.6 JAHN-TELLER和KRAMERS定理

Jahn-Teller和Kramers定理是关于轨道和自旋简并的定理。Jahn-Teller定理指出，对于非线性分子（如八面体配合物），在电子能态简并时发生畸变以降低对称性，从而消除简并。d^1、d^2，高自旋d^6、d^7以及低自旋d^4、d^5构型可引起可观测的Jahn-Teller畸变。

Jahn-Teller定理并不能够预测会发生哪种类型的畸变，沿z轴的配体可能被压缩或拉伸。Jahn-Teller畸变引起d轨道分裂与图8.6所示的八面体场中弱四角畸变类似。因为t_{2g}轨道不参与主σ键的形成，且t_{2g}能级表现出略小的Jahn-Teller效应，所以它基本不受配体的影响。由于e_{2g}分裂稍大于t_{2g}分裂，故预期弱场d^4、强场d^7和d^9表现出最大效应。铜（Ⅱ）（d^9结构）很好地反映了Jahn-Teller畸变，铬（Ⅱ）和Mn（Ⅲ）（d^4离子）也表现出Jahn-Teller畸变。

另一个理论是关于自旋简并的。当一个系统包含的未配对电子数为奇数，且没有外部磁场时，每个能级的自旋简并至少保持双重简并，称为Kramers简并定理。当未配对电子数是偶数时，晶体场可完全消除自旋简并，这种现象就是先前讨论的零场分裂。具有奇数个d电子的金属离子总是具有最低能级，至少是一个双重态（称为Kramers双重态），通过磁场可消除简并且能观测到ESR跃迁。在过渡金属配合物中电子具有轨道角动量，它是由自旋弱相互作用产生的。因此，由配位体（与金属配位）引起的晶体场淬灭效应和自旋-轨道耦合的维持效应之间存在竞争。

8.7 第一过渡系谱的概述

本节主要介绍了第一过渡系配合物的ESR波谱研究实例，以突出上述理论的应用。主要讨论的$3d$基团价态有$V^{4+}(3d^1)$、$Cr^{3+}(3d^3)$、$Mn^{2+}(3d^5)$、

$Fe^{3+}(3d^5)$、$Co^{2+}(3d^7)$ 和 $Cu^{2+}(3d^9)$，首先介绍 $3d^1$ 和 $3d^9$ 的过渡金属配合物。对于 $S = 1/2$ 的顺磁性金属离子，如 Ti^{3+}、Cu^{2+} 等与自由基类似。

含有未配对电子的轨道可能具有一定的 s 特性，由于 s 电子出现在原子中心的概率有限，在一定范围内能够直接进入原子。对于过渡金属配合物来说，这意味着系统具有相对较低的对称性，由于未配对电子形式上是 d 电子，且当 d 轨道和 s 轨道具有相同对称分类并产生费米相互作用时，才会发生混合。

8.7.1　$3d^1$ 和 $3d^9$ 离子

在八面体场中，CaO 中的 Ti^{3+} 离子是 $3d^1$ 离子。在八面体场中，Ti^{3+} 离子有一个能量较低的三重态，通过四角畸变分裂成两个 Kramers 双重态，如图 8.8 所示。当八面体对称性畸变很小时，基态 Kramers 双重态的间距很小（约 $10^2 cm^{-1}$）。因此，它们通过自旋 - 轨道耦合充分混合而产生快速自旋 - 晶格弛豫。Ti^{3+} 配合物谱只能在极低温度下获得，通过晶体场理论很容易预测那些无法获得的 $3d^1$ 构型八面体配合物 ESR 频谱。三（乙酰丙酮）钛（Ⅲ）是八面体场中的 $3d^1$ 离子，它具有大的三角畸变，温度为 77 K 时，在三（乙酰丙酮）铝（Ⅲ）作为抗磁性主体中测到三（乙酰丙酮）钛（Ⅲ）的频谱。由于大三角畸变，$^2T_{2g}$ 能态发生了相当大的分裂，电子自旋生存期也增加了，对于这种配合物，$g_{\parallel} = 2.000$，$g_{\perp} = 1.921$。

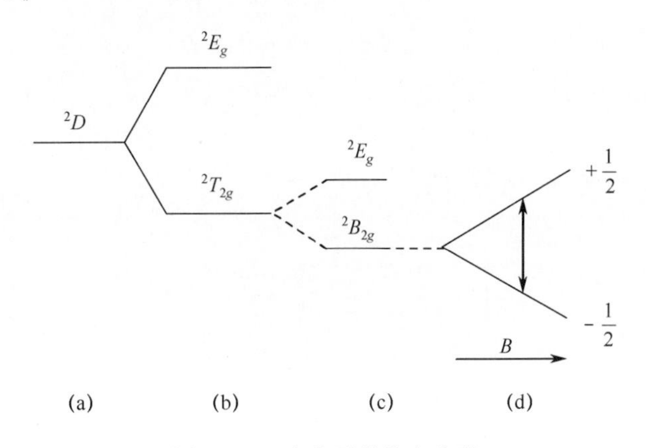

图 8.8　$3d^1$ 离子的基态分裂

（a）自由离子；（b）八面体场中的分裂；（c）四角畸变；（d）磁场效应。

各向异性效应源于激发态中混入了基态电子，混合能态取决于自旋的相对方向和磁场轴向。对于 d^1 系统来说，在轴对称场中，例如 VO^{2+}，由于 λ 是正的，$g_{\parallel}$ 和 $g_{\perp}$ 的值均小于自由电子的值，且 $g_{\parallel}$ 小于 $g_{\perp}$。类似铜（Ⅱ），d^9 构型可以认为是空穴，空穴占据 $d_{x^2-y^2}$ 轨道，由于 λ 是负的，$g_{\parallel}$ 大于 $g_{\perp}$。

当对称立方体的畸变很大时，很容易获得 d^1 系统的 ESR 频谱。最为广泛

研究的实例是 VO^{2+}，它可形成具有四角对称性的六配位配合物。八面体畸变的氧钒（IV）配合物的 d 轨道分裂如图 8.9 所示。因为晶体场分裂比较大，所以自旋－轨道耦合比较弱。又因为自旋晶格弛豫时间 T_1 比较长，所以室温时就可以获得 VO^{2+} 配合物的 ESR 频谱，且其谱线相当窄。存在两个（或三个）主要的 g 值，其大小取决于混合了激发态的自旋－轨道耦合的间接轨道贡献。对于 VO^{2+} 系统来说，所有的 g 值均小于自由电子的 g 值，$g_{\parallel}$ 的典型值为1.93～1.97 mT，$g_{\perp}$ 的典型值为 1.96～2.0 mT。在溶液中，通常只能得到 g 值的平均值，称为 g_{iso} 值。A 的典型值为 8 ～ 20mT 。

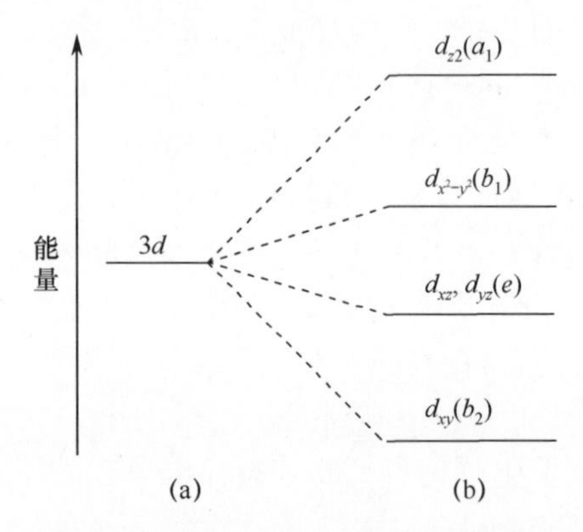

图 8.9　六配位氧钒配合物的 d 轨道分裂

（a）气态离子；（b）四角晶体场。

V^{4+} 配合物的另一个特征是由核自旋 $^{51}V(I = 7/2)$ 引起的明显八重态超精细分裂。室温下，四氢呋喃中氧钒（IV）配合物，即双（乙酰丙酮乙二胺）氧钒（IV）典型 ESR 频谱如图 8.10 所示。

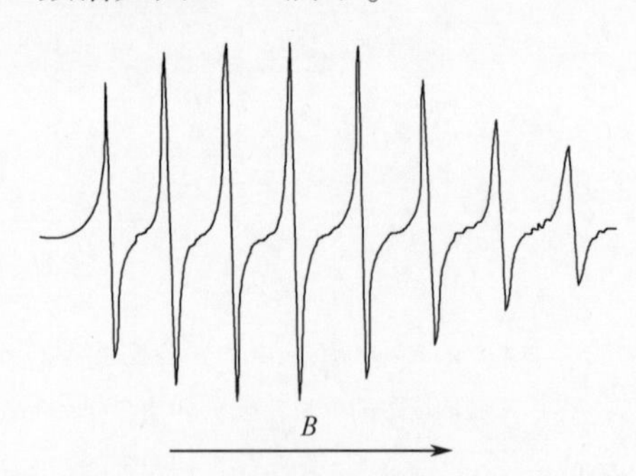

图 8.10　室温下，四氢呋喃中氧钒（IV）的 ESR 频谱

与阿基米德反棱柱对称的 d^1 离子配合物是 $Mo(CN)_8^{3-}$ 。在室温下和水溶液中，由于 $^{95,97}Mo(I = 5/2)$ 的超精细相互作用，$Mo(CN)_8^{3-}$ 配合物的波谱为六重态。双同位素 ^{95}Mo 和 ^{97}Mo 的自然丰度相对较低，每种约为 25%，难以检测到与钼核的超精细相互作用，因此在配合物 ESR 频谱中只能观测到由电子所

产生的单谱线。富集 ^{13}C ($I=1/2$) 有 8 个等价的 ^{13}C 核，可以观测到含有 9 条谱线的超精细结构。

$3d^9$ 离子中最重要的研究实例是 Cu^{2+} 离子。大多数配合物畸变成八面体结构（由于 Jahn-Teller 畸变），其中双键比同一平面上的其余四键更长。在 $d_{x^2-y^2}$ 轨道和其他所有轨道中的未配对电子都是双重占据。利用空穴概念可清楚地解释 d^9 构型，即 $d_{x^2-y^2}$ 轨道上的单一正空穴，它具有反转轨道能量的作用，其模型如图 8.11 所示。图 8.11 所示的 Cu（Ⅱ）能级分裂遵循了 Ti^{3+} 离子的分裂规律，然而与 Ti^{3+} 相比，这些顺序是颠倒的。

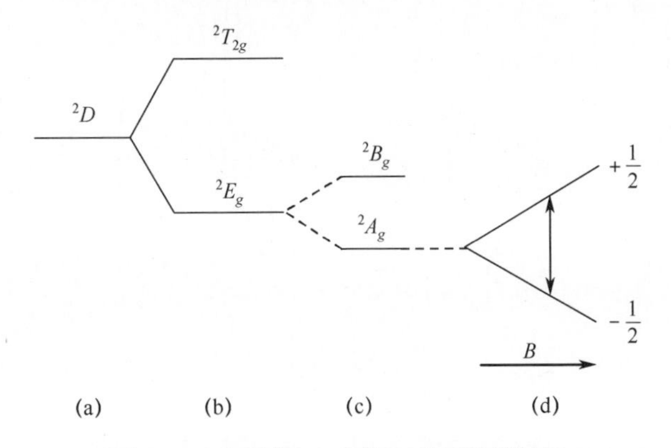

图 8.11　六配位 Cu（Ⅱ）离子的能级图

(a) 自由离子；(b) 八面体场中分裂；(c) 四面体场中分裂；(d) 磁场中 ^2A_g 的分裂。

在八面体场中，自由离子 d^9 的 ^2D 项被分裂为 $^2T_{2g}$ 态和 $^2E_{2g}$ 态。较大的 Jahn-Teller 效应，使得在室温时能够测量双简并的基态 ^2E_g 分裂 ESR 频谱。单自旋与一些轨道角动量（$\boldsymbol{L} \neq 0$）相关，但在常规的配位场中，能级间距很大，电子主要位于单 d 轨道，因此，$\boldsymbol{S}$ 和 $\boldsymbol{L}$ 的作用不是很强。在四角配合物中基态是 $d_{x^2-y^2}$，并观测到尖锐的 ESR 谱线。$g_{\parallel}$ 的典型值范围为 2.1 ~ 2.35 mT，$g_{\perp}$ 的典型值为 2.02 ~ 2.07 mT。超精细耦合也是各向异性的。存在两种高丰度的铜同位素，且均具有相同的核自旋（$I = 3/2$），对于两种同位素来说，都会发生四谱线分裂。所引用的数据是指 ^{63}Cu（69.1%）和 ^{65}Cu（30.9%），它们的信号通常是观测不到的。金属－配体键共价性的增加将会引起 g 值减少和 A 值增加。

双（水杨醛亚胺）铜（Ⅱ）的 ESR 频谱具有研究价值。图 8.12 所示的 ESR 频谱给出了含有未配对电子的 ^{63}Cu ($I=3/2$) 超精细耦合所产生的 4 个主要谱线群。4 个谱线群中的每一个超精细结构均由 11 条谱线组成，这些谱线强度比为 1:2:3:4:5:6:5:4:3:2:1。两个氮原子分裂成含有 5 个谱峰的共振信号，其相对强度比为 1:2:3:2:1。两个等价质子的分裂使得 5 条谱线中的每一条谱线均分裂为 3 条谱线，其强度比 1:1:2。两个等价氮原子和两个氢原子总分裂谱线期望值为15，即 $(2n_N I_N+1)(2n_H I_H+1)=5\times3=15$。这些谱线中部分谱线互相重叠，因此在每一组中只能观测到11条谱线，如图8.12所示。

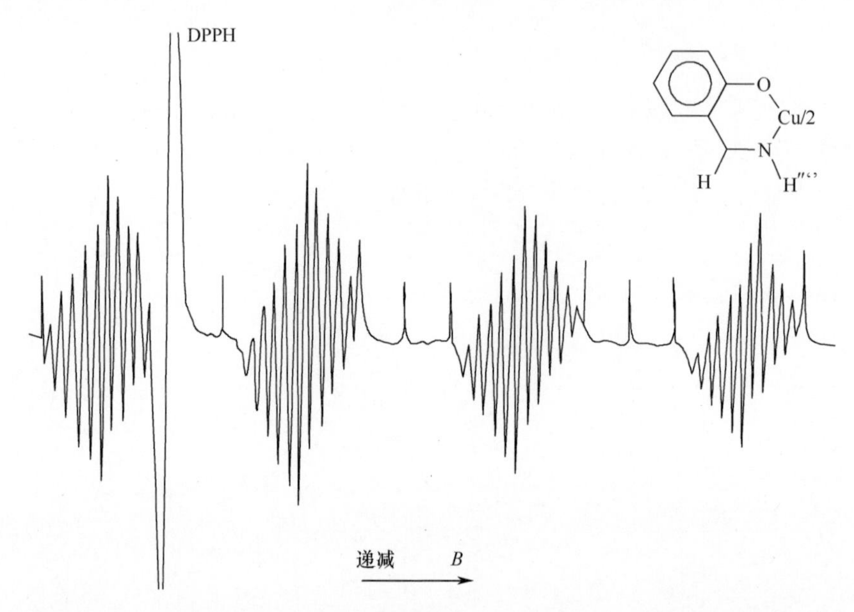

图8.12　同位素纯 ^{63}Cu 的双（水杨醛亚胺）铜（Ⅱ）一阶导数ESR频谱

核自旋 $I=3/2$ 的铜所产生的四组谱线中，对应谱线间的间距是相等的，g 值由对应谱中心的磁场值给出。对于溶液中金属配合物，已经发现 $a(\mathrm{Cu})=9.04\mathrm{mT}$，$a(\mathrm{N})=1.43\mathrm{mT}$。N－H″基的氘化不影响波谱，这说明N－H″氢不发生超精细分裂。类似地，当H′氢被甲基取代时，ESR谱包含4个主要谱线群，每一个群仅由氮超精细相互作用而产生的5条谱线组成。N－H″质子和甲基质子间的超精细作用显然不存在或者因太小而检测不到。

ESR频谱为配合物中配体上未配对电子的离域提供了证据。可解释为由金属－配体键合的共价键引起的，因为只有通过配体和金属离子轨道混合，才能获得配体对含有未配对电子配合物的分子轨道贡献。根据 g 值和 A 值可以得出金属与配体键合的性质。与氮原子之间存在强的精细相互作用是未配对电子离域到配体上的有力证据。从结果中可以推导出配体与金属间存在相当多的共价 σ 键和 π 键。

因铜（Ⅱ）八面体配合物存在大的Jahn-Teller畸变而备受关注。X射线结构研究有力地证明了铜（Ⅱ）配合物中存在Jahn-Teller效应。如果Jahn-Teller畸变较大，则需要观测具有 $g_{\parallel}$ 和 $g_{\perp}$ 分量的ESR频谱。如果在畸变结构中存在快速相互转换，则系统将表现出各向同性的 g 因子。这两种效应可分为静态Jahn-Teller畸变和动态Jahn-Teller畸变。

根据ESR频谱，已经获得了过渡金属配合物中动态Jahn-Teller畸变的可靠证据。例如，当温度为90 K时，用相应抗磁性锌化合物稀释$Cu(H_2O)_6SiF_6$，并测量其ESR频谱，发现该频谱包含一个低分辨率的超精细分裂谱带和一个近似各向同性的g值。虽然$Cu(H_2O)_6SiF_6$具有三角对称性，但轨道的简并性并没有被破坏，因此会发生Jahn-Teller畸变。然而，存在三个四角畸变将会破坏轨道简并，这些畸变均是沿连接反式配体的三个相互垂直的C_4轴伸长或压缩而产生的。其结果是期望每一个结构都有三种ESR跃迁。由于只发现了一种跃迁，可以得出这样的结论：三种畸变结构之间发生了快速转换。当温度低于50 K时，由于结构之间的相互转换速率较缓慢，频谱变得各向异性，并且产生了对应于三种不同四角畸变结构的三组谱线。具有四角伸长的配合物比具有四角压缩的配合物更常见。用抗磁性锌化合物稀释$Cu(H_2O)_6SiF_6$，并研究其单晶体ESR频谱。当温度为90 K时，$g_{\parallel}=2.221$，$g_{\perp}=2.230$，当温度为20 K时，$g_z=2.46$，$g_y=2.10$，$g_x=2.10$。对$Cu(BrO_3)_2 \cdot 6H_2O$可进行类似的观测，通过相应的锌（Ⅱ）盐稀释样品来研究它的ESR频谱。当温度为90 K时，$g=2.22$，其ESR频谱是各项同性的。当温度约10 K以下时，该化合物中的Jahn-Teller静态效应取代了Jahn-Teller动态效应。

在二聚体铜（Ⅱ）配合物中，对Cu-Cu偶极相互作用的识别变得尤为重要。铜（Ⅱ）双核配合物中零场分裂参数的D值通常很小，但可以修正频谱，可找到由$\Delta M_S=\pm 2$引起的附加跃迁，在X-波段波谱中，与$\Delta M_S=\pm 1$跃迁相关的场约为0.3 T，而$\Delta M_S=\pm 2$跃迁在半场值约为0.15 T处产生吸收谱。“半场”带的存在是双核或多核配合物形成的有用标准（参见第4章）。由于零场分裂，谱可以覆盖更大的磁场范围，最高可达0.6 T。

多晶二聚铜（Ⅱ）配合物的ESR频谱如图8.13所示。0.26 T和0.38 T处的强带分别归属于两个g分量，在半场峰0.15 T处，观察到由两个铜原子$(I=3/2)$引起的七谱线超精细分裂，对应于$\Delta M_S=\pm 2$跃迁。由于超出了波谱仪的测量范围，所以没有观测到另一个高场峰（参见第4章）。

一种新的铜（Ⅱ）配合物引起人们的广泛关注，它就是乙酸铜（Ⅱ），它以二聚体形式桥接乙酸酯基团的形式存在。乙酸铜水合物多晶样品的ESR频谱如图8.14所示，低温下测量得到的ESR频谱分辨率明显提高了，半场带出现在0.15 T处。在抗磁性主体（如双核锌（Ⅱ）配合物）中稀释双核铜（Ⅱ）配合物，并观测其波谱，通常可清晰地观测到铜超精细耦合。

每个分子中含有两个核总自旋$S=1$的铜原子多晶双核配合物。自旋-自旋相互作用通过交换积分J和零场分裂来测量。双核配合物的能级如图8.15所示，两个$S=1/2$自旋能态间的交换相互作用产生能量较低的单重态$(S=0)$和能量较高的三重态$(S=1)$。较低能级具有抗磁性，但可以观测到上三重态的ESR跃迁。对于二聚体乙酸铜（Ⅱ）来说，能级$S=0$和$S=1$

间的距离为 $2J = 520\ cm^{-1}$ ，ESR 信号的强度随着温度的降低而减小。

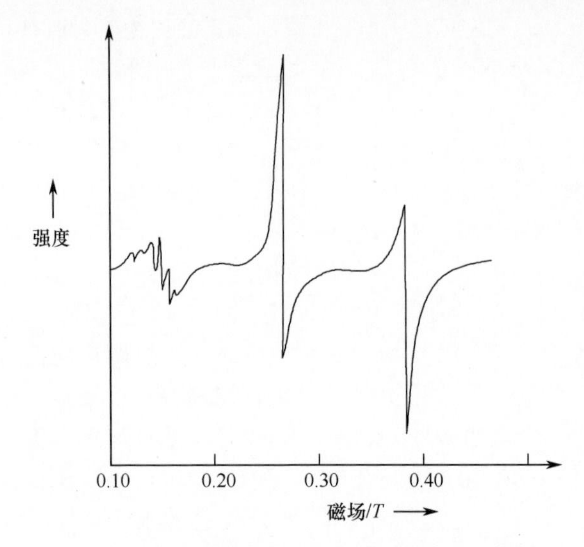

图 8.13　多晶二聚铜（Ⅱ）配合物的 ESR 频谱

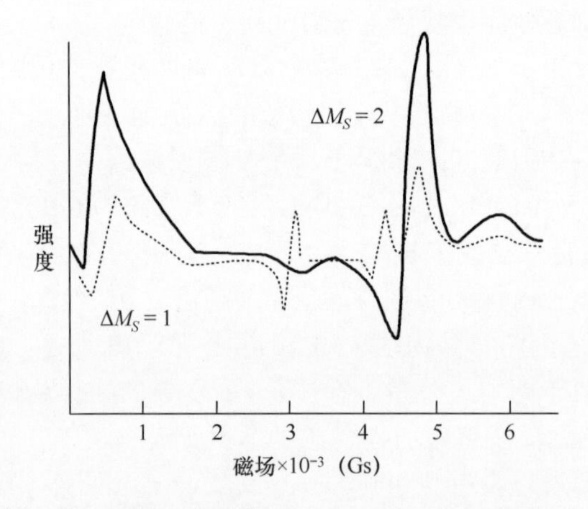

图 8.14　二聚体铜（Ⅱ）乙酸二水合物（$[Cu(O_2CCH_3)_2(OH_2)]_2$）的 ESR 频谱；室温下（实线），在 77 K 下（虚线）

温度低于 20 K 时，三重态能级的粒子数可以忽略不计，且观测不到谱。在温度较高的情况下记录某二聚铜配合物的 ESR 频谱，其波谱表现出具有七谱线超精细分裂结构，强度比为 1:2:3:4:3:2:1，与 $I = 3/2$ 的两个金属核之间的耦合一致。二聚体乙酸铜（Ⅱ）的零场分裂参数 D 和 E 分别为 $0.35cm^{-1}$ 和 $0.007cm^{-1}$ ，$g_x = 2.053$ ，$g_y = 2.093$ 和 $g_z = 2.344$ ，以 $A_x, A_y < 0.001\ cm^{-1}$ 。在粉末状谱中，平均 $\Delta M_S = \pm 1$ 所有方向上的跃迁可得到 $g_{\parallel}$ 和 $g_{\perp}$ 谱峰。当交换参数 J 值小于 ESR 跃迁的微波辐射频率时，便可观测到二聚体乙酸铜（Ⅱ）配合物 $S = 0$ 和 $S = 1$ 两个电子能态间的跃迁。

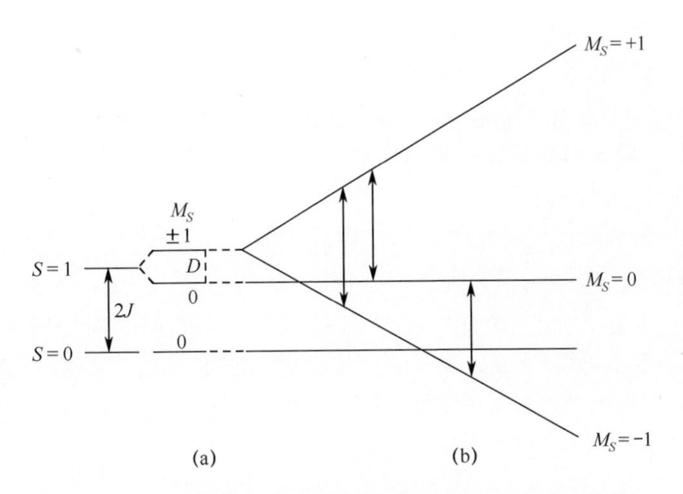

图 8.15　二聚体铜（Ⅱ）配合物的自旋能级分裂示意图

（a）零场分裂；（b）施加磁场中的分裂。服从 $\Delta M_S=+1$ 和 $+2$ 的三重态。

观测到铜（Ⅱ）配合物 ESR 频谱的两个大致形状如图 8.16 所示。两个轴向谱（a）和（b）可以分别作为区分 $d_{x^2-y^2}$ 和 d_{z^2} 基态的标准，也可作为区别 g 值（$g_{\parallel}\gg g_{\perp}>2.0$ 和 $g_{\perp}\gg g_{\parallel}\approx 2.0$）的标准。如果所有局部铜（Ⅱ）离子的四角轴与晶胞平行排列，那么可用 ESR 频谱进行简单的解释。

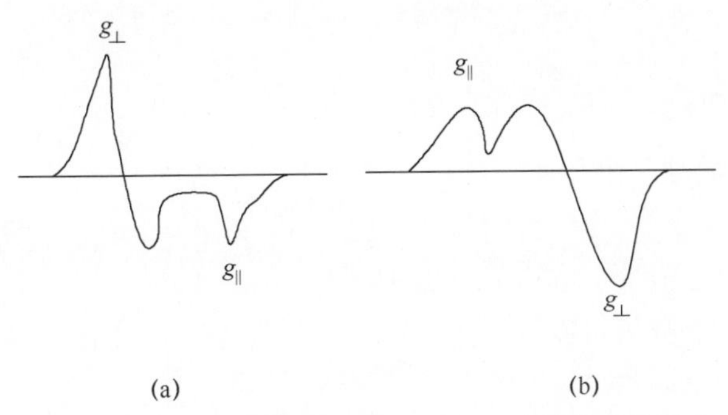

图 8.16　针对八面体结构的铜（Ⅱ）配合物粉末状样品，不同类型的期望一阶导数 ESR 频谱

（a）轴向拉长；（b）轴向压缩。

通过研究单晶体的波谱可以测量 ESR 参数的各向异性，然而，有关各向异性信息有时也可以通过对粉末状和冷冻玻璃状的样品研究得到，这是因为所获得的波谱并不是平均动态系统的波谱。考虑一个具有三倍对称轴或更高倍对称轴系统。g 值可以用 $g_{\parallel}^2$ 和 $g_{\perp}$ 来表示，任意方向上的 g 值由式（8.5）给出：

$$g^2=g_{\parallel}^2\cos^2\theta+g_{\perp}^2\sin^2\theta \tag{8.5}$$

式中：θ 为主轴线角度，也就是 $g_{\parallel}$ 轴与外部磁场方向的夹角。因为固体粉末中微晶的所有取向是等几率的，所以在与 $g_{\parallel}$ 和 $g_{\perp}$ 相关的所有场中均会发生吸收现象，其中，‖ 是指 z 轴平行于主轴旋转轴，⊥ 是指 x 轴和 y 轴垂直于主旋转轴。在含有不同微晶取向的样品中，具有 $g_{\perp}$ 轴与外加磁场方向一致的分子要比具有 $g_{\parallel}$ 轴与外加磁场一致的分子多。如果将各个方向的概率和对应于每个方向的跃迁均考虑进去，得到的期望导数波谱如图 8.16 所示。两个谱图（a）和（b）可以作为区分 $d_{x^2-y^2}$ 和 d_{z^2} 基态的标准，当然，这是一种理想化的情况，通常由于 $g_{\parallel}$ 和 $g_{\perp}$ 所产生的重叠特征使得很难获得它们的值。当为正交系统，且 $g_x > g_y > g_z$ 时，核自旋 $I = 0$ 的粉末状样品 ESR 频谱与图 8.17 的类似。其他系统的波谱相当复杂且难以归属，只有在相对简单的情况下，才能可靠地获得 g 值和 A 值。可用计算机程序模拟简单 Cu（Ⅱ）系统粉末状样品的 ESR 频谱。

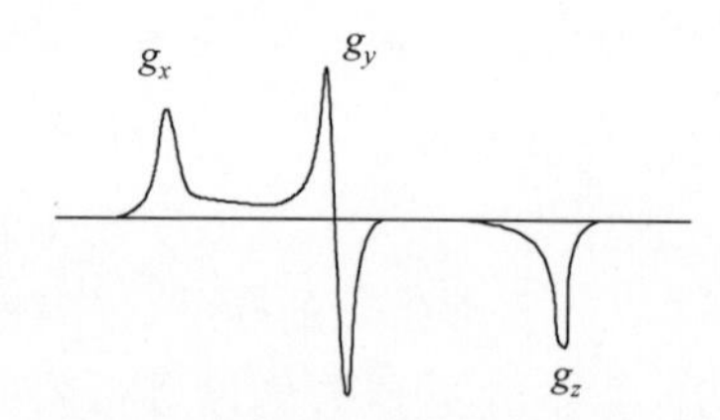

图 8.17　Cu（Ⅱ）配合物的期望一阶导数 ESR 频谱表现出各向异性的 g 值，$g_x > g_y > g_z$

8.7.2　$3d^2$ 和 $3d^8$ 离子

由于 $^3T_{1g}$ 基态存在大量的自旋－轨道耦合，所以对 d^2 离子八面体配合物 ESR 频谱的研究较少。对于具有两个未配对电子（$S = 1$）的离子来说，两种跃迁 $M_S = 0 \rightarrow +1$ 和 $M_S = -1 \rightarrow 0$ 发生简并，预期只有一个信号。如图 8.18 所示，在 M_S 中零场分裂可以移除这种简并，当发生零场分裂时（参见第 7 章），预期谱中会出现两个信号。

具有代表性的 $3d^2$ 离子是 V^{3+} 离子，气态 $3d^2$ 离子 ^3F 态的七重轨道简并在八面体场中分裂，$^3T_{1g}$ 态处于低能态，如图 8.18 所示。降低了对称性和 T_{1g} 态的简并度，使得轨道单重态成为最低能态。由于与 T_{1g} 态的上分量进行自旋－轨道耦合，会产生大量的零场分裂，在某些情况下，零场分裂的大小有可能超过常规 ESR 跃迁的能量。当发生这种情况时，很难观察到 $\Delta M_S = \pm 1$ 跃迁的 ESR 信号，但是有可能观测到弱的 $\Delta M_S = \pm 2$ 跃迁信号，它被 ^{51}V（I = 7/2）的核自旋分裂成八条谱线。例如，温度为 4K 时研究了 Al_2O_3 中 V^{3+} 离子谱，半场共振（$\Delta M_S = \pm 2$）分裂为 8 个分量，得到的 g 值分别为 $g_{\parallel} = 1.92$，$g_{\perp} = 1.63$ 且 $D = +7.85$，$A = 102\ \mathrm{cm}^{-1}$。

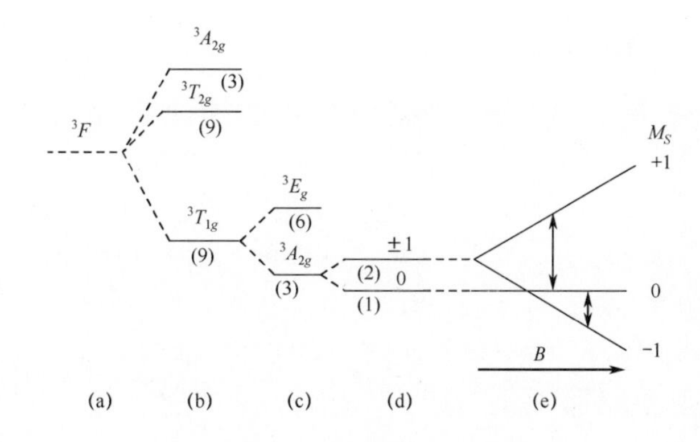

图 8.18　$3d^2$ 离子的 ^3F 基态

(a) 自由离子；(b) 在八面体场中的分裂；(c) 三角畸变效应；(d) 零场分裂；(e) 施加磁场的影响（括号中的值表示能级总简并度）。

Ni^{2+} 离子是 $3d^8$ 离子中最重要的一个范例。八面体场中 $3d^8$ 离子的最低轨道能级是 $^3A_{2g}$（图 8.19）。自旋 - 轨道耦合使得激发态与引起零场分裂的基态混合，使得很难检测到 ESR 频谱，低对称性的晶体场也可能产生大的零场分裂。对于 $3d^8$ 离子来说，将产生两个跃迁（$\Delta M_S = \pm 1$）。例如，MgO 中的 Ni^{2+} 离子，表现出 $\Delta M_S = \pm 1$ 跃迁对应于两个宽带 ESR 谱线，而 $\Delta M_S = \pm 2$ 跃迁对应于一个窄带 ESR 谱线。在其他系统的 ESR 频谱中，也观测到 $\Delta M_S = \pm 2$ 跃迁产生的窄带 ESR 谱线。然而，由于零场分裂具有高度各向异性，所以它提供了一种有效的弛豫机制。室温下很难获得镍（Ⅱ）配合物的波谱，通常须将其冷却到液氮或液氦温度。人们发现大多数 $3d^8$ 离子的 g 值几乎都是各向同性的，但 D 值和 E 值主要取决于低对称性晶体场的性质。目前，对水合硫酸镍（Ⅱ）和三（乙酰丙酮）镍（Ⅱ）配合物的 ESR 频谱也进行了深入研究。

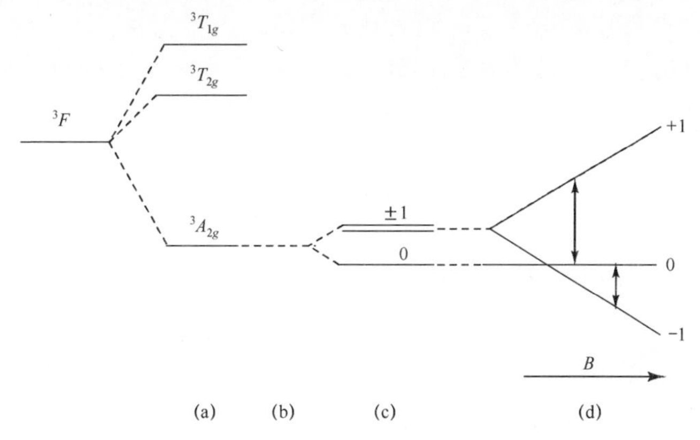

图 8.19　$3d^8$ 离子的 ^3F 三重态能级图

(a) 八面体场；(b) 四角场；(c) 零场分裂；(d) 磁场的影响。

8.7.3　$3d^3$ 和 $3d^7$ 离子

已对 d^3 系统开展了大量研究，$3d^3$ 构型最重要的金属离子是 Cr^{3+} 。在八面体几何中（严格符合 d^3 构型），因其基态是轨道单态 $^4A_{2g}$ ，因此没有自旋－轨道耦合。通过将 $^4T_{2g}$ 态、更低晶体场或两者同时混合成两个 Kramers 双重态，自旋－轨道耦合可消除自旋简并。图 8.20 说明了 Cr^{3+} 离子的 $^4A_{2g}$ 基态情况。在外部磁场作用下，Kramers 双重态再次分裂并产生 3 个 $\Delta M_S = \pm 1$ 跃迁。因此，当零场分裂很小时，有时可观测到三个跃迁，如图 8.20 所示，零场分裂参数 D 可以从波谱中获得。当相对于微波频率零场分裂比较大时，只能观测到一个共振。

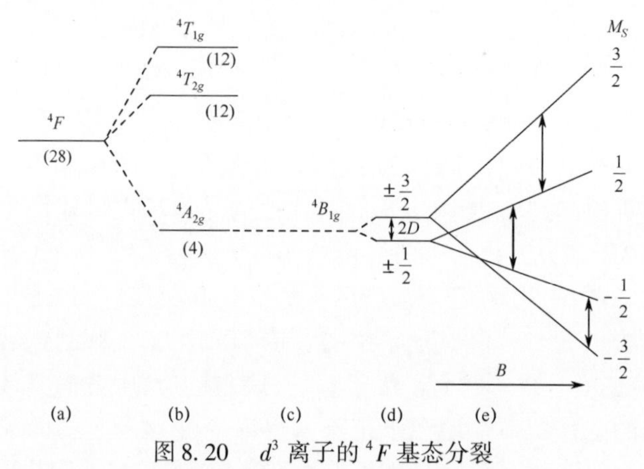

图 8.20　d^3 离子的 ^4F 基态分裂

(a) 自由离子；(b) 八面体场中的分裂；(c) 四角场对 $^4A_{2g}$ 的影响；(d) 零场分裂；(e) 施加磁场的影响（括号中的值表示能级总简并度）。

$3d^3$ 离子的 ESR 频谱易于观测，其 g 因子接近于 2.00，且接近各向同性。由于没有轨道角动量，且激发态远离基态，其具有非常小的自旋轨道相互作用。由于自旋－晶格弛豫时间较长，在室温下可观测 $3d^3$ 离子配合物的 ESR 频谱，其线宽很小，这样可精确地测定 g 值、A 值、D 值和 E 值。在对称性八面体中含有 Cr^{3+} 和 V^{2+} 的多种晶体的 ESR 频谱已得到研究，例如，对 CaO 中 Cr^{3+} 的研究证实具有非常接近的各向同性 g 值（ $g_{\parallel} = 1.970$, $g_{\perp} = 1.975$ ），并且可获得 A 值，D 值很小（ 0.136cm^{-1} ）。

在 $3d^3$ 离子八面体配合物中金属电子占据 t_{2g} 轨道，因为 t_{2g} 轨道只涉及 π 键，所以配体超精细分裂通常很小。根据晶体场理论，该系统的 g 值可由式（8.6）计算得到：

$$g = g_e - \frac{8\lambda}{\Delta E\left(^4T_{2g} - {}^4A_{2g}\right)} \tag{8.6}$$

对于 $V(H_2O)_6^{2+}$ 来说，将能量差 $\Delta E = 11800\ cm^{-1}$ 和轨道耦合常数 $\lambda = 56cm^{-1}$ 代入式（8.6）得到 g 值为 1.964，与实验值 1.972 基本一致。随着中心金属离子的电荷增加，共价性将变得更加明显，此时晶体场近似计算变得不再适用，其计算值与观测 g 值之间的偏差较大。例如，对于 Mn^{4+}，计算得到的 g 值为 1.955，而实验得到的 g 值为 1.994。

高自旋 d^7 离子最常用例子是 Co^{2+}，它具有三个未配对电子，与 d^3 离子的情况有些类似。已经对多种晶体环境中 Co^{2+} 配合物的 ESR 频谱做了大量的研究。^{59}Co（自然丰度 100%）具有核自旋 $I = 7/2$，由于金属原子核的自旋通常是可见的，所以可预测存在八重超精细分裂。八面体高自旋 d^7 配合物的基态为 $^4T_{1g}(F)$ 如图 8.21 所示。

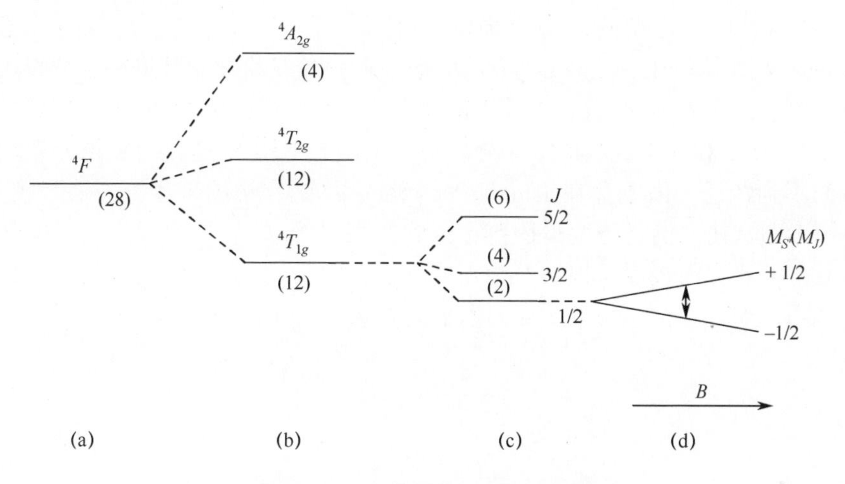

图 8.21 d^7 离子的 ^4F 基态能级图

（a）自由离子；（b）八面体场中；（c）零场分裂；

（d）外部磁场的影响（括号中的值表示能级总简并度）。

在立方场中，当基态是轨道简并 T 态时，低对称场和自旋－轨道耦合将导致轨道移动和自旋简并，将会出现三个 Kramers 双重态。最低的双重态与另一个较高的双重态间的距离大于 $200cm^{-1}$，因此该系统就像一个有效自旋为 $S' = 1/2$ 的系统。在室温下，自旋轨道耦合很强，且自旋－晶格弛豫时间非常短，为了确保只有最低能级被有效填充且有合适的有效自旋 $S' = 1/2$，必须在非常低的温度（低于 20 K）下测量。在畸变八面体场中，自旋－轨道耦合和低对称场均将导致 g 值和 A 值存在明显的各向异性。例如，对于 TiO_2 中的 Co^{2+} 离子，$g_x = 2.030$，$g_y = 3.725$，$g_z = 5.860$。八面体配合物有明显的轨道贡献，对于轴对称系统来说，两个 g 值平均值通常接近 4.3，但是单个 $g_{\parallel}$ 值或 $g_{\perp}$ 值的范围为 1~8。

发现低自旋 d^7 态（$S = 1/2$，$t_{2g}^6e_g^1$）存在于大多数钴（Ⅱ）的八面体配合物中，在 $3d^9$ 情况下的分析方法也同样适用于此。基态是 ^2E_g，八面体场的轨道简并不能被 ^2E_g 态下的自旋－轨道耦合消除，且附近没有二重态。然而，Jahn-Teller 畸变将提升降低简并度，因此必须在低温条件下测量 ESR 频谱。g 因子略大于 2.0，且 g 值和 A 值表现出明显的各向异性。例如，当温度大于 50 K时，Al_2O_3 中的 Ni^{3+} 的 g 因子表现出各向同性。在液氦温度下，因为每个静态畸变构型是单独作用的，其波谱将具有强的各向异性。例如，$Fe(CN)_5NOH^-$ 是具有四角畸变的低自旋 $3d^7$ 八面体配合物的实例，在抗磁性主体 $Fe(CN)_5N \cdot 2H_2O$ 的波谱测量中，其 g 值为 $g_{\parallel} = 2.0069$，$g_{\perp} = 2.0374$。

8.7.4　$3d^4$ 和 $3d^6$ 离子

具有 $3d^4$ 电子构型的典型金属离子有 Cr^{2+} 和 Mn^{3+}。自由离子的基态为 ^5D，在弱八面体场中，它将过渡到 ^5E_g 态。四角畸变将导致其进一步分裂成一个轨道单态，在 E_g 态中有较大的 Jahn-Teller 畸变，如图 8.22 所示。当零场分裂很小时，±2 和 ±1 能级的零场分裂将产生四个 ESR 跃迁。当零场分裂较大时观测不到跃迁。由于存在 Jahn-Teller 畸变，d^4 配合物的零场分裂通常较大。这些因素通常使波谱观测变得困难，因此对高自旋 d^4 电子构型的金属配合物 ESR 频谱的研究比较少。根据 $CrSO_4 \cdot 5H_2O$ 的 ESR 频谱，可以得到其参数值为 $g_{\parallel} = 1.95$，$g_{\perp} = 1.99$，$D = 2.24\ cm^{-1}$，$E = 0.10\ cm^{-1}$。

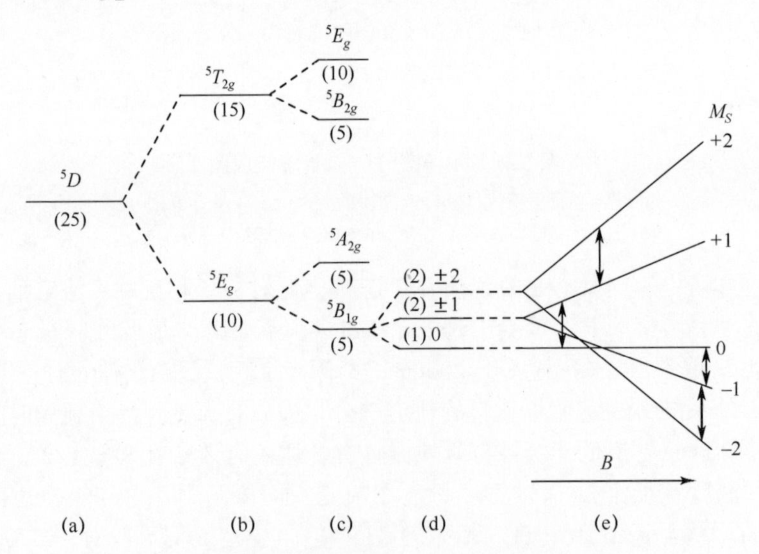

图 8.22　弱晶体场中 $3d^4$ 离子的能级图

（a）气体离子；（b）在八面体场中；（c）在四角场中；（d）零场分裂；（e）外部磁场的影响（括号中的值表示能级总简并度）。

具有 $3d^6$ 电子构型的重要金属离子有 Fe^{2+} 和 Co^{3+}，对这种 d 电子构型并未做大量研究。对于八面体几何结构来说，高自旋态有 $S = 2$，低自旋态有 $S = 0$。Co^{3+} 通常出现在低自旋态而不受关注，因为它相当于一个抗磁性基态。

八面体场中高自旋 $3d^6$ 离子的最低能级是一个轨道三重态（$^5T_{2g}$）。自旋－轨道耦合在基态中非常大，且存在与基态混合的邻近激发态，能级分裂如图 8.23 所示。在畸变八面体场中零场分裂很大，很难观测到 ESR 频谱。在 $^5T_{2g}$ 态下的自旋－轨道耦合使得自旋－晶格弛豫时间较短，且只有在较低温度时（低于 20 K）才可以观察到 ESR 频谱。八面体对称性的小偏离将导致大的零场分裂，当单重态的间隔不大于微波量子时，就会发生共振吸收。在基态 $J = 1$ 的情况下，如果零场分裂很小，可观测到两个跃迁。对于规则的正八面体对称来说，$\Delta M_S = \pm 2$ 跃迁是禁戒的，这是八面体对称性畸变的有力证据。

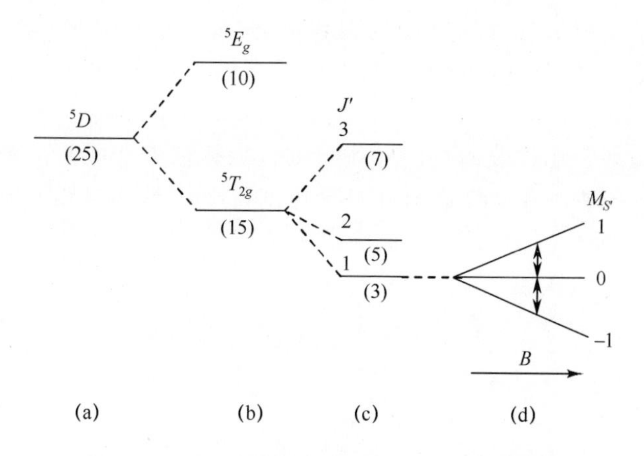

图 8.23　弱晶体场中 $3d^6$ 构型的 ^5D 基态分裂

（a）自由离子；（b）在八面体场中；（c）零场分裂；
（d）施加磁场的影响（括号中的值表示能级总简并度）。

8.7.5　$3d^5$ 离子

已对这种 d 电子构型进行了大量的研究，具有 $3d^5$ 电子构型的重要金属离子有 Mn^{2+} 和 Fe^{3+}。如果晶体分裂不大，离子以高自旋态存在，所有 5 个 d 轨道均是半满的。对于自由离子来说，d^5 系统独特之处在于其基态是自由离子的轨道单重态（^6S），它是一种六重自旋简并，且不存在其他六重态。CaO 中 Mn^{2+} 和 Fe^{3+} 离子的 g 值分别为 2.009 和 2.0052，因为自旋－轨道耦合作用极小，所以观测到的 g 值非常接近于 2.00。八面体 Mn^{2+} 的基态是 $^6A_{1g}$ 态，它是由零场效应分裂而产生的。自旋－轨道耦合与被晶体场分裂成基态（二阶效应）的激发态 $^4T_2$ 混合，从而引起了 Mn^{2+} 配合物中有相对较小的零场分裂，在锰（Ⅱ）卟啉中约为 $0.5cm^{-1}$。与配合物中较高能态混入基态相比较，电子自旋的偶极相互作用是很小的。由于没有轨道角动量，Mn^{2+} 具有很长的弛豫时间，从而观测到了相对较窄的谱线。室温下，在溶液中可以观测到 Mn^{2+} 配合物的 ESR 频谱。在单晶和 Mn^{2+} 的盐溶液中，很容易观测到 $^{55}Mn(I = 5/2)$ 核超精细结构。

在弱四角场中，八面体锰（Ⅱ）配合物的能级图和谱图如图 8.24 所示。零场分裂产生三个 Kramers 双重态（$M_S = \pm 5/2, \pm 3/2, \pm 1/2$）。在外部磁场作用下每一个能态分裂成两个单重态，总共产生六个能级。由于存在 $-5/2 \to -3/2$，$-3/2 \to -1/2$，$-1/2 \to 1/2$，$1/2 \to 3/2$，$3/2 \to 5/2$ 五种跃迁，将产生一个五谱线结构的波谱。由锰核（$I = 5/2$）将每个谱线分裂成六个超精细分量，超精细分裂一共产生 30 个谱峰。在粉末状或溶液中，只有对应于 $M_S = 1/2 \to M_S = -1/2$ 跃迁信号，原因是它具有非常小的角度依赖性。在没有超精细分裂时只能观测到单谱线，g 值是各向同性的且非常接近于 2.00。通常看到 Mn^{2+}（$I = 5/2$）的超精细耦合结构是六谱线结构，A 值范围为 5 ~ 10 mT，也是各向同性的。如果系统的对称性很低，零场分裂将变得很大，甚至超过波谱仪的频率范围，导致在正常观测范围内只能观测到 $M_S = 1/2 \to M_S = -1/2$ 跃迁。此时轴对称系统是各向异性的，$g_{\parallel}$ 接近于 2.0，而 $g_{\perp}$ 接近于 6.0。因此，粉末状和冷冻液样品能够表现出具有这些 g 值的两个主要共振现象。

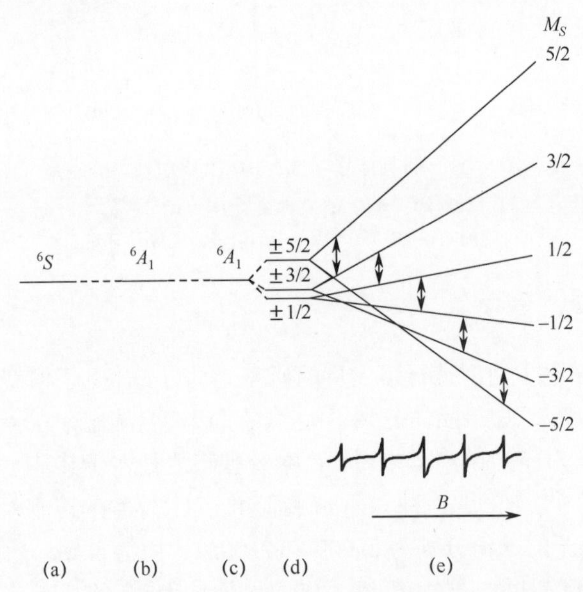

图 8.24　弱晶体场中 $3d^5$ 离子的允许电子自旋跃迁和基态能级图

(a) 自由离子；(b) 八面体场；(c) 四角场；(d) 零场分裂；

(e) 施加平行于四角对称轴的磁场。

例如，室温下，MgO 中 Mn^{2+} 离子的 ESR 频谱由五组六重态组成，它是由 ^{55}Mn（自然丰度 100%）超精细分裂而产生的。超精细分裂大于零场分裂。在 MnF_2 和 K_2MnF_4 中的 MnF_6^{4-} 配合物中也观测到了配体 ^{19}F 的超精细结构。室温下，已经测量了抗磁基体 ZnF_2 中 MnF_2 的 ESR 频谱，其 g 值为 2.002，A 值为 $96cm^{-1}$，D 值约为 $1.86 \times 10^{-2}\ cm^{-1}$，$E$ 值约为 $0.41 \times 10^{-2}\ cm^{-1}$。

对 Fe^{3+} 离子来说，低自旋和高自旋的形式都会发生。当配位体较强时，如 CN^-、10Dq 将足够大，使得 $S = 1/2$ 的低自旋形式。当配位体较弱时，10Dq 是比较小的，将产生高自旋形式。观测到高自旋八面体 Fe^{3+} 配合物的 g 值接近 2.0，在室温条件下很容易观察其 ESR 频谱。

低自旋 d^5 离子具有与八面体场中 $3d^1$ 离子相同的能级排序，它的基态为 $^2T_{2g}$，自旋 - 轨道耦合将该项分裂成三个紧邻的 Kramers 双重态。然而，由于存在较大的自旋 - 轨道相互作用，仅能在液氦温度下观测到 ESR 频谱。这种情况类似于 d^1 的情况，不同的是现在有一个正的空穴。在八面体场和四角晶体场中自旋 - 轨道相互作用和磁场的影响如图 8.25 所示。根据 ESR 频谱，可获得 $K_3Co(CN)_6$ 中 Fe^{3+} 离子的 $g_{\parallel} = 0.195$，$g_{\perp} = 2.20$。

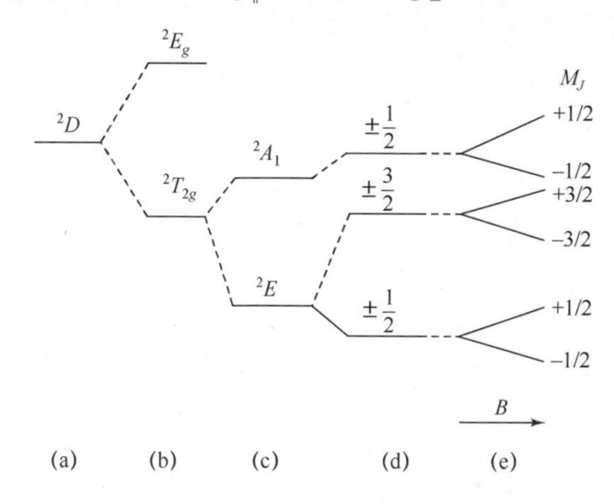

图 8.25　低自旋 $3d^5$ 离子的 ^2D 基态分裂

（a）自由离子；（b）在八面体场中；（c）四角畸变；（d）零场分裂；（e）施加磁场的影响。

例如，在铁（Ⅲ）（低自旋）的 2,2′-联吡啶和 1，10-邻二氮杂菲配合物中，大的八面体对称性偏离将导致轨道单重态处于最低能态（从轨道非简并激发态中移除）。铁血红蛋白配合物的低自旋衍生物就是这种系统的例子，它的四角畸变较大。当温度较高时，可以获得较长的弛豫时间和 ESR 频谱。对铁（Ⅲ）的联吡啶和邻二氮杂菲配合物的谱已有研究。

前面提到的复合离子 $IrCl_6$ 属于八面体场中的低自旋 $3d^5$ 系统。$IrCl_6^{\ 2-}$、t_{2g}^5 有一个未配对电子。在铱配合物中，用相应的铂盐稀释 $(NH_4)_2IrCl_6$ 和 $(NH_4)_2IrCl_6 \cdot 6H_2O$，它的 ESR 频谱呈现出超精细相互作用。配合物中铱的电

子自旋为 $S' = 1/2$，基态是 $^2T_{2g}$（图8.25）。相比于 ^{35}Cl（$\boldsymbol{\mu} = 0.82$，以 β_N 为单位）的核磁矩，^{193}Ir（丰度为62%）的核磁矩（$\boldsymbol{\mu} = 0.17$，以 β_N 为单位）非常小，因此，没有观测到Ir核 $I = 3/2$ 电子自旋的超精细分裂。6个氯离子的超精细相互作用将导致电子自旋共振分裂为19条谱线。然而，实际中的波谱是较复杂的。研究结果表明，电子自旋位于6个氯原子上，约占其时间的30%，在每个氯原子上约5%。该观测结果提供了金属电子离域到配体上的证据。

第9章　双共振技术

9.1　引　　言

双重辐射是一类重要的特殊方法，可简化波谱，增强特定共振强度并提供结构信息。双共振技术涵盖了不止使用一个频率辐射样品的所有技术。ESR 频谱学中的双共振技术与后面将要讨论的 NMR 频谱学中的双重共振技术完全类似，实际上是在同一时间内以某一频率辐射样品时，以另一频率观测波谱。已经有若干种多重共振技术应用于 ESR 频谱学，但在这里将简要讨论其中的两种。在 ESR 频谱中存在两种可能性，这是因为第二次辐射可能发生在核自旋或电子自旋共振频率处。ESR 频谱学的两种双共振技术是电子 - 核双共振（ENDOR）和电子 - 电子双共振（ELDOR）。电子 - 核双共振技术相对简单，且比电子 - 电子双共振技术更为常用。

9.2　电子 - 核双共振

ENDOR 是指电子 - 核双共振，但该术语通常用于一种特殊类型的实验，该实验用来研究自由基和过渡金属配合物波谱中的超精细结构。ENDOR 极大地简化了 ESR 频谱中复合物超精细结构，它是由 G. 费赫尔于 1956 年提出的，用于提高 ESR 频谱的分辨率。ENDOR 方法通常用于以下几种情况：①ESR 频谱的超精细线无法解析或者谱线太多、太复杂时；②超精细线是可解析的，但需要更多精确的超精细耦合常数值；③相互作用核的识别是建立在核 g 因子的测量基础上的。ENDOR 方法有时也用来研究过渡金属配合物中配体的超精细分裂，由于若干核与电子耦合，所以过渡金属配合物的 ENDOR 谱不如其 ESR 频谱复杂。测量配合物 FeF_6^{3-} 的配体超精细分裂是 ENDOR 最早应用之一。

本节简单描述单个未配对电子与自旋 $I = 1/2$ 核之间相互作用系统的 ENDOR实验。假定未配对电子与核之间具有各向同性的超精细相互作用，进一步假定电子和核自旋具有完全独立的弛豫进程，以至于电子自旋共振产生饱和而并不会改变核自旋。因会产生 ENDOR 现象，所观察到的 ESR 谱线应是非均匀加宽的。

在外加磁场中，具有单电子自旋和自旋为 1/2 核的系统一阶能级图如图 9.1所示（另见第3 章，图3.3）。图中首先显示电子自旋，在磁场中电子向下的自旋是稳定的。假设从两条超精细谱线的共振场位置 $\boldsymbol{B}_k$ 和 $\boldsymbol{B}_l$ 处可以得到超精细分裂常数（图3.3）。对所考察系统来说，施加磁场将电子自旋能量分裂成两个宽的分离态，例如在0.34 T 的磁场中分裂为9500 MHz。而在相同的外加磁场下，核自旋（如果假定为氢）仅被分裂为13 MHz。值得注意的是，电子和核自旋能级间距的大小相差730 倍。

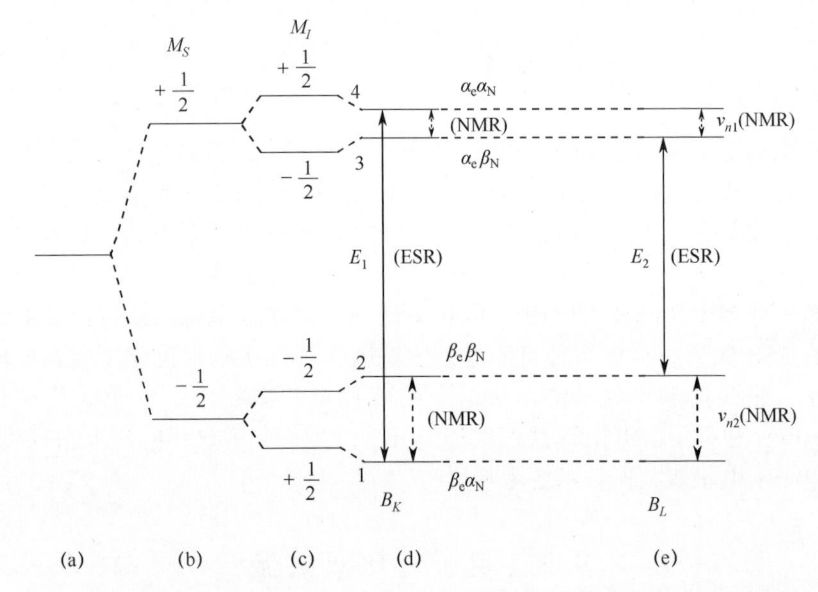

图9.1　外加恒定磁场中，未配对电子 $S = 1/2$ 和 $I = 1/2$ 核的系统一阶能级图（ESR 跃迁用双箭头线表示，NMR 跃迁用虚线双箭头线表示；频率 ν_{n_1} 和 ν_{n_2} 分别对应的选择规则为 $\Delta M_S = 0$ 和 $\Delta M_S = \pm 1$）

（a）自由电子；（b）施加外磁场；（c）含有核 $I = 1/2$ 的超精细相互作用；（d）微波饱和的 ESR 跃迁 E_1；（e）微波饱和的 ESR 跃迁 E_2（α_e 和 β_N 分别是电子自旋和核自旋）。

两个允许电子自旋跃迁分别用 E_1 和 E_2 表示，涉及核自旋的两个跃迁分别用 ν_{n_1} 和 ν_{n_2} 表示。在 ENDOR 实验中，当照射核自旋跃迁时，同时会观测到 ESR 频谱，这种情况与全核 ENDOR 实验（第17 章）中的情况类似，不同能级的粒子数均受到干扰。通过不同能态粒子数的重新分配，就能提高观察到的 ESR 跃迁强度。在 ESR 允许范围内改变电子自旋跃迁，如图9.1（d）和（e）所示，产生了一个由核自旋 $I = 1/2$ 耦合引起的双重态。类似地，也可预测核自旋的 NMR 跃迁，将显示双共振。然而，在 ESR 实验中自由基的浓度非常低，且未配对电子具有非常有效的弛豫，这将导致信号极度增宽，很难观察到自由基的 NMR 频谱。然而，在 ESR 频谱中可以观察到引起 NMR 跃迁的强射频辐射效应。

ENDOR 实验描述如下，将样品放置在一个特殊的微波腔体中。当微波功率比较低时，扫描磁场发现两个 ESR 跃迁，优化仪器参数使得 ESR 信号最大化。如上所述，磁场为 $\boldsymbol{B}_k$ 和 $\boldsymbol{B}_l$ 分别对应两个跃迁 E_1 和 E_2（$1\rightarrow4$ 和 $2\rightarrow3$）。当在某个微波频率下，强烈照射样品时，能够引起电子自旋跃迁 E_1（$1\rightarrow4$）。用强微波辐射样品，其微波频率应能引起电子自旋跃迁，也就是在磁场 $\boldsymbol{B}_k$ 处对应于 $1\rightarrow4$ 跃迁（$\beta_e\alpha_N\rightarrow\alpha_e\alpha_N$）的微波功率水平将会增加好几倍，以使得 $1\rightarrow4$ 跃迁部分饱和。现将射频发生器发出的高功率射频辐射施加到样品上，通过研究适当范围内的核，仍可在部分微波饱和条件下观测 ESR 信号，此时样品处于振荡射频磁场中。在光子能量（$h\nu$）与核自旋跃迁能量相匹配的射频辐射频率 ν_{n_1} 和 ν_{n_2} 处，记录仪将追踪到如图 9.2 所示的谱。在频率 ν_{n_1} 和 ν_{n_2} 处的跃迁分别对应选择规则为 $\Delta M_I = \pm 1$ 和 $\Delta M_S = 0$。随扫过的射频辐射，ESR 吸收强度变化曲线称为 ENDOR 谱，如图 9.2 所示。

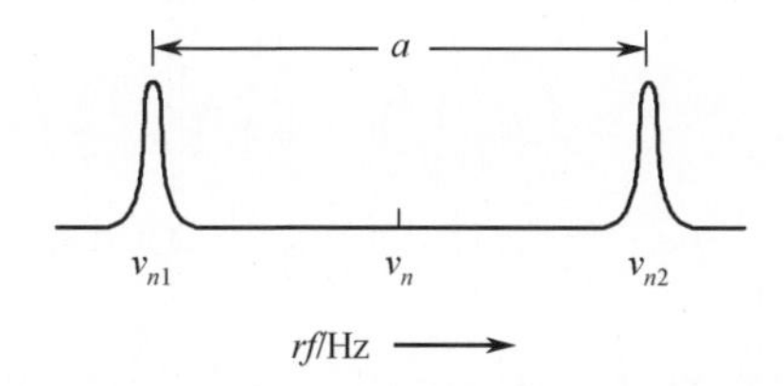

图 9.2　$S = 1/2$，$I = 1/2$ 系统 ESR 信号强度变化的 ENDOR 谱（信号间的距离为超精细耦合常数 a，频率 ν_{n_1} 和 ν_{n_2} 是核的 NMR 频率）

在 ENDOR 实验中，没有观测到 NMR 特征频率处的射频功率吸收，相反地，由于不同能态粒子数的自旋重新分配，观察到 ESR 跃迁强度有所增加，在频率 ν_{n_1} 和 ν_{n_2} 处的谱线都增强了。扫描射频场可观测到这种增强，记录仪也可跟踪到“ENDOR 谱线”。因此，ENDOR 谱也被视为一种用未配对电子作为探测对象的 NMR 特例。

需要说明的是，从 ESR 信号中获得的 $\nu_{n_1} \sim \nu_{n_2}$ 间的差值等于超精细耦合常数。ENDOR 谱提供了一种获得超精细分裂的替代方法。尽管由未配对电子引起的短弛豫时间可使 NMR 信号变得相当宽，但是 NMR 信号还是比 ESR 信号尖锐很多。因此，ENDOR 技术兼顾了 ESR 技术的灵敏性和 NMR 技术的高分辨率。核超精细耦合往往更容易观察，且根据 ENDOR 的尖锐谱线能够更精确地获得非均匀拓宽波谱的超精细耦合常数。此外，频率 ν_{n_1} 和 ν_{n_2} 的平均值 ν_n 为 $\nu_n = g_N\beta_N\boldsymbol{B}_k/h$，是外加磁场 $\boldsymbol{B}_k$ 中裸核的 NMR 频率。根据核 g 因子 g_N 的值，很容易识别引起超精细分裂的原子核。

若磁场设置为 $\boldsymbol{B}_l$ 并重复上述实验，ENDOR 谱仍然包括两个信号，两个信号间距为超精细耦合常数，两个信号对称地位于磁场为 $\boldsymbol{B}_l$ 时的 NMR 频率 ν_n 的两侧。在两个ENDOR谱中，两个谱峰的相对强度可能并不相同。需要说明的是，对于$I=1/2$的核来说，在ENDOR谱中每个超精细耦合均有两条谱线，谱线位置为$\nu_n \pm a/2$。对于$I=1$的核（例如^{14}N）来说，是四谱线模式。对于$I \geqslant 1$的核来说，其谱应包括四极相互作用项，此时，很难预测ENDOR谱线的强度。对于具有n组m个等价质子的自由基来说，ENDOR谱中有$2n$根谱线，谱线数量与质子数无关。因此，ENDOR谱并不能表征对谱有贡献的核数量。例如，$Ti(C_8H_8)(C_5H_5)$的^1H ENDOR谱如图9.3所示，清楚地表明了具有两组双峰，直接提供了C_8H_8质子和C_5H_5环质子的超精细耦合常数。

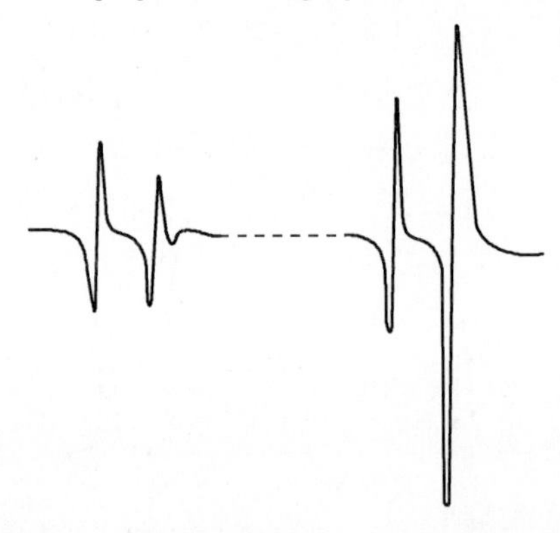

图9.3　$Ti(C_8H_8)(C_5H_5)$的^1H ENDOR谱

ENDOR谱很容易判定，所观测到的最小ENDOR线宽近似对应于典型NMR线宽。ENDOR方法主要优点在于，当ESR频谱中含有多条重叠谱线时，仍然可以观测到非常小的超精细分裂。一系列ENDOR谱，每个ENDOR谱仅具有两条谱线，可极大地简化波谱归属任务，这在识别和测量小耦合时显得特别重要，便于确定出多个不同核的自旋密度。所有双共振方法都用来研究弛豫现象，该研究需用高灵敏度的ESR频谱仪，这是因为ENDOR谱线强度通常表示正常ESR谱强度的1%强度变化。

ENDOR谱的高灵敏度源于：

（1）ESR跃迁能量大于NMR跃迁能量，能级间距越大，能量差越大；

（2）微波频率时的能量吸收率远大于无线电频率下的能量吸收率；

（3）除了外加磁场，存在$10^3 \sim 10^5$mT的电子磁场作用在核上，这将产生这将产生更大的粒子数差。

9.3　电子－电子双共振

ELDOR技术是在观测到第一个超精细跃迁强度降低的同时，辐射第二个超精细跃迁到饱和的技术。对于两个不同的超精细跃迁，要使其在外加磁场中产生同步 ESR 跃迁，需用两种不同频率的微波同时照射。ESR 信号强度将是两个微波频率差值的函数，利用 ELDOR 技术可以较精确地测量到耦合常数。

ELDOR 技术与 ENDOR 技术稍有不同。最简单的 ELDOR 例子是单电子与自旋为1/2 的核相互作用，能级图如图9.4 所示。表明两种 ESR 跃迁没有共同的能级，然而，它们可以通过以下两种机制耦合：

（1）因电子和原子核之间的偶极耦合而发生快速核弛豫。在合适条件下，电子自旋的翻转引起耦合核自旋的翻转。在低温和低浓度条件下，这个机制非常重要。

（2）高温或者高浓度时，自旋交换或者化学交换在所有自旋水平上将趋于均衡。

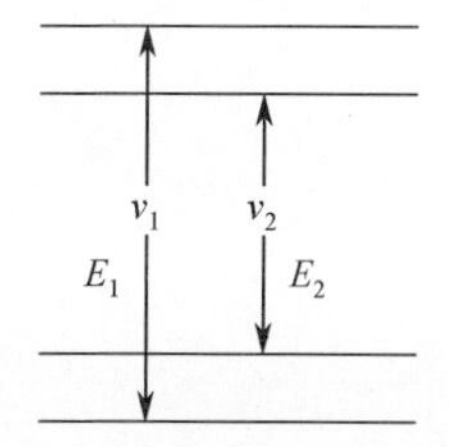

图9.4　ELDOR 实验，用低功率微波照射样品时观测到频率 ν_2 处 ESR 跃迁强度为 E_2，高功率微波照射样品时观测到频率 ν_1 处 ESR 跃迁强度为 E_1

在 ELDOR 谱中，描绘了监测共振处强度随频率差的变化曲线，并且在能量差（$E_2 - E_1$）处观测到谱峰，该差值等于超精细分裂常数。对于更为复杂的系统来说，ELDOR 谱中可能有若干条谱线，每条谱线均可直接测量超精细分裂常数。对测量非常大的分裂或者由多次超精细分裂而构成的复杂谱来说，这是非常有用的。ELDOR 谱中也包含对应禁戒跃迁的谱线，也就是图 9.1 中的$\beta_e\beta_N \rightarrow \alpha_e\alpha_N$ 跃迁和$\beta_e\alpha_N \rightarrow \alpha_e\beta_N$ 跃迁，它们包含平均核共振频率以及超精细耦合常数的信息。对于精确测量耦合常数和超精细分裂归属来说，这些信息非常有用。

与 NMR 中的双共振技术类似，ELDOR 也有助于重叠共振谱峰的归属（见第 17 章），该技术主要用于研究弛豫机制。目前，ELDOR 根据不同核的弛豫时间差异来区分 DPPH 中两个几乎相同的 ^{14}N 超精细分裂。

第二部分

核磁共振

第 10 章　一般准则

10.1　核自旋和磁矩

核磁共振（NMR）波谱技术是波谱学中最重要和应用最为广泛的分支之一，这是由其具备较好的适用性、相对易用以及能够在应用中获取检测对象的详细化学、结构信息等特点决定的。NMR 波谱技术通常涉及质子和碳原子核，但也可应用于其他元素。

NMR 波谱技术还可广泛地应用于物质结构分析、复合物辨识、分子构造研究、分子相互作用及其动态过程解析等化学与生物化学研究领域。应用 NMR 波谱技术可以分辨出未知复合物成分，而在其他情况下，也可为其他分析方法提供补充。NMR 是一种用于研究分子（原子级）的强有力技术。随着 NMR 实验技术的迅猛发展，使得无机化学研究中对大量金属原子核的分析成为可能。NMR 波谱学最常见的应用对象是液体样品，直到 20 世纪 70 年代末，NMR 几乎全部应用于化学结构分析领域。同时，作为观察组织形态学变化的成像方法（NMR 断层摄影术）和临床实践的诊断辅助手段，NMR 在体内和体外生物化学过程研究领域变得尤为重要。

NMR 波谱学也可用来描述原子核的磁性质。Stern-Gerlach 银原子流实验与 Rabi 分子束实验证明了核磁矩的存在，并说明了它们在磁场中的行为表现。1946 年，哈佛大学的 Purcell、Torrey 和 Pound 等在许多物质中都发现了 NMR 现象，如石蜡中的 NMR 吸收现象。与此同时，斯坦福大学的 Bloch、Hansen 和 Packard 等则在水中发现了相似现象。6 年后，他们因为上述发现而共同获得了诺贝尔物理学奖。苏黎世瑞士联邦工学院的 Richard R. Ernest 因为在 NMR 实验技术发展方面的突出贡献而获得诺贝尔奖，由此可见 NMR 技术的重要性。

原子核由质子和中子构成，质子和中子合称为核子。最简单的原子核是氢原子，即质子具有固有自旋 1/2。中子存在于除氢原子之外的其他所有原子核中，中子的固有自旋也是 1/2。同类核子的自旋可以像电子一样配对。因此每种核同位素都有其特定的自旋值。若所有原子核粒子（如质子和中子）的自旋是配对的，那么将不存在净自旋，且核自旋量子数 $I = 0$ 。然而除了简单情况（如^{2}H）之外，很难准确预测质子和中子的配对数。所观测原子核自旋规律可归纳如下：

（1）具有偶数个质子和偶数个中子的原子核，自旋为0（如^{4}He、^{12}C、^{16}O等）；

（2）具有奇数个质子和奇数个中子的原子核，其自旋为整数自旋（如^{2}H、^{14}N、^{10}B等）；

（3）具有奇数－偶数个或者偶数－奇数个质子－中子组合的原子核自旋为半整数自旋（如^{1}H、^{15}N、^{19}F、^{31}P、^{17}O、^{27}Al和^{35}Cl等）。

元素原子核具有固有（自旋）角动量 I，其大小由公式 $[I(I+1)]^{1/2} h/2\pi$ 给出，其中核自旋量子数 I（或者称为核自旋）可能的取值有0、1/2、1、3/2等。由量子理论可知，具有自旋 I 的核角动量沿特定参考方向（即 z 轴）的分量为 $I_z h/2\pi$ ，I_z 是自旋角动量的 z 轴分量，并指定它为磁自旋量子数 m_I ，具有 $(2I+1)$ 个值，从 $+I \sim -I$ 取整数。因此 m_I 可能具有以下值。

整数自旋：$m_I = I, I-1, I-2, \cdots, -(I+1), -I$ 。

半整数自旋：$m_I = I, I-1, I-2, \cdots, 1/2, -1/2, \cdots, -I$ 。

对于具有自旋 I 的核，沿着参考方向的 $(2I+1)$ 分量具有相同的能量，并认为它们是可简并的。如果引入外加磁场，那么简并度会提升，并会产生 $(2I+1)$ 个不同能级，这种空间量子化如图10.1所示。在磁场作用下，能级的分裂与场强成正比。

对于 $I=1/2$ 的核，磁自旋量子数 m_I 的两个取值 $m_I = \pm 1/2$ 表示在外加磁场中核磁矩向量的允许取向，如图10.1所示。值为 $+1/2$ 时，向量的方向与外加磁场方向相同；值为 $-1/2$ 时，向量的方向与外加磁场方向相反。同样，对于 $I=1$ 的核，m_I 可能的取值为 $+1$、0 和 -1。例如 $m_I = -1$ 表示核磁偶极的方向与外加磁场反向，且具有较高的能量；而 $m_I = +1$ 时情况正好相反，核磁偶极的方向与外加磁场相同且能量较低；$m_I = 0$ 表示沿外加磁场方向不存在净偶极子，因此能量不会改变。

具有非零自旋的核可以看作一个带电自旋粒子，带电粒子绕轴自旋会产生环形电流，环形电流又会产生由以其磁矩 $\boldsymbol{\mu}$ 为表征的磁偶极子。核自旋产生的磁矩 $\boldsymbol{\mu}$ 与旋转粒子的角动量矢量 $\boldsymbol{I}$ 成正比，且与自旋轴共线。可方便地定义其比值，称为磁旋比 γ 。

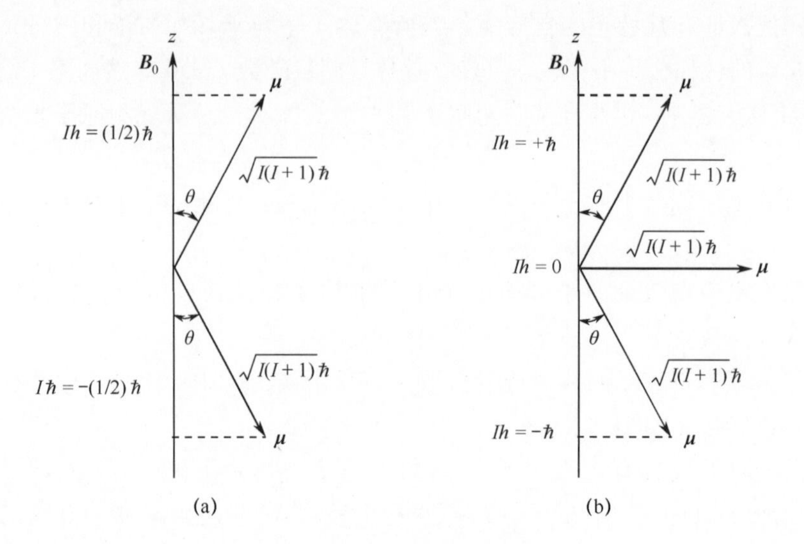

图 10.1　核自旋角动量的空间量子化

(a) $I = 1/2$；(b) $I = 1$。

$$\gamma = \frac{2\pi}{h}\frac{\boldsymbol{\mu}}{\boldsymbol{I}} = \frac{\boldsymbol{\mu}}{\boldsymbol{I}\hbar}\left(\hbar = \frac{h}{2\pi}\right) \tag{10.1}$$

对于每个磁活性原子核，均有与之对应的特征值γ，同向时γ为正，反之为负，γ的单位为 rad（S · T）。依照描述电子磁特性的关系进行类推，核磁偶极矩的大小可表示为

$$\boldsymbol{\mu}_N = g_N \frac{\mathrm{e}h}{4\pi m_p}\left[I(I+1)\right]^{1/2} \tag{10.2}$$

式中：g_N 为核的 g 因子，是一个无量纲常量；m_p 为质子质量；e 是质子电荷。核 g 因子是每个核的特征，且其数值无法预测，但可得到 g_N 的实验值，其值为 $-2 \sim 6$，见表 10.1。原子核磁矩明显小于电子核磁矩。核偶极矩可由波尔磁子 β_N 来表示，β_N 的表达式为 $\beta_N = \mathrm{e}h/4\pi m_p = 5.051 \times 10^{-27}\ \mathrm{JT^{-1}}$。那么，式（10.2）可以简化为

$$\boldsymbol{\mu}_N = g_N\beta_N\left[I(I+1)\right]^{1/2} \tag{10.3}$$

式（10.3）表明所有核磁矩都可以表示成以磁矩为基本单元的表达式，其中 β_N 为核波尔磁子，g_N 为核 g 因子，$g_N\boldsymbol{I}$ 为核磁矩。磁偶极子与外加磁场发生作用，其作用强度取决于偶极子的大小。由式（10.3）定义的磁偶极矩存在沿着外加磁场方向（z 轴）的分量，由 m_I 决定。

$$\boldsymbol{\mu}_Z = g_N\beta_N m_I \tag{10.4}$$

表 10.1　部分核的 NMR 频率及其他特性

同位素	g_N	I	相对敏感度	$\gamma/10^7\ \mathrm{radT^{-1}S^{-1}}$	自然丰度/%	NMR 频率（B = 2.3487T）
^{1}H	1/2	5.585	1.000	26.752	99.985	100.0
^{2}H	1	0.857	0.010	4.107	0.015	15.35
^{10}B	3	0.600	0.020	2.875	18.83	10.75
^{11}B	3/2	1.792	0.165	8.584	81.17	32.08
^{13}C	1/2	1.405	0.016	6.727	1.108	25.14
^{14}N	1	0.404	0.001	1.933	99.63	7.22
^{15}N	1/2	-0.566	0.001	-2.710	0.37	10.13
^{17}O	5/2	-0.757	0.029	-3.627	0.037	13.56
^{19}F	1/2	5.257	0.834	25.177	100.0	94.08
^{29}Si	1/2	1.110	0.079	-5.320	4.70	19.90
^{31}P	1/2	2.263	0.066	10.840	100.0	40.48

10.2　谐振频率

在场强为 $\boldsymbol{B}$ 的外加磁场中，孤立核磁矩的能量为两个向量的点积：

$$E = -\boldsymbol{\mu}\boldsymbol{B}\cos\theta \tag{10.5}$$

式中：θ 为核磁偶极子矢量与外加磁场方向的夹角。

如果外加磁场强度为 $\boldsymbol{B}$，假定 $\boldsymbol{\mu}_z$ 是 $\boldsymbol{\mu}$ 沿外加磁场方向（沿 z 轴）的分量，那么式（10.5）可以写为

$$E = -\boldsymbol{\mu}_z\boldsymbol{B} \tag{10.6}$$

将式（10.4）中的 $\boldsymbol{\mu}_z$ 值代入上式，可得

$$E = -g_N\beta_N m_I\boldsymbol{B} \tag{10.7}$$

相邻能级（其中 m_I 相差整数个单位）间能量差为 ΔE 可以表示为

$$\Delta E = g_N\beta_N\boldsymbol{B}(\mathrm{J}) \tag{10.8}$$

通过施加合适频率 v 的电磁辐射，可使得两个能级之间实现跃迁。共振频率 v 可表示为

$$v = \Delta E/h = \left| g_N\beta_N\boldsymbol{B}/h \right| \mathrm{Hz} \tag{10.9}$$

式中：β_N 的单位为 $\mathrm{JT^{-1}}$；$\boldsymbol{B}$ 的单位为 T。这是 NMR 波谱学技术的基本理论，两个能级之间核自旋方向的变化与辐射的吸收或发射有关，其辐射频率如式（10.9）所示。由图 10.2 可以看出核自旋能级是等间距分布的，并且其间距随着外加磁场的增强而增大。

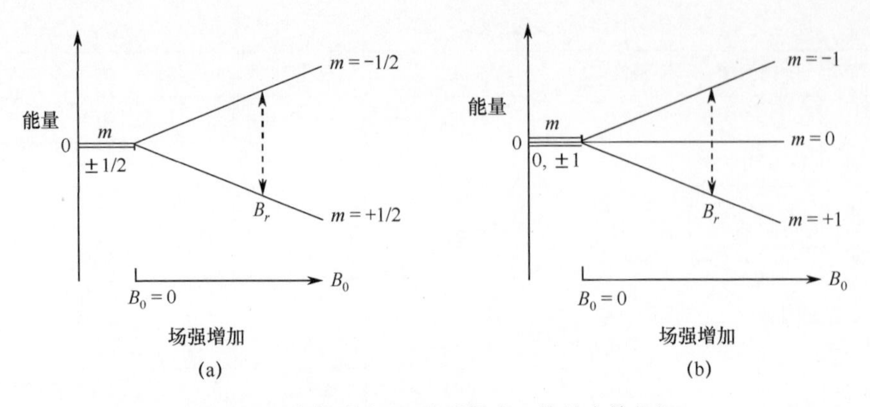

图 10.2　在场强为 $\boldsymbol{B}_0$ 的磁场中，核的自旋能级

(a) ^{1}H 的自旋能级（$I = 1/2$）；(b) ^{14}N 的自旋能级（$I = 1$）（$\boldsymbol{B}_r$ 为发生共振时的场强）。

在 ESR 频谱学中，两个不同能态取决于外加磁场中的电子自旋矩取向（对自由电子而言，$m_s = \pm 1/2$）。首先应该明确 ESR 和 NMR 中基态的区别：在 ESR 中，能级最低的 β 自旋态（$m_s = -1/2$）的矩与外加磁场方向一致；而在 NMR 中，最低能态对应于 $m_I = +1/2(\alpha_N)$，这是因为其电子电荷与质子电荷符号相反。

对于给定的磁场强度，共振频率主要取决于核素，这是因为每种核素（如^{1}H、^{2}H、^{13}C 等）均具有其特征磁矩。例如，对于质子而言，$g_N = 5.585$，外磁场强度 $\boldsymbol{B}$ 为 1.5 T，可得共振频率为

$$v = \frac{g_N \beta_N B}{h} = \frac{5.585 \times 5.051 \times 10^{-27} \times 1.5}{6.626 \times 10^{-34}} = 64(\text{MHz})$$

类似地，对于^{31}P（$I = 1/2$），代入相应的 g_N、β_N 和 $\boldsymbol{B}$ 的值，可以得到其 NMR 频率为 25.67 MHz。典型 NMR 频率 60 MHz 大致对应于 10^{-2} Jmol^{-1}。

^{1}H NMR 的外加磁场强度典型值为 9.4 T（1 T = 10^4 高斯）。对于氢原子核，当外加磁场强度为 9.4 T 时，由式（10.9）可得其共振频率 $\nu = 4 \times 10^8$ Hz，即 400 MHz。通常采用 1.4 ~ 14.1 T 范围内的外加磁场以便得出 60 ~ 600 MHz 的质子共振频率，该频段正好位于电磁波谱的射频区间（10^6 ~ 10^9 Hz）。由于质子是最常见的 NMR 核，NMR 波谱仪通常是以质子频率作为分类依据，而不是磁场强度。表 10.1 总结了几种磁性原子核及其 NMR 特性，其中^{1}H 具有最大的磁旋比（同时具有最大的磁矩）。由表 10.1 可以看出，核素间的共振频率差几乎超出了谱区范围，因此不同的核素间很难找到重叠波谱。

10.3　能级粒子布居

当施加外部磁场时，根据玻耳兹曼分布，磁性核集中分布于（$2I + 1$）个

能级。核具有趋向磁场的趋势，并集中于最低能级，这一趋势与热运动恰恰相反，热运动使分布于（$2I+1$）能级上的粒子数趋于平衡。考虑室温下处于强度为1.4 T磁场中的质子，两个能级间粒子数之比可表示为

$$N_\beta/N_\alpha = \exp(-\Delta E/kT) \tag{10.10}$$

式中：下标α为较低能级；下标β为较高能级；k为玻耳兹曼常数；T为开氏温度；ΔE为两能级间的能量差。可以得到$\Delta E = 2.65\times10^{-25}$ J，$kT = 4.14\times10^{-21}$ J，$\Delta E/kT = 6.4\times10^{-5}$。因此，重定向自旋所需的能量远小于热能量$kT$，在较低能级上基本是无序的。

对于$\Delta E/kT$非常小的情况，可采用近似法$e^{-x} = 1 - x$，这表明部分多余粒子处于较低能级，式（10.10）可表示为

$$N_\beta/N_\alpha = 1 - (\Delta E/kT) \tag{10.11}$$

室温下，即$T = 300$ K，外加磁场强度为1.5 T，$I = 1/2$，$\Delta E = 0.02$ J mol^{-1}时：

$$N_\beta = N_\alpha \exp(-1.2\times10^{-5}) \tag{10.12}$$

显然，处于较低能级上的多余原子核非常少，在场强为1.5 T的外磁场中约为百万分之十二。净吸收能量和波谱跃迁强度取决于两能级间的粒子数差。在NMR波谱学中，每$10^5\sim10^6$个核中只能检测到一个核，显然，NMR信号非常微弱，因此施加强磁场实现跃迁能量ΔE最大化是非常必要的。

10.4　拉莫尔进动

在处理大规模粒子自旋特性时，经典方法显得更简单。例如磁矩向量$\boldsymbol{\mu}$通常与磁场存在一定的夹角，由于与外部磁场相互作用而受转矩的影响，使其具有转向磁场方向的趋势。该转矩引起$\boldsymbol{\mu}$向量绕施加磁场$\boldsymbol{B}$进动，如图10.3所示，称该进动为拉莫尔进动。拉莫尔进动的角速度可表示为

$$\boldsymbol{\omega} = \frac{\boldsymbol{\mu B}}{\boldsymbol{I}}\ \text{rad/s 或 } v = \boldsymbol{\mu B}/2\pi \boldsymbol{I}\ \text{Hz} \tag{10.13}$$

式（10.3）可以由经典磁动力学理论推导出来，一般写为

$$v = \gamma \boldsymbol{B}/2\pi\ \text{Hz} \tag{10.14}$$

处于场强为2.35 T的外加磁场中的质子将每秒进动一亿次，即$\nu = 100$ MHz。因此，拉莫尔频率直接正比于施加磁场，同时还取决于不同核的γ（或$\boldsymbol{\mu}$）值。

式（10.13）的一个特点是方程中没有出现角度θ，因此核自旋以拉莫尔频率绕着外加磁场进动，该过程只取决于自身特性。将式（10.3）中$\boldsymbol{\mu}$和$\boldsymbol{I}$代入式（10.13），可得

$$v = \frac{g_N\beta_N[I(I+1)]^{1/2}\boldsymbol{B}}{[I(I+1)]^{1/2}(h/2\pi)2\pi} = \frac{g_N\beta_N\boldsymbol{B}}{h}\text{Hz} \tag{10.15}$$

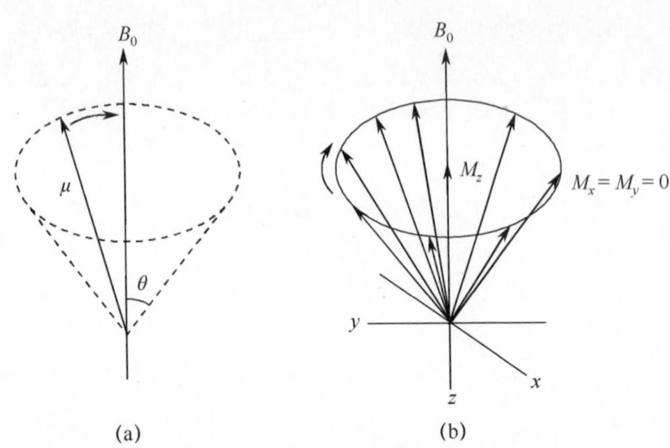

图 10.3　（a）单核自旋的拉莫尔进动；（b）可以看作由不同原子产生的核自旋向量在共享同一顶点的圆锥面内均匀分布，沿 z 轴生成的圆锥体未在图中画出

对比式（10.15）和式（10.9），可以发现拉莫尔频率等于自旋能级间的间隔。如果电磁辐射的频率与核自旋进动的频率相同，则电磁辐射与核自旋之间就会出现相互作用以及能量交换，但不会与其他频率的电磁辐射发生相互作用。值得注意的是，上述过程中的共振现象是由电磁辐射的磁偶极子矢量与系统相互作用引起的，而不是电偶极子矢量。

表 10.1 列出了特定同位素置于磁场强度为 2.3487T 时的拉莫尔频率，同时还给出了该同位素的 g_N 和自然丰度。在 NMR 研究中，用某一特定射频只能研究一种类型的原子核。除了由 I 带来的限制外，原子核还应具备自然丰度高和相对敏感度强（更大的磁矩或磁旋比）的特点，鉴于此，^{1}H 和 ^{19}F 是非常适合的 NMR 研究对象，因为它们的相对丰度几乎是 100% 且具有较高的磁矩。虽然^{11}B 具有 81% 的自然丰度，但是因为其 $I = 3/2$，所以不适合。无处不在的质子和上述因素解释了^{1}H 作为 NMR 核的原因。丰度较高的^{14}C 和^{16}O 为零自旋，因此不会出现任何共振信号，这是非常有利的，因为这样将产生相对简单的波谱。

在 $\boldsymbol{B}$ 方向上取向的质子磁矩稍高一些，因此存在一个净宏观磁化。如果 $\boldsymbol{B}$ 与 z 轴同向，那么宏观磁化沿 z 轴的分量 M_z 非零，而在 x-y 平面上的分量 M_{xy} 为 0，这是因为单个核磁矩绕着磁场 $\boldsymbol{B}$ 方向随机进动。若在与主磁场 $\boldsymbol{B}$ 垂直的 x-y 平面内施加旋转的第二个磁场 $\boldsymbol{B}_1$，则它与磁矩 $\boldsymbol{\mu}$ 相互作用，并影响总的宏观磁化，核磁体除绕 $\boldsymbol{B}_0$ 方向外，还将绕 $\boldsymbol{B}_1$ 方向进动。矢量 $\boldsymbol{B}_1$ 的作用相对较小，这是因为 $\boldsymbol{B}_1$ 较小，且由于核磁体绕 $\boldsymbol{B}$ 方向进动，那么与 $\boldsymbol{B}_1$ 相关的核磁体将是连续变化的。当 $\boldsymbol{B}_1$ 的频率为拉莫尔频率时，$\boldsymbol{B}_1$ 会翻转某些处于低能级的核磁矩，使它们同相进动。这将使得 M_z 值降低，同时在 x-y 平面内产生磁化的非零旋转分量。当满足上述条件时，可以认为射频产生的旋

转磁场 $\boldsymbol{B}_1$ 和进动核磁体处于共振状态，同时通过核磁体从磁场 $\boldsymbol{B}_1$ 中吸收能量。当 $\boldsymbol{B}_1$ 的频率不等于拉莫尔频率时，此时磁场 $\boldsymbol{B}_1$ 不会与核磁矩发生作用，对宏观磁化也没有影响。由射频辐射产生的磁场 $\boldsymbol{B}_1$ 在 x-y 平面内会产生偏振现象（见第 2 章）。

NMR 跃迁的选择规则是 $\Delta m = \pm 1$ ，如前所述，跃迁的概率会随 γ 和 β 的增加而增大。尽管自旋为 I 的核具有 $(2I+1)$ 个自旋能级，但是由于这些能级是等距分布的，且根据选择规则跃迁只能发生在相邻两能级间，所以产生单个 NMR 频率。

10.5　NMR 波谱

NMR 频谱仪的主要组成部分是强静态磁场、射频辐射源以及检测 NMR 信号的方法。在典型的 NMR 实验中，样品盛于直径为 5 ~10m，长度为 15cm 的玻璃试管中，并放置在磁极面之间。NMR 仪产生均匀的强磁场来实现核进动，然后辐射源施加射频辐射，同时微调磁场强度。当发射的射频频率等于拉莫尔频率时，能量将从辐射源传递到样品，并发生共振。共振的最终结果是某些核从较低能态（如 $m_I = +1/2$ ）激发到较高能态（ $m_I = -1/2$ ），且当频率等于拉莫尔频率时，吸收辐射源能量。NMR 频谱是相对于施加磁场强度 $\boldsymbol{B}_0$（射频辐射频率恒定）的吸收强度曲线。

分子中原子核所处的磁场与外部磁场略有不同，因此精确的共振频率表征了原子核化学环境。图 10.4 所示为乙醇的低分辨率 NMR 频谱图。三种不同氢原子的共振频率不同，因此产生三个独立峰，可由它们的积分面积进行辨别，它们以 1:2:3 的比例显示出每种类型的质子数之比。溶液中小分子的高分辨率 ^{1}H NMR 频谱的典型线宽值约为 1 Hz。由于存在核四极矩，自旋量子数大于 1/2 的核 NMR 谱峰通常变宽，达到了 10 ~ 100 Hz 甚至更高。因此，NMR 研究对象主要集中于自旋量子数为 1/2 的核素，如最常见的有 ^{1}H、^{13}C、^{19}F 和 ^{31}P。

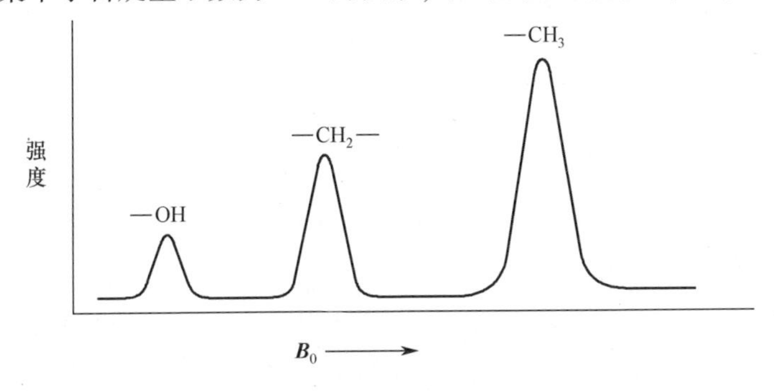

图 10.4　乙醇的低分辨率 NMR 波谱图

不同化学元素的等浓度溶液在固定外加磁场作用下的NMR信号强度正比于$\gamma^3 NI(I+1)$，其中γ为磁旋比、N为自然丰度、I为核自旋量子数。

固体、液体和溶液的NMR频谱图存在明显差异。在固体中，原子核相对于施加磁场$\boldsymbol{B}_0$和相邻核的同性取向导致严重的谱线展宽，这是由于存在偶极相互作用。固体NMR谱峰宽度约几千赫兹，通常不易于分析，该话题将在后续章节展开讨论。在液体中，由于分子的随机平移和旋转运动，使核间偶极相互作用平均为0。在这种情况下，会产生谱线宽度小于1 Hz的信号，即高分辨率NMR波谱学。

10.6 弛豫过程

如前所述，受激吸收与辐射发射的概率相同，远大于自发辐射的概率。从一个自旋态跃迁到另一个自旋态的概率直接正比于自旋态发生跃迁的粒子数。存在磁场情况下且处于平衡状态时，由于处于低能态的粒子比高能态的粒子多，因此向上跃迁的情况要多于向下跃迁的情况，且从辐射束吸收较小的净能量。辐射吸收概率可表示为

$$p \propto B\rho(\nu)(n_{\text{lower}} - n_{\text{upper}})$$

式中：$\rho(\nu)$为辐射密度；B为受激吸收的爱因斯坦系数。NMR吸收能量过程中，核由低能级向高能级跃迁，其结果使得本来就很小的两个能级间的差值$n_{\text{lower}} - n_{\text{upper}}$进一步减小。NMR能量吸收过程的强度取决于粒子数差值，差值越来越小，最终为零，此时不再吸收能量，可以认为系统达到饱和，然而，大多数情况下不会出现这种问题，除非使用高射频功率。这是因为若系统失去吸收的能量，则粒子数重建平衡，这不是自发现象，而是与周围波动磁场（以适当频率波动）相互作用的结果。这种多余的自旋能量被周围环境或者其他核吸收的机制称为弛豫过程。核耗散掉多余能量的时间1/e（0.37）称为弛豫时间。若射频功率过高，正常弛豫过程将不能完成，且不能达到热平衡，不同能级间玻耳兹曼粒子数的差异将减少到零，与之对应的吸收信号强度也将变为0。当系统通过有效弛豫过程恢复热平衡态时，其NMR信号不可能达到饱和，因此弛豫过程对观测磁共振十分重要。后续章节中将详细研究弛豫过程，以便为分子结构和运动提供有用信息。

电子自旋共振中存在两种弛豫过程。在第一种弛豫过程中，多余的自旋能量与周围环境（称为晶格）回复热平衡，该弛豫过程称为自旋-晶格弛豫，用自旋-晶格弛豫时间T_1来表征。该弛豫过程是晶格运动（如固体中原子振动、液体和气体中分子翻转）的结果，晶格运动（具有合适的频率）与核自旋相互耦合作用。对于固体，$I=1/2$核的T_1值变化范围为$10^{-2} \sim 10^{2}$ s；对于液体，T_1值的变化范围为$10^{-4} \sim 10$ s。液体的总弛豫时间较短，这是因为液体

分子在分子运动时具有更高的自由度，而高的分子运动自由度使得核周围的磁场波动更加剧烈。高黏性液体和顺磁性离子可能导致 T_1 值小于 10^{-2} s。对于 $I > 1/2$ 的核，还存在另一种弛豫机制，这主要涉及核电四极矩与周围电场梯度的相互作用。

通过将自旋能量转移到晶格，自旋 - 晶格弛豫过程有助于维持各能级间分子的玻耳兹曼分布。如前所述，自旋系统与“晶格”耦合。这里的晶格是指分子中的其他原子或者包括溶剂分子在内的周围环境。虽然自旋系统保持较少的能量，但是晶格具有足够大的容量来容纳多余能量。众所周知，晶格服从玻耳兹曼分布律，尽管核粒子不服从该分布，但是晶格与自旋系统的有效耦合使得自旋系统也服从玻耳兹曼分布律。

在不改变激发态核个数的条件下，相邻核磁矩间可以通过磁矩的相互作用来改变其自旋方向，但经历该过程后处于激发态的核生存期会缩短，该弛豫过程称为自旋 - 自旋弛豫，用弛豫时间 T_2 来表征。固体的 T_2 值非常小，约为 10^{-4} s，而对于液体，其 $T_2 \approx T_1$ 。

第 11 章　化学位移

11.1　屏蔽常数

在静态磁场 $\boldsymbol{B}_0$ 中，当 $\boldsymbol{B}_0$ 方向与 z 轴方向一致时，对于原子核 $I = 1/2$ 的两个核自旋态 $+1/2$ 和 $-1/2$ 间的能量差可表示为

$$\Delta E = 2\boldsymbol{\mu}_z\boldsymbol{B}_0 \tag{11.1}$$

该能量差为观测谱线提供了必要条件，并形成了 NMR 实验的基础。

能量量子为

$$h\nu = 2\boldsymbol{\mu}_Z\boldsymbol{B}_0 = \frac{\gamma h\boldsymbol{B}_0}{2\pi} \tag{11.2a}$$

或辐射频率为

$$\nu = \frac{\gamma\boldsymbol{B}_0}{2\pi} \tag{11.2b}$$

原子核的 NMR 频率主要由其磁旋比 γ 与外加磁场强度决定。例如，在 9.4 T 的场中，质子在 400 MHz 处发生共振，而在同样磁感应强度的场中，^{13}C 核共振发生在 100.6 MHz 处。然而，并非所有质子（类似地，也并不是所有的 ^{13}C 核）都具有相同的共振频率。共振频率略微取决于局部电子分布，这使得可以区分乙醇中的三种氢原子（第 10 章中提到的）。

在分子中，原子核所处磁场不仅是外加磁场，也包含由原子核周围和其他原子核上的电子分布引起的磁场。在本章中考虑电子的影响，第 11 章中将考虑其他原子核的影响。

若将任意原子或分子置于磁场中，以如下方式感应出其电子轨道运动，即这些运动电子将产生与外磁场相反的次级磁场（楞次定律），次级磁场又将作用于所有存在的原子核，这即是抗磁性现象的普遍规律。感应电流的大小正比于所施加磁场 $\boldsymbol{B}_0$，也正比于次级磁场的强度。因此核 i 处的局部磁场强度可表示为

$$\boldsymbol{B}_i = \boldsymbol{B}_0(1 - \sigma_i) \tag{11.3}$$

式中：σ_i 为屏蔽常数，与 $\boldsymbol{B}_0$ 无关，但取决于核所处的化学环境。因此，核周围电子将屏蔽外部磁场，局部场略小于施加场。对于分子中的质子，σ 总是正

值。质子的σ值范围为$1\times10^{-5}\sim4\times10^{-5}$，对于较重的原子核，范围为$10^{-4}\sim10^{-2}$。核屏蔽的结果是使式（11.2b）所表示的共振频率变为

$$\nu = \gamma \boldsymbol{B}_0(1-\sigma)/2\pi \tag{11.4}$$

原子中核的共振频率略小于裸核（周围没有任何电子）的共振频率。除了分子中电子运动比原子中电子运动更复杂之外，分子中的原子核也会产生类似效应，且感应场强度可以增强或削弱外部磁场强度。式（11.3）中屏蔽常数的符号和大小由核附近分子的电子结构决定，因此，核的共振频率是其化学环境表征。在这里要指出的是，在 ESR 中用不同g因子来描述不同共振能量：

$$\Delta E = g\beta_e \boldsymbol{B}_0 \tag{11.5}$$

而在 NMR 中，g_N为常数，并引入屏蔽常量来描述任意两相邻能级间的能级差：

$$\Delta E = g_N\beta_N \boldsymbol{B}_0(1-\sigma) \tag{11.6}$$

11.2　化学位移

由于存在屏蔽效应，核塞曼能级间的距离变得更近，如图 11.1 所示。在实验过程中，不断改变磁场强度$\boldsymbol{B}_0$的值，直到在某一固定频率上获得共振为止，则所施加磁场将大于核子未被屏蔽时的情况。对于一个给定的原子核，无论是在不同分子中还是在同一分子的不同化学环境中，质子的屏蔽常数都有一组相应的不同值。因此，对于每种化学性质不同的质子，“共振”将出现在波谱的不同位置。不同化学环境中由于屏蔽常数的变化而产生的共振信号位移称为“化学位移”。由于分子中电子对原子核的屏蔽作用，使得在固定磁场$\boldsymbol{B}_0$上的跃迁频率变化或者在固定频率波谱仪上$\boldsymbol{B}_0$的等价变化称为“化学位移”。低分辨率条件下液体乙醇的典型质子磁共振谱如图 10.4 所示（参见第 10 章）。乙醇有三种类型的质子：甲基、亚甲基和羟基质子，波谱中清楚地显示了三种类型的质子，其三个谱峰的相对强度比值为 3:2:1，它们分别对应于三个、两个和一个质子，这样就能够立即识别这些质子。因此，在 2.35 T 的外加磁场下，分子的质子共振不发生在$v=100$ MHz 处，而是出现在$v+\Delta v$处，其中Δv通常低于1200 Hz。其他磁性核受到的影响与之类似，这种现象形成了 NMR 波谱学的基础。

11.3　峰值强度的测量

NMR 信号的强度有所不同，如前所述，NMR 谱峰下的区域面积通常与共振核数量成正比，谱峰的相对面积对应给出了不同类型核存在数量。精确测量曲线下的面积有助于详细解析波谱，并且还能提供获取定量分析的手段。大多

数 NMR 波谱仪都配备电子积分器，它将谱线的相对面积记录为阶梯曲线，如图 11.2 所示。通过每个谱峰后形成从左到右的阶梯上升曲线，上升程度度量了谱峰积分面积，且表征了每个信号中氢的数量，从左到右依次为 1，2 和 3，曲线中阶梯的相对高度表示每组的质子比率。若信噪比很高，这种积分器的精确度为 1%～2%。

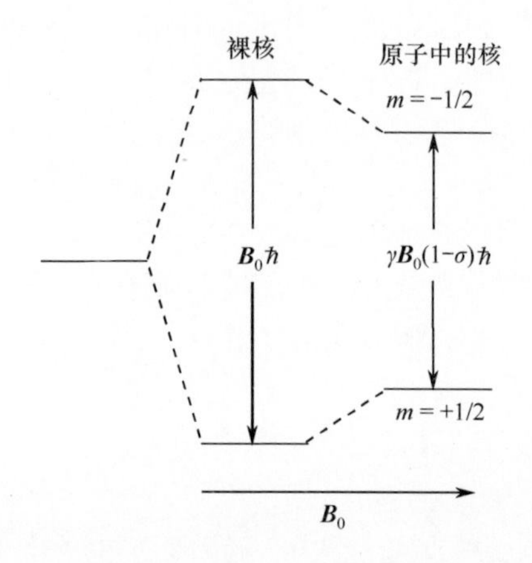

图 11.1 具有自旋 1/2 的核子的核自旋能级屏蔽效应

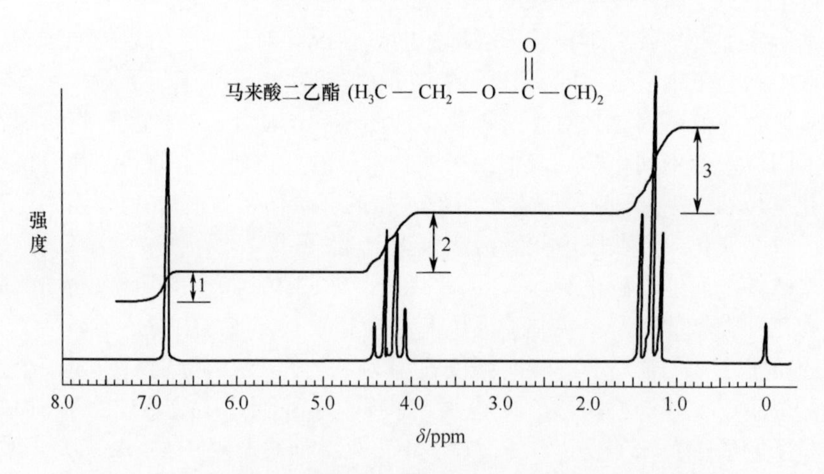

图 11.2 马来酸二乙酯的 ^1H NMR 谱；信号强度的测量表征为从左到右每种类型氢的数量之比为 1:2:3

单纯利用强度来确定特殊基团中核的数量并不一定都有效，最常见的有 ^{13}C 谱，因为这些核弛豫到基态上的速率不同，叔碳原子比伯碳原子和仲碳原子弛豫得都慢，这是 ^{13}C NMR 信号不能积分的原因之一。其他原子核的积分值也可能不准确，特别是那些化学位移范围跨度大的原子核。

11.4　化学位移的测量

实际上，不能高精度地确定屏蔽常数，要做到这一点，需要非常精确地测量波谱仪频率和施加磁场。然而，对 $\boldsymbol{B}_0$ 进行高精度测量是行不通的，因为很少需要且很难确定绝对位移，通常做法是根据对象核（v）与参考核（v_{ref}）间共振频率的差异来定义化学位移，它是一个无量纲参数。

化学位移测量形式上基于裸氢核（质子）的参考位置作为基准：因其不存在屏蔽，且 $\sigma=0$。由于这是一个无法使用的基准，因此有必要选择其他物质作为副基准并测量其他氢核的共振位置。化学位移可以频率（Hz）为测量单位。在连续波（C. W.）仪器中，当在与参考化合物四甲基硅烷（TMS）的音频相等的距离处观察到边频带时，需通过施加合适的音频对其进行校准，如图11.3所示。然而，化学位移使用频率单位存在不足，即化学位移取决于施加场或射频辐射。希望获得与射频或磁场强度无关的磁场强度值。为了记录这样的波谱，将保持恒定的射频辐射频率和改变磁场强度。在给定施加场值的情况下，样品共振频率 v_s 和参考化合物频率 v_r 分别由式（11.7）表示：

$$v_s=(\gamma/2\pi)\boldsymbol{B}_s(1-\sigma_s) \tag{11.7a}$$

$$v_r=(\gamma/2\pi)\boldsymbol{B}_r(1-\sigma_r) \tag{11.7b}$$

式中：$\boldsymbol{B}_r$ 和 $\boldsymbol{B}_s$ 分别为参考化合物和样品共振时的磁场强度；σ_r 和 σ_s 分别为参考化合物和样品信号的屏蔽常数。

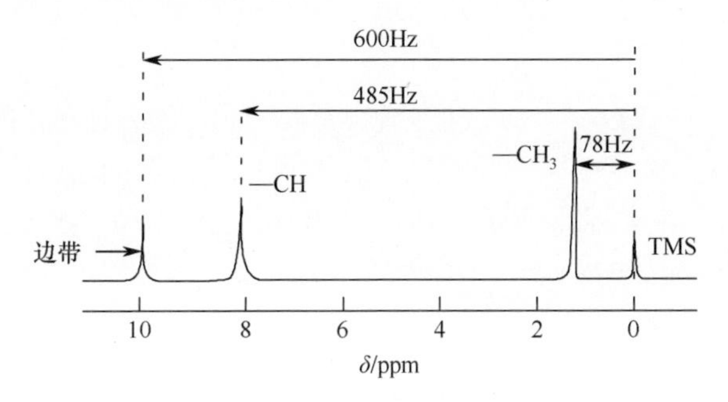

图11.3　具有边频带校准的化学位移测量，以 Si（CH_3）$_4$ 为内部参照物的甲酸甲酯质子 NMR 谱，测量仪器为 60 MHz 的波谱仪，边频带为 600 Hz

由于射频恒定 $v_s=v_r=v$，可得

$$\frac{1-\sigma_s}{1-\sigma_r}=\frac{\boldsymbol{B}_r}{\boldsymbol{B}_s} \tag{11.8}$$

等式两边同时减去1，整理可得

$$\frac{\sigma_r-\sigma_s}{1-\sigma_r}=\frac{\boldsymbol{B}_r-\boldsymbol{B}_s}{\boldsymbol{B}_s} \tag{11.9}$$

由于 σ_r 值远小于1，式（11.9）可转化为

$$\sigma_r - \sigma_s = \frac{\boldsymbol{B}_r - \boldsymbol{B}_s}{\boldsymbol{B}_s} \tag{11.10}$$

式（11.10）中，用施加磁场定义样品和参考之间屏蔽常数的差值，该差值便是化学位移。另外，如果保持磁场 $\boldsymbol{B}_0$ 不变，并且改变射频辐射频率来扫描波谱，则样品和参考的共振频率可表示为

$$v_s = (\gamma/2\pi)\boldsymbol{B}_0(1 - \sigma_s) \tag{11.11a}$$

$$v_r = (\gamma/2\pi)\boldsymbol{B}_0(1 - \sigma_r) \tag{11.11b}$$

式中：v_r 和 v_s 分别为参考信号和样品信号的共振频率。从式（11.11a）和式（11.11b）可得

$$\frac{1 - \sigma_s}{1 - \sigma_r} = \frac{v_s}{v_r}$$

等式两边同时减1，整理后可得

$$\frac{\sigma_r - \sigma_s}{1 - \sigma_r} = \frac{v_s - v_r}{v_r} \tag{11.12}$$

由于 $\sigma_r \ll 1$，式（11.13）可简化为

$$\sigma_r - \sigma_s = \frac{v_s - v_r}{v_r} \tag{11.13}$$

射频 v_r 和 v_s 值较大，这与探头的固定频率 v_0 略微不同，射频频率通常选取60 MHz以上。可用与波谱仪射频辐射频率值无关的形式来表示化学位移 δ：

$$\delta = \frac{v_s - v_r}{v_r} \times 10^6 \text{ppm} \tag{11.14}$$

频率差 $v_s - v_r$ 除以 v_r 使 δ 表征分子特性，它与磁场无关，乘以因子 10^6 可将 δ 值转化到合适数量级。δ 为测量NMR共振信号位置的参数，它将独立于施加磁场，δ 无单位，它通常表示为所施加磁场的 10^{-6} 的分数形式（ppm）。例如，在固定射频64 MHz处，如果样品信号与参考信号的频率差为89.6 Hz，则化学位移为

$$\delta = \frac{89.6}{64 \times 10^6} \times 10^6 = 1.4\text{ppm}$$

参考信号和样品信号间的频率差与探头频率（即在外部磁场上）直接相关。例如在探头频率为200 MHz时，参考信号与样品信号间的频率差是探头频率为40 MHz时的5倍。化学位移 δ 与所施加射频或磁场无关。对于 $CHCl_3$ 的质子共振，不管是在100 MHz还是在200 MHz处测量其波谱，δ 值均为7.27 ppm。随着 σ 值增加（较大屏蔽），δ 值减小，故 δ 是去屏蔽参数。

已知射频辐射或外加磁场的频率，化学位移值用ppm来表示，可以很容易地转化成以Hz或mT为单位。在上面的例子中，外加磁场是1.5 T，对应磁

场单位下的信号间距测量值约为2.05μT。

11.5 参考化合物

在NMR波谱化学位移的校准中有两种类型的参考：内部和外部。内部参考物是一种可溶性化合物，并能显示出单一尖锐的NMR信号。将参考化合物溶解到待测样品溶液中，磁场同时作用于样品和参考分子。因此，为了获取化学位移，需要确定样品与参考化合物间的共振频率差，并已知磁场或射频的相关信息。经常用到内部参考物，这种方式是有利且准确的，然而，内部参考物的一个严重缺点是分子间相互作用可能影响样品的共振频率，通常选择相对惰性的化合物，使其影响忽略不计。

在有机溶剂中，四甲基硅烷 $Si(CH_3)_4$（缩写为TMS）作为内部参考用于质子共振，通过在样品中添加少量TMS来获得参考信号。这种化合物有以下几个优点：

（1）因为所有的十二个质子均是等价的，故其共振谱是尖锐且强烈的单重态。

（2）它几乎溶于所有的有机溶剂。

（3）相对于TMS的^{1}H和^{13}C共振位置，其他有机化合物中几乎所有的^{1}H和^{13}C共振均处于高场，进而，可以容易地识别处于低频段的TMS共振。大多数^{1}H和^{13}C的化学位移是正值（$\delta > 0$）。

（4）它具有非常低的沸点（27℃），从而可根据需要轻易去除。

（5）它具有化学惰性且价格便宜。

TMS也经常用作^{13}C NMR波谱的参考物，其共振信号处于高场。除了TMS外，还有一些用于质子共振的参考化合物，如环己烷和苯。对于水溶液，使用部分氘化的3－三甲基甲硅烷基丙酸的钠盐$(CH_3)_3SiCD_2CD_2COONa$，它在水和甲醇溶液中的^{1}H NMR信号恰好发生在$\delta = 0.00$处，并用作内部参考物。乙腈和二恶烷有时也用作水溶液内部参考。相对于不同参考化合物和在不同溶剂中比较化合物的化学位移应当谨慎，这是因为个别分子间可能存在相互作用。

如果参考化合物是不溶性的或者会与样品或溶剂反应，则应使用外部参考。外部参考置于样品管内的密封毛细管或精密同轴管之间的空隙内。外部参考消除了分子间相互作用或化学反应的可能性，且易于计算参考化合物在样品溶液中的溶解度。然而，由于不同样品和参考之间存在体积磁化率差异，使用外部标准时，由于不同的体积磁化率，在样品溶液中的磁场强度不同于毛细管中的磁场强度，化学位移值必须做出修正。由磁化率因子引起的δ值差异可高达1 ppm。在NMR测量中，NMR管内存在的场强受溶剂的磁化率影响，因此更倾向于内部标准，也就是说，参考和样品都处于相同溶液中，二者拥有相同的磁场强度。

当TMS用作内部参考时，对于质子NMR谱来说，TMS信号的化学位移可任意地指定一个零值δ，且相对此值可测量得到其他质子的化学位移，称为δ尺度，但需要注意两个重要的因素：①样品屏蔽程度比参考少时，可产生更大的δ值；②当磁场变化大时，更多屏蔽核（即更大的σ值）共振将出现在较高场处，但在频率扫描时较低频率处也会出现共振。将NMR频谱绘制在图纸上，δ从右往左增大，即外部磁场强度从左到右增加，具有小δ值的屏蔽核（大σ）将出现在谱图右侧。大部分有机化合物的^1H化学位移介于0～10 ppm并且位于TMS的低场中。

如上所述，较大的化学位移δ（相对于TMS测定）意味着低屏蔽核，因而共振发生在较低的磁场强度下。由于在屏蔽增加方向上增加化学位移较为方便，所以引入了称为“τ尺度”的替代尺度。TMS的化学位移值为10.00 ppm，数值越小，屏蔽越大。δ和τ的关系可表示为

$$\tau = 10.00 - \delta$$

若使用外部参考时，对于质子共振的小范围化学位移来说，校正磁化率是非常有必要的。如果样品溶液充分稀释，可通过测量不同溶剂中TMS的化学位移来实现从各种外部参考到内部参考的转换。

当化合物在非极性溶剂中不能充分溶解时，可以使用极性溶剂。应当注意的是，因溶质-溶剂存在相互作用，可产生溶质波谱，这明显有别于非极性溶剂中的游离溶质波谱。例如，由于在溶质和水分子之间可能发生氢键结合和交换过程，可能显示出水溶液波谱的一些特征。当芳香族化合物（如苯）用作溶剂时，可与溶质形成配合物，且溶质可能位于芳香环的特定取向上。当样品处于络合状态和芳族溶剂溶液中时，质子的化学位移存在明显的差异。当化学位移取决于溶质浓度时，质子在自由状态下的化学位移可以通过测量不同浓度的峰值位置和外推至无限稀释状态来确定。

使用TMS作为参考的混合物^1H NMR频谱如图11.4所示。每种化合物均有一组相同的质子，从而产生了单一的化学位移。由于参考化合物（即TMS）的化学位移定义为0 ppm时，可以使用式（11.14）将化学位移转换成频率尺度，反之亦然。例如，对于图11.4中δ =2.0 ppm处的乙腈峰值计算如下：

$$\nu_{\text{乙腈}} - \nu_{TMS} = (\delta, ppm)(\nu_{TMS}/10^6) = (2.0 \times 200 \times 10^6)/10^6 = 400Hz$$

式中：v_{TMS}为波谱仪频率。

在100 MHz的波谱仪上，乙腈的化学位移仍然是2.00 ppm，但相对于TMS的共振频率会按比例降低到至200 Hz。

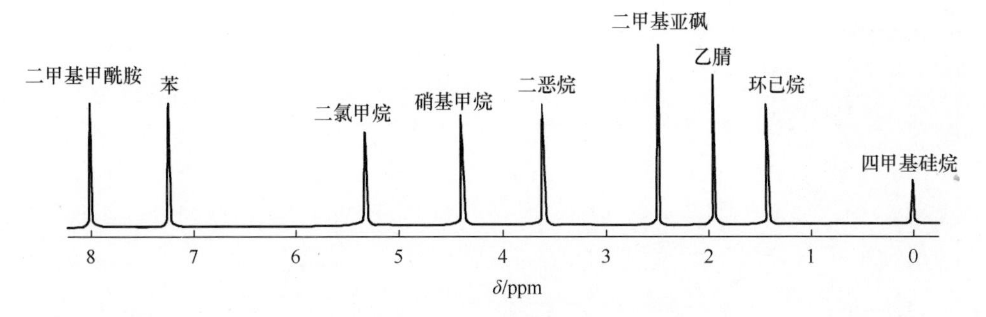

图 11.4 TMS 作为参考的混合物^{1}H NMR 频谱

11.6 化学位移的应用

通过简单地记录谱峰数量及其相对强度，可从 NMR 频谱中获得有价值的信息，两个示例如下。五氯化磷 PCl_5表现出单一^{31}P 磁共振，与气相中其结构为三角双锥体相存。

如果同时存在有机配体，通过常规元素分析方法检测过渡金属氢化物几乎是不可能的，甚至红外波谱技术也无法检测。在 NMR 频谱中，可轻易通过化学位移特征（相对于 TMS 处高场）对其检测，最常见范围为 -10 ~ -60 ppm。高场共振能够判断直接配位到金属离子上氢阴离子的存在性。屏蔽归因于氢阴离子上的电子密度（M—H 键具有非极性性质），以及金属离子的4s 和4p 轨道中的电子密度。如果与氢键合的金属核具有自旋，氢化物共振将表现出多重态。例如，$HRh(CN)_5^{3-}$ 的^{1}H NMR 谱是双重态（Rh, I = 1/2），出现在水的高场侧δ = 15.6 ppm 处。类似地，$[Rh(en)_2IH]^+$和$[Rh(en)_2H_2]^+$物质的^{1}H NMR 谱处于δ = -20.2ppm 和δ = -21.6ppm，由于与Rh（I=1/2）存在耦合而分别产生分裂，耦合常数为 27 Hz。

11.7 化学位移解释

高度对称的化合物可以通过其 NMR 频谱（含有较少数量的信号，类似于红外线光谱）来识别。可利用从已知结构的化合物获得的数据对化学位移进行经验性解释。表 11.1 所列为部分有机化合物的质子共振。

表 11.1 部分有机化合物的质子共振

化合物		δ/ppm
甲烷	CH_4	0.23

（续表）

化合物		δ/ppm
乙烷	$CH_3—CH_3$	0.88
乙烯	$CH_2=CH_2$	5.29
乙炔	$CH\equiv CH$	2.88
环丙烷	C_3H_6	0.22
丙烯	$\underline{CH_3}\ C=CH_2$	1.71
丙炔	$\underline{CH_3}C\equiv CH$	1.80
乙醛	$C\underline{H_3}CHO$	2.20
	$CH_3C\underline{H}O$	9.80
丙酮	$CH_3\ COCH_3$	2.17
乙腈	CH_3CN	1.98
甲基氯	CH_3Cl	3.10
亚甲基氯	$CH_2\ Cl_2$	5.30
三氯甲烷	$CHCl_3$	7.27
甲醇	CH_3OH	3.48
乙酸	$CH_3COO\underline{H}$	8.63
	$C\underline{H_3}COOH$	2.15
乙酸乙酯	$CH_3COOC\underline{H_2}\ CH_3$	4.12
	$CH_3\ COOCH_2\ \underline{CH_3}$	1.25
	$\underline{CH_3}\ COOCH_2\ CH_3$	2.03
苯	C_6H_6	7.27
环已烷	C_6H_{12}	1.44
二恶烷	$C_4H_8O_2$	3.70
硝基甲烷	$CH_3\ NO_2$	4.32
二甲基亚砜	$(CH_3)_2SO$	2.62

图11.5所示为部分有机官能团的典型质子化学位移范围。当结合经验规律预测取代基效应时，根据所观测到的化学位移，结合这些表格有助于阐明分子结构。然而，随着NMR技术的日益成熟，通常通过自旋-自旋耦合获得更直接的结构证据，这将在后续章节中讨论，奥弗豪塞尔效应（Nuclear Overhauser Effect，NOE）将在后面讨论。

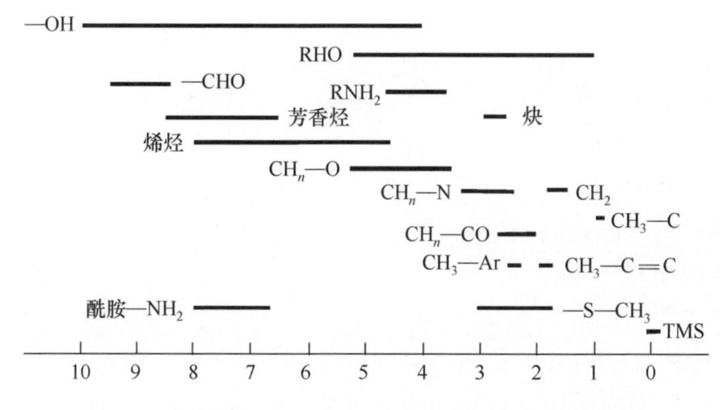

图 11.5　部分有机官能团的典型质子化学位移范围

次级磁场使得分子中不同核经历了不同的磁场而产生了化学位移的差异。在外加磁场的影响下，分子中的电子感应环流产生了次级磁场。这些次级磁场可以削弱（抗磁性）或增强（顺磁性）分子中特定核处磁场强度。在后一种情况下，核所经历的有效场高于所施加场，并且使核产生共振所需的外部磁场将低于没有次级增强磁场时所需的外部磁场，这就是核去屏蔽，且共振位置向低场位移。在前一种情况下，核所经历的有效场小于所施加场，并且使核产生共振所需的外部磁场将高于没有次级削弱磁场时所需的外部磁场，这是核屏蔽，且共振位置向高场位移（图 11.6）。抗磁性和顺磁性效应这两个术语分别用来表示次级磁场对核的屏蔽和去屏蔽效应。由于历史原因，化学位移的位置总是用施加场的值来表示。具有高 δ 值的左侧频谱（高频端）称为低场，具有低 δ 值的右侧频谱称为高场。然而，不要使用高场和低场这两个术语，因为这表明磁场是变化的，这与在固定磁场和变化频率下工作的现代波谱仪不相符。

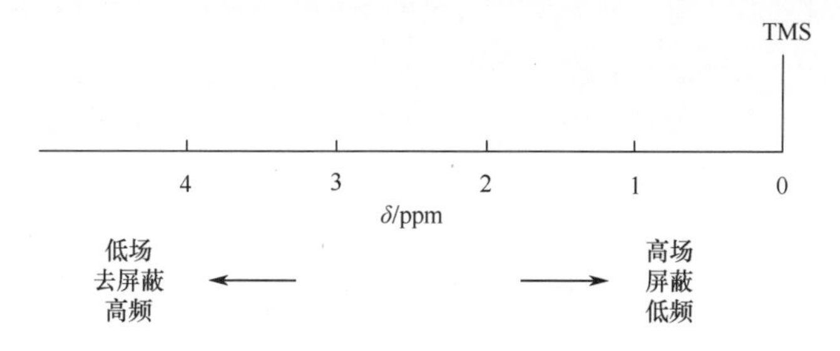

图 11.6　化学位移变化命名法示意图

11.8　屏蔽常数的由来

本节讨论影响化学位移 δ 值的因素。化学位移敏感于电子密度的细微变化，原子（测量对象）周围的电子分布产生局部效应，而远程效应包括其他原子上的电子密度对化学位移贡献。许多半经验理论可以用来解释这些变化，下面列出了可能导致化学位移变化的因素：

(1) 局部抗磁屏蔽（对象原子）；

(2) 相邻原子的影响；

(3) 原子间的电流；

(4) 局部顺磁屏蔽（对象原子）；

(5) 接触相互作用；

(6) 外部偶极场效应。

对于质子的化学位移，第（1）~（3）项很重要。质子化学位移的总范围远小于其他任何原子核，这是因为质子附近的电子数量比任何其他核的电子数量少得多。此外，对于质子而言，对其他原子核化学位移产生主要贡献的局部顺磁性贡献可忽略不计，因为没有与氢原子相关的低位 p 轨道。第（5）项主要来自邻近分子，并在溶剂效应下应给予考虑。在确定屏蔽常数时应将所有因素都考虑进去，可得到符合要求的化学位移实验值。

11.8.1 局部抗磁屏蔽

兰姆表明施加磁场对自由电子的作用是诱导电子电流，如图 11.7 所示，屏蔽因子表示为

$$\sigma_{\mathrm{d}} = \frac{4\pi e^2}{3mc^2}\int_0^{\infty} r\rho(r)\,\mathrm{d}r \tag{11.15}$$

式中：$\rho(r)$ 为电子密度，它是径向距离 r 的函数；e 、m 和 c 为常量；σ_{d} 的大小取决于靠近原子核的电子密度，可以用兰姆公式计算，即

$$\sigma_{\mathrm{d}} = \frac{e^2\boldsymbol{\mu}_0}{12\pi m_e}\left\langle\frac{1}{r}\right\rangle \tag{11.16}$$

式中：$\boldsymbol{\mu}_0$ 为真空导磁率；r 为电子 - 核的距离。屏蔽常数与原子半径成反比。兰姆理论对分子来说是不充分的，因为它假定电子是向任何方向移动的自由电子，而在分子中电子运动受到严格限制。分子中，由于其他核的存在而导致电子分布不再呈球形对称，从而降低了抗磁效应，这种降低可以视为相应的顺磁性效应，该效应增强了外部磁场 $\boldsymbol{B}_0$ 。然而，对于质子来说，局部抗磁效应是最重要的。质子的局部抗磁屏蔽可以根据兰姆公式近似计算，一般在百万分之几范围内，这与观察到的质子化学位移范围基本一致。由兰姆公式计算出自由氢原子中质子 σ_{d} 值为 17.8 ppm。屏蔽越大，化学位移值 δ 越小。

式（11.15）表明屏蔽常数和氢原子周围电子密度具有近似相关性。例如，相对较强酸性质子（如苯酚中的 —OH 质子）比弱酸性质子（如醇中的 —OH 质子）受到的屏蔽弱。事实确实如此，苯酚 —OH 质子的化学位移值为 4 ppm，与醇—OH 质子化学位移相比处于较低场。与磁性核相结合（或邻近）

的强电负性原子或基团具有去屏蔽效应，从而质子的化学位移与取代基的电负性相关。例如，化学位移值随着 CH_3I 、CH_3Br 、CH_3Cl 和 CH_3F 系列中卤素原子鲍林电负性值的增加而增加，δ 值分别为 2.0、2.45、2.84 和 4.12 ppm。电负性基团，如 CH_3F 中的氟通过诱导作用降低了甲基的电子密度。相比于甲基碘，甲烷具有更小的化学位移（0.13 ppm）。连接到各种原子/基团的甲基 ^1H 和 ^{13}C 核的化学位移位置表明，正电性元素（Li，Si）将信号向高场位移，而电负性元素（N，O，Cl）信号向低场位移，这是因为它们分别提供和吸收电子。电负性原子的屏蔽效应随着距离的增加而减小。带电物质对化学位移值的影响是非常明显的，例如，与季铵离子 R_4N^+ 中 N^+ 相邻的原子受到强去屏蔽作用（高 δ 值），同时，碳负离子中心受到强屏蔽作用（低 δ 值）。

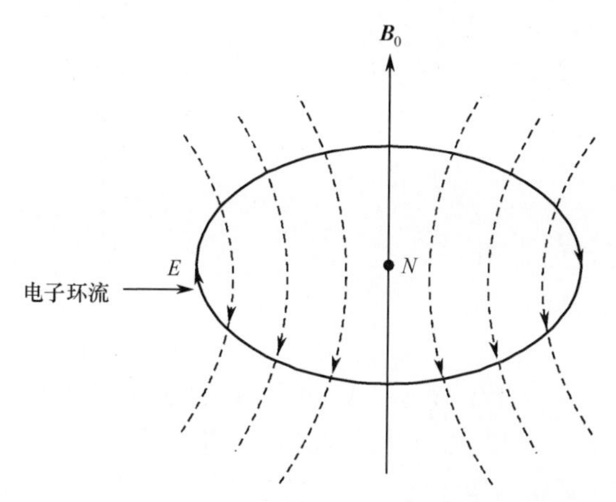

图 11.7　绕原子核 N 的电子环流（磁通线表示由施加磁场引起的次级磁场）

观测乙基卤化物 CH_3CH_2X 可发现其他质子屏蔽源的重要性。可以注意到，—CH_2 质子共振频率的变化规律，即随着电负性的增加向低场位移，而对于—CH_3 质子，观测到了相反的趋势。在这种情况下，磁各向异性的 C—C 和 C—X 键的贡献是很重要的，其对屏蔽常数的影响最大。

11.8.2　相邻基团各向异性

抗磁性电流是由原子或分子轨道内的电子运动引起的，该电流产生与施加磁场 $\boldsymbol{B}$ 相反的小局部场。抗磁电流的大小由原子或分子的基态电子波函数决定，并取决于邻近核的电子密度，且对具有球形闭合壳的原子提供唯一贡献。由于局部抗磁屏蔽效应引起的屏蔽主要取决于电子数量：氢约为 18 ppm，碳约为 260 ppm，^{19}F 约为 300 ppm，磷约为 960 ppm，对于元素周期表第 5 行的原子可达 10000 ppm。因此，与已填充内层轨道的较重原子的核屏蔽相比，由质子 1s 电子密度引起的抗磁屏蔽相对较小。分子中原子除了经历 NMR 跃迁外，还存在诱导磁矩。例如，考察乙炔、乙烯和乙烷的 ^1H 化学位移，基于碳轨道的杂化，预期 $\delta(C_2H_2) > \delta(C_2H_4) > \delta(C_2H_6)$。随着 s 电子特性按照 $sp^3 < sp^2 < sp$ 顺序增加，成键电子与碳原子结合更紧密，将氢原子的电子密度去除，从而得到去屏蔽质子。然而，所观察到的化学位移 C_2H_4（5.9 ppm）、C_2H_2（2.85 ppm）和 C_2H_6（0.85 ppm）顺序与期望顺序并不同，这归因于乙炔的 C≡C 三键和乙烯的 C ═ C 双键的 π 电子屏蔽效应。在烯烃中，与 C ═ C 键合质子的化学位移（δ）为 5 ~ 6 ppm，而炔烃质子化学位移（δ）出现在相对较低值 1.5 ~ 3.5 ppm 之间。同样地，醛和芳族质子的化学位移（δ）高于仅由电负性效应引起的质子位移，原因在于原子团周围的 π 电子环流受施加磁场的影响。该效应可能是抗磁性或顺磁性，是屏蔽还是去屏蔽原子核取决于核相对于相邻基团的位置。此处讨论了由邻近电子基团诱导电流引起相邻基团的各向异性。

O
—C
H
δ为9.5～10.0ppm

H
δ为7～8ppm

为了解释邻近基团中电子运动对核屏蔽或去屏蔽作用，可考虑一种高度简化模型。假定相邻基团的电子分布具有圆柱形对称性，例如乙炔的三键。考虑一种双原子基团 H—Y，其中 Y 是原子基团或分子的一部分。在存在施加磁场的情况下，基团 H—Y 产生感应磁矩 $\boldsymbol{\mu}_Y$，它可认为是 Y 中心局部点偶极子 $\boldsymbol{\mu}_Y$、$\boldsymbol{\mu}_Y$ 大小与基团 Y 的磁化率 χ_Y 成正比。该感应磁矩在核子上产生磁场，磁场强度反比于原子基团与核子之间距离的立方。磁场随分子的取向而变化，但它不会平均为零，因为磁化率也随着分子相对施加场的不同取向而变化。因此，屏蔽常数取决于三个量：平行于基团的磁化率 $\chi_{\parallel}$ 与垂直于基团的磁化率 $\chi_{\perp}$ 间的差值、$\boldsymbol{\mu}_Y$ 与 H—Y 键轴之间的角度为 θ、基团 Y 到核子 H 间的距离为 r，θ、χ、r 如图 11.8 所示。

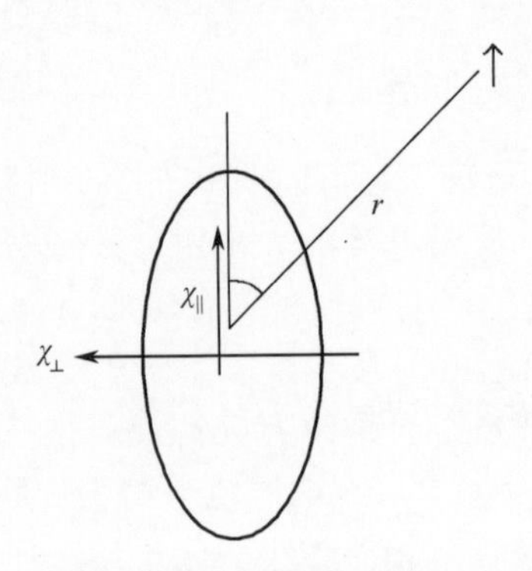

图 11.8　邻近基团各向异性：邻近基团的距离 r 与角度 θ 的定义

依据关系式：

$$\Delta\chi = \chi_{\parallel} - \chi_{\perp} \tag{11.17}$$

具有对称轴的基团各向异性可以定义为平行和垂直于对称轴的磁化率差异。磁矩$\boldsymbol{\mu}_Y$可以分解成直角坐标分量$\boldsymbol{\mu}_Y(x)$、$\boldsymbol{\mu}_Y(y)$和$\boldsymbol{\mu}_Y(z)$。在图 11.9（a）和（b）中，H 所处的次级磁场平行于$\boldsymbol{B}_0$。感应磁场增强了外部磁场且 H 的共振出现在较低场，即 H 是去屏蔽的。然而，如图 11.9（c）所示，在 H-Y 取向上 H 处的感应磁场与$\boldsymbol{B}_0$反向而导致 H 的屏蔽。在溶液中，分子进行快速翻滚运动而得到平均。如果磁化率χ_Y的三个分量$\chi_Y(x)$，$\chi_Y(y)$和$\chi_Y(z)$具有相同的值，基团 Y 为磁各向同性的，那么式（11.18）中$(1 - 3\cos^2\theta)$变为 0。只有当相邻基团具有非常高的对称性时，例如四面体，三个磁矩才相等。当不是这种情况时，认为 Y 具有磁各向异性$\Delta\chi$。根据 Y 的方向，核 H 的共振频率发生顺磁性位移或抗磁性位移。

如果式（11.17）中，具有对称轴基团的磁各向异性$\Delta\chi$大小与符号是已知的，那么磁各向异性对化学位移的贡献可以由式（11.18）计算得到：

$$\Delta\sigma = \left(\frac{1}{3}\right)\frac{\Delta\chi(1 - 3\cos^2\theta)}{4\pi r^3} \tag{11.18}$$

式（11.18）表明，根据两磁化率的相对大小与原子核的相对取向，邻近基团的贡献可能是正值或负值。如果$54.7° < \theta < 125.3°$，$1 - 3\cos^2\theta$的值为正，否则为负。

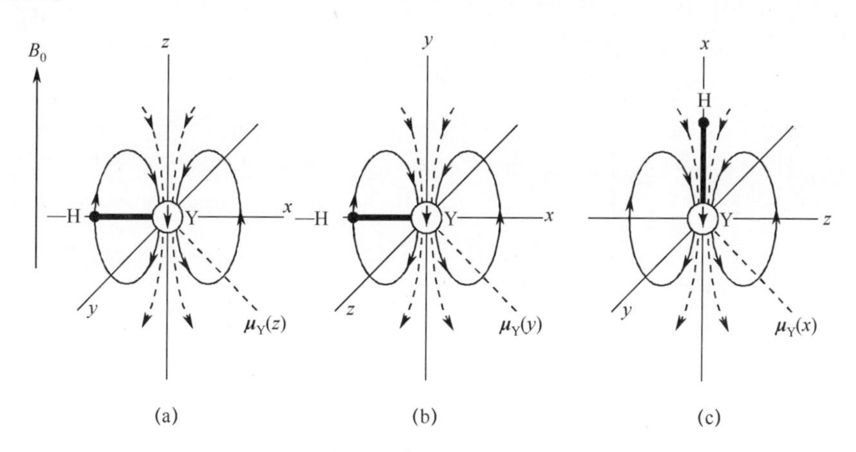

图 11.9　感应磁矩在圆柱对称性相邻基团 Y 中心产生的磁通线
（a）和（b）外加磁场垂直于 H—Y 轴；（c）外加磁场平行于 H—Y 轴。

为了确定感应场对邻近核是屏蔽还是去屏蔽，当在溶液中时，需要将该核经历的偶极场平均分布在分子的所有方向上，式（11.18）的结果通常用屏蔽椎体清晰地表示各种基团，其节点平面$\Delta\sigma = 0$固定在魔角 54.7°。屏蔽区域用正号（+）表示，这些锥形区域内的质子被屏蔽（较低δ值）；去屏蔽区域用负号（-）表示（图11.10）。

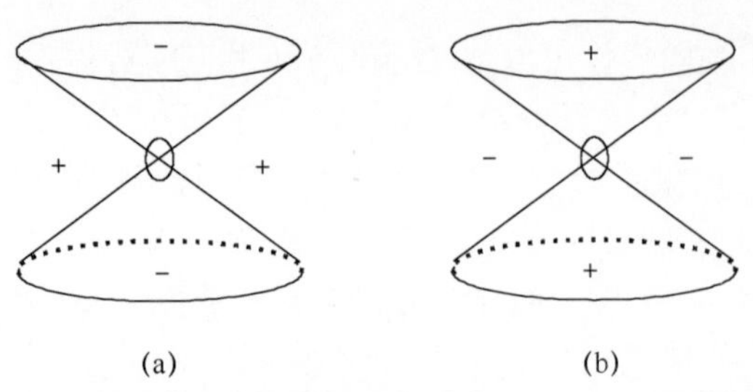

图11.10 由邻近基团磁各向异性产生的屏蔽区域（+），去屏蔽区域（-）示意图 (a) $\mu_{\parallel} > \mu_{\perp}$；(b) $\mu_{\parallel} < \mu_{\perp}$（锥轴与邻近基团的对称轴重合，如图所示为椭圆体）。

邻近基团效应的大小取决于该基团本身的磁各向异性，而不是取决于屏蔽或去屏蔽的核。相对于其他较重的核（如^{13}C）来说，邻近基团的各向异性对质子（具有小的局部抗磁屏蔽效应）尤为重要。值得注意的是，化学键是高电子密度的区域，并且对于质子化学位移，几乎所有化学键都是磁各向异性的，因此由外加磁场感应的电子环流对质子屏蔽常数具有重要贡献。π键有效地影响邻近原子的化学位移。C—C、C—Cl单键，C═C、C═O和N═O双键，以及C≡N三键等均具有较强的磁各向异性，且对^{1}H化学位移有很强的影响。

基于相邻基团各向异性来解释观察到的乙炔化学位移（δ =2.85 ppm）。对于乙炔来说，抗磁电流几乎是各向同性的，顺磁电流对附近氢原子核的屏蔽起主要作用。乙炔是线性的且当施加磁场垂直于分子轴时会产生顺磁性电流，当键轴与$\boldsymbol{B}_0$方向垂直时，乙炔中的π电子环流受到阻碍；当施加磁场平行于对称轴时，由于分子呈圆柱对称性，绕分子轴的顺磁性感应电流为零。邻近基团各向异性所产生的屏蔽或去屏蔽模式如图11.11所示。像乙炔那样，位于基团轴上的质子受到屏蔽效应，但是作为较大分子的一部分，垂直于键轴的质子受到去屏蔽效应。对于C═C、C═O双键情况更为复杂，因为这些基团不呈圆柱对称性。在非线性基团中，当施加场平行于C═C或C═O轴时，可产生顺磁性电流。类似地，两组基团的屏蔽效应可由图11.11表示。当烯烃基团取向使得双键平面垂直于磁场方向时（图11.11），π电子的感应环流产生抗磁性的次级磁场，且与碳原子周围的施加磁场$\boldsymbol{B}_0$反向。但在烯烃质子区域，次级磁场是顺磁性的，也就是说，它增强了$\boldsymbol{B}_0$。因此，烯烃质子在比预期更低的场内产生共振（更高的δ值）。在双键平面以上或以下的任何基团将会受到屏蔽效应。

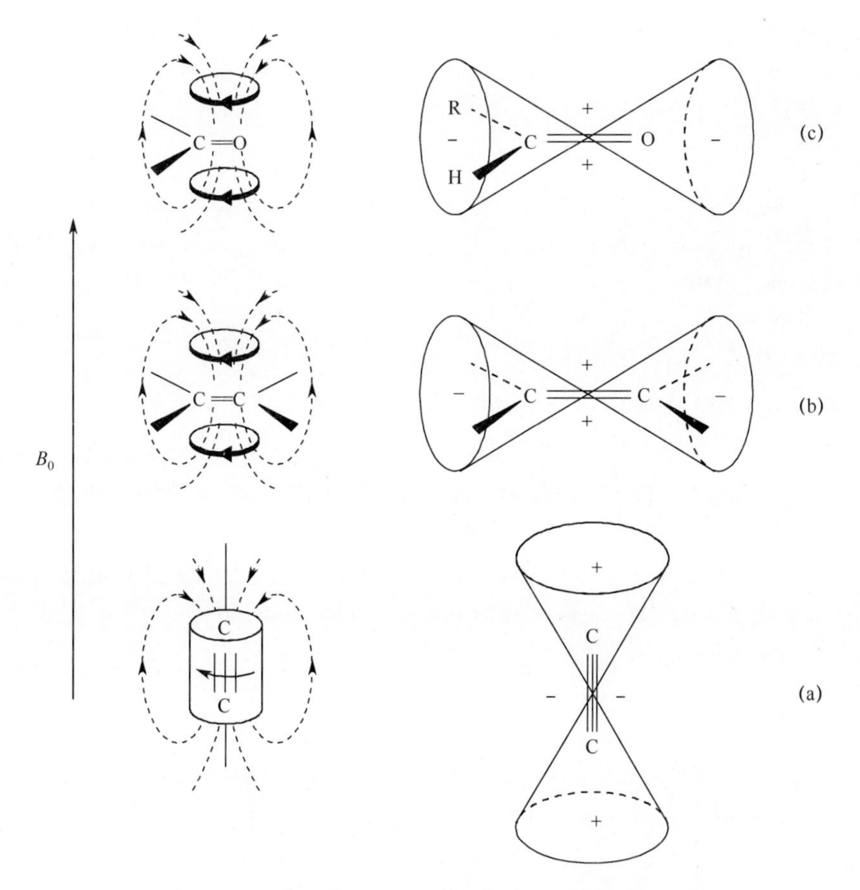

图 11.11　相邻基团各向异性屏蔽和去屏蔽效应示意图
（a）乙炔 C≡C ；（b）乙烯 C ═C；（c）乙醛 C ═O。

像图 11.11 所示的烯烃那样，羰基也存在类似情况，醛基质子共振发生在高 δ 值，在这些锥体之上或之下的质子将在较低 δ 值处发生共振。芳香族和卤代烃在 δ 为 10 ppm 附近产生强信号。对于不同基团，如 C ═C、C ═O 等，磁各向异性具有截然不同的值。例如，对于 C ═O 基团，普遍认为位于 > C ═O 基团平面之上的质子被屏蔽，但其各向异性的大小未定。

11.8.3　环电流

在芳香族化合物中发生相邻基团各向异性的特殊情况。例如在苯分子中，对磁各向异性的主要贡献来自于 π 电子在其离域分子轨道中的广泛循环。

当芳香环取向垂直于所施加的磁场时，如图 11.12 所示，π 电子相对自由地沿同一方向绕环做循环运动，使运动产生的磁矩与施加磁场相反。它可以视为位于环中心的点磁偶极子。如果构造如图 11.12 所示的磁通线，可以看出环电流效应的符号主要取决于几何结构。在该环平面上的芳香族质子处于一个增强的施加磁场中，其共振发生在更低场处。感应磁场的作用基本上是使附着在芳香环上的氢去屏蔽，通常在苯溶液中共振发生在 δ 为 7.27 ppm 处。苯质子的化学位移约为 1.7 ppm，比乙烯低，且距环己-1,3-二烯中的烯烃质子的高频侧 1.4 ppm，如图 11.13（a）所示，这与苯的键合常数计算非常类似。另外，芳香环上的质子将经历高场位移。例如，图 11.13（b）中 $n=10$，在 1，4-十亚甲基苯中的四个亚甲基基团质子处于环上方的位置。它们经历由芳香环电流产生的磁场，该电流方向与芳香质子相关联的方向相反。这些 CH_2 质子位移到高场 $\delta \approx 0.3$ppm 处，相对于烷烃链中正常 CH_2 位置（$\delta \approx 1.3$ppm）接近 1 ppm。同样地，[1，8] 对环芳烷的中央亚甲基基团（图 11.13（c））受到的屏蔽作用超过正常亚甲基基团约 1ppm，因为它们处于苯环平面上方。另一个典型例子是二甲基取代芘（15，16-二氢-15，16-二甲基芘），如图 11.13（d）所示，它有 14 个 π 电子，即使它不包含经典的苯环系统，根据 Huckel 规则（$4n+2, n=3$），它也是芳香化合物。如预期的那样，环状质子是去屏蔽的，但位于分子平面上方和下方的甲基基团受屏蔽作用，其化学位移超过乙烷 5 ppm。轮烯分子是平面的，且芳香族（$n=4$）具有 $4n+1=18$ 个 π 电子，如图 11.13（e）所示，它呈现出两种质子共振：一种源于 12 个强去屏蔽的外质子，其共振发生在 9.28 ppm 处；另一种是 6 个内质子在 −2.99 ppm 处发生共振。后一组氢原子位于由 π 电子循环形成的电流环中，且受到环电流效应的屏蔽。负 δ 值对应于 TMS 的低频侧共振质子。虽然外部氢原子在正常芳香区域发生共振，但内部氢原子处于比外加磁场更弱的磁场中，因此在较高场中发生共振。

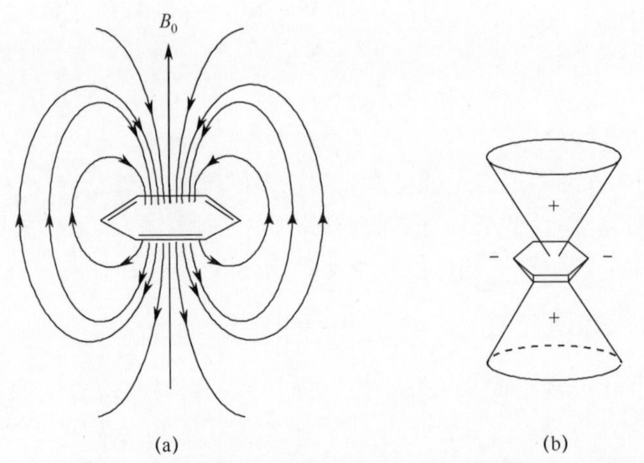

图 11.12 （a）当施加场垂直于芳香环平面时，感应环电流产生的磁通线；（b）与苯环相关的屏蔽（+）和去屏蔽（−）

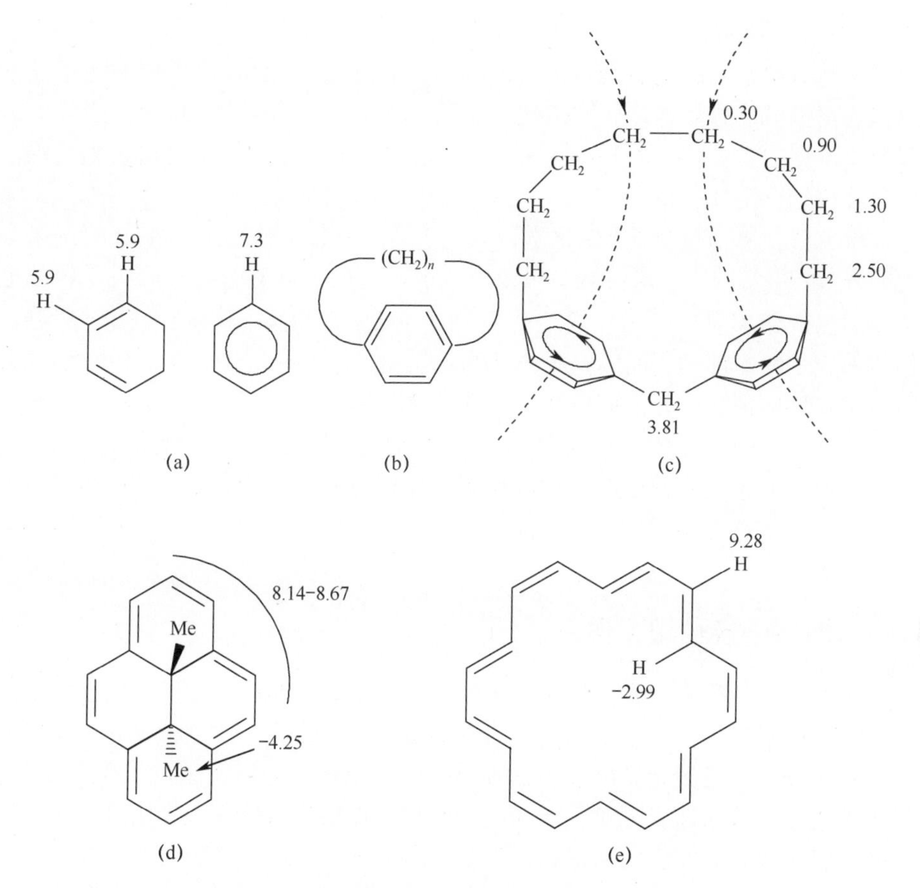

图 11.13　^{1}H 化学位移的环电流变化示例（δ ppm）

萘中的 α 质子相比 β 质子，其共振发生在更低场，这是因为两个环对 α 质子（更靠近这两个环）的贡献更大。

11.8.4　局部顺磁屏蔽

局部顺磁贡献 σ_p 主要来自于测量化学位移的原子周围电子分布的各向异性。量子力学中这种各向异性是在施加磁场的作用下，由具有一定对称性的低位激发电子态与基态混合而产生的。这为各向异性电子循环提供了一种机制，顺磁性电流就像抗磁性电流一样，也是由分子内电子运动产生的。感应电流产生的磁场将加强外部磁场且使核去屏蔽。低激发态比高能态的贡献更大，顺磁效应 σ_p 引起的位移与平均激发能 ΔE 大致成反比，这也与核和它周围电子之间的距离 r 有关。由于小电流环路中心的磁场与其半径立方的倒数成正比（如 σ_p），类似地，可以给出 σ_p 的预测式：

$$\sigma_p \cong (1/\Delta E)\langle 1/r^3\rangle \tag{11.19}$$

式中：$\langle 1/r^3 \rangle$ 为局部电子分布的平均值。

从基态到空的高能态氢轨道所需激发能量很大，因此这种效应对质子化学位移的贡献可以忽略不计。顺磁效应是除^{1}H（如^{13}C、^{14}N、^{19}F 和^{31}P）之外的大多数原子核的主要特征，其电子密度较大，激发能量较低，且可对较大范围的化学位移进行定性分析。

单取代基苯衍生物的^{13}C 化学位移（见第15章）就是一个很好的例子来说明 σ_p 取决于 $1/r^3$ 。对位碳受吸收电子取代基的去屏蔽效应，同时受释放电子基团的屏蔽效应。虽然在这些化合物中所观测到的^{1}H 化学位移趋势相同，但该效应是顺磁性的，而不是早先认为的抗磁性。释放电子的基团使它们的孤对电子离域成环状，并使邻位和对位碳的电子密度增加。电子斥力的增加会使这些原子周围的轨道扩大（减少 r^{-3} ），从而导致化学位移 δ 的变化。

当电子分布具有圆柱形对称性且所施加磁场平行于对称轴时，磁场将不能使激发态与基态混合。例如，当磁场沿分子轴时，乙炔中的 π 电子不会引起顺磁性去屏蔽。

11.8.5 接触相互作用

未配对电子产生顺磁性位移，未配对电子产生大的偶极磁场。电子的磁旋比是质子的660倍，这会导致大量的核屏蔽和去屏蔽。

对于顺磁性过渡金属配合物，质子的化学位移范围通常超过200 ppm。这些大的化学位移来自未配对电子与质子的相互作用，这种相互作用可以用来解释顺磁性过渡金属配合物的NMR频谱，后续章节将讨论这些问题。如果金属配合物具有抗磁性，质子的化学位移范围将会略大于有机分子的化学位移范围。

11.8.6 氢键

在NMR频谱学中分子间的相互作用是非常重要的，因为几乎所有的测量对象均为溶液。例如，已经观察到同一物质溶解在芳香族溶剂中比在脂肪烃溶剂中的化学位移更高，这种效应可以归因于芳香环的 π 电子环电流。当溶质与溶剂分子形成弱配合物时，溶剂效应变得特别重要。虽然溶剂效应对化学位移的影响较大，但溶剂效应对耦合常数的影响较小（在第12章中讨论）。值得注意的是氢键的强特异性分子相互作用。质子化学位移对氢键非常敏感，氢键作用可以解释^{1}H NMR 中一些可观测的最大去屏蔽效应。氢键的形成使键合质子的化学位移向低场移动可达10 ppm。分子内氢键的化学位移出现在极低场中，NMR位移和氢键强度（通过测量焓值而获得）之间存在近似的线性关系，表11.2列出了氢键对质子化学位移的影响。

表 11.2 氢键对质子化学位移的影响

配合物	δ（键合）	位移，δ（键合） - δ（游离）
$C_2H_5OH—OC_2H_5$ H	5.3	4.6
$C_2H_5OH—O=P(OC_2H_5)_3$	8.7	4.3
$C_6H_5NH_2—O(CH_3)_2$	5.0	1.7
$C_6H_5NH_2$—N(py)	5.3	2.0
C_6H_5SH—DMF	3.8	0.5
$H_3C-C=CH-C-CH_3$ O — H ---- O	15.5	—

参与氢键的氢原子与两个电负性元素共享其电子，从而自身具有去屏蔽效应，其共振出现在较低场。X 基团使得氢原子远离 X—H⋯Y 键中的电子，从而降低其周围电子密度。化学位移也受带电或极性基团所产生局部电场的影响。通过极化局部电子分布和单体 ⇌ 二聚体、三聚体……的平衡位置，可以改变顺磁性和抗磁性效应。正电荷中 Y 原子的强电场通常会对附近的质子产生去屏蔽效应，而负电荷常常会引起屏蔽效应。例如，当环被质子化时，在氨基酸组氨酸的咪唑侧链质子化学位移高出约 1 ppm。

分子内氢键的三个典型例子如图 11.14 所示。在所有这三个氢键化合物中，质子均受到强去屏蔽效应，分子间氢键作用较弱，产生较小的位移。例如，乙醇的羟基质子共振位置移动超过 4 ppm。当浓度从 1 M 变化到 0.001 M 时，乙醇中—OH 的化学位移从 5.5 ppm 变化至 0.8 ppm。无限稀释（0.8 ppm）下的—OH 极限化学位移可与气态单体乙醇化学位移（0.55 ppm）相比较。在苯酚频谱中，随着四氯化碳中苯酚浓度从 1% 变化到 100% w/v，羟基质子信号从 12.55 ppm 变化到 15.63 ppm。用四氯化碳稀释时破坏了分子间氢键作用。随温度升高时平衡移向单体侧，可以发现—OH 化学位移具有类似的变化规律。因此，在高浓度时，OH 和 NH 质子出现在较高 δ 值处（与稀溶液相比）；δ 值随着稀释度或温度增加而降低。

分子内氢键合系统的 NMR 频谱不随浓度或温度的改变而改变，β-二羰基化合物的水杨酸和烯醇就是这类系统的例子。水杨酸 OH 共振出现在高 δ 值（10 ~ 12 ppm）处，烯醇 OH 共振出现在更高 δ 值处（11 ~ 16 ppm）。羧酸因具有较强的氢键而具有稳定的二聚体结构，即使在很稀的溶液中仍然存在，羧酸 OH 共振出现在 10 ~ 15 ppm 之间。

氢键易于识别，如果在 $CDCl_3$ 或 CCl_4 溶液样品中加入一滴 D_2O 并摇晃，则 OH、NH 和 SH 中氢与氘核快速交换，且 OH、NH 和 SH 信号从频谱中消失。

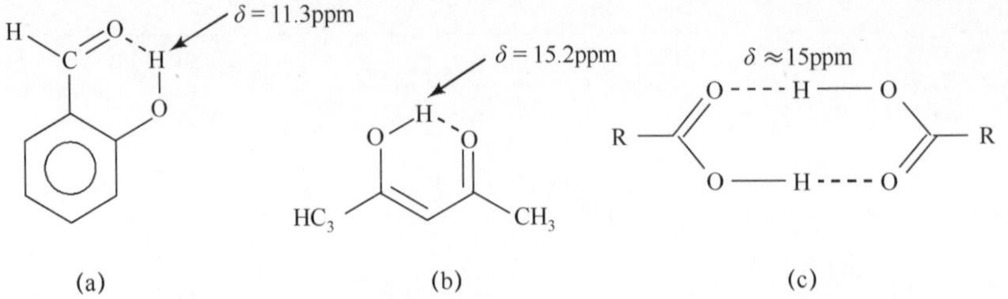

图 11.14 （a）水杨醛，（b）烯醇式乙酰丙酮，（c）羧酸二聚体中^{1}H 化学位移

质子 NMR 波谱学是一种定性和定量研究氢键的灵敏方法。相对于氢键的键合形式和非键合形式之间存在化学位移差，通常氢键的形成和断裂非常迅速，故未观测到各自类型的共振。参与丙酮和氯仿之间氢键键合的质子，在“游离”和“键合”之间交换。

$$(CH_3)_2CO + HCCl_3 \longleftrightarrow (CH_3)_2C = O...HCCl_3$$

相对于 NMR 时间尺度，其交换速度很快，$CHCl_3$ 质子共振呈现单峰。信号的位置取决于游离 $CHCl_3$ 和键合 $CHCl_3$ 的加权平均值。可以通过研究化学位移值随浓度和温度的变化来获得平衡常数和氢键形成的其他热力学性质。尚未完全理解氢键质子具有较大低场位移的原因。

当该类型的快速交换过程（$ROH_a + R'OH_b \leftrightarrow ROH_b + R'OH_a$）发生时，观测到^{1}H 共振是单重态（见第 14 章）。其位置可表示为

$$\sigma_{obs} = N_a\delta_a + N_b\delta_b \quad (11.20)$$

式中：N_a 和 N_b 分别为 ROH 和 R′OH 的摩尔分数；δ_a 和 δ_b 分别为 H_a 和 H_b 的化学位移。例如，如果溶液由 2mol 乙酸和 4mol 水混合而成，则 H_2O 的摩尔分数是 0.8，乙酸的摩尔分数是 0.2。该溶液的^{1}H 化学位移出现在 6.48 ppm 处，这是因为纯水和乙酸—COOH 的^{1}H 化学位移分别出现在 5.2 ppm 和 11.6 ppm 处。

第 12 章　自旋耦合

12.1　标量耦合

对于分子中不同磁性核，在 NMR 频谱中可以观察到对应每个核的单一谱线，但 NMR 频谱一般包含多组谱线。以乙醛的高分辨率 NMR 频谱为例，如图 12.1所示，发现 CHO 和 CH_3 基团的各自两条期望谱线分裂成间隔紧密的谱线称为多重谱。以频率（Hz）为测量单位的多重谱线分量之间间距的重要特征是，它们与施加磁场无关且与化学位移不成正比。Ramsay 和 Purcell 于 1952 年的研究结果表明，信号分裂源于分子中核自旋通过键合电子的间接耦合。具有特征性相对强度和间距的多重谱源于相邻核磁矩间的相互作用（通过化学键），这种相互作用分裂了核自旋能级，在没有这种相互作用的情况下可用多个跃迁代替期望单一跃迁，这种类型的相互作用称为自旋耦合或者标量耦合。这里给出了在大多数 NMR 频谱中可观测到另一个非常有价值的信息，即核间磁相互作用。它提供了分子中磁性核空间位置信息。核自旋 - 自旋相互作用不是直接偶极 - 偶极相互作用，且其量级非常小。此外，溶液中磁偶极 - 偶极相互作用的平均值为零，而自旋 - 自旋耦合的平均值不为零。

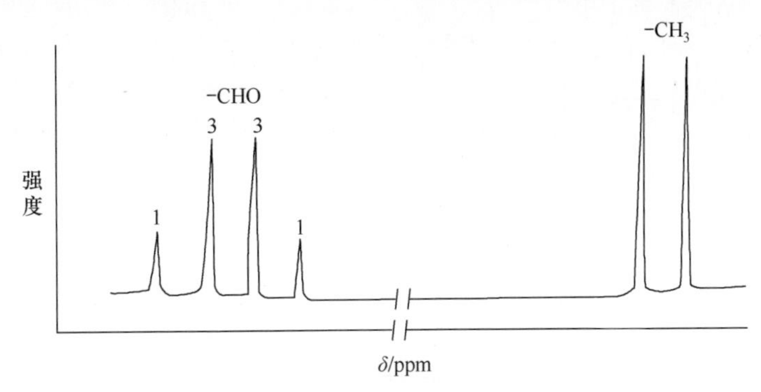

图 12.1　乙醛的 NMR 频谱

从 NMR 频谱获得的信息包括化学位移和自旋 - 自旋耦合常数。多重态模式的中心代表基团的化学位移（δ）。化学位移和耦合常数对分子结构非常敏感，且构成了利用 NMR 阐明分子结构的基础，已经开发出依据 NMR 频谱获得化学位移和耦合常数的系统程序。

考察具有 $I = 1/2$ 的两个原子核 A 和 X 的系统，例如氟化氢（其中氟为 ^{19}F）或甲酸根离子（其中碳为 ^{13}C）。在氟化氢中，^{1}H 和 ^{19}F 的 NMR 频谱显示出间隔为 530Hz 的双重态；在甲酸根离子中，^{1}H 和 ^{13}C 的 NMR 频谱包含两条谱线，如图 12.2 所示。由 $^{1}H-^{13}C$ 自旋–自旋相互作用引起的分裂为 195Hz，且它在两个 ^{1}H 和 ^{13}C 频谱中是相同的。对于双重态，化学位移值是以 ppm 为测量尺度的中点，耦合常数是以 Hz 为测量单位的峰值间隔，如图 12.2 所示。

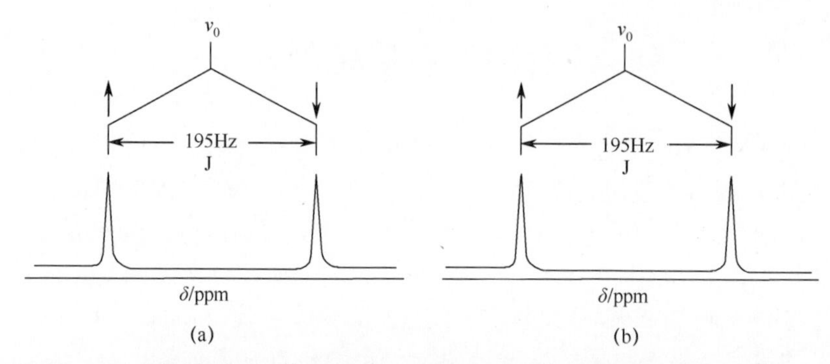

图 12.2　甲酸根离子 $H^{13}COO^-$ 的（a）^{1}H 和（b）^{13}CNMR 频谱图，显示了由 $^{1}H-^{13}C$ 自旋–自旋耦合产生的分裂，v_0 表示化学位置

如前所述，核之间通过电子形成化学键，原子核间的磁相互作用引起核自旋–自旋耦合。超精细分裂产生原因和超精细分裂（J）独立性质的理由可以通过考察氟化氢分子来理解，氟化氢（HF）分子如图 12.3 所示。假定氢的核自旋取向与施加磁场 $\boldsymbol{B}_0$（H↑）平行，氢附近的电子将被极化，使其自旋方向与氢自旋方向平行。化学键合需要 H—F 键中两个电子的自旋方向反平行。如果 H—F 键的第二个电子靠近 ^{19}F 核，那么它将以趋向于 ^{19}F 的自旋方向，关于氢自旋的信息通过化学键转移到 ^{19}F 核自旋上。自旋平行于核自旋的电子位于核附近的概率很高，故此决定 ^{19}F 共振频率的局部场大小是增加还是减小取决于 ^{1}H 的自旋态，且 NMR 信号分裂成双重态。上述结论对 ^{1}H 同样适用，因此两个核的耦合常数值一定是相同的。这些磁相互作用非常小，以至于使 ^{1}H 和 ^{19}F 核自旋平行取向的能量稍高于自旋反平行取向的能量，而且发生概率几乎相等，双重态的两条谱线几乎具有相同强度，且其共振频率 J 的差值正比于 ^{1}H 和 ^{19}F 核之间相互作用的能量。

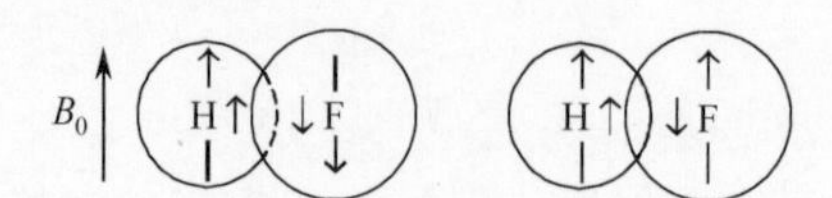

图 12.3　通过 HF 分子中的键合电子使核自旋耦合的示意图

对于特定原子核对，自旋–自旋耦合的大小取决于以下因素。

(1) 键合性质。键的数量、介于原子核之间键的顺序以及键与键之间的角度。随着中间键数量的增加耦合减弱，通常不会观察到多于五个或六个键的耦合。

(2) 两个原子核的磁矩与 $\gamma_A\gamma_X$ 成正比，γ_A 和 γ_X 分别是两个原子核 A 和 X 的磁旋比。

(3) 原子核处 s 价电子密度以及键合轨道的 s 特性。相互作用随着原子数目的增加而增加，这与化学位移的变化规律相同。

两个核 A 和 X（如 ^{1}H 和 ^{13}C，不限于自旋为 1/2 的核）之间自旋－自旋相互作用的能量 E 正比于两个核磁矩 $\boldsymbol{\mu}_A$ 和 $\boldsymbol{\mu}_X$ 的标量积，可表示为

$$E = J_{AX}I_A I_X \tag{12.1}$$

式中：$I_A I_X$ 为两个原子核的核自旋向量；J_{AX} 为它们之间的标量耦合常数。式（12.1）表示耦合常数与施加磁场强度无关，耦合常数以频率为单位。如果在不同的 $\boldsymbol{B}_0$ 场中进行测量，则由自旋－自旋耦合引起的分裂保持不变，而化学位移会发生变化。

12.2　耦合系统的能级

从图 12.4（b）中可以看出，甲酸根离子的自旋－自旋相互作用（$J>0$）使核自旋的反平行排列（H↑C↓ 和 H↓C↑）趋于稳定，即降低能量使平行排列（H↑C↑ 和 H↓C↓）不稳定。质子自旋的两个能级均分裂成两个，且能量由 ^{1}H 和 ^{13}C 的核自旋相对方向确定。含有 C↑ 的分子在低于化学位移的频率下发生 ^{1}H NMR 跃迁（H↑C↑ → H↑C↓），因为跃迁是从较不稳定能态到稳定能态（从平行自旋到反平行自旋）。另外，含有 C↓ 的分子以更高频率共振（H↑C↓ → H↓C↓）。

^{1}H 共振分裂成双重态，这是因为 ^{13}C 原子核磁矩产生一个小局部磁场，其方向由 ^{13}C 磁量子数确定。对于处于自旋 1/2 态的 ^{13}C，$m = 1/2$（表示为 ↑），该局部磁场在 ^{1}H 处与外部磁场相反，且将 ^{1}H 共振位移到较低频率，如图 12.4 所示。另外，对于处于自旋 −1/2 态的 ^{13}C，$m = -1/2$（表示为 ↓），局部场增加了质子处的外部磁场，将共振位移到更高频率，因此 C↑ 碳屏蔽了质子，而 C↓ 碳对质子去屏蔽。^{1}H 双重态的两个分量对应于两种类型的甲酸根离子，分别是具有 C↑ 和具有 C↓ 的甲酸根离子。由于碳核两种取向间的能量差与热能 kT 相比非常小，两种甲酸根离子 $H^{13}COO^-$ 等概率，且 ^{1}H 双重态的两个分量强度相同。上述论据也可以用来解释由 ^{1}H 引起的 ^{13}C 共振分裂。利用杂核系统来说明自旋－自旋耦合性质，具有不同化学位移的质子之间的同核耦合将以完全相同的方式发生分裂。

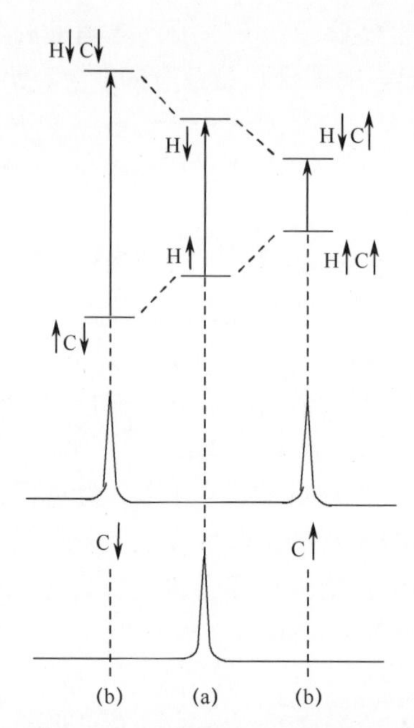

图 12.4 甲酸根离子 $H^{13}COO^-$ 中 ^1H - ^{13}C 自旋 - 自旋耦合对能级的影响及 ^1H 核频谱图
（a）无自旋 - 自旋耦合；（b）存在自旋耦合。

一般来说，如果核自旋的反平行排列是有利的，那么 J_{AX} 取正值，$J_{AX}>0$（如甲酸根离子）；如果平行自旋构型能量较低，则 $J_{AX}<0$。耦合常数的符号不影响频谱外观。

化学键相互作用并不像刚刚讨论的那么简单，且在某些系统中可有利于核磁矩的平行取向，这样的系统由负自旋 - 自旋耦合常数来描述。从频谱测定自旋 - 自旋耦合常数的符号是行不通的。自旋 - 自旋耦合可发生在两个核键合处，如 ^{13}C—H 或 ^{19}F—H，也可发生在多个核键合处，如 H—^{12}C—^{12}C—H。耦合常数是敏感参数，标量耦合相互作用一般由电子通过化学键来传递，而不是通过空间来传递，也存在一些特例，特别是非氢核可通过空间耦合。

自旋 - 自旋耦合是分子的特性。观测到质子 J 值小于 30 Hz，对于其他核，J 值在 1 ~ 1000Hz 内变化。

12.3 一阶谱

只有当满足以下两个条件时，才可以通过一阶谱分析耦合核（单核或等价核基团）产生的谱。

（1）核（A 和 X）之间的化学位移差必须大于它们之间的自旋 - 自旋耦合。为了进行比较，化学位移差 $\delta_A-\delta_X$ 和自旋 - 自旋耦合常数 J_{AX} 需以相同的单位（Hz）表示。频谱仪的工作频率乘以共振化学位移差 δ 可获得以 Hz 为单位的间距，将其写成 $v_0\delta$ 或 Δv 。由一阶谱修正共振谱是关于比率 $v_0\delta/J$ 的函数，且对于工作在不同频率下的频谱仪是不同的。以频率单位 Hz 来表示的化学位移会随外磁场强度线性增加，在较高磁场强度下得到的频谱比在较低磁场强度下得到的频谱更符合一阶分析。

（2）耦合必须包含化学和磁性等价核基团。若核具有相同的化学位移，通常由于分子对称性，则称它们在化学上是等价的，例如甲烷中的质子或 CF_3COOH 中的氟。所谓磁性等价核，不仅它们的化学位移要相同，而且核组中的所有核都是等耦合于分子中其他任何一个核。

当 $\Delta v/J > 7$ 时通常可考虑应用一阶谱分析，但当 $\Delta v/J > 20$ 时将无法显示出相对强度的差异。当 A 和 X 核之间的化学位移差（$v_A - v_X$）比较小，则（$v_A - v_X$）/ J_{AX} 也较小，频谱将成为“二阶”。二阶谱需结合量子力学理论分析自旋 - 自旋耦合，随后将仅描述选定系统的二阶谱分析性质。

如果分子具有对称元素（双重或更高重旋转对称轴，或反射平面），那么同物质的磁性核是对称等价的，且它们具有相同的化学位移，在适当对称操作下可交换磁性核位置。例如甲烷的四个质子是化学等价的，同样地，1，1 - 二氟乙烯中两个质子和两个氟形成了化学等价基团，如图 12.5 所示。

服从上述规则的系统认为是弱耦合，且它们的频谱可以由一阶分析来解释。乙醛的频谱（图 12.1）服从一阶分析，因为甲基和醛质子之间的化学位移差较大，而且每个甲基质子均等价地耦合到醛质子上。在任何一种构型中，三个 CH_3 质子似乎在化学和磁性上不等价，然而 CH_3 基团绕 $H_3C—C$ 键快速内旋，使所有的甲基质子等价。磁等价核之间的自旋 - 自旋耦合不会出现在频谱中。二氟甲烷中 H_a 和 H_b 是磁性等价的，因为它们呈平面对称性等价地耦合到 F_a 和 F_b 上。然而，在 1，1 - 二氟乙烯中，H_a 和 H_b 不是磁等价的，因为 H_a 和 F_a 通过 J_{CIS} 耦合，而 H_b 和 F_b 通过 J_{trans} 耦合，并且一般情况下 $J_{CIS} \neq J_{trans}$（图 12.5）。

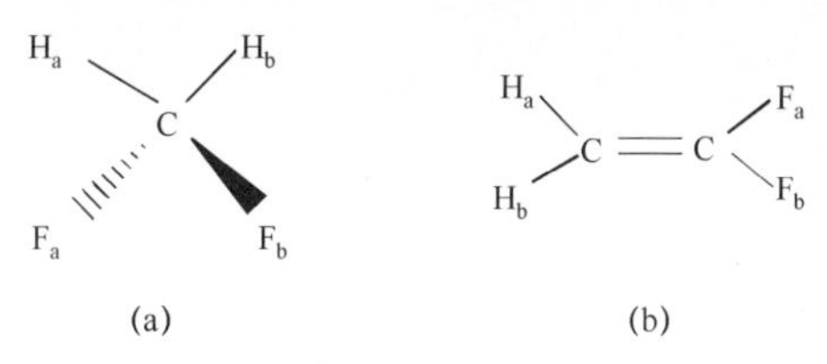

图 12.5　CH_2F_2 和 $CH_2=CF_2$ 示意图

（a）磁等价质子；（b）化学等价质子。

12.4　自旋系统的命名

ESR 频谱超精细分裂的分析与 NMR 频谱自旋 - 自旋分裂的分析非常相似。

为了简化频谱的分析，以下讨论仅限于自旋 $I = 1/2$ 的核。对自旋系统各核的标记用字母 A、B、X 等来表示。相对于彼此（强耦合）具有小的化学位移差的核用字母表中相邻的字母来表示，如 A、B、C；相对于彼此（弱耦合）具有大的化学位移差的核（化学等价和磁等价核）用字母表不同部分的字母来表示，如 A、M、X；每个基团中核数量由下标表示，例如 A_2X_3、AB_2、A_3B 等；同时具有弱耦合和强耦合的系统可通过上述组合表示，例如，ABX。对于化学等价但磁性不等价的核，用重复相同的字母和加一撇来表示化学等价，如 AA′XX′、AA′B、AA′BB′等。通常对核进行标记，按字母表中字母序列与共振频率（按施加磁场强度增加的顺序）顺序匹配的原则。$I = 0$ 的核和弛豫很快的核（$I \geqslant 1$），它们表现为无磁性行为，如 Cl、Br 和 I 等不予任何标记。自旋大于1/2 的核自旋 - 自旋耦合通常观察不到，因为这些核弛豫时间过短，这将在后面讨论。一般地，核的列出顺序并不重要，例如，AB_3 能标记为 A_3B。具有不同 γ（磁旋比）的核用字母表中相距很远的字母表示。即使分类为 ABC 型系统，为了简单起见，有时也可将其视为 ABX 型系统。如果分裂小于线宽，或者分子正在经历动态过程（其可以平均自旋 - 自旋相互作用），则期望多重态结构可能变得模糊。

为了更好地理解这种命名方法，列出几个例子，

分子	标记
$CH_2 = CCl_2$	A_2
CH_2F_2	A_2X_2
$CH_2 = CF_2$	AA′XX′
X X	AA′BB′
$CH_2 = CHCl$	ABX 或 ABC
$CH_3CH = CH_2$	A_3MXY
$CH_3CH_2NO_2$	A_3X_2
$^{13}CH_2F_2$	A_2M_2X

12.5 耦合模式

本节介绍一些简单系统的 NMR 频谱。假定所有成对的自旋均是弱耦合，即两个原子核的共振频率之差大大地超过了它们相互自旋 - 自旋耦合，此时一阶分析是适用的。

12.5.1　AX 系统

核 A 与单自旋 1/2 核 X 的相互作用使得共振 A 分裂成两条强度相同的谱线（双重谱)，并以 A 的化学位移为中心，其间距等于 AX 的耦合常数 J_{AX}，如前所述的甲酸根离子，X 的频谱也是一个具有相同分裂的双重态，如图 12.6所示。具有和不具有自旋 - 自旋耦合的一对 $I = 1/2$ 核的能级图以及对应的 NMR 频谱如图 12.7 所示。允许跃迁是指单自旋变化的跃迁，因此 A↑X↑→A↓X↓和 A↑X↓→A↓X↑都是禁戒的。图 12.7 中 J_{AX} 从正值变为负值仅仅是将 X↑的共振与 X↓的共振相互交换，A 频谱类似。

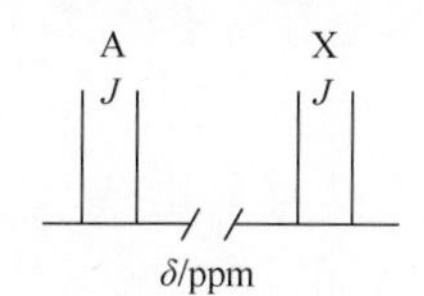

图 12.6　AX 频谱中的自旋 - 自旋耦合

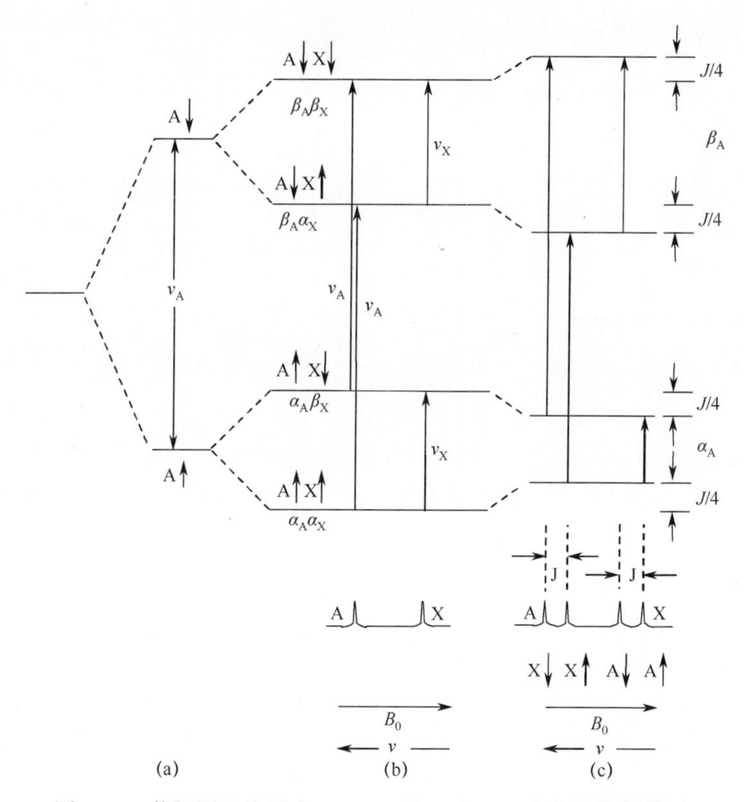

图 12.7　能级图和均具有 $I = 1/2$ 的 A 和 X 双自旋系统频谱图

（a）A 与外部磁场 B_0 的相互作用；（b）X 与外部磁场 B_0 的相互作用；

（c）自旋 - 自旋耦合 $J_{AX} > 0$（v_A 和 v_X 分别表示核 A 和核 X 的共振频率）。

假设X自旋是α，则A自旋将具有拉莫尔频率，这是外部磁场、屏蔽常数和A与X自旋-自旋耦合共同作用的结果。与无耦合情况相比，自旋-自旋耦合将使A谱中谱线频率偏移$-1/2J$。若X自旋为β，A自旋将具有拉莫尔频率且偏移$+1/2J$。因此，可以得到间隔为J的两条谱线（替代单谱线A），并以A的化学位移为中心，如图12.6所示。在X共振中发生同样的分裂，共振分裂成间隔为J的双重态（替代单谱线X），以X的化学位移为中心。

12.5.2　AX_2系统

AX_2系统可以认为是对AX自旋系统的扩展。简单描述AX_2频谱如下，核A使X_1的单谱线分裂成双重态，其间距等于耦合常数J_{AX}，与X_2的相互作用使每条谱线进一步分裂成两条谱线。双重对偶线的两条中心线重合，呈现出以A化学位移为中心的三重态，线间距为耦合常数，其相对强度为1:2:1，如图12.8所示。三重态的中心线来自X自旋↑↓和↓↑的两种简并排列组合。

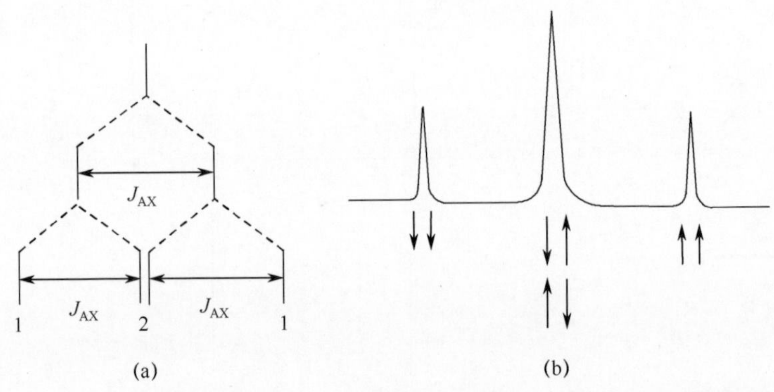

图12.8　AX_2自旋系统的（a）超精细分裂简图和（b）A的NMR频谱图

由AX_2系统谱规律可知，CH_2F_2的^1H NMR谱呈现出强度比为1:2:1的三重态，其分裂等于J_{HF}（^{19}F的核自旋为1/2）。另外，$CH_2=CF_2$的^1H NMR谱约有十条谱线，可采用二阶谱分析。

12.5.3　AX_3系统

AX_3自旋系统中A的多重谱是相对强度比为1:3:3:1的四重态，四重谱来自三个X自旋的不同组合如表12.1和图12.9所示。应当指出的是，由于一组等价原子核共振类似于单原子核共振，所以AX_n型（如AX_2、AX_3等）的X共振为间距J的双重态，然而，AX_n型的X共振强度是AX型的n倍。

表 12.1　AX_3 自旋系统的自旋－自旋耦合

m_1	m_2	m_3	$\sum m_1$
1/2	1/2	1/2	+3/2
1/2 1/2 -1/2	1/2 -1/2 1/2	-1/2 1/2 1/2	+1/2
1/2 -1/2 -1/2	-1/2 -1/2 1/2	-1/2 1/2 -1/2	-1/2
-1/2	-1/2	-1/2	-3/2

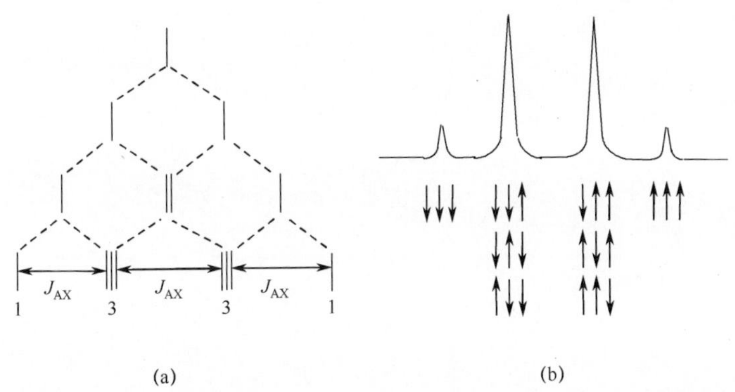

12.9　AX_3 自旋系统的（a）超精细分裂和（b）A 的 NMR 频谱图

12.5.4　AX_n 系统

可以概括出 AX，AX_2，…系统的频谱。对于 n 等价 X 核（自旋 $I = 1/2$），A 共振将其分裂成 $n+1(=2nI+1)$ 条等间隔谱线，其相对强度为二项式展开系数：

$$1:\frac{n}{1}:\frac{n(n-1)}{2\cdot 1}:\frac{n(n-1)(n-2)}{3\cdot 2\cdot 1}\cdots$$

或等于图 12.10 中帕斯卡三角形的第（$n+1$）行。行给出了 AX_n 自旋系统（对于 X, $I=1/2$）A 多重态的（$n+1$）条谱线的相对强度，并列给出了相对于化学位移位置的谱线位置，单位为 J_{AX}。

A						1					
AX					1		1				
AX_2				1		2		1			
AX_3			1		3		3		1		
AX_4		1		4		6		4		1	
AX_5	1		5		10		10		5		1

图 12.10　帕斯卡三角形

当一阶分析适用时，易于确定多重态的分量个数、分量间距以及相对强度。一个或一组核以自旋 I 耦合到一组 n 个核，其共振分裂成 $2nI+1$ 条谱线。$2nI+1$ 条谱线的相对强度可以由自旋态形成方式的数量确定，$2nI+1$ 条谱线是频率等间隔的，间隔等于耦合常数 J。对于 $I=1/2$，有 $n+1$ 条谱线，如前所示，其强度对应于二项式定理 $(1+x)^n$ 展开系数。

乙醛高分辨率波谱如图 12.11 所示。甲基和醛质子构成了 A_3X 自旋系统，因为每个 CH_3 质子与 CH 质子等价耦合而产生双重态，而 CH 质子与每个 CH_3 质子相等地相互作用产生四重态。C—C 键的快速内旋平均了与分子不同构象相关的化学位移差异，并有效地使三个甲基质子呈现磁性等价。同样地，可以理解图 12.11 中所示乙醇的高分辨率频谱，乙基质子构成 A_3X_2 自旋系统。

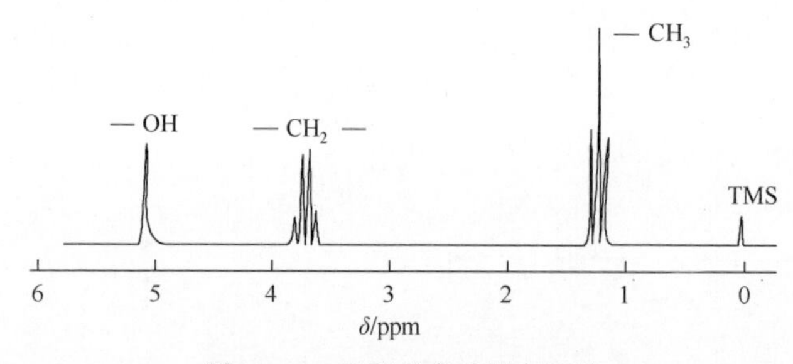

图 12.11　乙醇的高分辨率波谱

在乙醇中，OH 和 CH_2 之间的耦合在以下三种情况下可观察到：①样品是纯的；②低温下测量频谱，此时分子间交换缓慢；③样品溶解于高极性溶剂中，如二甲基亚砜，此时强溶剂化作用降低了交换。羧酸、胺、酰胺等中也发生快速质子交换，交换是酸催化的和碱催化的。

12.5.5　AMX 系统

AMX 自旋系统由具有三种不同的化学位移和三个不同的耦合常数 J_{AM}、J_{AX} 和 J_{MX} 的三个核组成，认为 A、M 和 X 是质子。符号 AMX 表明质子 M 具有介于 A 和 X 之间的化学位移。频谱是一级谱，和 AX 自旋系统一样。一种简单预测 A 多重态结构的方法是以化学位移处的单谱线作为 A 频谱的开始。那么 AM 耦合给出间距为 J_{AM} 的双重态。当引入 AX 耦合时，双重态的每条谱线将分裂成间距为 J_{AX} 的双重态。这样逐步分裂有助于达到多重模式，如图 12.12 所示，其中耦合引入的顺序并不重要。双重态的双重谱峰出现取决于耦合常数的值。

考虑所有 3 个质子，当 $J_{AX}\neq J_{MX}\neq J_{AM}$ 时，频谱将由强度相等的 12 条谱线组成。这 12 条谱线将以 3 个完全分离 1:1:1:1 对称四重态形式出现，其期望分裂模式如图 12.13 所示。AMX 自旋系统的实例包括 $F_2C=CFCl$，单取代呋喃的三环氢，例如糠酸和许多乙烯基系统。特别是在乙酸乙烯酯中取代基为氧官能团时，v_A、v_M、v_X 的值由四重态的中点给出。耦合常数的三个值可以从频谱直接获得。

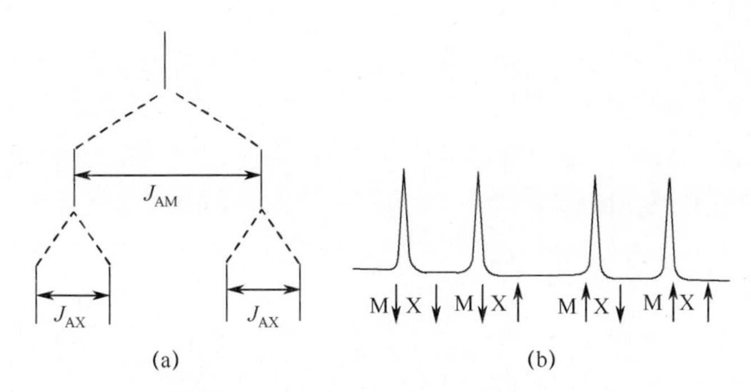

图 12.12　AMX 自旋系统中，假设 $J_{AM} > J_{AX} > 0$，核 A 的（a）超精细分裂（b）NMR 谱图

如果两个耦合常数相等，例如 $J_{AM} = J_{AX}$，则频谱将由 11 条谱线组成，由 H_A 的共振将表现为 1:2:1 的三重态，而不是一个四重态。如果所有三个耦合常数相等，则频谱将由 9 条谱线组成，并将显示为 1:2:1 的三重态。

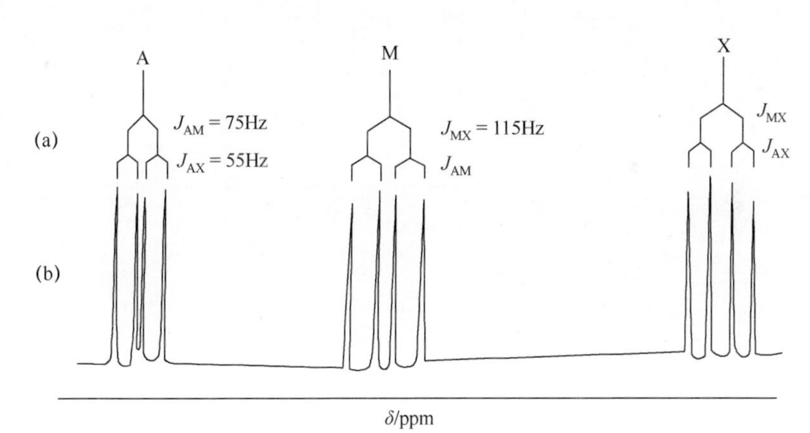

图 12.13　（a）AMX 自旋系统的分裂模式；（b）典型 AMX 频谱图

上面讨论的自旋－自旋耦合对质子和一些核如 ^{31}P，^{19}F 等具有 100% 的自然丰度有效（见第 15 章）。然而，由其他丰度较小的核（如 ^{13}C（1.1%）和（4.7%））与质子耦合而产生的共振信号可以在 ^{1}H NMR 谱中观测到，即所谓的伴线（稍后讨论）。如果核磁共振核的自然丰度在 1% 以下，伴线频谱的观测会变得很困难。在 ^{1}H NMR 谱中 ^{13}C 伴线对频谱分析非常重要。

12.5.6 $I \geqslant 1$ 的自旋系统

如果给定的核 A 具有自旋量子数 $I > 1/2$，其多重态结构可以用与自旋 1/2核相同的方式进行预测。图 12.14 显示出自旋 $I = 1$ 核耦合到自旋 $I = 1/2$ 核的情况。在 HD 谱中，H 共振是三重态，由 D 的 $m = 1, 0, -1$ 自旋态产生，D 的共振是双重态。另一个例子是 NH_4^+ 离子的 NMR 谱。在 $^{14}NH_4^+$ 和 $^{15}NH_4^+$ 的 ^{14}N（$I = 1$）和 ^{15}N（$I = 1/2$）NMR 频谱中，均表现出相对峰强度比为 1:4:6:4:1 的五重态。两种同位素取代分子的 NH 耦合常数比是 0.713:1，这是两个氮同位素的磁旋比。然而，$I = 1$ 的 ^{14}N 核还具有可以与局部电场梯度相互作用的电四极矩，这种相互作用导致了四极核在溶液中的有效弛豫，使得 NMR 谱线较宽，并使得预期的多重态模式可能部分或完全遮蔽。四极弛豫可以使 A 和 X 去耦，使得频谱中观察不到分裂（见第 17 章）。例如，^{35}Cl 和 ^{37}Cl（两者 $I = 3/2$）很少在附近核的 NMR 频谱中产生分裂。尽管与具有 $I = 1/2$ 核相比，四极核不适于 NMR 研究，但如 ^{2}H、^{11}B、^{14}N 和 ^{17}O 等核可做 NMR 研究。很少观察到与一个以上四极核的耦合，$I = 1$ 的氘核是一个例外。两个氘核的耦合产生强度比为 1:2:3:2:1 的五重谱。

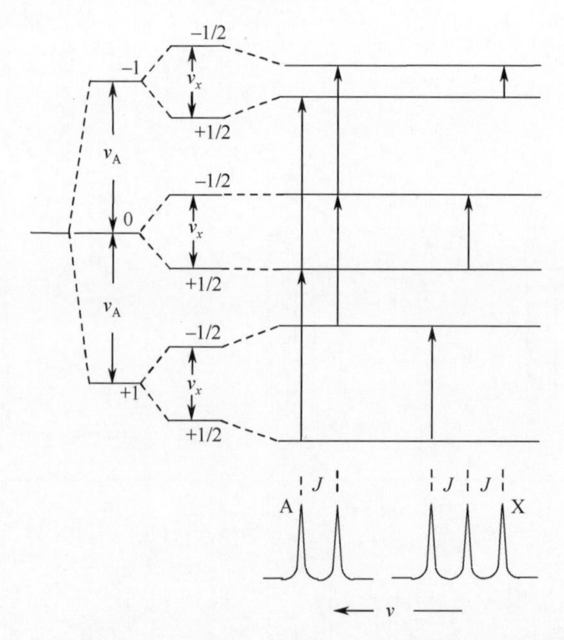

图 12.14 自旋 $I = 1$ 的核 A 与自旋 $I = 1/2$ 的核 X 耦合能级图；X 频谱图是三重态，A 频谱图是双重态

与 $I > 1/2$ 的等效核耦合可以很容易地由前面讨论的“棒图”推导出。例如，乙硼烷的末端质子因与直接键合的 ^{11}B（$I = 3/2$）耦合而产生 1:1:1:1 的

四重谱，而桥质子与俩对称等价硼相互作用，应显示出具有强度比为 1:2:3:4:3:2:1 的七重谱，如图 12.15 所示（见第 17 章）。

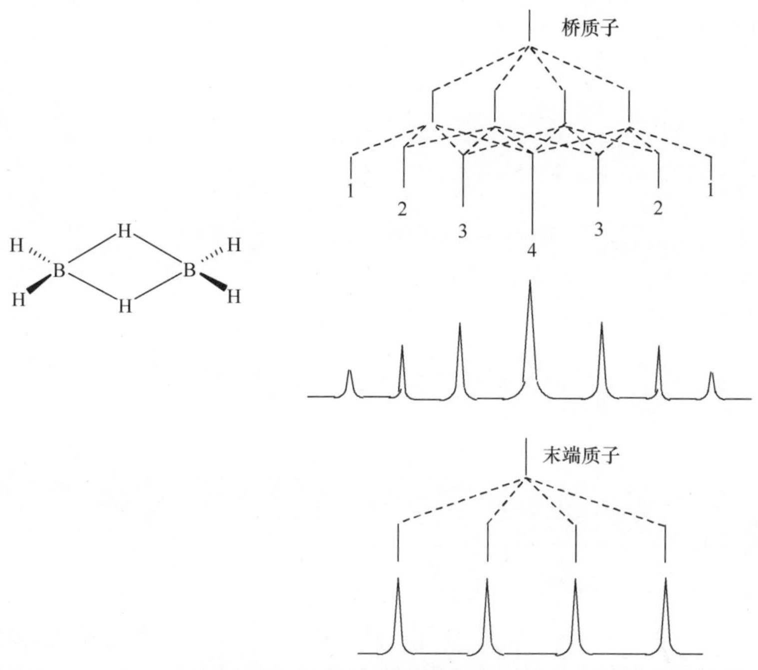

图 12.15　$^{11}B_2H_6$ 末端质子和桥质子的超精细分裂和 ^1H NMR 频谱示意图

12.6　耦合常数观测值

如前所述，核自旋的耦合是通过键的相互作用，且相互作用的能量随着介入键数量的增加而减少。耦合常数通常的记法是，耦合原子核之间的介入键数量由上标给出，耦合原子核的特性由下标给出，例如 H—C—C—H 的自旋－自旋耦合表示为 $^3J_{HH}$。耦合核相对于双键的位置，即顺式或反式在下标给出。当不存在歧义时，上标或下标或两者均可省略。当频谱可进行一级分析时，从多重峰获得 J 值很容易。在复杂频谱中，可能需要大量的计算从频谱获取 J 值。不同类分子的耦合常数大小值主要来自于实验观察和相关经验。

依据发生耦合时的跨键个数来划分耦合常数类型，二、三或更多个键分别对应于孪位、邻位或远程（表 12.2），耦合常数与若干物理因素相关。影响耦合常数最重要的参数是杂化、二面角和取代基的电负性。跨越三个键以上的耦合（成为远程耦合）有助于立体化学研究。通过单键的质子耦合常数通常衰减迅速，所以通常 $^4J<0.5$Hz，通常观测不到。耦合是立体专一性的，因此原子核的某些几何排列可能使得可观察到 ^4J 甚至 ^5J 的值。

表 12.2　自旋 - 自旋耦合分类

耦合类型		分类	键合数	标记
H, H, C=	H, H, C	偕位	2	^2J
H, C=C, H	H, C—C, H	连位	3	$^3J_{cis}$, ^3J
H, C=C, H	H, C—C, H	连位	3	$^3J_{trans}$, ^3J
H—C—C=C—H		远程	4	^4J
H_a, H_b（苯环）		邻位 间位 对位	3 4 5	$J_{1,2}$ $J_{1,3}$ $J_{1,4}$

质子 - 质子耦合常数的一些典型值列于表 12.3 中。可以看出，质子耦合常数的大小通常在 5 ~ 20 Hz 范围内。对于由 3 个以上的键分隔开的核而言，自旋 - 自旋耦合常数 J 是比较小的；对于通过单键或 π 键（介于其间）键合的核而言，则 J 值可能较大。通常，自旋耦合通过多重键传递比通过单键更有效，通常观察到反式耦合常数大大高于顺式耦合常数。例如，乙烷衍生物的 ^3J 一般小于10Hz，而在乙烯衍生物中，$^3J_{cis}$ ≈10Hz，$^3J_{trans}$ ≈17Hz。理论预测，由偶数个键分隔的质子间自旋 - 自旋耦合常数为负值，由奇数个键分离分隔的质子间自旋 - 自旋耦合常数为正值。

甲烷的^{1}H 频谱通常认为是单重态，因为 1.1% $^{13}CH_4$ 被忽略，仅考虑了 $^{12}CH_4$。若仔细观察基线，可发现 J = 125Hz 的双重态，它以重要成分的强单重谱线为中心，这两条较小谱线称为伴线。由于 1.1% 的碳为^{13}C，它与质子耦合而产生弱伴谱峰（主谱峰两侧总强度的 0.55%）。若氯仿质子的共振信号在高增益的情况下录取，则在据主信号 104 Hz 的两侧观测到低强度单谱线。$CHCl_3$ 中^{13}C 的伴线信号是从^{13}C 和双峰分裂的质子在 NMR 频谱中的自旋耦合得到的（图 12.16）。氯仿的^{13}C NMR 频谱存在同样的分裂。伴线结构在有机分子的质子 NMR 频谱中比较常见。^{13}C 的伴线可用于测量磁等效原子核之间的耦合常数。^{13}C伴线频谱的分析还可以在更复杂的情况下得出有关自旋耦合有价值的信息。

表 12.3　观测到的质子 – 质子耦合常数典型值（J_{HH}）

结构	J 值 Hz	结构	J 值 Hz
$>C<^{H}_{H}$	12 ~ 15	$CH—C^{H}_{=O}$	1 ~ 3
$H_3C—CH_2—$	6 ~ 8	$HC≡C—CH<$	1 ~ 4
$H_3C—CH<$	5 ~ 7		
$>C=C<^{H}_{H}$	0.5 ~ 3	H, H（苯环）	o 6.0 ~ 9.5 m 1.5 ~ 3 p 0 ~ 1
${}^{H}>C=C<^{H}$	7 ~ 12		
${}_{H}>C=C<^{H}$	12 ~ 18	γ, β, α, N（吡啶环）	(α,β)4.9 ~ 5.7 (α,γ)1.6 ~ 2.6 (β,γ)7.2 ~ 8.5
$—CH_2—CH_2—$	5 ~ 8		
$>HC—CH<$	6 ~ 8	4, 3, 5, 2, S（噻吩环）	(2,3) 4.7 (3,4)3.5 (2,4)1.5 (2,5)3.5
$—CH=C=CH—$	4 ~ 6	4, 3, 5, 2, O（呋喃环）	(2,3)1.8 (3,4)3.5 (2,4)0.1 (2,5)1.2

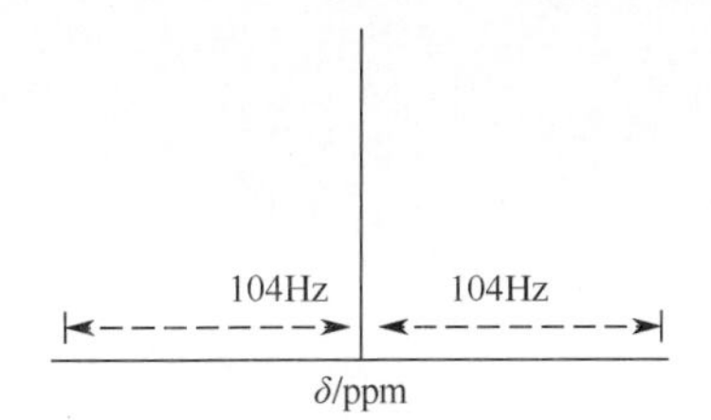

图 12.16　$CHCl_3$ 的 ^{1}H NMR 谱，呈现出由于 J（^{13}C – ^{1}H）引起的伴线信号

12.7　双键耦合

双键耦合 $^2J_{HH}$ 也称为偕偶。仅在亚甲基（由于某种原因其中的两个氢原子不相同且化学位移不同）中发现了该耦合。在偕位质子 H—C—H 之间质子 – 质子

耦合常数通常是最大的。许多因素，如碳的杂化和取代基效应，决定了 $^2J_{HH}$ 的大小和符号。双键（偕位）质子－质子耦合在宽的范围（－23～42Hz）内变化，具有大的取代基效应，sp^2 杂化的 CH_2 基团与甲基相比，$^2J_{HH}$ 较小(表12.4)。

表12.4　双键质子－质子耦合常数（Hz）

	$H_2C=CHX$	CH_3-X
X═H	2.5	－12.4
X═Ph	1.3	－14.5
X═Cl	－1.3	－10.8
X═CN	1.0	－16.9

附加取代基的电负性改变了偕位耦合的值。在诸如—CH_2—X 的基团中，偕位耦合的值随着 X 电负性增加，从9 Hz 变化到12 Hz。这些耦合常数不能直接测量，因为两个质子是化学和磁性等价的，并有相同的 δ 值，但在氘取代的—CHD—X 中，H 和 D（H—C—D）之间的偕位耦合可以被测量；J_{HH} 可以由 $J_{HH}=(\gamma_H/\gamma_D\times J_{HD})=6.53J_{HD}$ 计算得到，其中 $J_{HH}\propto\gamma_H\gamma_H$、$J_{HD}\propto\gamma_H\gamma_D$，因此使用部分氘代是有利的。—CHDX 的 ^{1}H 波谱显示出一个由 $^2J_{DX}$ 引起的1:1:1 的额外三重态分裂。可以测量 H 和 D（H—C—D）之间的耦合。

$J_{偕位}$ 的大小也随 HCH 键角的变化而变化，它在无应变环已烷和环戊烷（10～14 Hz）中幅度最大。随着角应变增加，环丁烷中 $J_{偕位}$ 下降到8～10Hz 和环丙烷中 $J_{偕位}$ 下降到4～9Hz。

12.8　三键耦合

三键耦合也称为邻位耦合。最有用的自旋耦合常数是涉及由三个键分离的核，例如，在 H—C—C—H 段中的 $^3J_{HH}$ (邻位)。三键耦合常数的用处主要在于构型分析。依据 Karplus 关系发现，这些耦合常数会随着两个 H—C—C 平面之间的二面角 ϕ 变化（图12.17）而变化：

$$^3J=A+B\cos\phi+C\cos2\phi \tag{12.2}$$

虽然这个等式可以计算 A、B 和 C（包括取代基和其他效应）的近似值，通常将它们视为根据经验，利用已知结构的构象刚性模型化合物来确定的系数。典型值为 $A=7$Hz，$B=-1$Hz，$C=5$Hz，图12.17 给出了 ϕ 变化关系图，称为 Karplus 曲线。该 Karplus 关系对蛋白质结构的研究很有应用价值。

跨 C ═C 键的反式质子－质子耦合常数比顺式耦合常数大2倍（$^3J_{180}>{}^3J_0$），因此在烯烃系统中，顺式和反式异构体之间有明显的区别。在1，2－双取代乙烷中，已经得到 $J_{旁氏}<J_{反式}$。

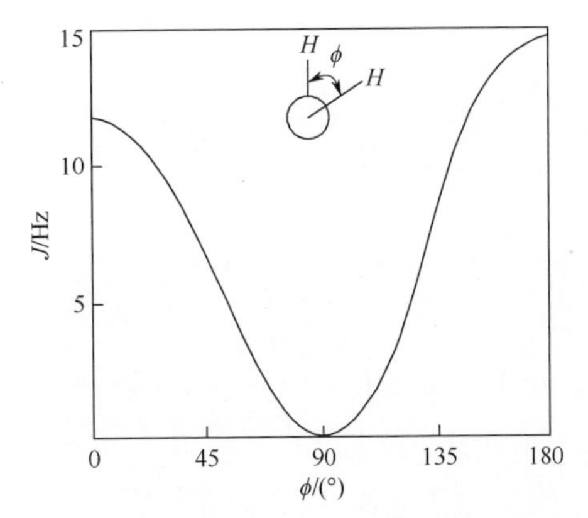

图 12.17　利用 Karplus 方程计算三键 H—C—C—H 邻位耦合常数随着二面角 ϕ 的变化关系

除了 C—H 键之间的二面角 ϕ，邻位耦合常数取决于 C—C 键长度、HCC 键角、相邻 π 键的存在以及 1/2 H—C—C—H 上的取代基电负性。取代基的电负性越大，J_{vic} 的值越小。乙烷中 J_{vic} 的值约为 8 Hz，卤代乙烷的 J_{vic} 值降至 6 ~ 8Hz，环已烷中环质子的 $^3J_{HH}$ 值取决于轴向和径向的质子是否参与。

根据 Karplus 规则，反式共面位置（ϕ =180°）的质子发生最大的邻位耦合，顺式共面质子（ϕ =0°）邻位耦合几乎一样大，彼此成 90°的质子之间的耦合很小。作为 Karplus 规则应用的例子，在椅式环已烷中，双轴向质子（与它们的 180°取向一致）耦合常数为 10 ~ 13Hz，直立质子或直立 - 平伏质子耦合常数为 2 ~ 5 Hz，对应它们的 60°取向。表 12.5 中列出了一些乙烯和乙烷衍生物的邻位耦合常数。

表 12.5　乙烯和乙烷衍生物的邻位耦合常数

	$H_2C═CHX$		CH_3CH_2X
	顺式	反式	
X═H	11.5	19.0	8.0
X═ph	10.7	17.5	7.6
X═Cl	7.5	14.8	7.2
X═CN	11.8	18.0	7.5

12.9　远程耦合

如前所述，当核由三个以上的键分开时，质子 - 质子耦合常数通常较小（ <1 Hz）。图 12.18 给出了一些例外情况，特别是当耦合沿键的 z 形排列和/或通过 π 键传递时，经常出现大的 $^4J_{HH}$ 和 $^5J_{HH}$ 值。

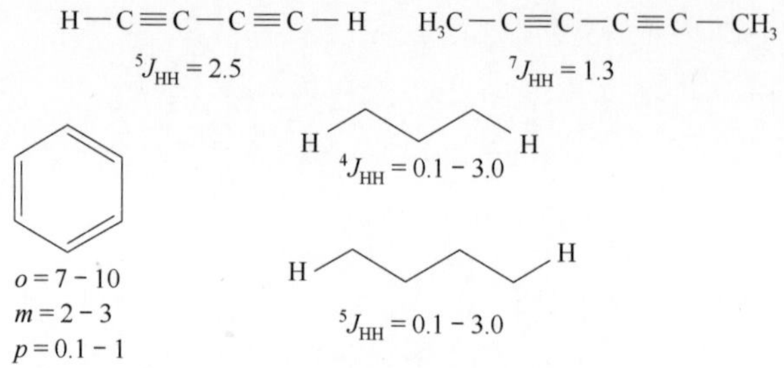

H—C≡C—C≡C—H　$^5J_{HH}=2.5$

H_3C—C≡C—C≡C—CH_3　$^7J_{HH}=1.3$

H　H　$^4J_{HH}=0.1-3.0$

$o=7-10$
$m=2-3$
$p=0.1-1$

H　H　$^5J_{HH}=0.1-3.0$

图 12.18　远程 ^1H—^1H 耦合常数的一些例子

12.10　二级波谱

一级规则只适用于当磁等效核各个基团之间的化学位移差 $v_0\delta$（Hz）大于其耦合常数的情况，将该谱称为“一级”。如果化学位移差 Δv（或 $v_0\delta$）与耦合常数 J 相差不多，或如果核是化学等价但不是磁性等价，则系统认为是强耦合，现在的频谱将是“二级”。在二级频谱中，共振信号的数量、位置和强度均发生变化，所获得的频谱在第一眼看起来可能难以理解。根据一级规则，可观测到的谱线数比预期得多，两组信号中谱线强度分布也大受影响。通过在更高的磁场强度中测量频谱，复杂频谱可以得到简化，比值 $v_0\delta/J$ 也变大。然而，以一些自旋系统为例，例如 AA′XX′系统，即使在最高磁场下也不会转变为一级频谱。接下来将简要介绍所获得的频谱性质，并说明如何从观察到的二级谱的频率和强度来推导化学位移和耦合常数。简单分裂模式的存在并不总保证一级规则可以适用。与一级谱不同，如果涉及多于两个原子核的自旋系统，则所有高阶频谱取决于耦合常数的相对符号。

12.10.1　AB 系统

仅产生 AB 频谱的简单分子并不多，尽管 AB 频谱通常被看作复杂频谱的一部分。例如，在 1 – 溴 – 1 – 氯乙烯（Ⅰ）、2 – 溴 – 5 – 氯噻吩（Ⅱ）和 1 – 氨基 – 3，6 – 二甲基 – 2 – 硝基苯（Ⅲ）中均发现了 AB 型谱。

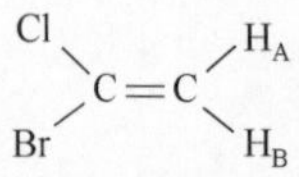

Cl　H_A　C=C　Br　H_B

Ⅰ

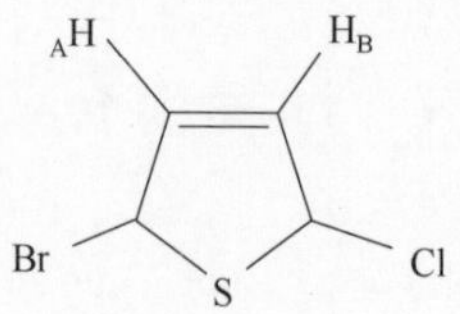

$_AH$　H_B　Br　S　Cl

Ⅱ

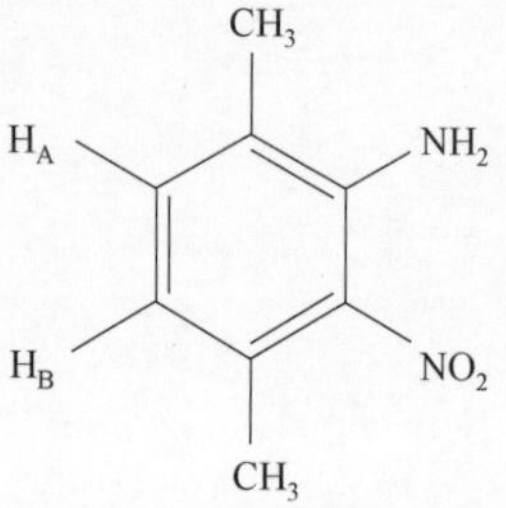

CH_3　H_A　NH_2　H_B　NO_2　CH_3

Ⅲ

如前所述，AB 频谱一般的外观仅取决于 $v_0\delta/J$ 的绝对比值，图 12.19 给出了 AB 自旋系统的结果。已经计算出一对自旋 1/2 核在 $v_0\delta/J$ 值范围内对的一系列频谱，在 J 保持不变的情况下，随着共振频率差的减小，每个双峰的内部组分强度逐渐增加，而外部组分变弱。随着它们化学位移差的减小，两个双重谱峰向中间移动，直到 $\Delta v = 0$ 。当内侧谱线重叠和外侧谱线消失时，频谱简并成 A_2 系统，其具有 $(v_A + v_B)/2$ 频率，因此频谱从两个简并的双重谱峰变成一组对称的四条谱线。在中间体阶段，仍可将左手对定性地描述为以 A 为主的谱线，尽管实际跃迁是混合的，这其中 B 核的自旋会有一定的改变。通过 2－溴－5－氯噻吩质子谱的分析，可获得 $|v_0\delta/J| = 4.7$，$J = 3.9$Hz。

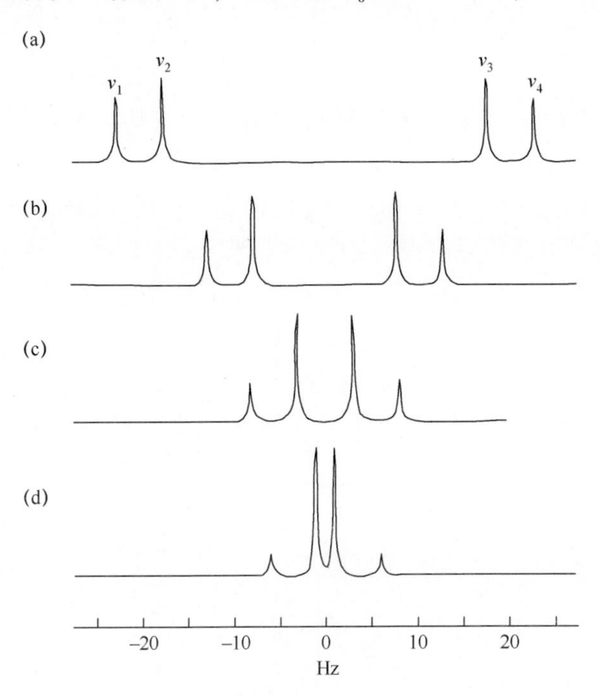

图 12.19　不同 $v_0\delta/J$ 值的 AB 自旋系统 NMR 频谱，$J = 5.0$

(a) $v_0\delta/J = 8.0$；(b) $v_0\delta/J = 4.0$；(c) $v_0\delta/J = 2.0$；(d) $v_0\delta/J = 1.0$。

下面的关系对于获得 AB 四重峰化学位移和耦合常数非常有用。图 12.20 所示为 AB 频谱示意图。右手对或左手对之间的间距等于 $|J|$，即 $J = v_1 - v_2 = v_3 - v_4$，内侧谱线之间的间隔是 $2C - J$ 。双峰中心之间的间隔可表示为

$$2C = [(v_0\delta)^2 + J^2]^{1/2} \tag{12.3}$$

$$2C = v_2 - v_4 \tag{12.4}$$

在 AB 频谱中，两种自旋的共振频率差 $v_0\delta$ 由下式给出：

$$\Delta v = v_0\delta = \sqrt{(2C - J)(2C + J)} = \sqrt{(v_1 - v_3)(v_1 - v_4)} \tag{12.5}$$

如果 z 被定义为多重峰的中心，即 v_1 、v_2 或 v_3 、v_4 之间的中点，则

$$v_A = z - 1/2v_0\delta, v_B = z + 1/2v_0\delta \tag{12.6}$$

进一步给出强度的比值：

$$I_2/I_1 = I_3/I_4 = (v_1 - v_4)/(v_2 - v_3) \tag{12.7}$$

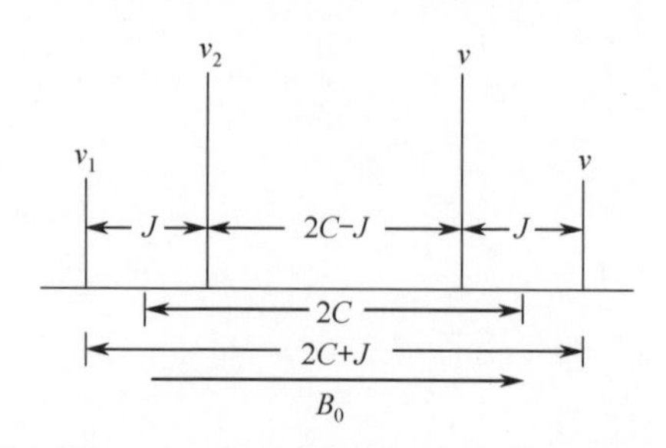

图 12.20　AB 频谱示意图（包含 J 的绝对值）

图 12.21 给出 AB 系统的能级图和频谱图。自旋 - 自旋耦合效应使能态 $\alpha_A\beta_B$ 和 $\beta_A\alpha_B$ 混合，并因此改变其波函数和能量，这导致四条 NMR 谱线的跃迁概率改变，内侧谱线变得越来越强，外侧谱线变得越来越弱，当 $\alpha_A\beta_B$ 和 $\beta_A\alpha_B$ 的间距 Δv 比 J 小时，该效应更加显著。当极限 $\Delta v = 0$ 时，外侧谱线是禁戒的。最接近相邻基团的多重态谱线强度增加，而其他谱线的强度减少的现象称为“屋顶效应”。屋顶效应在耦合常数的归属上很有用。两种极限情况的频谱可以称为 AX（弱耦合）和 AB（强耦合）谱。

对于 AB 系统，在 60 MHz 频谱中该 4 条谱线的实际化学位移分别为 6.13ppm、6.29ppm、7.58ppm、7.74ppm。以频率为单位时，它们是 367.8Hz、377.4Hz、454.8Hz、464.4Hz、$v_0\delta/J \approx 9$ 。

应用上述关系，可得

$$J = v_1 - v_2 = v_3 - v_4 \text{ Hz}$$

$$2C = 87 \text{ Hz}$$

z_0 为多重峰的中心：

$$(1/2)(367.8 + 464.4) = 416.1\text{Hz}$$

$$v_A = z_0 + 1/2v_0\delta = (416.1 + 43.5) = 459.6\text{Hz}$$

$$v_B = z_0 - 1/2v_0\delta = (416.1 - 43.5) = 372.6\text{Hz}$$

$$\delta_A = 7.66\text{ppm}, \delta_B = 6.21\text{ppm}$$

$$\frac{I_2}{I_1} = \frac{I_3}{I_4} = \frac{96.6}{77.4} = 1.248$$

I_1 、I_4 的强度由 $1 - \sin 2\theta$ 给出，I_2 、I_3 的强度由 $1 + \sin 2\theta$ 给出，$J/2C = \sin 2\theta$ ，因此，$I_1 = I_4 = 0.89$ ，$I_2 = I_3 = 1.11$ 。该频谱与图 12.19（a）一样。

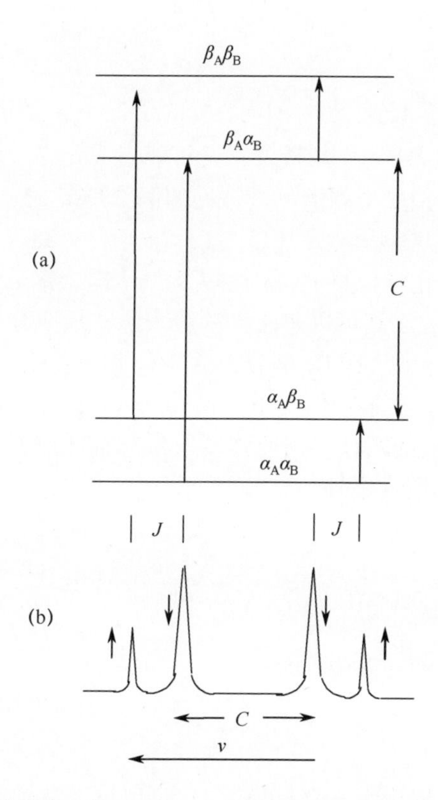

图 12.21　一对强耦合自旋 1/2 核 AB 系统的（a）能级图和（b）频谱图；与图 12.7（c）比较

在实践中，经常遇到接近 A_2 情况的 AB 系统。中心线彼此非常接近，以至于频谱分辨率不足以进行检测。类似地，外线的强度也可能很小，以至于频谱仪的灵敏度不足以检测它们，这种频谱称为“伪简化频谱”（图 12.19（d））。因此，简单分裂模式的存在并不总保证频谱是一级的，例如，呋喃的 ^{1}H NMR 频谱在 δ 6.37 ppm 和 δ 7.42 ppm 处显示了两个三重态，耦合常数 J = 3.2Hz（图 12.22）。这两个三重态不应解释为两个 α 质子与两个 β 质子同样地耦合。

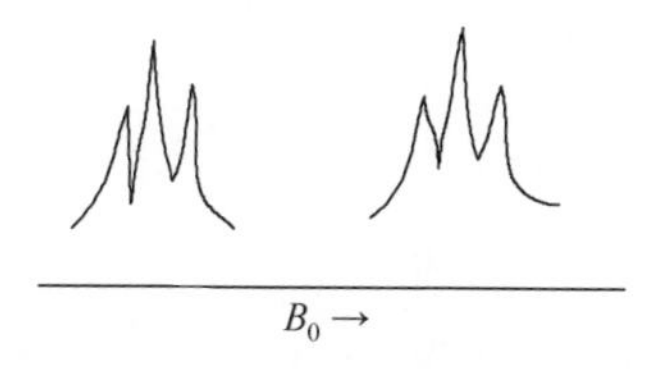

图 12.22　呋喃的 ^{1}H NMR 频谱

12.10.2 AB_2系统

当涉及3个或更多自旋，如AB_2系统的情况下，强耦合的影响要复杂得多。多重态结构将难以辨识，禁戒的跃迁可能变成允许。对于具有双重对称轴的化合物，可以找到AB_2型频谱。最常见的例子是1，2，3或1，2，6－三取代苯环，如2，6－二甲基吡啶（I）、1，2，3－三氯苯（Ⅱ）和连苯三酚（Ⅲ），有两种不同的化学位移v_A和v_B以及一个耦合常数J_{AB}。环质子与甲基或OH质子的耦合常数小到可以忽略。一般来说，预期有9次跃迁，其中4次是v_1～v_4，在A部分中。在B_2部分，谱线v_7和v_8是分开的，而v_5和v_6往往不能分辨或无法检测。在某种情况下，谱线v_5和v_6可能合并显示出一个稍宽的单峰。v_9来自于禁戒的跃迁，因此强度通常非常低或者检测不到，并且出现在谱图B_2部分的所有谱线之外。

H_A H_B H_B H_3C N CH_3　　Cl Cl Cl H_B H_B H_A　　OH OH OH H_B H_B H_A

I　　　　Ⅱ　　　　Ⅲ

频谱的精确外观取决于$v_0\delta/J$的比。化学位移通常位于多重态的重心附近。随着v_0/J_{AB}从10.0到0.5变化，所计算得到的AB_2型频谱如图12.23所示。

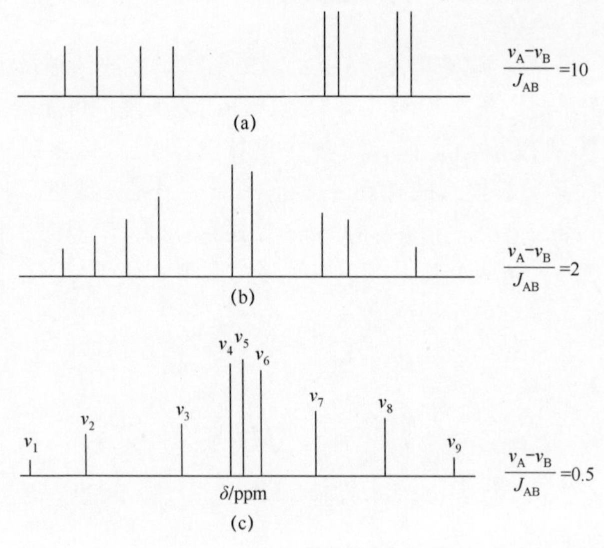

图12.23　AB_2型频谱的比$v_0\delta/J$

（a）10.0；（b）2.0；（c）0.5。

当使用以下关系可以清楚地观测到 8 条或 9 条谱线时，可以很容易地分析出 AB_2 频谱。

$$v_A = v_3 \tag{12.8}$$

$$v_B = (v_5 + v_7)/2 \tag{12.9}$$

$$J_{AB} = [(v_1 - v_4) + (v_6 - v_8)]/3 \tag{12.10}$$

式中：$v_1, v_2, \cdots$ 为 TMS 以 Hz 为单位的谱线位置。

由于磁等效核 B 之间的耦合不会影响频谱，AB_2 频谱的外观仅取决于比值 $v_0\delta/J_{AB}$，因而可以基于该比值来获得频谱频率及其强度。作为典型 AB_2 波谱，连苯三酚的 ^{1}H NHR 频谱如图 12.24 所示。

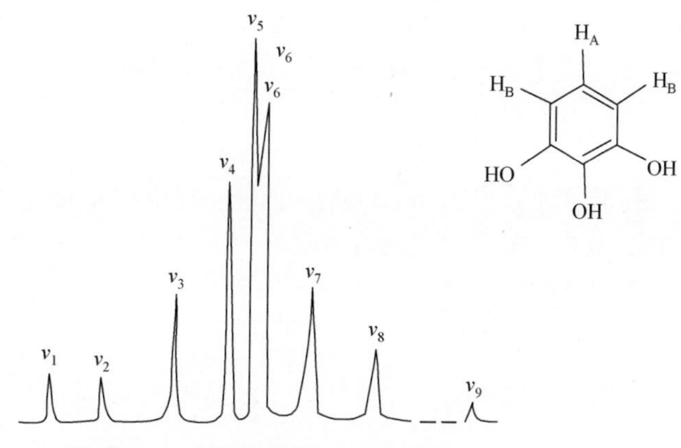

图 12.24　连苯三酚的 ^{1}H NMR 频谱

考查一个 AB_2 频谱的例子，其谱线 $v_1 = 87.7$Hz，$v_2 = 91.7$Hz，$v_3 = 95.0$Hz，$v_4 = 99.0$Hz，$v_5 = 102.3$Hz，$v_6 = 103.3$Hz，$v_7 = 107.3$Hz，$v_8 = 110.0$Hz，确定谱线 v_A、v_B 的位置和耦合常数 J_{AB}。

上述值代入式（12.8）~式（12.10）中，可得

$$v_A = v_3 = 95.0\text{Hz}$$

$$v_B = (102.3 + 107.3)/2 = 104.8\text{Hz}$$

$$J_{AB} = [(87.7 - 99.0) + (103.3 - 110.0)]/3 = 6.0\text{Hz}$$

12.10.3　ABX 系统

最后考虑 ABX 自旋系统。这里 X 核与 A 和 B 弱耦合，A 和 B 核是强耦合。这种系统用 3 个共振频率 v_A、v_B、v_X 和三个耦合常数 J_{AB}、J_{AX}、J_{BX} 来表征。ABX 系统的复杂性介于 AMX 系统（一级分析）和 ABC 系统（二级分析）之间。ABX 频谱经常出现在例如三取代芳香族化合物中。ABX 系统的一些实例是 1，2，4－三氯苯（Ⅰ）、2－氯－3－氨基吡啶（Ⅱ）、2－碘噻吩（Ⅲ）、1，2－二溴－1－苯基乙烷（IV）和乙酸乙烯酯（V）。

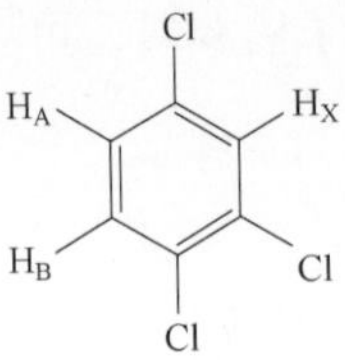

I 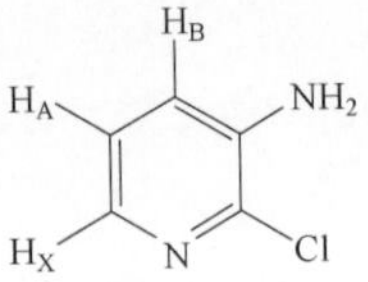　　II 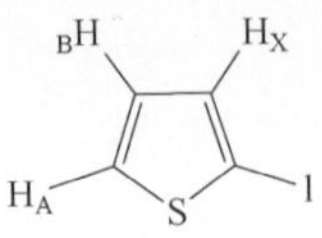　　III

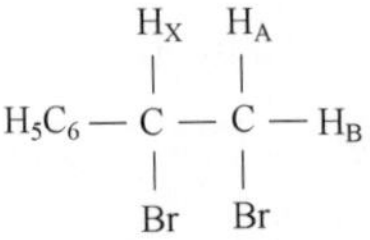

IV 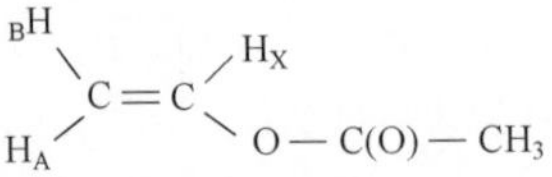　　V

如果把 AB 系统的处理方法与从核 A 的简单一级分裂相结合，可以预期 4 条谱线均由 X 质子分裂为双重态。X 质子从 A 和 B 化学位移开，但均与这两者耦合，应显示出双重二重态。由于 AB 耦合，AB 谱线将保留其强度差，但 X 质子的双重二重态应当具有 4 个几乎相等强度的谱线，如图 12.25 所示。这是由给定的参数计算得到的，因此，利用一级方法可预测 ABX 系统频谱含有 12 条谱线，其中，X 区域由对称四重态组成，AB 区域由两个不对称四重态组成。但值得注意的是，这种 ABX 频谱的模式只是几种可能模式之一。AB 区域中随着谱线数量和强度分布的变化，可能存在相当多的重叠谱线，X 区域的位置和谱线数量也可能会发生变化。

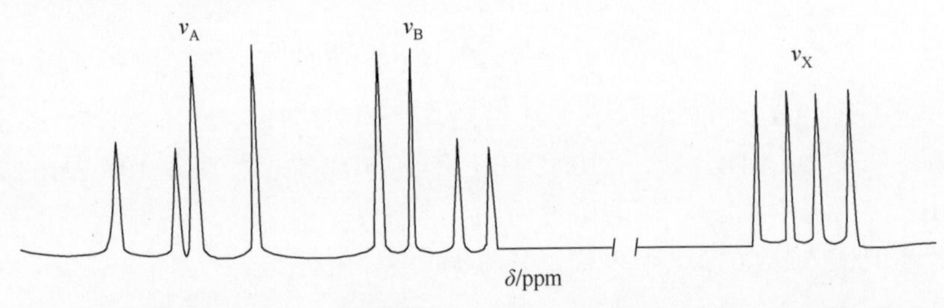

图 12.25　ABX 系统理论频谱，参数为 $v_A - v_B = 15\text{Hz}, J_{AB} = 5\text{Hz}, J_{AX} = 4\text{Hz}, J_{BX} = 2\text{Hz}$

ABX 系统的频谱通常由 12 条谱线组成，尽管它有时可含有高达 14 条谱线或与某谱线重叠，有时少于 12 条。ABX 频谱中峰值强度的失真程度可用来区分 ABX 系统频谱和 AMX 系统频谱。图 12.26 给出了 2 - 氯 - 3 - 氨基吡啶作为典型 ABX 系统的频谱。ABX 频谱可以近似为一级的 AMX 系统情况。随着 $v_A - v_B$ 降低，偏离一级谱的程度更大。在图 12.26 中，从核 A 和核 B 所产生的谱线仍然可以通过与图 12.25 频谱的比较来确认，但跃迁不能严格称为 A 或 B 跃迁。

上述讨论的 ABX 频谱图模式以及更复杂的模式经常出现在有机化合物的 NMR 频谱中。ABX 系统代表最简单的自旋系统，其中耦合常数的相对符号影响了频谱的外观，因此耦合常数 J_{AX} 和 J_{BX} 的相对符号可以影响 ABX 频谱的外观。频谱的外观对 J_{AB} 不敏感。在 AB 和 AB_2 的情况下，频谱与自旋 - 自旋耦合常数无关。

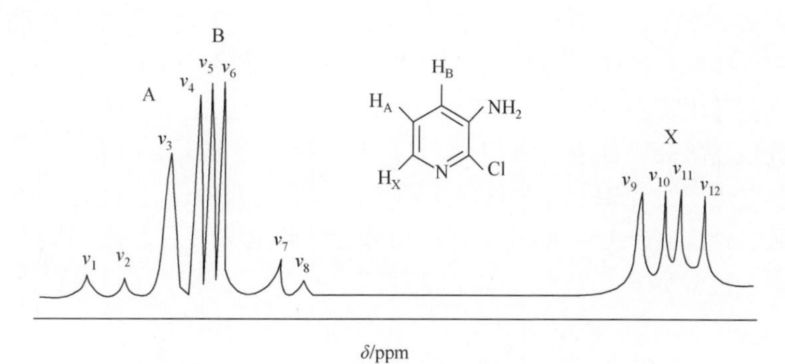

图 12.26　2 - 氯 - 3 - 氨基吡啶作为典型 ABX 系统的频谱

上面讨论的 ABX 频谱的分析是基于所有 AB 的 8 条谱线，和 X 的 4 条或 6 条谱线均可观察到所得到的假设。非典型 ABX 频谱图模式经常出现某些谱线重合现象。例如，在图 12.27 给出的频谱中，AB 部分只显示 6 条谱线。ABX 频谱的外观由核 A 和 B 之间的化学位移差 $v_A - v_B$ 决定，AB 部分以及频谱 X 部分外观对该参数敏感。例如，当 v_B 接近 v_A 时，频谱的外观急剧变化；当 $v_B = v_A$ 时，AB 区域看起来是一个简单的双峰，而 X 区域是 1∶2∶1 的三重峰。它非常类似如图 12.28 所示的 ABX 系统频谱图。实际上，还有一些伴线淹没于噪声中，该类频谱是“伪简化频谱”例子。另一个看似简单的频谱例子是 2，5 - 二氯硝基苯（AA′X 系统）的质子频谱。AA′X 频谱与 J_{AA} 值无关。在某些情况下，可能导致错误的结论。看似简单的频谱范围很广，不局限于 ABX 系统。解决看似简单频谱的最好方法是，在不同施加磁场或在不同溶剂中获得频谱。

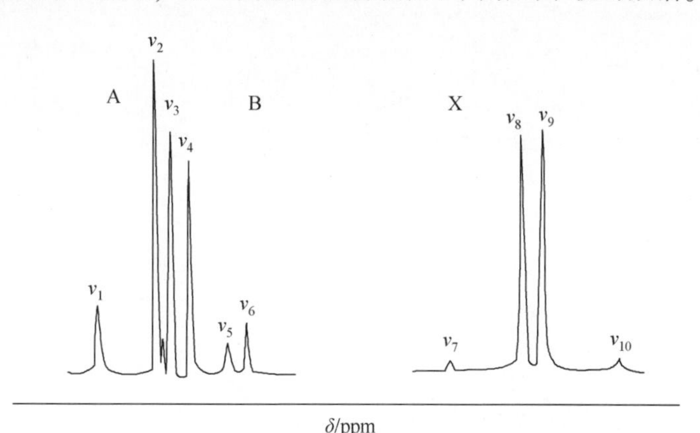

图 12.27　ABX 系统的频谱，计算使用的参数为 $v_A - v_B = 10.0\text{Hz}$，$J_{AB} = 10.0\text{Hz}$，$J_{AX} = 1.0\text{Hz}$，$J_{BX} = -4.0\text{Hz}$

长烷基链的甲基，$\cdots CH_2\ CH_2\ CH_2\ CH_3$ 在频谱中应该显示为简单的三重态，然而，它通常显示为非常模糊的三重态。例如，1 - 己醇 CH_3 共振在 δ = 3.63 ppm 处是展宽且失真的三重态。共振的展宽归因于其与几个非邻近 CH_2 基团的相互作用，即使没有与这些基团有效耦合。与邻近 CH_2 基团发生真正的耦合，但该基团将与其他 CH_2 基团的自旋 - 自旋相互作用连接到末端 CH_3 基团上。这种高阶效应称为“虚拟耦合”，它会使得许多一级谱失真。因此，一般来说，对于发生在质子 P 中的虚拟耦合，这些质子 P 必须与它们邻近的质子 Q 发生强耦合，质子 Q 又必须与它们相邻的质子 R 发生强耦合，而 P 和 R 之间的耦合必须为零。

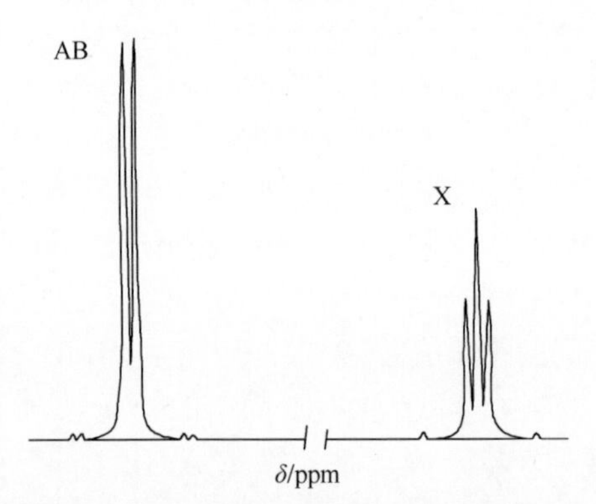

图 12.28　ABX 系统的波谱，计算使用的参数为 $v_A - v_B$ = 10.0Hz，J_{AB} = 10.0Hz，J_{AX} = 1.0Hz，J_{BX} = - 4.0Hz

12.11　自旋耦合的起源

之前已经对电子介导的自旋 - 自旋耦合做了叙述。分子中自旋 - 自旋耦合的主要来源是通过参与化学键合的电子之间的间接相互作用。从核 - 电子相互作用而产生的耦合常数有三个组成部分。首先，核的磁矩与由电子轨道运动产生的场相互作用，而后者又与第二核矩相互作用；其次，存在涉及电子自旋磁矩的偶极相互作用。最终贡献源于轨道（源于 *s* 电子轨道）中的电子自旋，它在原子核中有非零概率，这就是所谓的费米接触相互作用，它是质子 - 质子耦合中最重要的术语，但对其他核，情况并非如此简单。所有这些术语取决于所涉及的两个核的磁旋比。

12.11.1　接触作用

电子与附近的核产生强偶极磁相互作用，如果它是纯粹的各向异性，在溶液中经历快速翻转运动的分子应当平均为零。之所以如此，除了电子与核的距离可与原子核半径（10^{-14}m）相当外，在非常小的间隙内，电子与核的偶极相互作用被“各向同性”相互作用所代替，这种作用称为“费米接触相互作用”，它与两磁矩的内积成正比。

接触相互作用与 $-\gamma_e\gamma_n\boldsymbol{I}.\boldsymbol{S}$ 成正比，$\boldsymbol{I}$ 和 $\boldsymbol{S}$ 分别是核和电子的自旋角动量向量。由于电子具有负的磁旋比（$\gamma_e<0$），如果电子和核自旋反向平行，$\gamma_n>0$ 的核趋于稳定，如果它们是平行的，则不稳定，如图 12.29 所示。相互作用的大小也与原子核（$R=0$）处电子出现的概率成正比，除非电子波函数具有 S 电子特性，否则该作用消失。由于 p、d、f 轨道波函数有一个节点，所以在核 $R=0$ 处电子出现的概率为零，也就是说该各向同性相互作用允许电子检测附近核自旋的取向。如前所述，接触相互作用会在顺磁材料的电子自旋共振（ESR）频谱中产生超精细分裂（见第3章），它也提供了一种机制，用于对核之间的自旋耦合。

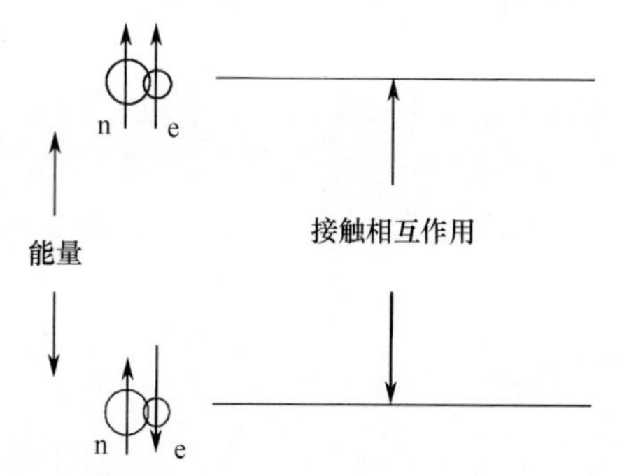

图 12.29　通过费米接触相互作用，电子（e）与自旋1/2核（r_n）$\gamma_n>0$ 耦合的能级图

通过费米接触相互作用使核自旋与电子自旋耦合是质子自旋的最重要因素，但它不一定是其他核的最重要机制。这些原子核也可以是电子磁矩偶极机制，并与它们的轨道运动交互，因此很难预测耦合常数的符号。

为了说明 ${}^2J_{HH}$ 的大小，需要一条能够通过中心碳原子（可以是 $I=0$ 的 ^{12}C）传输角动量的途径，在这种情况下，具有 α 自旋的 H（1）核使其键合的电子极化，且发现具有 α 自旋的电子更接近 C 核。在相同原子上两个电子的最佳排列是它们的自旋平行（洪特规则），所以对于相邻键合的 α 自旋电子更有利的排列是接近 C 核。因此，键的 β 自旋电子离 H（2）原子核更近，若它是 α 自旋，该核将具有较低能量。依据这种机制，如果 H（2）与 H（1）自旋平行，即 ${}^2J_{HH}$ 是负的，则将获得较低的 H（2）拉莫尔频率。

CH_2 基团的耦合可以描绘成双中心两电子键之间的相互作用（图 12.30）。CH 键之一中的电子自旋通过它们的接触相互作用而被极化。自旋－自旋耦合比上面描述的模型复杂很多。一般情况下耦合常数的符号不能被预测。然而，NMR 频谱的外观通常与耦合常数的符号无关。

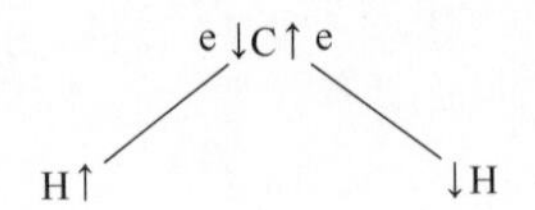

图 12.30　核和电子自旋的最稳定配置；在离域分子轨道中 CH_2 基团标量耦合的简单模型

12.11.2　偶极作用

原子核之间的直接极性相互作用对于理解后面讨论的固态 NMR 和弛豫过程非常重要（见第 18 章）。在含有多个磁性核的系统中（$I > 0$），预测核磁矩之间的直接偶极 - 偶极相互作用。由于偶极 - 偶极相互作用，在给定核处将有一个附加场。该场使施加磁场减弱还是增强取决于其他原子核相对于给定原子核位置。在液体的情况下，由于分子的快速翻滚运动，这种相互作用平均为零。然而，偶极 - 偶极相互作用在固体中（见第 18 章）非常重要。

12.12　频谱分析辅助方法

当频谱变得复杂时，有几种技术可以帮助分析频谱，从而得到化学位移和自旋耦合常数。

12.12.1　变化的磁场

如上所述，由于化学位移与磁场强度成正比，而自旋 - 自旋耦合常数与其无关，则自选耦合频谱随着施加磁场 B_0 的增加而变得越来越趋向于一级谱。高分辨率核磁共振 NMR 频谱有趋向于更高磁场的趋势。商业仪器已经从 60 MHz 发展到 750 MHz。在场强为 14.1T 和 20.6T 时，^1H 频率为 600 MHz 和 750 MHz 的频谱仪分别可用于合成物和生物聚合物。在较高场强下，可以识别出类似结构基团的较小化学位移差异，从而提供更多信息。由于自旋能级之间的玻耳兹曼分布变得更有利，因此增加 B_0 可以提高灵敏度（见第 13 章）。

12.12.2　同位素替代

可以通过比较同位素替代分子的频谱来分析复杂频谱。最重要的同位素替代为氘置换氢。同位素替代对分子的电子结构只有非常微小的影响，因此剩余核的化学位移将几乎不变。氘既可以用于识别质子信号（消失），也可以简化对频谱（剩余）。与氘核（$I = 1$）自旋耦合通常通过四极弛豫消除。耦合相互作用正比于耦合核磁旋比的乘积：

$$J_{HX}/J_{DX} = \gamma_H/\gamma_D \approx 6.54 \qquad (12.11)$$

同位素替代的另一个优点是等效核之间耦合常数的测定。例如，等效组（H_2、

CH_4 等）中核之间的耦合常数不能由 NMR 频谱确定，因为它们只给出一个信号。通过用同位素替代等效组的一个或更多核，可确定等效组内的耦合常数。例如，HD 分子的质子谱给出 J = 43Hz 的三重峰。H_2 分子中的 J 值为 $6.54 \times 43 = 281\text{Hz}$。通过 ^{15}N 替代有时可以消除四极 ^{14}N 核的展宽效应。将在后面讨论简化频谱的自旋去耦方法。

12.12.3　谱的计算

现在，计算机用于具有更大数目核系统所产生复杂频谱的分析。通常使用 Castellano 和 Bothner 开发的 LAOCOON 程序（用最小二乘法平差计算所观察到的 NMR 跃迁），且形成商业化的可用于频谱分析的计算机软件基础，可将计算频谱与实验频谱进行比较。

第 13 章　实验方面：NMR

13.1　傅里叶 NMR 频谱仪

早期的 NMR 频谱仪（1945—1970）使用连续波（CW）方法进行弱幅射频辐射。连续波（CW）意味着在记录 NMR 频谱期间，从弱射频发射器发出的辐射频率是连续变化的，但是频谱通常是通过保持射频辐射频率不变并逐渐改变磁场强度来获得的，这样能够使得具有不同化学位移的自旋依次进入共振。因此，CW 仪器的测量为频域测量，即测量信号的幅度是频率的函数。相比于弛豫时间 T_1 和 T_2 来说，扫过每个 NMR 峰的时间应该足够长，以避免由非平衡自旋态引起的失真共振信号出现。上述过程的局限性在于，在任何时刻，处于合适磁场的原子核（即质子）中，在特定化学位移处发生共振，且必须要依次激发给定分子中具有不同化学位移的质子。然而，一组给定的质子只会在整个扫描时间的一小部分时间内被扫描到，其余扫描时间在记录基线噪声时被浪费掉了，此外，通常有必要区分仅为 1 Hz 的几分之一的分裂（源于自旋 - 自旋耦合）。为了区分间隔为 ΔvHz 的频谱特性，需要花费 $1/v$s 的时间来测量线宽为 Δv 的频谱的每个组分。如果频谱范围是 W，那么记录频谱所需的最小时间是 $W/\Delta v$s。因此，如果在 500MHz 频谱仪上以 CW 模式录取频谱，对于 10ppm（5000Hz）的谱线宽度，获得 0.1Hz 分辨率将需要 5000/0.1 = 50000s（将近 14h）。这充分显示了 CW 频谱仪在时间上的严重限制，也使其在较高场强下使用不切实际。

目前，CW 方法已经完全被“脉冲技术”所替代，该技术通常采用持续时间为 10 ~ 50μs 的短强射频辐射脉冲。在脉冲傅里叶变换（FT）NMR 中，样品受到强烈的射频脉冲，且这里所用的射频场是多色的，因此，FT NMR 频谱的基础是一种多色信号激励。

此处简要描述了 NMR 频谱仪和 NMR 现象的图示模型。图 13.1 给出了 FT NMR 频谱仪原理示意图。NMR 频谱仪的组成部分包括：①磁体；②射频发射器；③核磁共振探头；④射频接收器；⑤记录设备（计算机）。该方法只适用于液体样品的 NMR 研究，对于固体样品，技术上稍有不同，留待以后讨论。

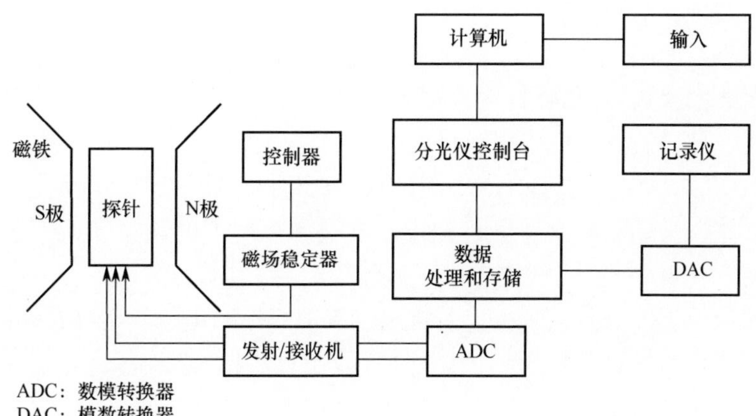

图 13.1　FT NMR 频谱仪原理示意图，探头和磁体 z 轴平行

13.1.1　磁体

选择磁体的基本要求就是该磁铁必须产生一个强静态磁场。采用更强磁场的优点如下：

（1）更高的灵敏度。NMR 信号的强度随着能级之间间隔的增加而增加，而能级是由所施加的磁场 $\boldsymbol{B}_0$ 所决定的。增加 $\boldsymbol{B}_0$ 更有利于自旋能级上粒子数玻耳兹曼分布。对于蛋白质和核酸这样的生物聚合物来说，具有强磁场的 NMR 频谱仪是不可或缺的。

（2）共振信号之间的间隔即化学位移差（单位为 Hz）随着 $\boldsymbol{B}_0$ 线性增加。然而，由于自旋 - 自旋耦合产生的分裂与 $\boldsymbol{B}_0$ 无关，因此较高的磁场减少了 NMR 的重叠，即，随着频谱仪频率的增加，频谱分辨率会提高，而谱线宽度由弛豫时间决定，高均匀磁场可得到高分辨率频谱。

（3）较高的磁场通过最小化耦合效应可产生一级谱。例如，对于丙烯腈来说，在 60MHz 下将观测到复杂的 ABC 频谱，而在 220 MHz 下，可以获得可作为一级谱分析的 AMX 频谱。频谱分辨率大大提高，可识别类似结构基团的较小化学位移差。

（4）使用更高场强有利于研究动态过程（见第 14 章）。

（5）信号与噪声高度的比值称为信噪比。定义灵敏度的最简单方法就是信噪比（S/N），这一比值可以通过信号平均来提高。分辨率通常取决于半高处的信号宽度（以 Hz 为单位，见第 14 章图 14.3）。

NMR 实验中，原子核的灵敏度取决于其磁矩 μ 的大小，磁矩决定了核自旋能态之间的能量差，因此过量的粒子数位于较低能态。在磁场 $\boldsymbol{B}_0$ 中，信号强度大致与 $\frac{I+1}{I^2}\mu^3\boldsymbol{B}_0^2$ 成正比。

在实践中，信号强度取决于$\boldsymbol{B}_0^{3/2}$，它表示强磁场在提高信噪比方面的重要性。如果将60MHz的频谱仪与400MHz的仪器进行比较，这相当于把磁场从1.4T改变到9.4T，而信噪比会增加到1∶800。这些关系是推动超导磁体发展的原动力，超导磁体可以用来获得更强的磁场（大于5 T）。现在的磁场强度已经达到了22.32T，这对应于950MHz的^{1}H共振频率。

近年来，采用超导磁体（螺线圈）在液氦温度下的工作方式，它本质上非常稳定，比电磁铁更为经济。超导磁体需要定期供应液氮和液氦。由于磁体线圈中没有电阻，一旦送入电流，将长年流动而不减少，且不需要外部能源。线圈放置在液氦中，其杜瓦瓶通过另一个真空容器与大气绝缘，真空容器本身放置在液氮杜瓦瓶中。

天然丰度是一个重要的因素（表10.1），在早些年，例如^{13}C NMR频谱的测定，由于其丰度较低而大大受到限制。

以下给出一些用于增强灵敏度的其他常用方法。

（1）样品浓度。给定体积溶剂中的样品浓度增加时，NMR活性核的数目也会增加。

（2）温度。降低温度将提高基态和激发态之间的玻耳兹曼粒子数差。

（3）射频功率。信号强度随射频功率的增加而增加，必须小心以避免饱和。

（4）扫描次数。信噪比随着累计扫描次数平方根的增加而增大。

（5）极化转移和NOE效应也有助于灵敏度增强，这将在后面讨论。

（6）弛豫速率。慢弛豫核在脉冲间隔内不能达到热平衡，这将导致灵敏度降低。应对这一问题的一个方法就是在脉冲之间引入足够大的延迟时间。

待测化合物置于两个极面之间的玻璃管中，玻璃管长度接近15cm，外径为5～10mm。通常磁体的极面直径为20～30cm，极间距为2～3mm，经过机械加工，极面可达光学平整度。样品管与螺线管的孔相匹配，并绕其平行于z轴的垂直轴旋转。探头放置在磁体的中心，它将线圈覆盖住，该线圈将射频功率传输到样品，并且接受再辐射的能量。

在傅里叶实验中，脉冲激励总是出现在恒定的磁场中。在高场频谱仪上(如500 MHz)，为了获得1 Hz谱线宽度，磁场均匀性至少要达到10^9数量级。样品所经历的任何磁场变化均会导致共振频率的扩展，使谱线展宽。因为从一个小区域内获得均匀性比较容易，所以可以使用一小块样品来获得均匀性。但是对于磁矩较小的原子核来说，需要大的样品尺寸。严格的均匀性是通过传输直流电流给产生小磁场的小线圈来实现的，这种线圈称为“匀场线圈”。匀场线圈位于磁体的极面上，其几何形状适合产生各种形式的磁场梯度，以抵消磁体自身产生的磁场梯度。将样品管绕其自身轴以高达 50 Hz 的速率旋转，以提高其有效均匀性，使用样品架以实现样品管旋转，该样品架是由压缩空气驱动的涡转机，旋转频率应大于磁场波动速率，这样一来，样品只经历了平均场，而不是一系列场，温度需严格控制。

频谱数据必须长时间积累和存储，以获得期望的信噪比。在此期间，由于螺线管内的微小电阻，以及室温的变化和其他影响，磁场中可能存在小小的偏移。如果磁场或射频频率有明显的波动，那么高度均匀的磁场几乎没有任何意义。由于拉莫尔关系，磁场和频率不需要严格保持不变，只有它们的比值非常重要。通过使用氘代溶剂的^{2}H NMR 信号的场/频率控制程序来获得所需的稳定性，例如 $CDCl_3$、C_6D_6 等，其中任何变化均用于控制小辅助磁场的强度，它可补偿主磁场的偏移。氘锁定通过保持静态磁场（$\boldsymbol{B}_0$）和射频场（$\boldsymbol{B}_1$）之间的恒定比率来防止 $\boldsymbol{B}_0$ 和 $\boldsymbol{B}_1$ 的变化，它可确保磁场长期稳定。

13.1.2　射频发射器

通过脉冲发射器，向待研究的原子核发射射频辐射。波形发生器产生连续正弦振荡电压信号（以特征频率），该输出通过脉冲发生器打开和关闭，形成脉冲调制信号，频谱仪计算机控制脉冲发生器。脉冲被放大并发送至 NMR 探头。为了进行不同种类的双共振实验，应该提供一个可变频率的第二射频源。所述脉冲的持续时间既会影响可被激励的频率范围，也会影响所得核磁化。使用磁场强度为 2.349T 的仪器来录取非^{1}H 核的频谱，需要适合于被测核的不同射频源。例如，对于 2.349T 的磁场，^{1}H 需要 100MHz，但^{19}F 的共振谱需要使用 94.07MHz 的射频源才能够录取，而^{13}C 需要 25.14MHz 的信号源。

13.1.3　核磁共振探头

位于磁场中心的探头是带有样品架的电子设备，其中包括接收器和发射器线圈以及旋转器。射频通过发射线圈施加到样品上。探头里包含用于探测微小 NMR 信号的电子元件。探头的中心部件是接收来自发射器的射频脉冲，并将其辐射到样品上的导线，它也接收来自样品的信号，并将其传递给接收器电路。在共振时，接收线圈中感应出电压信号，可检测样品磁旋比，探头保持并使样品绕其垂直轴自旋，以平均磁场的不均匀性。为了保持磁场和频率锁定，必须发送和接收另外一个频率。

13.1.4　计算机

FT NMR 频谱仪的一个突出特点就是数字计算机的应用。实际上，频谱仪的所有功能都由计算机控制，它在实验装置中起着至关重要的作用。计算机控制射频发射器和接收器，存储并处理流入的数据，并把结果传送给记录仪。计算机还可以用来操纵、比较、加、减或模拟频谱或控制更复杂的脉冲序列。目前，计算机通常可作为录取设备。

13.2 射频脉冲

在 CW NMR 实验中，使用相对较弱的射频（ rf ）磁场（ $\boldsymbol{B}_1$ ）来激发，其场强仅为 μT 的十分之几。在脉冲 NMR 实验中，使用0.01 ~0.4 T 范围内更强的 B_1 磁场。为了避免自旋系统的饱和，这些强磁场仅以射频脉冲的形式施加几微秒。脉冲的持续时间既会影响可激发的频率范围，也影响合成核磁化的方向。图 13.2 所示为一段射频脉冲序列。

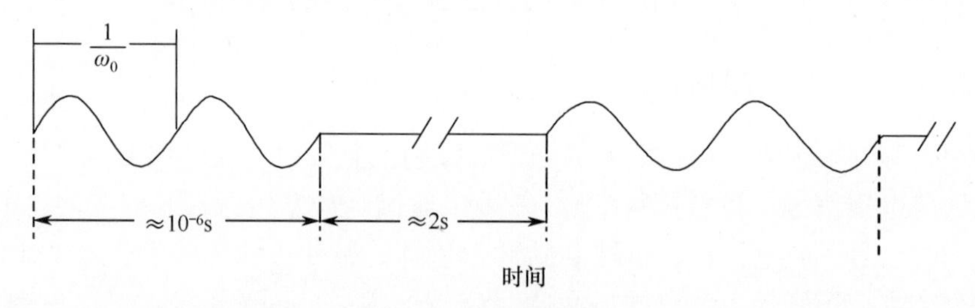

图 13.2 射频脉冲序列

射频脉冲接通到 rf 发射器上，在短时间内能量突发，其施加频率在其共振频率附近。施加一个短的强射频脉冲覆盖待研究原子核共振频率区域，以便同时激发该区域内的所有核。只要脉冲开启，就会对样品施加恒定的力，使其磁化并关于射频矢量进动。沿着 $+x$ 轴、$-x$ 轴、$+y$ 轴、$-y$ 轴中的其中一个轴施加脉冲，可使沿着 $+z$ 轴（ $\boldsymbol{B}_0$ ）的净磁化在不同方向上偏转。它诱导（ x,y ）磁化。通过选择脉冲的适当持续时间来控制 $+z$ 磁化的旋转程度。因此，术语“90°（或 π/2）脉冲”实际上指的是脉冲的持续时间扳转 z 磁化矢量 90°，如图 13.3 所示。标注如 x 或 y 通常放置在脉冲角后面作为下标，以指示该脉冲的施加方向。因此，一个 $90°_x$ 脉冲是指沿 $+x$ 轴方向的脉冲使核磁化旋转 90°。90°脉冲均衡了两个粒子数，也完全将平衡磁化转换成 y 磁化，M_y 。如果把平衡磁化扳转 90°需要花费 tμs ，偏转 45°就需要花费 1/2 的时间，即 $t/2$μs 。换句话说，180°（或 π）脉冲将会需要两倍的时间，即 $2t$μs ，来使 z 磁化反转，使其沿 $-z$ 轴方向。因而，通过适当选择脉冲的持续时间来实现不同的翻转角。对于典型的射频场强，90°脉冲持续时间约为 10μs。最常用的脉冲具有 90°或 180°翻转角。180°脉冲通过交换 $m = +1/2$ 和 $m = -1/2$ 能态的粒子数，以反转粒子数差 Δn（图 13.2），这将导致高能态中出现原子核玻耳兹曼过剩，这种自旋系统具有“负自旋温度”。脉冲被关断后，激励过程后的弛豫状态立刻出现，并检测到其以指数形式衰减，称为自由感应衰减（FID），并通过 FT 转换成通常的 NMR 频谱。

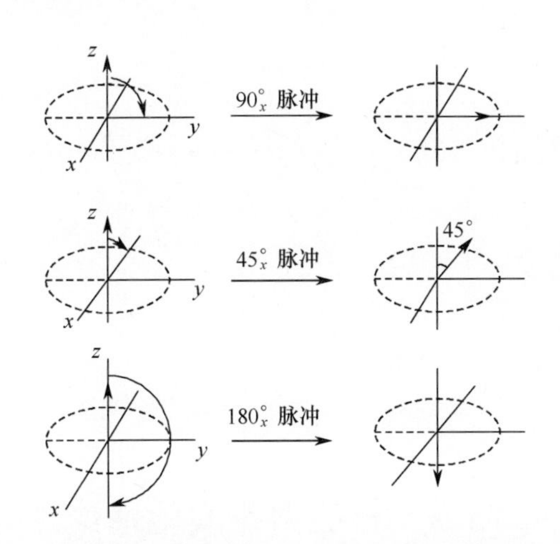

图 13.3 在 x 方向施加射频场 $\boldsymbol{B}_1$ 后，旋转坐标系中磁矩矢量 $\boldsymbol{M}$ 的位置

(a) $90^\circ{}_x$ 脉冲；(b) $45^\circ{}_x$ 脉冲；(c) $180^\circ{}_x$ 脉冲。

虽然最大强度的信号是由 90°脉冲产生的，但是为了减少由自旋-晶格弛豫时间决定的 z 磁化的恢复时间，使用小的偏转角来实现数据的累积是可取的。在 FT NMR 谱中使用的脉冲通常存在于整个频率范围内，这些脉冲称为硬脉冲。然而，在一些情况下，例如，如果溶剂信号将达到饱和或某些共振将被选择性地激发，则使用具有小频率范围的软脉冲更为理想。

特定脉冲可转动核磁化方向，它由施加脉冲的方向来控制，这可以通过一个简单的法则来预测。沿某一轴施加脉冲，使磁化在另外两个轴定义的平面内绕该轴旋转。例如，沿 x 轴的脉冲将使 z 磁化在 yz 平面内绕 x 轴旋转；类似，沿 y 轴的脉冲将使体积磁化在 xz 平面内旋转。磁化的最终位置取决于所施加射频脉冲的持续时间。现代 FT NMR 频谱仪配备有脉冲发射器，能够在实验室框架内的（x,y）平面任何方向上产生横向磁化。

由脉冲造成磁化矢量偏转的翻转角 θ（以弧度为单位）由下式给出：

$$\theta = \gamma B_1 t_{\mathrm{p}} \tag{13.1}$$

式中：$\boldsymbol{B}_1$ 为沿 y 轴产生的磁场，与所施加磁场成直角；T_{p} 为以 s 为单位的脉冲持续时间。时间 T_{p} 的选择通常使 $\theta = 90^\circ$。由于频谱仪通常设置为检测沿 y 轴的分量，因此，总磁化中只有这个分量被记录为信号。脉冲将纵向（或 z 轴）磁化转换成沿 y 轴可检测的横向磁化。沿 y 轴方向的磁化分量大小由 $M_0\sin\theta$ 给出，其中，θ 为磁化方向偏离 z 轴的角度（图 13.4）。

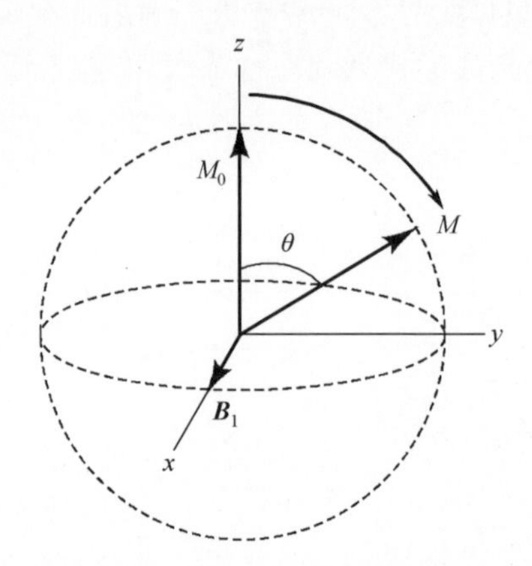

图 13.4　射频脉冲对处于平衡状态的核自旋的影响；
磁化从 z 轴沿 B_1 方向（y 轴）旋转角度 θ

13.3　核磁共振实验理论

通过计算简单的磁共振矢量模型，可以深入了解 FT NMR 频谱仪的工作原理。

13.4　拉莫尔进动和弛豫

考虑一个由大量相同的非相互作用自旋 1/2 原子核组成的样品。如前所述(第 10 章)，在强磁场 $\boldsymbol{B}_0$ 中，自旋 1/2 的原子核存在于两个方向中的一个方向上，这两个方向在所施加磁场方向（z 轴）上具有相同或相反的投影。对于磁旋比为正的核来说，$m = +1/2$ 能态上核略过量，其能量低于 $m = -1/2$ 能态上的原子核。样品中大量自旋的体积磁矩矢量 $\boldsymbol{M}_0$ 大小可以表示为沿 z 轴正向的箭头，箭头的长度与粒子数差成正比，如图 13.5 所示。平均意义而言，样品中的核自旋将均匀地分布在锥体周围，以由施加磁场决定的速度绕锥体进动，依据它的磁量子数（$m_I = \pm 1/2$），每个自旋对样品总 z 磁化的贡献为（$\pm 1/2)\gamma(h/2\pi)$，其中 γ 是磁旋比。在热平衡状态下，沿 z 轴正向的样品总磁化 $\boldsymbol{M}_0$ 为

$$\boldsymbol{M}_0 = (1/2)\gamma(h/2\pi)\Delta n_{\mathrm{eq}} \tag{13.2}$$

式中：Δn_{eq} 为粒子数差异。然而，在垂直的 x 和 y 方向，单个核磁矩的相位是随机的，因为没有横向磁场使它们方向一致，所以它们的矢量和抵消了。

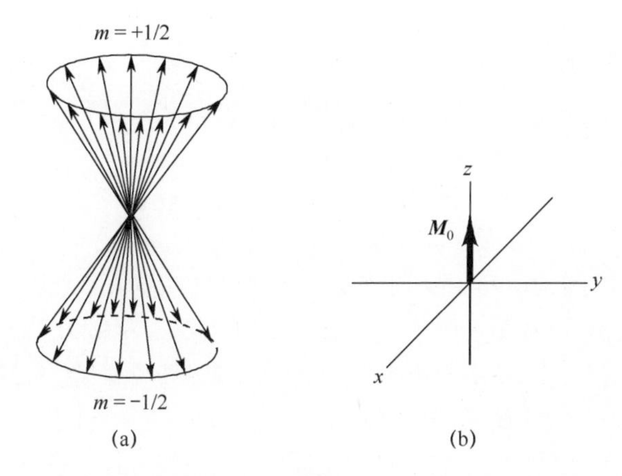

图 13.5　(a) 沿 z 轴施加磁场，在热平衡状态下，大量自旋 1/2 的自旋核的进动锥矢量模型，其中，稍微过量原子核位于较低能态 $m = +1/2$；(b) 大量自旋集合的净体积磁矩矢量

旋转坐标系：$\boldsymbol{B}_0$ 磁场中自旋体积磁矩矢量 $\boldsymbol{M}_0$ 的运动如图 13.6 所示。沿着 z 轴方向移动的磁化量 $\boldsymbol{M}$ 会受到由施加磁场 $\boldsymbol{B}_0$ 的影响，使其绕 z 轴以 $\gamma\boldsymbol{B}_0$ rad/s（或 $\gamma\boldsymbol{B}_0/2$Hz）的速度进动。磁场越强，原子核的磁旋比越大，进动就越快。在 NMR 实验中，测量了这种核的进动运动。一种方法是施加射频脉冲使其磁化位置沿着 z 轴偏移。偏移 z 轴的磁化量会投影到 xy 平面上，这部分即为测量到的 NMR 信号。

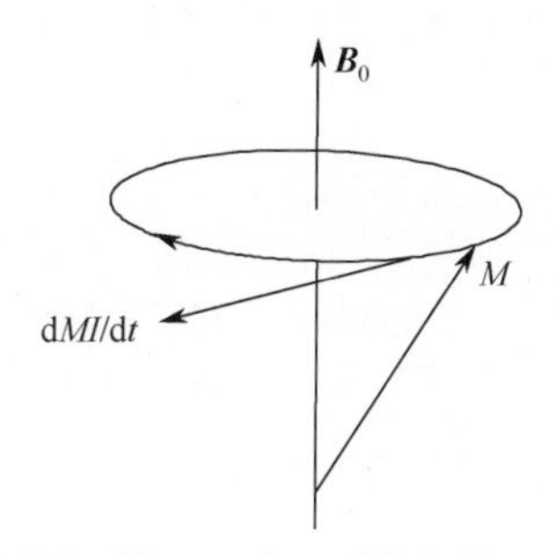

图 13.6　在施加磁场 $\boldsymbol{B}_0$ 中，磁化矢量 $\boldsymbol{M}$ 的进动运动

在 NMR 实验中，z 轴方向上有一个强静态磁场 $\boldsymbol{B}_0$ 和相对较弱的射频场 $\boldsymbol{B}_1(t)$（在 xy 平面上以频率 ω_{rf} 旋转）。总磁场就是 $\boldsymbol{B}_0$ 和 $\boldsymbol{B}_1(t)$ 的矢量和，如图 13.7（a）所示，该场稍微偏离 z 轴并以频率 ω_{rf} 绕 z 轴旋转。

在实验室坐标系下，当 $\boldsymbol{B}_1$ 缺失时，如前所述，M 将绕 $\boldsymbol{B}_0$ 以 $\omega_0 = r\beta_0$ (rad/s) 进动。很难想象在总磁化量 M 绕 $\boldsymbol{B}_1$ 进动的情况下，$\boldsymbol{B}_1$ 自身也要移动。为了简化这一问题，可以想象自己和射频场 $\boldsymbol{B}_1$ 以 ω_{rf} 绕 z 轴旋转。在这个旋转坐标系中，射频场对 x 轴来说是固定的。由于 NMR 频谱仪检测出的是偏移频率($\Omega = \gamma\Delta B$)，而非实际的共振频率（ω_0），因此使用旋转坐标系的概念很方便。假如 ω_0 和射频频率 ω_{rf} 相等，那么，像 B_1 中的 M 将会在旋转坐标系中保持固定。一般情况下，M 绕 z 轴进动的频率将会从 ω_0 降到：

$$\Omega = \omega_0 - \omega_{rf} \tag{13.3}$$

因为 $\omega = \gamma B$，在旋转坐标系中存在沿 z 轴的有效场 ΔB，由下式得出：

$$\Delta \boldsymbol{B} = (\omega_0 - \omega_{rf})/\gamma = \boldsymbol{B}_0 - (\omega_{rf}/\gamma) \tag{13.4}$$

其大小是由进动频率 ω_0 和射频频率 ω_{rf} 之间的差决定。因此，在旋转坐标系中，M 绕 $\boldsymbol{B}_1$ 与 $\Delta\boldsymbol{B}$ 的组合磁场进动（图13.7（b））。尽管 $\boldsymbol{B}_0$ 总是比 $\boldsymbol{B}_1$ 大，但如果发射机频率非常接近共振频率（$\omega_{rf} = \omega_0$），那么剩余场 $\Delta\boldsymbol{B}$ 仍然与 $\boldsymbol{B}_1$ 相当。值得注意的是，当 $\boldsymbol{B}_0$ 被核实际经历的磁场 $\boldsymbol{B}_0(1-\sigma)$ 代替时，$\Delta\boldsymbol{B}$ 取决于待测原子核的化学位移，其中 σ 是屏蔽常数。实验室坐标系下，$\boldsymbol{B}_1(t)$ 缺失时的进动频率变成了自旋的 NMR 频率 $\gamma\boldsymbol{B}_0(1-\sigma)$。

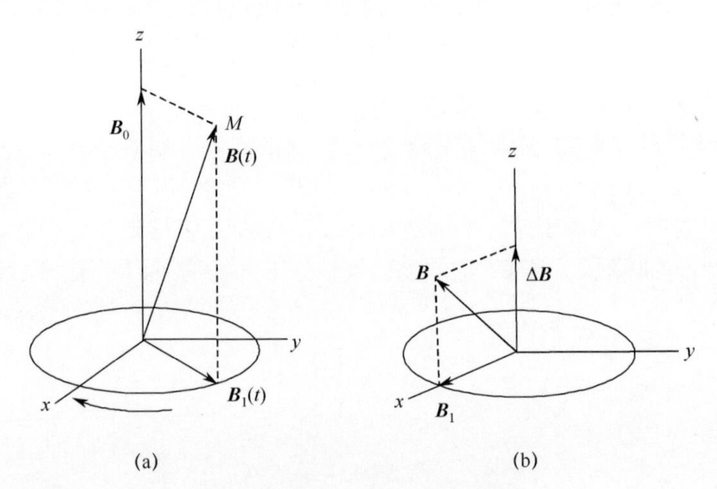

图 13.7　NMR 实验中存在的磁场

（a）实验室坐标系；（b）旋转坐标系。

脉冲 NMR 最重要的特点是能够同时且均匀地激发具有不同化学位移（即不同的 $\Delta\boldsymbol{B}$）的原子核。例如，在 500 MHz（= 10ppm × 500）的频谱仪中，^{1}H的共振频率典型范围是 5 kHz。因此，强度 $\gamma\boldsymbol{B}_1/2\pi \gg 5$Hz 的 90°脉冲将扳转样品中所有质子的磁化矢量到 y 轴，与其共振频率无关。从具有随机相位的平衡状态开始，沿着旋转坐标系中 x 轴的脉冲使自旋集合到一定程度而产生净 y 磁化，这称为相干性。

在 90°脉冲之后，当 $B_1 = 0$ 时，旋转坐标系中唯一剩余场 ΔB 是沿 z 轴的，因此，M 在 xy 平面内以频率 $\gamma\Delta B$ 进动，如图 13.8 所示（$\Delta\boldsymbol{B}$ 由式 13.4 给出）。

$$\Omega = \gamma\Delta\boldsymbol{B} = \gamma\boldsymbol{B}_0(1-\sigma) - \omega_{rf} \tag{13.5}$$

式中：ω_{rf} 为射频场频率，化学位移是通过屏蔽常数 σ 引入的。当几种不同类型原子核受激发时，每种原子核均产生磁化，该磁化以其化学位移为特征频率进动。但是，当脉冲关闭后，这些自旋将恢复平衡态。

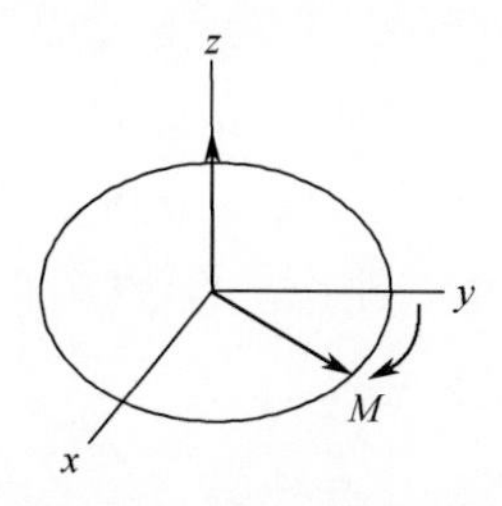

图 13.8　90°脉冲后 M 的变化，在旋转坐标系中，绕 z 轴以频率 $\gamma\Delta B$ 进动

自旋-晶格弛豫有助于在 z 磁化恢复至其平衡值，而自旋-自旋弛豫可以通过随机化单个自旋相位使 xy 磁化衰减到零。随机局部磁场使各个自旋进动频率产生小的时变波动，使得相干性丧失。

图 13.9（a）所示为 90°脉冲之后的时间间隔内的 M 变化规律，M ~ M_0 的纵向弛豫呈螺旋形衰减，M 随时间的变化如图 13.9（b）所示。横向磁化的振荡衰减由 NMR 频谱仪通过检测 x 轴上的接收线圈中感应电压得到，它随时间常数 T_2^* 以指数形式衰减到零，此信号称为"自由感应衰减"（FID）。自由感应衰减曲线是磁化的 xy 分量随时间衰减的曲线，它是随时间衰减的干涉（图 13.10），它是来自样品中各个核的振荡电压总和，每个振荡电压具有特征化学位移和自旋-自旋常数。样本中具有特征化学位移和自旋耦合常数的多种原子核单个振荡电压的集合，包含获得 NMR 频谱所需要的所有信息。射频场 B_1 在信号检测期间关断，因此这里检测到的信号是发射信号，这将在 y 方向上产生几乎线性极化的射频场。在 FID 中，振幅渐近衰减到零，而进动频率保持不变。振幅表示沿 xy 平面磁化矢量的圆周运动，它缓慢地弛豫到 z 轴。原子核的拉莫尔频率在 FID 过程中保持不变，因为这是原子核固有的性质。大多数相关信息位于 FID 包络线的起始部分，由 FID 傅里叶变换产生的频域，即为正常谱。

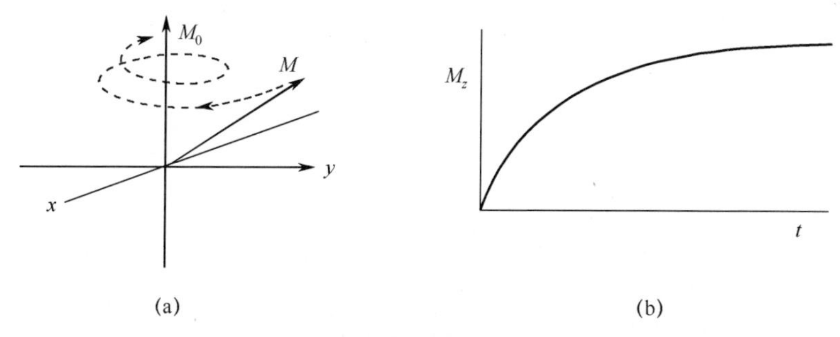

图 13.9　（a）随着 90°脉冲的磁化沿着 z 轴返回至平衡状态，
M ~ M_0 的纵向弛豫呈螺旋形衰减；（b）M_z 随时间变化

检测到的振荡频率是NMR频率和激发频率之间的差值。虽然激发频率和NMR频率只有小小的差别，但前者依旧可以激发后者，由于以短脉冲形式施加激发频率，所以它实际上表现为频率的扩散，这是海森堡不确定原理的结果。当脉冲穿过样品，适当的频率被样品吸收并引起跃迁，因此，脉冲必须足够短，以覆盖期望频谱频率的分布范围。因此 $t_p \ll 4\pi\Delta v$ ，其中，Δv 是所用频率的范围。对于典型的化合物，使用 10^{-6}s 的脉冲，自由感应衰减曲线转换成一系列的数据点并存储在计算机存储器中。再次重复该脉冲并测量FID曲线，并将其与之前的FID信号累加，该过程需要重复大量脉冲。实际的NMR频谱干涉图更为复杂，因为该谱通常在较大频率差范围内包含许多NMR共振，这种干涉图是如前所述的自由感应衰减（FIDs）波形。FID曲线的傅里叶变换即为频谱（图13.10）。

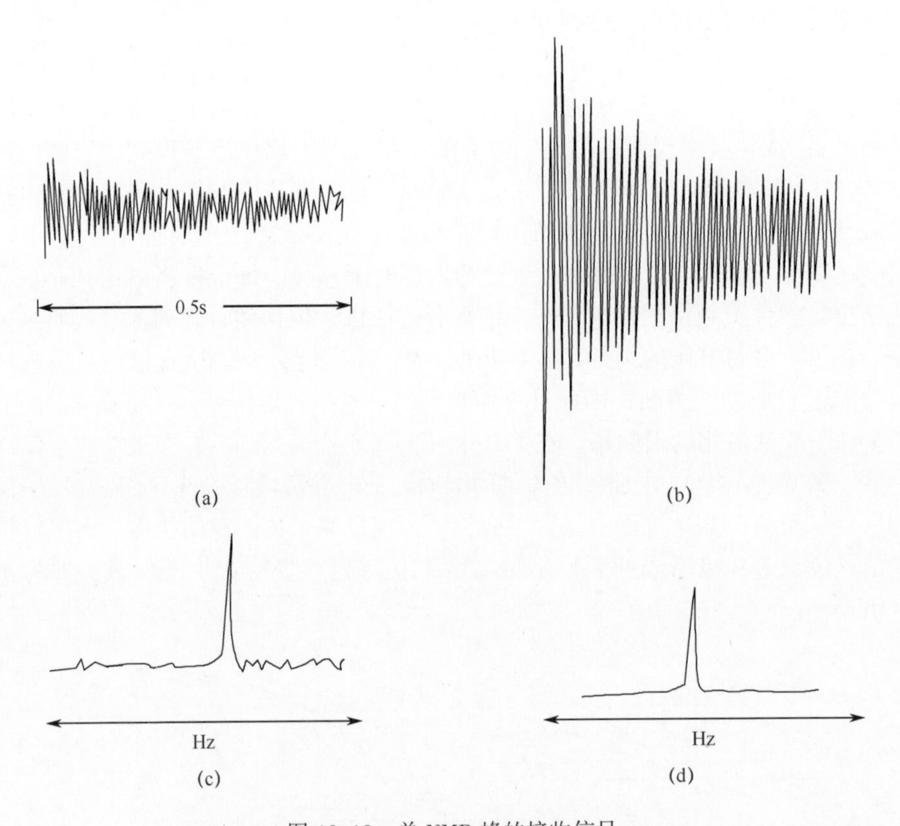

图13.10　单NMR峰的接收信号

（a）自由感应衰减（FIDs）时域波形；（b）中四个FID信号的总和；
（c）单FIDs的傅里叶变换；（d）图（b）中的傅里叶变换。

13.5 NMR频谱

检测器通常检测沿y'轴的信号，因此在90°脉冲后信号强度将达到最大。在随后的延迟中，检测器录取随时间指数衰减的信号，即自由感应衰减(FID)。录取的时域FID波形含有表征频域NMR信号的所有信息。FID曲线是时域中的表示，且谱迹是时间的函数$f(t)$，另外的表示方法是在频域中，谱迹是频率的函数$I(v)$。NMR频谱仪所获得的数据是时域FIDs信号，并存储在计算机中。NMR频谱的FID相当复杂，它是由包含噪声的多条共振谱线的FID叠加而来。它以数字形式存储在计算机存储器中，然后转化成频域频谱。数据从时域到频域的转换由傅里叶变换实现。在数学上，接收信号有时域$f(t)$和频域$I(v)$两种形式，其转换公式如下：

$$f(t) = \int_{-\infty}^{\infty} I(v)\exp(-\mathrm{i}2\pi vt)\,\mathrm{d}v \tag{13.6}$$

式（13.6）表示时域函数$f(t)$：

$$I(v) = \int_{-\infty}^{\infty} f(t)\exp(-\mathrm{i}2\pi vt)\,\mathrm{d}v \tag{13.7}$$

式（13.7）表示频域函数$I(v)$，其中$\mathrm{i} = \sqrt{-1}$。

时域FID曲线经过傅里叶变换得到频域频谱。时域信号与对应的频域信号构成傅里叶变换对。傅里叶变换给出了NMR频谱，它与CW频谱具有完全相同的形式，其中各个信号出现的位置将取决于各个原子核的进动频率，而信号宽度将取决于衰减横向磁化的寿命。

13.6 校　　准

在校准的图纸上录取频谱。对于^{1}H NMR谱，标准化合物信号设置在图纸右手侧的零线处。共振信号的位置是相对于参考化合物或标准标准化合物测量的。^{1}H、^{13}C和^{29}Si谱的参考通常是四甲基硅烷，缩写为TMS。如果参考物与所研究的化合物会反应，则可以通过将装有参考物质的小型密封管放入样品中或将物质添加到内管与外部玻璃管间的薄间隙中来引入外部标准。

用已知音频（如600 Hz）调制参考信号的方式实现CW仪器的校准，该音频比NMR谱线宽度大，这将导致音频的倍频处出现边带。通过改变所施加音频的功率，可以改变边频带中的强度分布。对于大多数情况下，只需要第一个边频带（见第11章）。该仪器的校准也可以通过测定标准样品谱来检查。在FT NMR实验中，经过数据处理之后的频谱频率直接可用。大多数NMR频谱仪内置电子积分器用于测量峰值下的相对面积（积分强度）。边频带的积分强度是一个阶梯函数，每一个阶梯的高度与对应于该阶梯峰值下的面积成正比。

13.7 FT NMR 的优点

FT NMR 具有几个优点，灵敏度是其主要优点。在一个阶跃中，与一次只检测一个共振频谱的慢扫描方式相比，采用一步法激励和检测每个频谱是更有效的。在 FT NMR 谱中，频谱范围内所有原子核均同时被射频脉冲激发。连续扫描之间的弛豫时间延迟可更加迅速地获得 FIDs。例如，与一个 FIDs 相比，CW 谱可能需要花费 100～1000 倍的时间。可以通过记录和累加数百个或数千个 FIDs 来提高灵敏度。FIDs 是顺序记录的，并且在傅里叶变换以获得频谱之前，这些数据已经存入了计算机内存当中。NMR 信号强度随扫描次数 N 成比例增加，而每次测量中随机变化的电子噪声之和为 $\sqrt{N}$，因此 N 个 FID 信号的积累使得信噪比改善 $N/N^{1/2} = N^{1/2}$ 倍。因此经过 400 次扫描，原来信噪比为 400，现在变成了 20，提高了 20 倍。对于大量的跃迁来说，灵敏度的提高是意义重大的。因此，极短测量时间内极大提高灵敏度是脉冲 FT NMR 的一大优势。脉冲 NMR 在时间节省方面称为"多脉冲复用技术"。通过 CW 频谱的累积来提高灵敏度需要大量的测量时间。应用傅里叶变换核磁共振，使得许多低敏感性、少同位素的丰核的检测成为可能。傅里叶变换方法的应用使自然同位素丰度 ^{13}C 的 NMR 频谱变得很常规。脉冲 FT NMR 还可以用来研究短生存期的不稳定分子。

脉冲 NMR 频谱仪的另一个优点是开辟了大量新实验的可能性，其中人们能够通过使用设计的脉冲序列，以特定方式激发自旋来控制 FID 中包含的信息。后面讨论的自旋－晶格和自旋－自旋弛豫时间的确定以及二维 NMR 实验均可作为例子来证明这一优点。

13.8 采样过程

样品置于直径 5mm 的薄壁玻璃管中，加入约 0.5mL 的样品溶液，放置于探头当中。对于不太敏感的核可用大直径管（10mm），以加入更多的样品。溶液应填充至管 2～3cm 的高度。常规的 ^{13}C 和 ^{14}P 谱的样品量约为 50～100mg，对于 ^{1}H 和 ^{19}F NMR 频谱，通常将 5～10 mg 或 10 μL 的样品溶解于 0.5ml 溶剂中。建议的最佳浓度是 20～25mmol 溶液，因此，虽然录取 ^{13}C NMR 频谱需要更高的浓度，但 ^{1}H NMR 频谱在低浓度下也易于测量。重复扫描和信号积累使得在数量非常小时，也可获得 ^{1}H NMR 频谱。然后加入参考化合物，管绕其纵轴以30rps的速率旋转，以进一步提高有效均匀性。虽然超导磁体是在液氮温度（4 k）下工作的，但是样品通常处于室温下。

利用惰性溶剂中稀释的样品溶液来获得高分辨率的NMR频谱。如果存在溶质－溶剂相互作用，化学位移将取决于浓度、溶剂和温度。对于质子频谱，通常使用部分氘代溶剂以避免溶剂质子共振谱遮蔽化合物的质子频谱。然而，更重要的是，自旋－活性氘原子核共振作为参考，是用来确保整个实验过程中所产生的频谱保持恒定或锁定。如果溶剂中存在质子（例如作为杂质），那么溶剂在考查区域不应该具有共振。市售氘代溶剂的是同位素纯度98%～99.8%。氘代溶剂中可能存在非氘代物质（杂质），且由于溶剂的过量使用，可能会在所得频谱中观察到残留的质子信号。由于残留的质子信号，$CDCl_3$和DMSO－d_6可能分别在δ7.26ppm和2.5ppm处显示信号。更常用的溶剂有$CDCl_3$、CCl_4、CD_3CN、DMSO－d_6、C_6D_6和D_2O。通常可使用诸如$CDCl_3$和DMSO－d_6的溶剂混合物，因为它具有与DMSO－d_6类似但黏性较低的溶剂化合物性质。氯仿－d_1相对便宜，在^1H NMR中最常用。当试图确定可交换氢时，一个非常有用的方法是加入几滴D_2O到溶液中，彻底摇动混合并录取频谱。该溶液应既不含有顺磁性杂质，也不含有不溶性杂质。浓度低至10^{-6} M的顺磁性杂质可明显使谱线展宽。

13.9　变温NMR

经常需要在不同的温度下录取NMR频谱。由于化学交换过程，某些化合物的共振谱具有温度依赖性。可变温度的研究有助于获得有关该进程的信息（见第14章）。旋转运动和分子间作用力也受温度影响。样品温度的变化会改变不同能级的自旋玻耳兹曼分布。温度降低会导致信号强度的增加；温度升高则会导致信号强度下降。在较高的温度下，难溶性化合物的溶解度也可以提高。不稳定的化合物可以在较低温度下稳定。

大多数NMR频谱都配备有附件，可将预热或预冷的氮气通入旋转样品管来改变样品的温度。该仪器可在－190～－200℃的范围内工作，所使用的溶剂必须在整个温度范围内保持液态。将诸如氮气或空气中的气体通过加热器后使其绕样品管来实现高温度，通过控制冷却剂（如液氮）的蒸发量来产生低温。另一种方法是利用焦耳－汤姆逊效应使气体直接从储气瓶通过探头内的小孔。高温下的测量，二甲基亚砜和硝基苯作为溶剂。在较低的温度下，丙酮－d_6和二硫化碳可在低至－100℃下使用。

第 14 章　动态 NMR 频谱法

14.1　前　　言

动态 NMR 频谱法（DNMR）是 NMR 频谱法的一个分支，它研究了广义的 NMR 频谱化学交换过程和相反的磁性核环境变化，这些均可通过观测 NMR 频谱得到。环境中的这些变化可能是由具有不同化学位移点和/或不同耦合常数位点之间的交换。许多时变过程会严重影响频谱，用这种方式获得最重要的一类信息包括所研究过程的速率常数，以及该过程的时间尺度，从而可测量到 $10^{-1} \sim 10^{6}\ s^{-1}$范围内的一级或伪一级速率常数。除了上述的大动态范围，与其他动力学方法相比，DNMR 技术具有以下几个优点。NMR 技术可直接给出关于部分分子受交换影响的信息，而其他方法通常不能得到，这些过程的动力学太快，不能由经典方法测出。

DNMR 频谱学提供了许多系统的动态特性和时变特性，特别是处于平衡态或仅涉及分子内运动的系统。它们与常见的化学反应不同，甚至可以研究交换导致的分子与原始分子无法区分的简并系统。频谱中可观测到的交换取决于实验的时间尺度（相对于分子重排列所需时间）。频谱学技术，例如红外线、拉曼频谱仪和电子频谱学需要耗时 $10^{-13} \sim 10^{-15}$ s，这些技术由于时间太短而无法检测到任何分子内部的移动。对于 NMR 频谱学，相互作用时间明显较大，为 $10^{-9} \sim 10^{-1}$ s。本章给出的例子均可说明可通过 NMR 频谱研究的各种现象，因此之后将描述实验现象，并说明这些现象的定性意义。

变温 NMR 频谱已广泛用于许多动态进程研究，且可获得关于交换过程的有趣信息。当这些速率过程的活化能是在 25 ~ 100 kJ mol^{-1}（5 ~ 25 kcal mol^{-1}）范围内时，重排的速率可以达到 $10 \sim 10^{6}\ s^{-1}$，该范围内温度从 +200 ℃ ~ −150 ℃。通过选择适当温度，可以控制分子重排。在较低温度下重排速率足够慢，可以探测单个分子或分子内的环境；在较高温度下，重排速率较快，可将来自不同分子或环境的信号在中间位置平均成一条线。因此，通过在一个合适的温度范围内研究 NMR 频谱，可以详细检查重排过程。

在绝大多数 DNMR 研究中，所需的动力学信息已经通过交换展宽频谱的分析获得，这称为“带状分析”。第一次应用是在 1956 年，是由 Gutowsky 和

Holm 所做的二甲基氨基的 N，N－二甲基甲酰（DMF）和 N，N－二甲基乙酰胺（DMA）中受阻旋转的经典研究。

14.2　对称双位交换

考虑 $A \leftrightarrows B$ 两位置交换，具有相同的前向和后向速率。频率速率常数 k 的范围如图 14.1 所示。对于非常慢的交换，可以在 v_A 和 v_B 的共振频率处观察到两个同样强度的窄峰。随着 k 增加，两峰开始展宽，并向彼此移动，然后进一步展宽，直到它们合并成单个共振。当 k 的大小与两交换位置共振频率差 $|v_A - v_B|$ 接近时，会发生这种情况。交换速率进一步增加会导致在平均频率 $1/2(v_A + v_B)$ 处出现窄的共振谱线，因此，如果交换足够快，这两个位点间共振频率差将减少到零，通过增加温度可观察到这些变化。

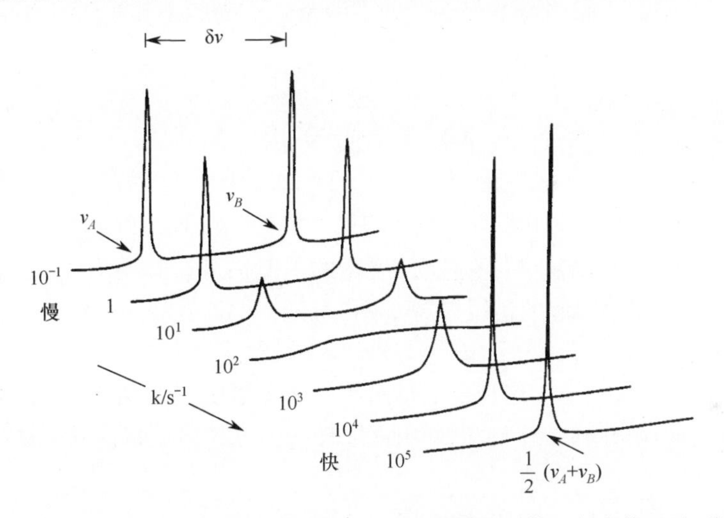

图 14.1　处于两个对称位置的一对原子核（具有相同粒子数）间交换以及不同速率常数 k 下的 NMR 频谱图

上述频谱中随温度变化的现象是由于不同的拉莫尔频率的磁场之间存在小的能量差。为了测量这种小的差异，在每个位点中的核生命期 τ 必须足够长。根据不确定性原理，生命期 τ 的下限由式（14.1）给出：

$$\tau\delta v \approx 1/2\pi \tag{14.1}$$

式中：$\delta v = \Delta E/h$，为频率差。如果生命期 $\tau \gg 2\pi\delta v$，则观察到独立的共振，如图 14.2 所示；如果 $\tau \ll 2\pi\delta v$，则会发现一个尖锐的单一共振；如果 $\tau = 2\pi\delta v$，则这两个共振叠加。要注意的是，在变温 NMR 中，两个峰的聚结与频率有关。所讨论的旋转异构体信号之间的间距越大，实现聚结所需的温度就越高。相对于交换核的共振频率 δv 的差，由交换速率 k 来确定过程是快、适中还是慢。

也就是说，这些变化的时间尺度取决于$(\delta v)^{-1}$。因为δv值通常几千赫兹，只有相对缓慢的平衡（秒到微秒）可通过NMR频谱法进行研究。稍快交换过程通常可以通过^{13}C NMR研究，因为其共振频率的分布范围更大（见第15章）。

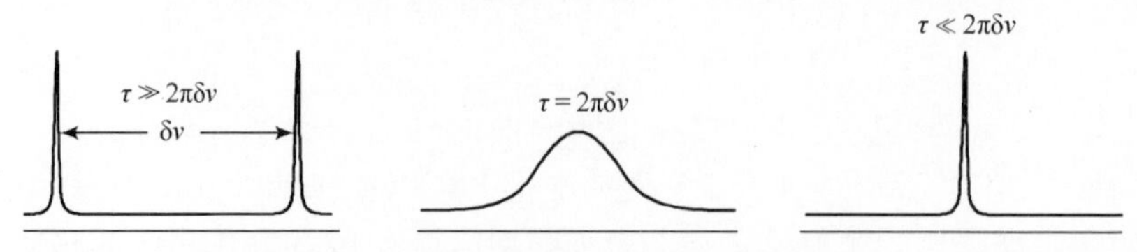

图14.2　激发态生命期τ对NMR频谱的影响

为了建立NMR频谱的谱线形状和上述动态过程动力学之间的定量关系，必须找到位置A和B中质子（原子核）的生命期和NMR信号的线形之间的关系（图14.1）。化学交换过程代表横向弛豫有效机制，其对NMR谱线形状的影响是T_2的函数。布洛赫方程（此处不涉及）作为频率和横向弛豫时间T_2的函数可用于描述共振信号的形状。

14.3　慢交换

在A和B每个位置中滞留时间τ的最大值处，可观察到v_A和v_B的分离信号，它称为慢交换区域。共振是交换展宽的，但仍可在频率为v_A和v_B处找到（图14.1）。由交换引起的谱线展宽（图14.3）可定义为

$$\Delta v = k/\pi = 1/\pi\tau \tag{14.2}$$

即交换越快，谱线越宽。这种影响是由于生命期展宽（见第5章），交换核的自旋不一定具有相同的方向，因此引入额外的弛豫，以使得谱峰展宽。

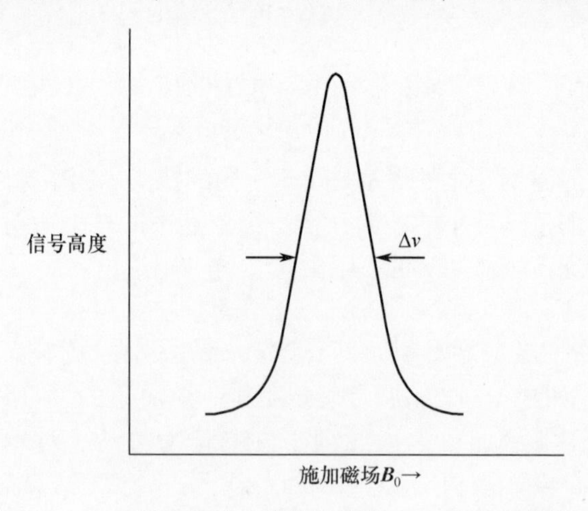

图14.3　NMR吸收谱峰（洛伦兹曲线）；Δv为半高宽的1/2

14.4　快交换

如果生命期极短，则两个共振将在平均共振频率处合成，以形成单个展宽的共振，这称为快交换。由化学位移引起的额外谱线宽度由式（14.3）给出：

$$\Delta v = \frac{\pi\,(\delta v)^2}{2k} = \frac{1}{2}\,(\delta v)^2\tau \qquad (14.3)$$

式中：$\delta v = v_A - v_B$。由于在两个环境 A 和 B 中更有效的平均，在快速交换中观察到的单线将变窄，且随着速率提高，将具有一个正常的线宽。快速交换使得自旋经历有效的局部场，这是它们两个跳跃位置之间的平均值。因为每个自旋花费了近 50% 的时间在每个能态中，所以快速交换中，共振发生在平均频率 $1/2(v_A + v_B)$ 处。

14.5　中速交换

在中等生存期间，谱线形状将变得更复杂，且最终两个共振频率合并。当平滑掉两谱峰之间的谷时，两共振恰好合并成单宽带谱，其条件是：

$$k = \frac{\pi\delta v}{\sqrt{2}} = 2.2\delta v \text{ 或 } \tau = \frac{\sqrt{2}}{\pi\delta v} \qquad (14.4)$$

速率常数由关系式 $k = 1/\tau_C$ 得出。在失去多重结构的聚结中，聚结停留时间为 τ_C。在一定条件下，信号的聚结通常是某些平均过程的一个有力的证明，如分子内发生重排或受阻旋转。

式（14.4）给出了聚结温度下两个相等粒子数的位置（$P_A = P_B$）之间进行交换的速率常数 k。当 k 大于式（14.4）的右侧时，预计在平均共振频率处有一条单谱线；另一方面，当 k 很小时，应出现两个单独的共振（图 14.1）。即，当 $K/\delta\nu < 2.22$ 时，在 v_A 和 v_B 处观察到分开的信号；当 $K/\delta\nu < 2.22$ 时，平均信号记录在 $(v_A + v_B)/2$ 处。如果交换足够快，将观察到（某些）信号的聚结。式（14.4）表明在 100 MHz 频谱仪中，当 $k = 220\ \mathrm{s}^{-1}$ 时，即当两个位点的平均生命期是 4.5 ms 时，化学位移差为 1 ppm 的两个质子的共振将会合并，然而在 500 MHz频谱中，当速率等于 1100 s^{-1}（生命期为 910 μs）时，两条谱线才会聚结。

两个峰值合并聚结时的温度是一种特别有用的温度。在此温度下，通过式（14.4）得出生命期 $\tau = \sqrt{2}/[\pi(v_A - v_B)]$，因此，可以确定速率常数，从而可获得该过程的势垒或激活能。当速率足够高时，能态的生命期将小于临界值，使得信号无法分离。对于超过两个位点之间的交换或那些涉及不对等浓度的交换，情况比较复杂，但原理是相同的。

为了确定相互转换的速率，考虑这样这样一个例子：两个共振，其具有3.00 ppm的化学位移差，对应于^{13}C NMR频谱仪频率64 MHz时的频率差δ_v = 192 Hz。在-38℃时，慢交换的谱线展宽Δv = 2.7 Hz，由式（14.2）得出，$k = 2.7\pi = 8.15\ \mathrm{s}^{-1}$；在9℃时，$k = \pi(192)/\sqrt{2} = 427\ \mathrm{s}^{-1}$，两个峰聚合；在31℃时，两条谱线合并，得到一个单峰交换展宽为23.4 Hz。在快速交换极限下使用式（14.3），可得$k = (1/2)\pi(192)^2/23.4 = 2475\ \mathrm{s}^{-1}$。

在中等生存期间可获得展宽的谱峰，其形状由$\tau v_0 \delta$决定，其中δ为在没有交换的情况下两个共振之间的化学位移差。聚结因素更为复杂。

在较大温度范围内进行完整的谱线形状分析对于动力学测量来说，通常是可取的。通过最小二乘法拟合程序进行谱线形状分析可以得到该过程的活化能，并给出有关机制的信息。然而，这需要很大的努力，因此除了使用完整的线形分析外，还有许多近似解决方案。其中最著名的是式（14.4），它给出了在聚结温度T_C（K）下，有两个同样粒子数位点之间交换的速率常数。这使得可使用艾琳方程在此温度下获得在该过程中的能量势垒。代入参数，可以得

$$\begin{aligned}\Delta G &= RT_C[22.96 + \ln(T_C/\delta_v)]\ \mathrm{kJ \cdot mol^{-1}} \\ &= 8.3 \times 10^{-3} T_C[23 + 2.3 \log_{10}(T_C/\delta_v)]\ \mathrm{kJ \cdot mol^{-1}}\end{aligned} \tag{14.5}$$

式中：R为气体常数。由此获得的能量势垒值取决于温度。

14.6 内旋转势垒

叔酰胺通常表现出两种旋转异构体形式，这取决于R'和R"基团的相对大小（图14.4）。酰胺C－N键具有部分双键特性以及共振杂化，其结构如图14.4（b）所示，因此其势垒范围为40～100 kJ mol^{-1}。当R' = R"时，预期两个旋转异构体的比例为1∶1。

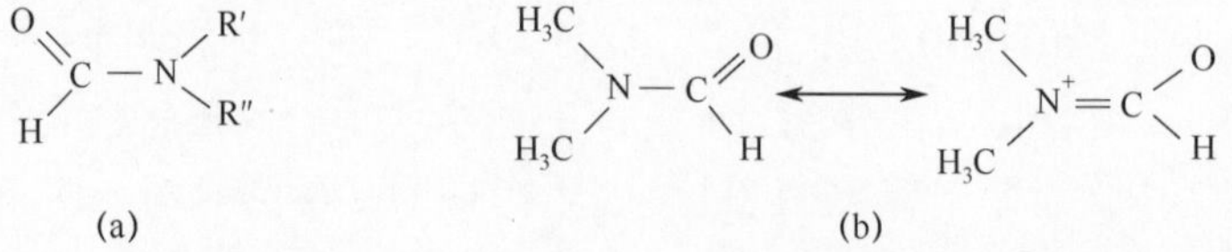

(a) (b)

图14.4 （a）叔酰胺结构式；（b）N，N－二甲基甲酰胺的共振形式结构式

N，N－二甲基甲酰胺（DMF）是最简单的叔酰胺，其结构是平面的。二甲基可以在两种相同能量形式之间经历180°旋转互换；该两种能量形式具有

相同的正向和反向一级速率常数（图 14.5）。N－二甲基甲酰胺的 N－甲基共振在 25℃是双重峰，因为绕 C－N 键的旋转受到限制。氮的孤对电子与羰基碳形成部分双键，且两个甲基位于不同的化学环境中。在室温下，内部旋转较慢，^{1}H 包含两个相同强度的甲基共振（顺式和反式到 C＝O 基上）尖谱峰，分别处于 δ 2.84ppm 和 3.0ppm 处。两个甲基信号之间的化学位移差源于羰基的各向异性。每组甲基质子的共振频率从 $v_{顺式}$ 跃迁到 $v_{反式}$，反之亦然，其平均跃迁时间为 $\tau = 1/k$。在较高温度下，C－N 键的旋转发生得足够快，以平均甲基两种不同环境，且在 118℃两个峰聚结。如果化合物被加热，旋转速率和谱线形状的变化如图 14.6 所示。由阿列纽斯型（Arrhenius）温度－速率曲线中可获得活化能 E_a 和焓 ΔH 的值。速率常数由 $k = 1/T_C$ 得出，其中 T_C 是聚结温度。在 DMF 中，旋转的活化能势垒大约为 86 kJ · mol^{-1}。

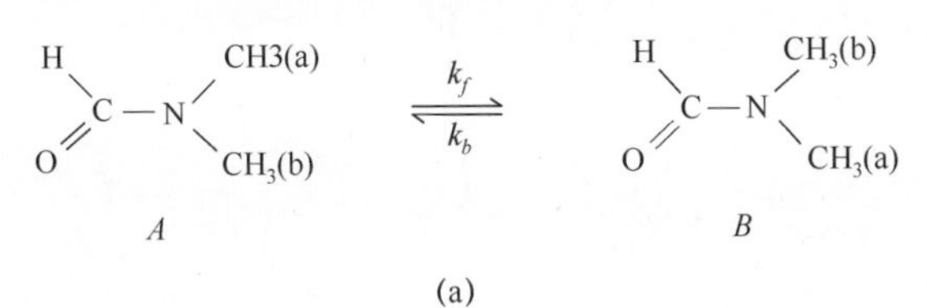

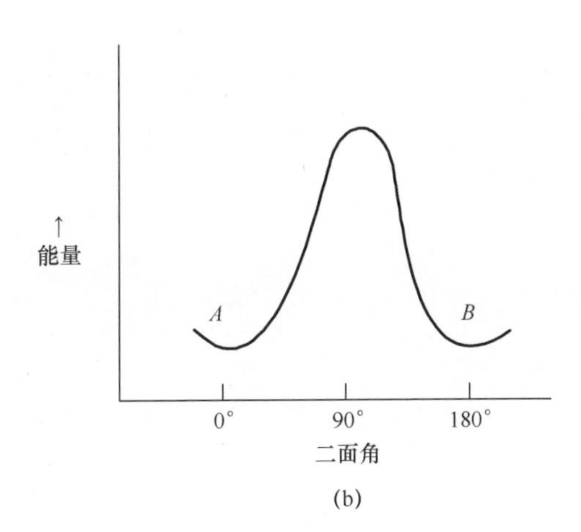

图 14.5　（a）N，N－二甲基甲酰胺对称双位点交换；（b）势垒内旋；在过渡状态下，N－C＝O 平面垂直于该分子的 C_2N－C 骨架

对称双位交换的另一个例子是 N，N－二甲基亚硝胺（图 14.7）。通过亚硝基围绕 N－N 键（部分双键）做 180°旋转是分子的两种构型相互转化。在过渡状态下，NNO 平面垂直于该分子的 C_2NN 平面。已知受阻旋转的活动能是 96 kJ · mol^{-1}。已经研究了硫代酰胺、氨基甲酸酯、腈等的变温 NMR 频谱，且已确定受阻旋转的活化能。

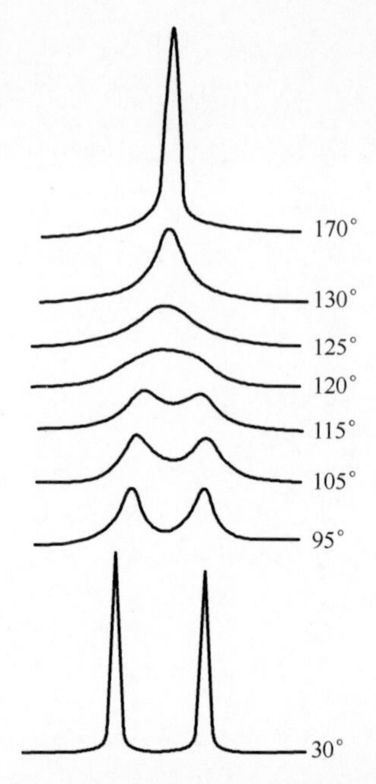

图 14.6　N，N－二甲基甲酰胺的可变温度^{1}H NMR 波谱

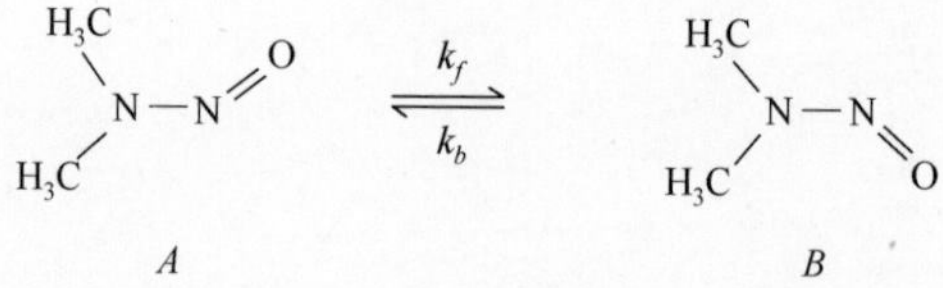

$$(H_3C)_2N-N{=}O \;(A) \underset{k_b}{\overset{k_f}{\rightleftharpoons}} (H_3C)_2N-N{=}O \;(B)$$

图 14.7　N，N－二甲基亚硝胺 N－N 键的旋转

14.7　非对称双位交换

具有相同粒子数的双位交换是一种特例，更一般的情况是，两位点可具有任意粒子浓度。例如，如果二甲基亚硝胺中甲基之一被苄基所取代（图 14.8），两个构象异构体粒子数不同，因此前向和后向速率也有所不同。然而，180°翻转的亚硝基仍然会改变甲基质子的化学位移。

假设两个位点的粒子数以分数表示，为 P_A 和 P_B（即 $P_A + P_B = 1$），且两个一级速率常数分别是 K_A 和 K_B：

$$A \underset{k_B}{\overset{k_A}{\rightleftharpoons}} B \tag{14.6}$$

$p_A k_A = p_B k_B$ 时平衡。两位点的平均生命期是 $\tau_A = 1/k_A$ 和 $\tau_B = 1/k_B$。

在慢交换限制下，生命期展宽为

$$\Delta v_A = k_A/\pi = 1/\pi\tau_A \text{ 和 } \Delta\nu_B = k_B/\pi = 1/\pi\tau_B \tag{14.7}$$

低浓度种类具有较短的生命期和展宽的谱，对于快速交换，在加权平均频率处可观察到单个共振：

$$v_{\mathrm{av}} = p_A v_A + p_B v_B \tag{14.8}$$

谱线展宽由式（14.9）给出：

$$\Delta v = \frac{4\pi p_A p_B (\delta v)^2}{k_A + k_B} \tag{14.9}$$

式（14.9）为期望表达式，由于每个原子核在 A 点和 B 点存在的时间分别占其总时间的比例为 P_A 和 P_B，因此可得到加权平均共振频率。当 $P_A = P_B = 1/2$ 和 $k_A = k_B = k$ 时，这些表达式简化为对称交换的公式。随着温度的增加，其频谱变化规律与对称交换的一致，即谱展宽，聚结（合并）以及随后的变窄。

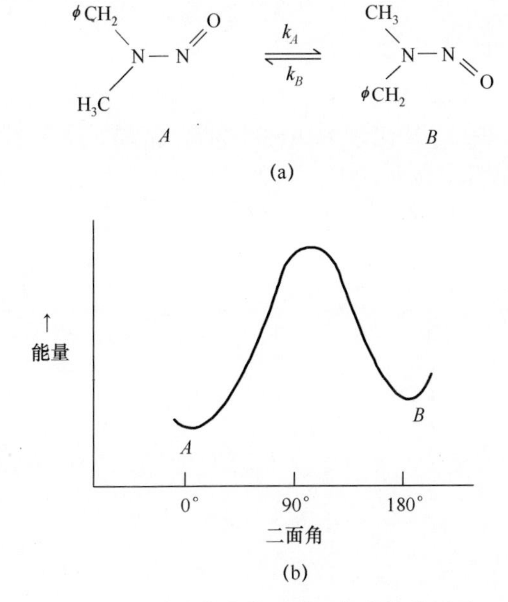

图14.8 （a）苄基甲基亚硝胺作为非对称双位交换的例子（ϕ表示苯基）；（b）N－N键内部旋转势垒

上面所讨论的两个位点之间交换的原理可以扩展到多个位点交换的过程。然而，频谱会更加复杂，且需要由计算机进行分析。交换以外的过程也可能导致共振频率差的平均。重要的例子是在溶液中通过分子翻滚使偶极和四极分裂平均。^{13}C 质子去耦频谱中，每个不等价碳原子在没有其他磁性核的情况下产生单重态，非常适合化学交换过程的研究（见第15章）。上述讨论集中在通过快速交换平均化学位移，同样的原理也适用于自旋－自旋耦合和弛豫时间，此话题这里不讨论。

到目前为止，只讨论了构象平衡，现在将讨论其他化学交换的例子。通过一些例子来研究各种交换过程。

14.8 环反转

在不同速率的转化过程中，环状化合物的反转研究已经引起了特别的关注。NMR 频谱有助于了解饱和和不饱和环系统的构象变化。在这里，环己烷的反转作为经典实例已被广泛研究。环己烷在室温下是椅状，其中 C－C 键角都是 109.5°，从而没有角应变，也没有扭转应变。所观测到的势垒为 45 $kJ \cdot mol^{-1}$，可将椅式构象（ a' ）通过高能构象（如船式或扭船式）反转成等价的椅式构象（ a' ），如图 14.9 所示。能量仍然足够低，以允许从一个椅式构象到另一个椅式构象的快速转化率。该椅式构象比船式构象更为刚性。船式构象可以通过假设扭曲构象减轻一些它的扭转应变。在椅式构象中，所有 C－H 键均是直立或平伏。当一个椅式构象反转到另一个时，它们将互换。扭船构象是 23 $kJ \cdot mol^{-1}$,高于上面的椅式构象。椅式和扭船式之间存在平衡，室温下以较稳定的椅式构象存在，其比例为 10000 : 1 。船式和扭船式构象之间的转变只通过围绕 C－C 单键旋转而发生。这种一般由低能量势垒区分的构象转变称为伪旋转。

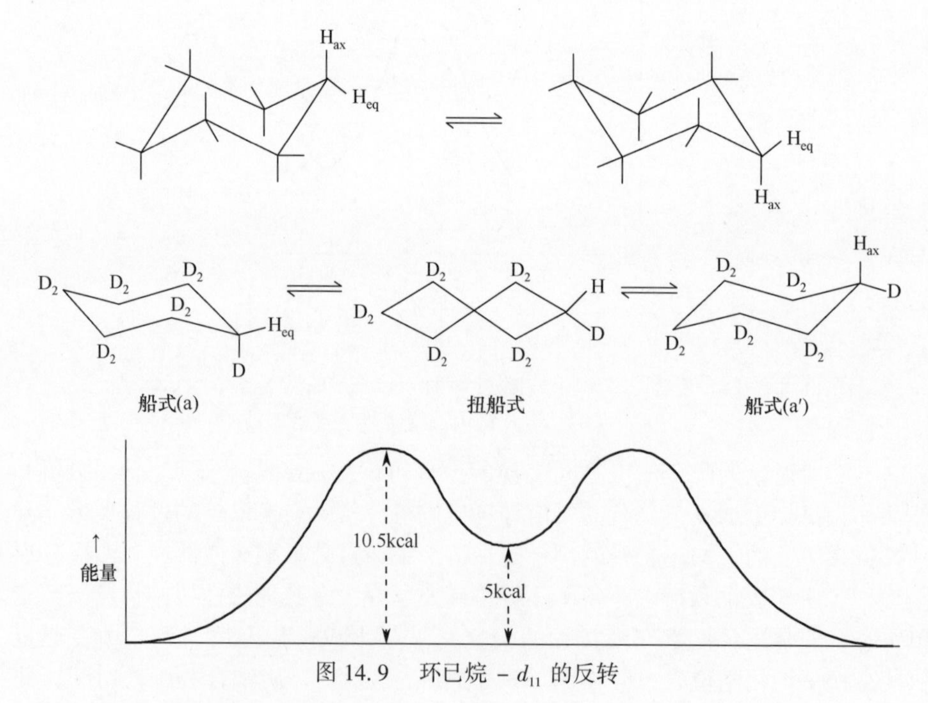

图 14.9　环已烷 － d_{11} 的反转

环已烷反转速率的测量取决于一个事实，即直立和平伏质子具有明显不同的化学位移。直立质子出现在低场，环反转后，它们交换环境。在常温下，这一过程是非常迅速的，所有质子均显示为单个窄峰。因此在室温下，环己烷 ^1H NMR 频谱仅显示一个单峰。在低温下，不同构象环己烷之间的互换变得缓慢，解析直立和平伏质子的化学位移，可以发现频谱出现复杂的自旋-自旋分裂，频谱变得相当复杂。通过用氘替代所有质子而不是某个质子，即 C_6HD_{11}，可避免频谱的复杂性。如果质子和氘原子之间的自旋-自旋相互作用可通过去耦来消除，则可获得环己烷-d_{11} 的简单频谱。对于环己烷-d_{11}，在 -89℃下，可观察到两条相等强度的尖锐单谱线，它们在 -60℃下聚结。两个共振对应于两个椅式构象的直立和平伏氢原子。在此温度下，τ 接近 0.008s，$k = 69\ s^{-1}(1/2\tau)$，也研究了几种单取代的环己烷。

14.9　流变分子

在很多情况下，如上所述的分子振动或分子内分子内重排将分子从一个核构型中转移到另一个构型中，由此产生的两种或以上的构型是化学等价的，且这种立体化学非刚性分子称为流变分子。因为有能量相近的交替结构，五配位化合物通常是立体化学非刚性的，因此，一类重要的流变分子是具有三角双锥结构的分子。在 XY_5 型分子中，两顶端原子与三个平伏原子等价但并不相同，但这三个平伏原子是等价的。然而，从 PF_5 的 ^{31}P 谱图和 $Fe(CO)_5$ 的 ^{13}C 谱图可知，所有 Y 原子均是等价的，尽管具有较短时间尺度（如红外和拉曼频谱、X 射线和电子衍射）下的其他实验数据均证实其为三角双锥结构。PF_5 的 ^{19}F 频谱是 1:1 的双重态，因此五个氟是等价的，它们的信号通过与 ^{31}P 核耦合而分裂。同样，$Fe(CO)_5$ 的 ^{13}C 频谱表明所有 5 个 CO 基团是等价的。由于发生在 NMR 时间尺度上的平均进动较快，即非等价位点之间的交换速率大于共振频率差，所以相对于平伏原子核基团，并不严格对称的直立原子核基团变得有效等价。

大多数情况下，三角双锥体和正锥体结构的能量差很小。在溶液中，具有单齿配体的三角双锥配合物通常具有高流动性，因此，在某一时刻是直立配体下一刻将变成平伏配体，可能发生从一种立体化学到另一种立体化学的转换。例如，中性分子 PF_5 和 $Fe(CO)_5$ 在晶体中具有三角双锥结构，然而在溶液中，配体交换它们的直立和平伏位置，其交换速率在 NMR 时间尺度下较快，而在红外时间尺度下较慢。Berry 表示，相互转换是通过简单的角度-变形运动来实现的，且以这种方式可使三角双锥体的直立原子和平伏原子互换，这种交换的 Berry 机制如图 14.10 所示。正方形锥体结构可以两种方式返回到三角双锥结构，一种是简单地回到原来位置，另一种是将平伏原子置于直立位置处，将原来的两个直立原子置于平伏原子处。这个过程可以与其他原子重复。此重排只涉及一个振动过程，且无键断裂，它解释了 5 种氟的等价性，以及 PF_5 分子中^{31}P和^{19}F的自旋-自旋耦合。Berry机制通常称为伪旋转。

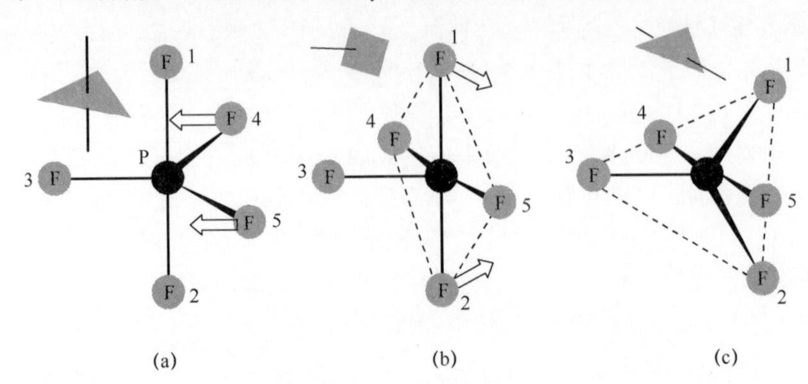

图 14.10　Berry伪旋转，其中三角双锥PF_5分子扭曲成四方锥结构，然后再次成为三角双锥结构

如果这些伪旋转足够快，例如每10^{-4}s内有一个发生，那么F或CO原子将迅速从一个环境中移动到另一个，以至于在NMR实验中，它们看成是等价的。因为在正常条件下进行NMR观测到的特征时间尺度比单个顶点处核的单独停留周期大若干倍。在诸如PF_5和$Fe(CO)_5$的情况下，重排过程的活化能非常小，以至于低温下，在NMR实验中不能充分地减缓该过程，以便观测对称不等价的环境。

SF_4分子：在-100°C时，SF_4的^{19}F谱显示出两个强度相等、间距为48 ppm的三重态。这表明分子中有两对结构不等价的氟原子，两种氟化物的耦合常数约为78 Hz。SF_4的结构（图14.11）可以认为是畸变的三角双锥体，且硫原子的平伏位置被孤对电子所占据。升高温度，在-94 ℃时，SF_4的三重态信号变得平均，两个氟信号在接近-20℃时聚结，这个过程的活化能约为17 kJ · mol^{-1}。

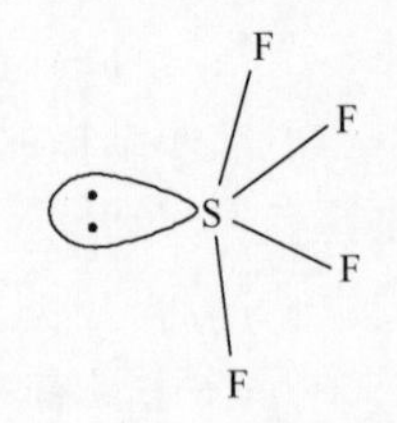

图 14.11　SF_4的结构

14.10　分子间交换过程

14.10.1　质子交换

DNMR研究的大部分交换过程都是分子内的，然而，如果一级速率由伪一

级速率常数代替，那么这些推导对于分子间交换同样有效。本质上分子间的交换过程包括几乎所有的质子转移反应，如前面讨论的乙醇。关于交换机制的重要信息也可以通过考虑耦合常数来获得，如下面的实例所述。自旋－自旋多重态的塌缩在许多情况下具有诊断价值，所涉及的过程是二级反应，如：

$$CH_3OH + {}^*HOH \longleftrightarrow CH_3OH^* + HOH$$

与之前考虑的一级反应相反。

纯甲醇 CH_3OH 样品在 25°C 下的 NMR 频谱由两个单重态组成，相对于低场的甲基共振，羟基共振在 δ1.6 ppm 处（图 14.12）。如果温度逐渐降低，单谱线展宽，结构出现。在 −60 ℃下的羟基共振是 1∶3∶3∶1 的四重态，甲基共振是双重态。另外，羟基共振向低场移动，距甲基双重态为 δ2.3ppm。OH 和 CH_3 共振之间的化学位移差减小，由于氢键随着温度的增加断裂，OH 共振转移到更高的场，这种效果是由于不同拉莫尔频率的磁位点之间存在非常小的能量差而引起的。在甲醇中，OH 质子键合到具有不同总自旋的 $-CH_3$ 基团（+3/2，+1/2，−1/2，−3/2）中，产生不同的有效拉莫尔频率。为了消除相应的能量差，OH 质子在每个位点的生命期必须满足式（14.1），且通过氢键的分子间交换必须是缓慢的，否则各信号之间的差异消失，并且仅能获得时间平均频谱。交换过程不仅影响到频谱中频带的位置，而且会影响频带的多重性。

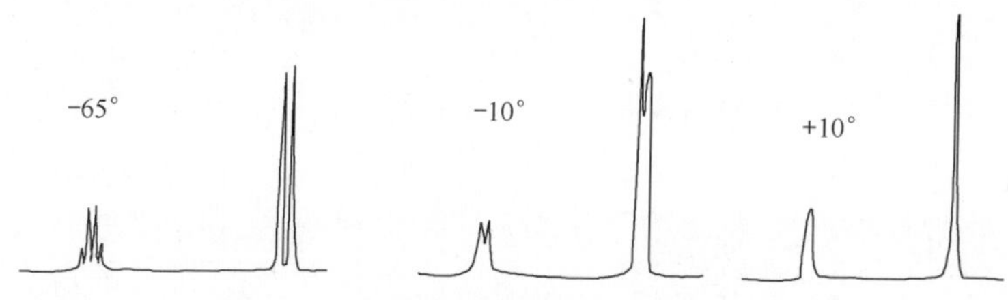

图 14.12　甲醇随温度变化的[1]HNMR 波谱

之前注意到，由 OH 相互作用引起的分裂只有在高度纯化乙醇中才可见，没有任何痕量的酸或碱。在这种条件下，OH 单峰分裂成 1∶2∶1 的三重态，该三重态由 OH 与 CH_2 基团（J = 4.8Hz）的质子自旋－自旋耦合而产生，且 CH_2 四重态的每条谱线均变成具有相同耦合常数的双重态（图 14.13）。在加入少至 10^{-5} mol · dm^{-3} 的 HCl 后，这些分裂消失。酸的加入催化了相邻分子间羟基质子的交换。这种交换足够快，能够“平均”质子的电子环境，且只有 CH_2 质子与 OH 核自旋的平均值相关联。

考虑乙醇羟基质子（A）与 H^+ 离子（B）的交换：

$$H_3C-CH_2-OH_A + H_B^+ \rightleftharpoons H_3C-CH_2-OH_B + H_A^+$$

如果 H_A 和 H_B 具有相同磁性量子数（$m = \pm 1/2$），则质子交换对 CH_2 质子的共振频率没有影响，且通过 NMR 频谱检测不到。然而，当 H_A 和 H_B 具有

相反的自旋方向（↑和↓），交换的净效应为

$$CH_3 - CH_2 - OH\uparrow + H^+\downarrow \rightleftharpoons CH_3 - CH_2 - OH\downarrow + H^+\uparrow$$

乙基质子不能区分羟基质子是A还是B、向上自旋↑或向下自旋↓。因此，在每个H^+交换时，CH_2共振频率改变为$\pm J$。如果这种交换比所涉及的频率差J快，则CH_2多重态的双重分裂塌缩到零，且CH_2基团的信号变成四重态。当质子交换速率大于10 Hz时，OH共振的三重态结构也消失，在快速质子交换的情况下这些耦合常数不能确定。

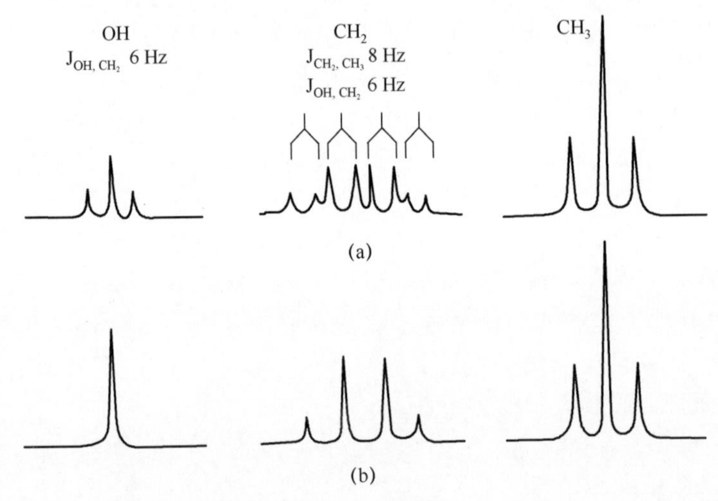

图 14.13 乙醇的^1H NMR频谱显示出标量耦合；(a) 无 (b) 有OH基团的氢的分子间交换

由于分裂通常非常小（约1 Hz），质子必须保持附着于同一分子的时间超过约0.1 s，以便观测分裂。在水中，交换速率更快，因此醇类没有显示出由质子产生的分裂。在无水二甲基亚砜（DMSO）中，分裂速率足够慢，以便可以检测。二甲基亚砜减缓OH质子以及NH和NH_2基团的交换。因此，当要研究H–C–O–H、H–C–N–H等类型的自旋－自旋耦合时，使用该溶剂。

乙醇中，还有另一种交换过程。它是三个甲基质子和两个亚甲基质子之间化学位移差的平均，它是由于分子绕C–C和C–O键快速内旋而产生不同分子构象引起的。甲基的快速旋转平均了在三个CH_3质子和两个CH_3质子之间任何时刻存在的所有不同邻位耦合常数，它也平均了化学位移，从而只观测到一个耦合常数。三个甲基质子和两个亚甲基质子都是磁等价的。如此快速的分子运动应同时考虑核等价。如果温度进一步下降，直到内部旋转速率变得与这些频率差相近，则^1H NMR频谱将变得更加复杂。

14.11　分子内交换过程

14.11.1　酮－烯醇互变异构现象

酮－烯醇平衡涉及分子内和分子间的质子转移。乙酰丙酮衍生物具有酮－烯醇互变异构（图 14.14）。

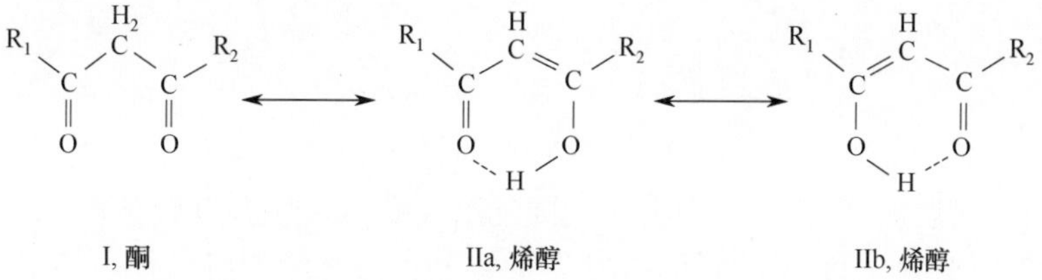

I, 酮　　IIa, 烯醇　　IIb, 烯醇

图 14.14　丙酮烯醇中酮－乙酰的互变异构（ $R_1 = R_2 = CH_3$ ）

如果相比 NMR 过程的时间尺度（10^{-3}s），互变异构形式之间的互换速率缓慢，则将在每种互变异构形式中观察到质子的单独信号。对于 $R_1 = R_2 = CH_3$，预期在平衡Ⅰ↔Ⅱ中的交换速率比在平衡Ⅱa↔Ⅱb 慢很多。

乙酰丙酮在四氯化碳中的频谱如图 14.15 所示，观测到酮形式（ δ CH_3 2.2 ppm, δ CH_2 3.7 ppm）和烯醇形式（ δ CH_3 2.0 ppm, δ CH 5.7 ppm）的信号，这表明在 NMR 时间尺度上酮－烯醇平衡反应的速率很慢。从信号的相对强度可容易地看出，在室温下，烯醇形式在平衡混合物中占主体。强度表明，该混合物含有约 85% 的烯醇形式和 15% 的酮形式。烯醇羟基质子（ δ 15.2 ppm ）的强烈去屏蔽是因为分子内氢键的形成。烯醇形式甲基的磁等价表示两个氧原子之间氢原子的快速分子内交换。通过加入碱或通过提高温度，反应速率可提高，使得谱线展宽并最终聚结成平均频谱。

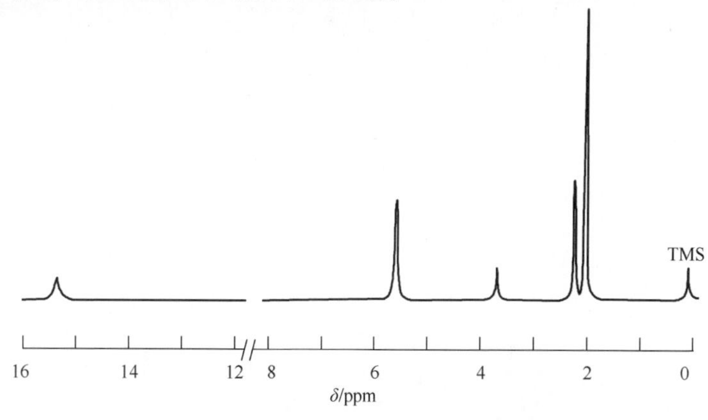

图 14.15　室温下乙酰丙酮^{1}H NMR 频谱

14.11.2　氟代磷烷

对于分子内的过程，快速交换限制下的自旋－自旋耦合仅仅是单个交换形式中耦合的加权平均值。对于分子间的过程，彼此分离的分子间耦合平均为零，通过两个氟代磷烷作为例子来说明（图 14.16）。

图 14.16　氟代磷烷结构式

在低温下，$PF_4N(CH_3)_2$ 的^{31}P 波谱是三个三重态、两个直立和两个平伏氟原子的自旋耦合。温度升高，分裂模式逐渐改变，最终成为常规五重态。这表明，氟原子交换位置。$PF_3(Ph)_2$ 发生类似过程，^{31}P 的所有谱线分裂模式从两个三重态变成四重态。温度升高，所有的线聚结，最终成为一条谱线。分子间交换的发生可能涉及催化氟化物转移。

14.11.3　有机金属化合物

（1）配体移动性是金属有机化合物的某类特性。当共轭环多烯通过某些碳原子（但不是全部碳原子）与金属原子键合时，通常可观测到立体化学非刚性。在这种配合物中，金属配位键可以沿环跳跃。例如，在 $Ge(\eta^1-C_5H_5)(CH_3)_3$（图 14.17）中，Ge 原子单点附着到环戊二烯基环上，当碳－金属键被另一个碳－金属键取代时，Ge 原子跳跃到环的下一个碳原子上，它发生在 $10^{-4}\sim10^{-2}$s 内，可以通过^{1}H 和^{13}C NMR 来研究。

为确定重排途径，已经进行了许多研究。在 η^1－环戊二烯基化合物，如甲锗化合物（图 14.17）中，所有环质子均是不等价的，并且它们在低温下产生二级$[AB]_2C$ 频谱。当温度升高时，发生交换过程，涉及甲锗烷基从一个碳原子到另一个碳原子的移动。该频谱表明，最终所有的氢原子将变得等价。深入详细的分析表明，产生了一系列 1，2－位移的移动，并确定出移动过程的活化能。

图 14.17　η^1－环戊二烯基锗化合物

（2）$(C_5H_5)_4Ti$ 是流变分子的另一个例子，由于分子内重排，使两种不同的核环境发生平均，其结构如图 14.18 所示。在 -30 ℃时，由于快速内旋，难以区分 b 和 b′ 环上的 5 个质子，快速内旋是与金属原子键合环的特性。因此在 -30 ℃时，分子中存在两种类型的有效质子，其中一种类型有 10 个位于 a 和 a′ 环上，另一种的 10 个位于 b 和 b′ 环上，这两种环类型交换速度足够慢，可观测到两个独立的强信号。随着温度升高，a 和 b 型的环交换变得越来越快，以至于在 NMR 频谱中检测不到两种类型的质子，活化能是 68 $kJ \cdot mol^{-1}$。

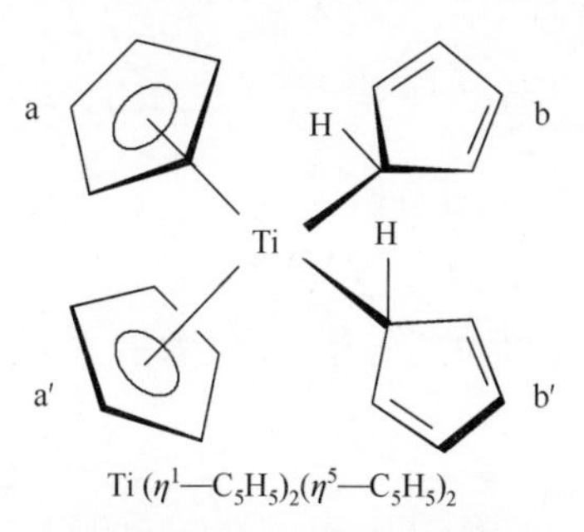

图 14.18　Ti $(C_5H_5)_4$ 结构

（3）图 14.19 所示的 $(\eta^5-C_5H_5)_2Fe_2(CO)_4$ 的顺式和反式异构体提供了互变几何异构体的研究实例。环戊二烯基环的质子出现在两种异构体的不同位置，互变的活化能约为 50 $kJ \cdot mol^{-1}$。在 -70℃下，相互转换的速率仅约为 $8\times10^{-2}\ s^{-1}$，各异构体均显示出自身独立的质子信号。然而，在室温下，相互转换的速率约为 $4\times10^{3}\ s^{-1}$，在平均位置两个分子的共振为一个尖锐的信号。在中间温度下，信号展宽并塌缩成单峰。

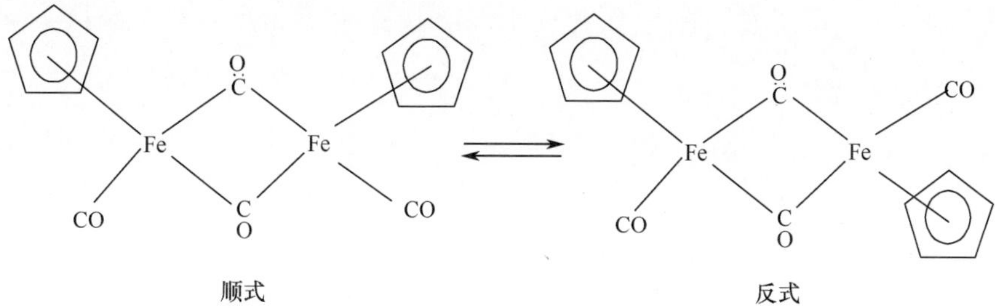

顺式　　　　反式

图 14.19　$(\eta^5-C_5H_5)_2Fe_2(CO)_4$ 的几何构体

（4）环己烷中三甲基铝的 NMR 频谱随温度变化示意图如图 14.20 所示。二聚 $Al_2(CH_3)_6$ 具有 2 个桥接甲基和 4 个末端甲基（图 14.21）。然而，室温下的质子 NMR 频谱在 $-0.3\,\delta$ 处是一个尖锐单峰，这表明所有的 6 个甲基是等价的。当温度降低时，在环己烷溶液中甲基共振展宽，并在 -50℃下分裂成两个单峰，桥接和末端甲基分别在 δ +0.5 ppm 和 -0.6 ppm 处产生强度比为 1∶2 的谱峰。它表明室温下，在 NMR 的时间尺度上，末端和桥接甲基基团的交换迅速发生。由根据谱线形状得到的交换速率计算出的交换活化能为65kJ · mol^{-1}，这与二聚体在溶液中解离的能量类似，这表明甲基交换可以通过二聚体的解离进行。由这些频谱可以得出结论，甲基碳原子可能形成桥式，且没有任何氢参与，因为最低温度时，它们都是等价的。

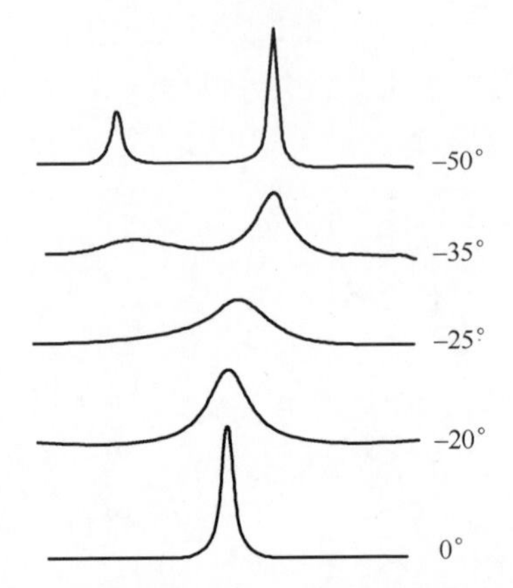

图 14.20　不同温度下环己烷甲基铝的^{1}H NMR 波谱

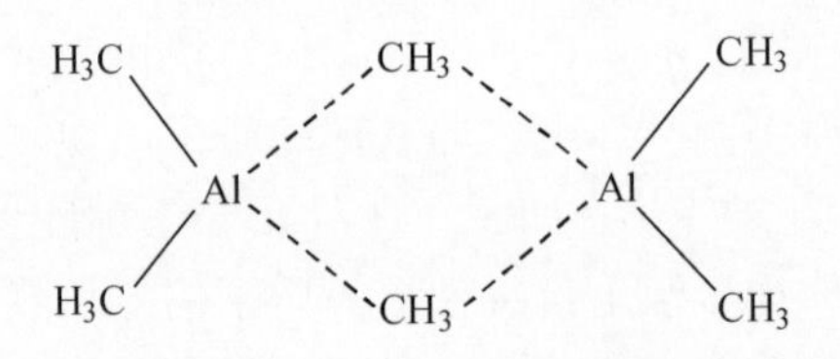

图 14.21　$Al_2(CH_3)_6$ 的结构

基于以下机理，可合理化较高温度下所有甲基的等价性。Al – CH_3 – Al 的桥角为75°。二聚三烷基铝在纯液体中的分解表明桥的弱点。分解趋于平衡后，含有各种基团。

(5) 质子去耦^{13}C 频谱（见第 15 章）特别适合于化学交换过程的研究。有许多涉及质子去耦^{13}C 频谱的例子。在存在^{13}C – ^{1}H 自旋 – 自旋耦合的情况下，频谱的理论分析变得复杂。例如，[Ru(η^4 – C_8H_8)(CO)$_3$] 的质子去耦^{13}C 频谱，在 –120℃显示出 4 个强度相等的强峰，如图 14.22（a）所示，它由环辛四烯配体的八个碳原子所产生。钌与 C_8H_8 环中四双键的两个配位 (图 14.22（b）)。环辛四烯在管状非芳香族结构中具有交替的单键和双键。由于^{99}Ru 和^{101}Ru 的快速四极弛豫（均为 I = 5/2），未观测到 Ru – ^{13}C 自旋 – 自旋耦合。随着温度的升高，信号 b 和 c 比 a 和 d 更快地展宽。在 –50℃左右，由于配体的快速重排，在 4 个峰的平均化学位移处出现单峰，这使得该环的所有 8 个碳原子均等价。1，2 重排机制（图 14.22（b）），如 η^1 – 环戊二烯基甲锗烷基化合物中，已经解释了所观测到的频谱特性。

单晶的 X 射线衍射研究已经表明该配体是四面体。在较低温度下，^{1}H NMR 频谱显示该信号的展宽，然后分裂成 4 个峰。这些峰对应于 η^4 – C_8H_8 环的 4 对质子。在室温下，与 NMR 实验的时间尺度相比，绕周围金属原子的移动迅速，因此观察到平均信号。[$Ru(\eta^4-C_8H_8)(CO)_3$] 的^{1}H NMR 频谱研究与^{13}C 频谱结果一致，因此，在室温下，^{1}H NMR 频谱显示出单一的尖锐峰。在较低的温度下，环的运动速度较慢，且不同的构象足够长，使其能在频谱中记录。

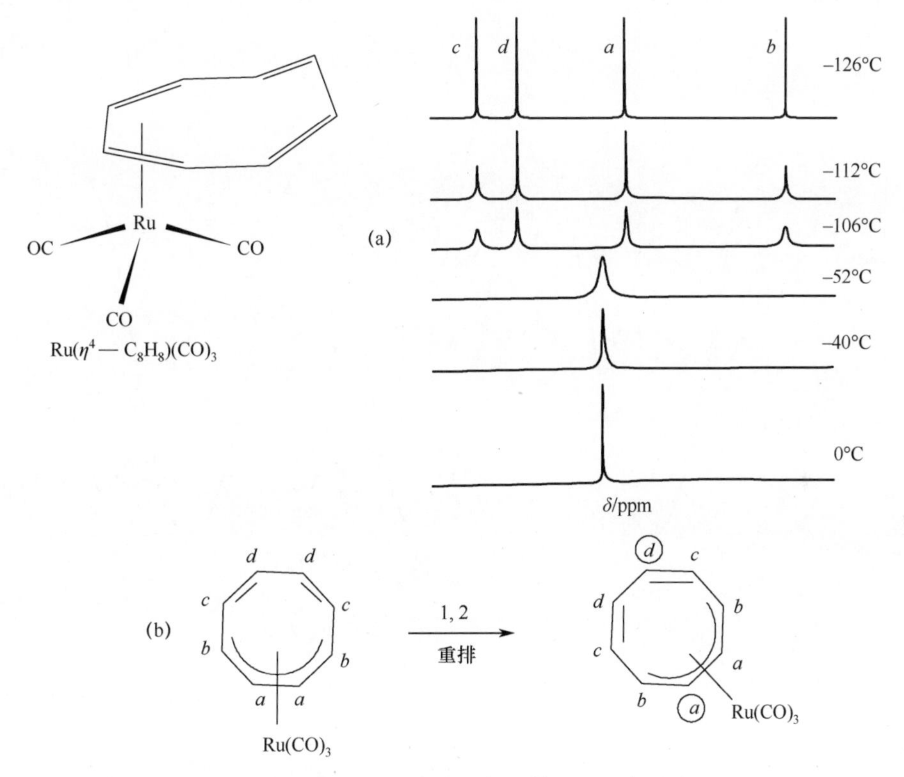

图 14.22　（a）不同的温度下，环辛四烯配体 [$Ru(\eta^4-C_8H_8)(CO)_3$] 的^{13}C {H}^{1}NMR 波谱图；（b）1，2 – 重排机制

14.11.4　代乙烷

长期以来，人们认为绕乙烷 C – C 键的旋转受阻，该分子必须克服将最稳定的交错体构象（a）转变为其旋转异构体（a′）的势垒（图 4.23），旋转受阻是由于电子互斥。

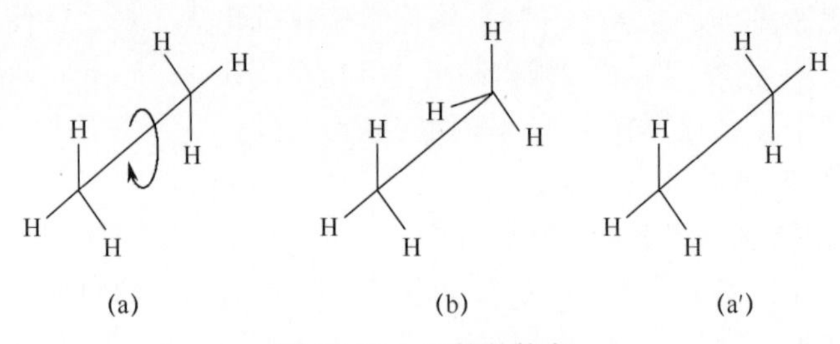

图 14.23　乙烷的构象

图 14.24 给出了作为 HCCH 扭转角 Φ 的函数的完整旋转势垒分布。从微波频谱获得的势垒高度约为 12kJ · mol^{-1}。用体积大的基团置换一个或多个氢原子增加了势垒的高度，这表明空间相互作用在限制取代乙烷旋转中起主要作用。

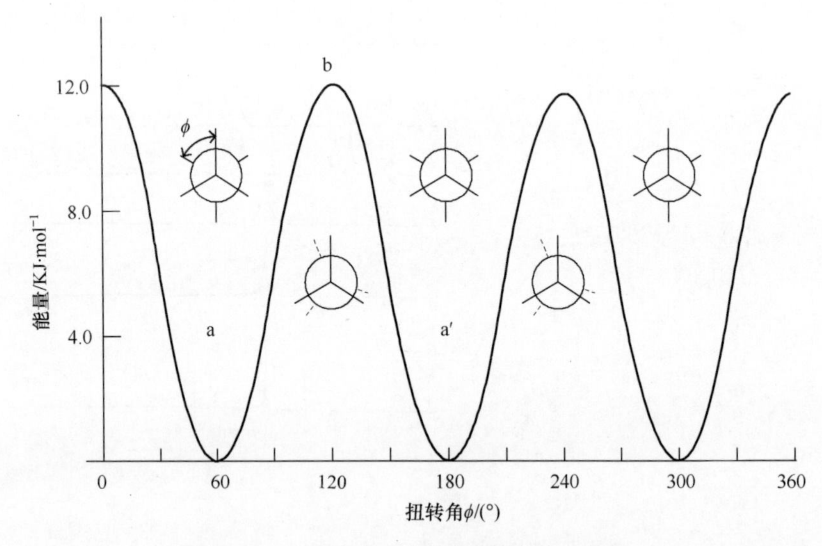

图 14.24　乙烷中一个 HCCH 扭转角的势能

从邻位耦合常数与二面角的关系可获得有关取代乙烷稳定构象的信息（见第 12 章）。此外，可通过分析频谱的温度依赖性来测量几个系统中的旋转势垒。为此，因为观测到的^{19}F 化学位移有很大差异，所以使用^{19}F NMR 频谱。

乙烷类分子的旋转异构体，例如 1，2 – 二氯乙烷，存在有趣的现象。这一系统典型的例子是 1，2 – 二氯乙烷。当两个基团处于重叠位置时，电势最大，当它们处于交错位置时，电势最小。图 14.25 显示了 1，2 – 二氯乙烷的旋转异构体。三种构象中的质子不是磁等价。在室温下，C – C 键的旋转速度很快，因此只得到了一个信号。在较低温度下，绕 C – C 键的分子旋转冻结，异构体变得明显，产生具有多重结构的频谱。

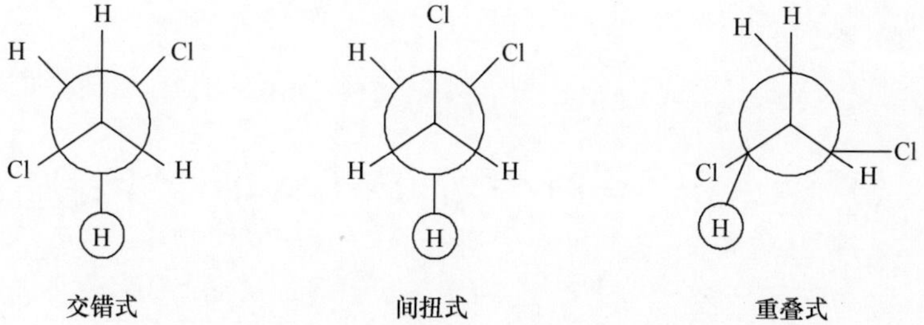

交错式　　间扭式　　重叠式

图14.25　1，2-二氯乙烷（纽曼图）的旋转异构体

第15章　^{13}C、^{19}F 及 ^{31}P 原子核谱

15.1　引言

目前，通常采用非 ^{1}H 原子核 NMR 波谱来刻画和辨识有机和无机化合物。存在百余种自旋量子数不为零的不同原子核，原则上，在 NMR 实验中是可观测到的。在这些原子核中近30余种原子核的自旋量子数为 $I = 1/2$ 。然而，最重要的原子核依然是质子。不可能讨论所有具备 NMR 特征的元素波谱，本章简要介绍三种自旋量子数为1/2的原子核 NMR 波谱，即 ^{13}C 、^{19}F 及 ^{31}P 。随着傅里叶变换方法的发展，对含有 ^{13}C 、^{19}F 、^{31}P 及其他核素化合物的 NMR 波谱开展了大量的科学研究。较重原子核频谱的一个特征是：其化学位移远大于质子的化学位移。当 ^{13}C 、^{19}F 、^{31}P 谱与其他频谱（特别是其他形式的 NMR）结合时，会给出有关组成成分、分子结构以及立体化学等方面的详细信息。结合这些原子核，可以采用类比方式分析元素周期表内的其他原子核。

15.2　^{13}C NMR

^{12}C 不具备磁“活性”（因为自旋量子数 $I = 0$ ），但 ^{13}C 核与 ^{1}H 核类似，具有自旋量子数 $I = 1/2$ 。在高分辨 NMR 频谱中，^{13}C 原子核的普及程度仅次于质子，^{13}C NMR 频谱主要应用于有机结构分析。相对于质子磁旋比5.585，^{13}C 的磁旋比为1.404，由此可见，^{13}C 信号本身非常微弱。一个原因是 NMR 灵敏度正比于 γ^3 ，且 $\gamma(^{1}H)/\gamma(^{13}C) \approx 4$ ，在原子核数目相同的前提下，质子 NMR 的灵敏度是 ^{13}C 的64倍；另一个原因是 ^{13}C 的自然丰度低（约1.1%），这使得灵敏度进一步降低（降低了约两个数量级）。^{13}C 与 ^{1}H 之间的总体灵敏度之比约为1/5700。由于 ^{13}C 的灵敏度非常低，常规 CW 频谱分析仪不足以记录其频谱，且相对较长的自旋弛豫时间也给 CW 技术采集 NMR 信号带来难题。

脉冲傅里叶变换（FT）仪器的应用拓宽了 ^{13}C 频谱分析仪的应用领域。如前所述，紧随质子 NMR 技术之后的 ^{13}C NMR 是用于有机分析的主要手段。^{13}C 低自然丰度具有另一项优势，就是 ^{13}C 频谱易于分析，这是因为不存在同核 $^{13}C-^{13}C$ 自旋耦合，并且有机化合物的 ^{1}H NMR 波谱不受异核 $^{13}C-^{1}H$ 耦合的

影响。有机化合物中 ^{13}C 的化学位移范围约为 250 ppm。因此，^{13}C 频谱对每种化学成分中不同原子核共振具有可分性和唯一性。

^{13}C NMR 频谱已发展成为一种用于结构解析的常规方法。对 ^{13}C 自旋 – 晶格弛豫的测量可为分子运动提供信息，并且有助于 ^{13}C 频谱归属分析，相对于 ^{1}H 频谱，采用 ^{13}C 频谱提取有机化合物的结构信息会更直接。实际上，^{1}H 和 ^{13}C NMR 频谱分析方法是互补的。有关质子化学位移等价的定义也同样适用于碳原子。

相对而言，除了质子其他原子核局部抗磁性项 σ_d（归因于局部电子电流）对屏蔽的贡献可忽略不计，邻近基团效应也可忽略。当施加外部磁场时，含有电子激发态和基态的混合态顺磁项 σ_p 在确定屏蔽中占主导因素。

由于 $^{13}C-^{1}H$ 单键（约 110 ~ 320 Hz）具有较大的 J 值，且 $^{13}C-C-^{1}H$ 双键和 $^{13}C-C-C-^{1}H$ 三键具有可观测的耦合常数值，质子耦合 ^{13}C 谱通常具有难以解释的重叠谱线，但某些质子耦合谱可能会简单些。^{13}C 耦合扩展了已经很弱的共振频谱，从而使观测这些波谱更加困难，因此，质子宽带去耦的应用具有重要的现实意义。^{13}C NMR 频谱通常记录为质子去耦以便消除 $^{13}C-^{1}H$ 分裂（杂核去耦，参阅第 17 章），可表示为 $^{13}C\{H\}$ 。这样一来将大大简化 NMR 频谱，也不会出现信号重叠现象，分子中每个化学不等价碳原子在质子（或宽带）去耦 ^{13}C 频谱中产生单峰。此外，由于 NOE，^{1}H 去耦的 ^{13}C 频谱具有更高的信号强度。因为对每个 ^{13}C 而言，所有可用强度都集中在单峰中，而不是分布在多重态的几个分量上。^{13}C 信号谱线宽度很窄，一般为 0.5Hz，甚至更小。由于去耦谱峰具有高分辨率，所以很容易检测到其中的杂质，^{13}C 与其他核，如 ^{31}P 、^{19}F 和 ^{2}D 的耦合可在质子去耦频谱中观测。

由于宽带质子去耦，当不存在像 ^{31}P 或 ^{19}F 其他原子核时，每个化学不等价 ^{13}C 原子表现为单峰。此外，NOE 会使信号强度增加高达 200%。这种 NOE 增强是由于 ^{13}C 原子核较低能级粒子数增加，并伴随着 ^{1}H 核受辐射时其高能级粒子数增加。与耦合频谱相比，这种净效应将大大降低获得宽带去耦频谱所需的时间。例如，正戊醇 ^{1}H 去耦合 ^{13}C 频谱如图 15.1 所示。

室温下，N，N – 二甲基甲酰胺的 CH_3 质子给每个 CH_3 基团均提供了分离的谱峰，但在约 123 °C 时两个 CH_3 基团的化学位移等价，^{13}C 谱峰也表现出类似的行为。

^{13}C 共振频率约为 ^{1}H（两种原子核的磁旋比）的 1/4，因此，当磁场为 7.05 T 时，^{13}C 共振频率约为 75.5 MHz（^{1}H 为 300 MHz）。要产生 75.5 MHz 的 ^{13}C 频谱，需要在 0.4 mL 溶剂中加入 10 mg 样品并放入外径为 5 mm 的试管中。用于 ^{13}C 频谱分析的样品通常溶于 $CDCl_3$ ，正如在 ^{1}H NMR 频谱分析中最常用的内部参考是 TMS，其化学位移 δ 以 ppm 为单位。相对于 TMS（δ = 0.0），低场（去屏蔽）δ 是正值，高场（屏蔽）δ 为负值。

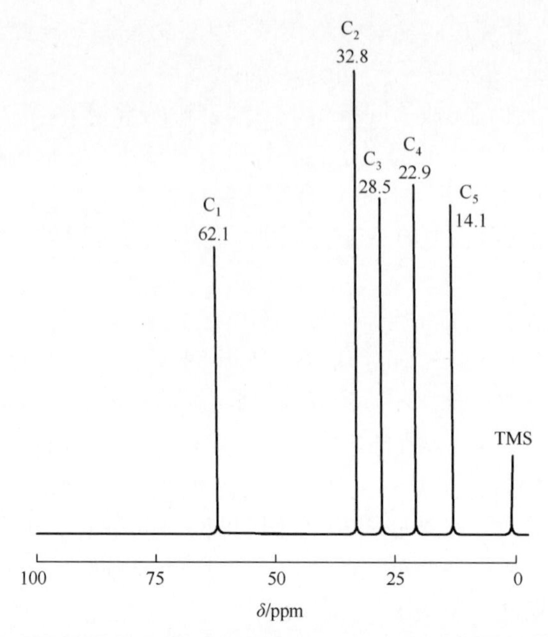

图 15.1　正戊醇 $CH_3CH_2CH_2CH_2CH_2OH$ 的质子－去耦 ^{13}C NMR 频谱

15.2.1　谱峰归属

在 FT－^1H NMR 频谱中，峰面积和质子数之间通常存在一致性关系，这是因为在 RF 脉冲之间有足够的时间产生核弛豫。然而，在常规 ^{13}C 频谱中 ^{13}C 原子核的弛豫时间（T_1）变化范围较大，这些原子核在脉冲与峰值区域具有不同程度的弛豫，并且不能积分出正确的原子核数目。因此，^{13}C 频谱的峰下面积并不一定与产生信号的碳原子数目成正比。此外，所有 ^{13}C 的 NOE 响应均不相同，可导致量化信息的进一步损失。

^{13}C 共振峰的相对强度测量通常会出现明显异常结果，这是由于 ^{13}C 具有长的弛豫时间（如前所述）。如果记录频谱的时间足够长，或者通过添加含有顺磁性离子（如铁或铬溶液），可以避免强度测量中的这种异常。上述金属离子中的自由电子是一种非常有效的弛豫剂，并且在添加试剂后 ^{13}C 频谱通常接近正常的强度模式。然而，如果试剂与待测分子形成复合物，那么 NMR 信号频谱将会变得太宽而无法观测到。

通常可以从 ^{13}C 频谱识别不携带质子（非质子化）的原子核，该类原子核具有低强度峰值。^{13}C 自旋－晶格弛豫是偶极－偶极与直接键合的质子之间相互作用的结果，从而非质子化的碳原子将具有较长的 T_1 弛豫时间，加之 NOE 非常小甚至不存在，最终产生低强度峰值。通常易于识别金属羰基合物、腈类和其他四碳原子的谱峰。然而，为了使微弱信号不完全被淹没在基线噪声中，应该保证足够的脉冲数或脉冲间隔时间。质子化的碳原子具有较短的弛豫时间以及由 NOE 引起峰值强度增强（见第 17 章）。

15.2.2　偏共振去耦

^{1}H 去耦存在一些弊端，不利于 $^{13}C-^{1}H$ 耦合常数的测量，从而存在丢失有用实验信息的问题，这使含有特定碳原子的分子信号归属变得更困难，如前所述，NOE 会导致强度失真，且频谱峰值积分存在问题。

然而，还有其他技术可以保留自旋–自旋分裂，最简单的技术称为偏共振去耦。偏共振去耦的目的是保留直接键合质子的自旋–自旋耦合，但要消除相邻质子所引起的耦合或进一步去除质子。因此，在 ^{13}C NMR 技术中（谐偶的、邻位的以及远程的），^{13}C 、^{1}H 耦合常数越小，由单键耦合常数所引起的分裂就越大。偏共振质子去耦的 ^{13}C 频谱会产生以下现象：对非质子化的碳原子具有单重态，CH 具有双重态，CH_2 具有三重态，CH_3 具有四重态。1，2，2–三氯丙烷的质子去耦合偏共振质子去耦 ^{13}C 频谱如图 15.2 所示。醋酸乙烯酯的 ^{1}H 偏

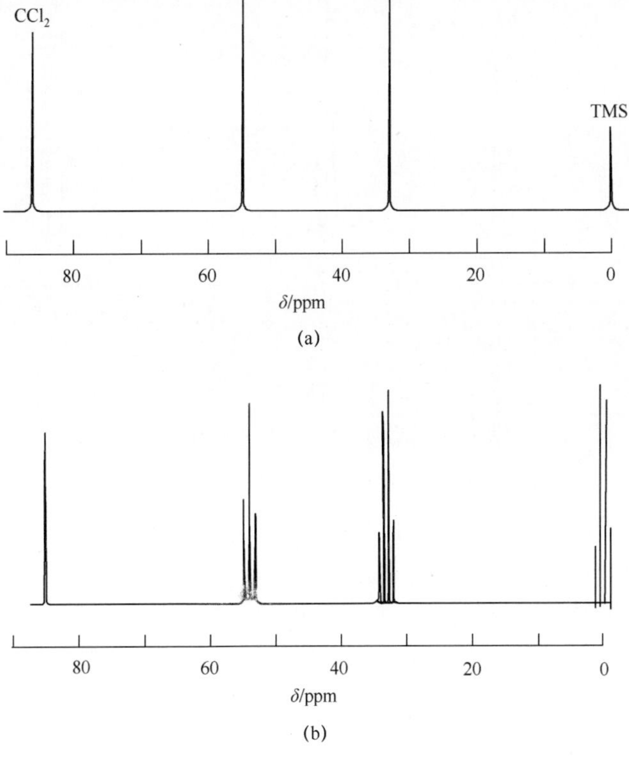

图 15.2　1，2，2–三氯丙烷 ^{13}C NMR 频谱

（a）^{1}H 去耦；（b）偏共振质子去耦。

共振去耦与 ^{1}H 去耦 ^{13}C NMR 频谱的比较如图 15.3 所示。C ═ O 、═ CH 、═ CH_2 以及 ═ CH_3 碳原子共振分别发生在 δ 167.2ppm，141.8ppm，96.8ppm，20.2 ppm 处。然而，偏共振去耦重叠现象依然是一个比较棘手的问题。偏共振去耦技术已经过时，现已完全被一项称为“无畸变极化转移增益法(DEPT)”的新技术所代替，稍后展开讨论。

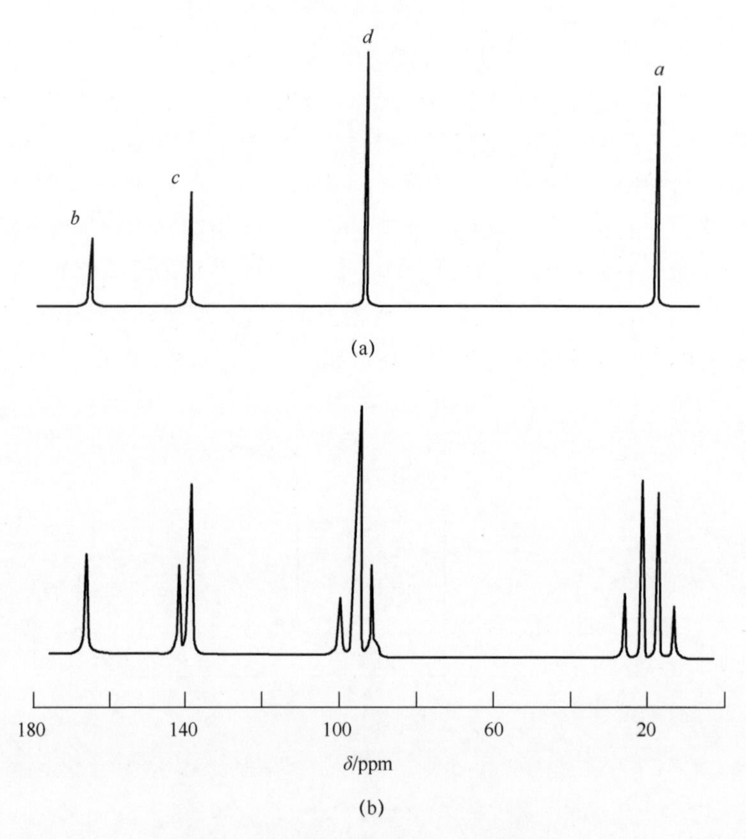

图 15.3　醋酸乙烯酯的 ^{13}C NMR 频谱

（a）^{1}H 去耦；（b）偏共振质子去耦。

乙氧基苯甲醛的质子去耦 ^{13}C 频谱如图 15.4（a）所示，可以看出乙氧基的两个碳、一个醛基以及四个芳环的共振频谱。其中，处于低场的两个共振相对比较弱，如季碳。在其余信号中，有两个信号具有明显较大的信号强度，属于两个芳香碳，该模式具有期望的双取代苯形式。通过频谱可以确定分子的结构形式，偏共振质子去耦频谱（图 15.4（b））佐证了图 15.4（a）所示的谱峰归属。

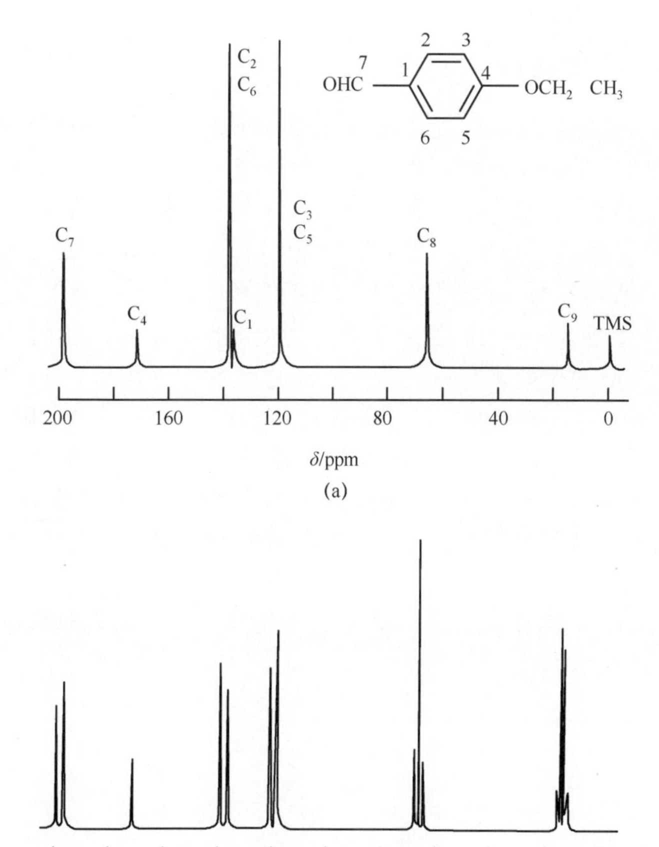

图 15.4 对乙氧基苯甲醛的 ^{13}C NMR 频谱
(a) 质子去耦；(b) 偏共振质子去耦。

15.2.3 门控去耦

与偏共振去耦技术相比，另外一种常用的去耦技术称为门控去耦。在特定 NMR 脉冲实验过程中门控解耦器，仅在解耦器打开时才产生自旋解耦，否则，不产生自旋解耦。该技术用于减少 ^{13}C 频谱中的 $^{13}C-^{1}H$ 耦合或 NOE 增强，可作为其他 ^{1}H NMR 实验的标准流程，例如后面将要讨论的质子连接实验(APT)，该技术的具体细节将在第 17 章中详述。

15.2.4 其他 NMR 实验

还有许多特定的 NMR 实验，通常基于不同的激励脉冲序列。下面列出部分附加实验，因为它们可大大简化复杂 ^{13}C NMR 频谱中的峰值归属问题。

15.2.5 极化转移实验

^{13}C具有较低的自然丰度（1.1%）以及较低的γ值，使得^{13}C共振信号强度很低，大约是^{1}H信号的1/6000。通过NOE（见第17章）可以提高灵敏度。杂核NOE效应的主要作用是使具有小γ因子的低灵敏原子核的灵敏度增加。然而，由于原子核具有负的γ值，在NOE过程中会伴随出现其他复杂效应，这促使人们寻找信号增强的替代方法。用于信号增强的理论称为布居转移或极化转移，该技术利用标量自旋-自旋耦合从$^{1}H \sim {}^{13}C$的磁化转移来增强^{13}C信号。

NMR信号强度取决于原子核的磁旋比γ，在施加磁场中它确定了高低自旋能级之间粒子数差。在热平衡以及相同外部磁场的条件下，^{1}H粒子数差约是^{13}C原子核的4倍，所以低能级上的玻耳兹曼过剩质子粒子数是^{13}C原子核的4倍。^{1}H自旋状态的反转会引起对应^{13}C原子核的粒子数增加，这是因为^{13}C跃迁与质子跃迁共享同一能级，如图15.5所示。现今布居数转移或极化转移过程广泛用于NMR实验中，如后面介绍的不敏感核极化转移增益法（INEPT）和无畸变极化转移增益法（DEPT）。

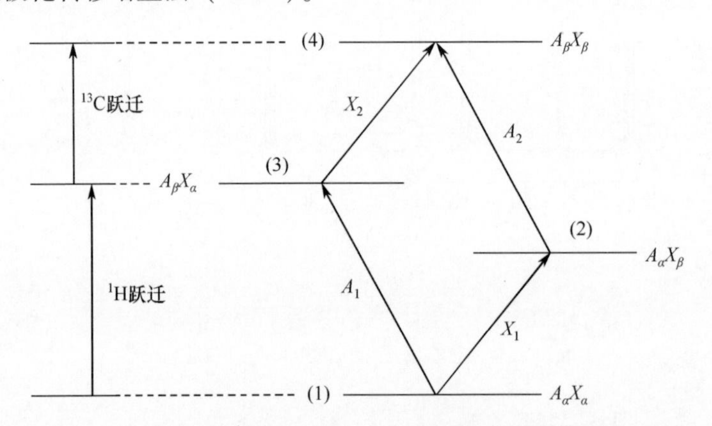

图15.5　双自旋耦合AX系统（^{1}H，^{13}C）能级图和单量子跃迁示意图，括号里面的数值表示能级序号

对于双自旋AX系统中敏感和不敏感原子核来说，例如^{1}H和^{13}C，能级上的平衡粒子数以及A和X谱线的相对强度由玻耳兹曼分布来确定：

$$\frac{N_q}{N_p} = \exp(-\Delta E/kT) = \exp(-\gamma h \boldsymbol{B}_0/kT) = 1 - \frac{\gamma h \boldsymbol{B}_0}{kT} \tag{15.1}$$

两能级E_p和E_q之间粒子数差值可由特定原子核的磁旋比确定，其中在跃迁过程（$E_p - E_q$）中改变其自旋状态的原子核视为特定原子核。敏感原子核（A，具有较大的γ）能级间跃迁产生的粒子数差大于不敏感原子核（X，具有较小的γ）能级间跃迁产生的粒子数差。

图 15.5 所示的 ^{1}H、^{13}C 能级跃迁图说明了极化转移是如何进行的，也就是其中一个 ^{1}H 自旋状态的反转增强了两个 ^{13}C 的共振强度。^{1}H、^{13}C 耦合能级图中包含四个能级对应于 $\alpha\alpha$、$\alpha\beta$、$\beta\alpha$、$\beta\beta$ 四种状态。第一个为质子自旋，第二个为 ^{13}C 自旋。因为 $E = \pm \gamma h B_0 / 4\pi$，那么四个能级可简单表示为

$$\begin{aligned} E_{\beta\beta} &= -1/2(\gamma_H + \gamma_C) \\ E_{\beta\alpha} &= -1/2(\gamma_H - \gamma_C) \\ E_{\alpha\beta} &= 1/2(\gamma_H - \gamma_C) \\ E_{\alpha\alpha} &= 1/2(\gamma_H + \gamma_C) \quad \text{（最低能级）} \end{aligned} \tag{15.2}$$

为了简化式（15.2），将四个能级同时加上公共因子 $1/2(\gamma_H + \gamma_C)$ 项，这不会改变能级差值，能级值将表示为 γ_0、γ_C、γ_H 以及 $\gamma_H + \gamma_C$。因为 $\gamma_H/\gamma_C \approx 4$，那么四个能级上相对粒子数可表示为 0、1、4 和 5，如图 15.6 所示。

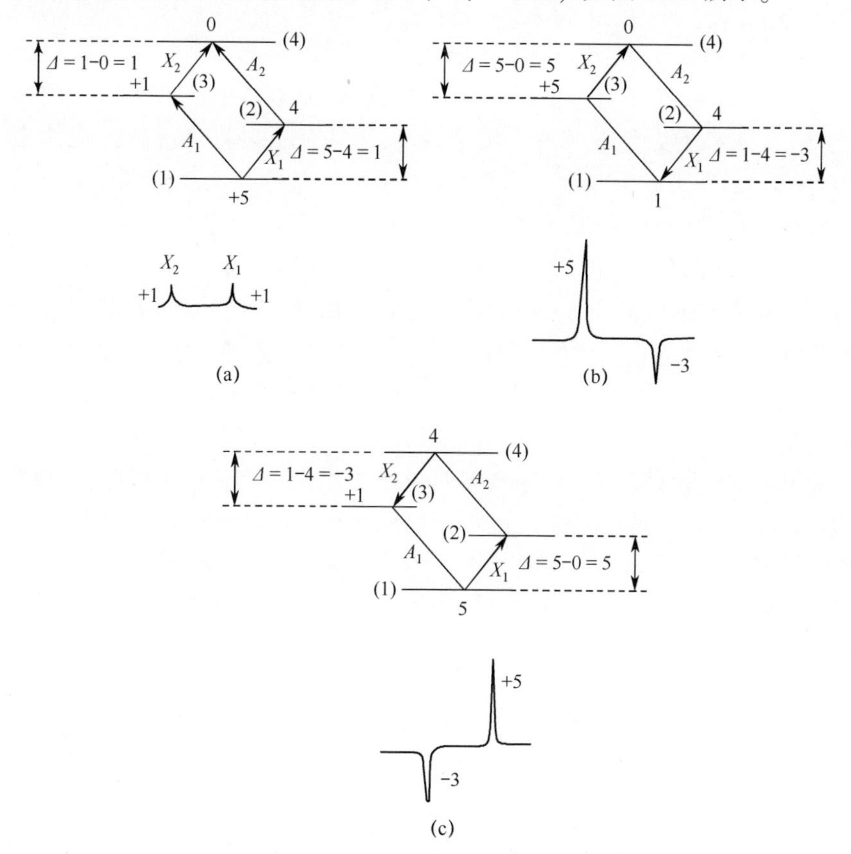

图 15.6 选择性 180°（A）脉冲对 AX（^{1}H，^{13}C）自旋系统玻耳兹曼粒子数的扰动及所产生的 X 频谱。自旋粒子数在热平衡状态下的玻耳兹曼分布确定了标准 ^{13}C 频谱强度，期望频谱如图（a）所示。质子粒子数反转（通过 ^{1}H 跃迁）：（b）A_2 和（c）A_1 表示扰动的玻耳兹曼自旋粒子数。AX（^{13}C—^{1}H）双重态期望频谱模式如图所示

^{13}C原子核信号强度取决于能态α和β之间的粒子数差，实验中通过在A原子核的一个能级上施加选择性180°_{x}脉冲来实现粒子数反转。实际实验过程中，在加载^{13}C脉冲之前施加质子去耦脉冲可实现^{1}H、^{13}C对解耦，去耦脉冲频率为^{1}H频谱中^{13}C伴线频率，去耦脉冲使得与各自伴线相关联的^{1}H谱线间发生粒子数反转。施加极化转移脉冲使两种^{1}H态中一个状态的粒子数反转，进而引起^{13}C态粒子数产生相应的变化。如果^{1}H跃迁中一个（A_2跃迁）的0和4粒子数交换，那么^{13}C的粒子数差变为$5-0=5$和$1-4=-3$，如图15.6（c）所示。在施加^{1}H极化转移脉冲前，两个^{13}C自旋态之间的粒子数差对应于较低能态减去较高能态，即$1-0=1$或$5-4=1$，如图15.6（a）所示，因此^{13}C共振信号强度增强。净粒子数差为$(5-4)+(1-0)=2$，极化转移后净粒子数差值$(5-3)$依然为2，并没有磁化净转移。在极化转移脉冲之前，最初的^{13}C谱线强度为$+1$和$+1$，之后产生个别反相^{13}C信号强度明显增强的现象。图15.6（b）说明质子粒子数选择性交换（5和1），通过^{1}H跃迁引起^{13}C粒子数差$5-0=5$和$1-4=-3$，也就是^{13}C双峰中的第一个峰值强度为$+5$，第二个峰值强度为-3。^{13}C两个跃迁具有不对称强度，这说明在^{13}C（X）谱中引起增强的吸收谱（X_2）或发射谱（X_1），其相对强度分别为$+5$和-3。之前观测到敏感原子核（如^{1}H）的总强度变成现在不敏感原子核（如^{13}C）谱线的绝对强度。玻耳兹曼分布确定了敏感原子核自旋粒子数，并控制着不敏感原子核的自旋粒子数。与NOE相反，其结果不受符号γ_X的约束。就^{1}H、^{13}C对来讲，因为$\gamma(^{1}H)/\gamma(^{13}C)\approx 4$，其相对粒子数分别为5、3、$-3$和$-5$，如图15.6所示。应该指出的是，这里没有考虑A与X原子核的自然丰度差异。

粒子转移实验存在选择性和非选择性。如果没有实现粒子数完全反转，则称为选择性粒子数转移（SPT）或选择性粒子数反转（SPI）。已经发现选择性粒子数转移实验主要用于信号多重性分配。非选择性极化转移可描述成如下一种过程，即它允许从所有A核（例如质子）到所有X核（例如^{13}C）同时进行极化转移。三氯甲烷是第一个要研究的化合物，图15.7所示为三氯甲烷^{1}H、^{13}C自旋系统的实验结果。

SPT实验可用于信号分配以及测量^{13}C、^{15}N或^{29}Si等较不敏感核谱，其中^{1}H、^{19}F或^{31}P可看作敏感原子核。后面将在INEPT部分讨论一阶A_nX自旋系统（$A={}^{1}H$、$X={}^{13}C$）的双重态、三重态和四重态分裂强度增量，分别为：-3，5；-7，2，9；-11，-9，15，13。SPT方法的局限性在于每次只能反转一条谱线，且灵敏度增强仅限于特定A、X自旋对。对带有若干个不敏感原子核的分子来说，应该对每个X核进行重复实验。后面将要论述应用更为广泛的非选择性粒子数转移实验，例如INEPT或DEPT，这些用于^{13}C归属的新方法具备信号增强的附加优势。

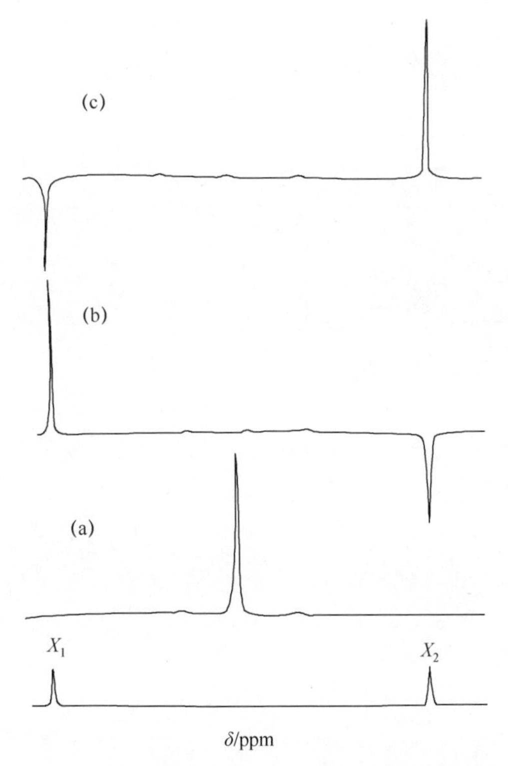

图 15.7　三氯甲烷 ^1H 、^{13}C 自旋系统实验结果

(a) ^1H 耦合和 ^1H 去耦 ^{13}C NMR 频谱；(b) ^1H 谱线（A_1）（高场 ^{13}C 伴随峰）反转后的频谱；(c) ^1H 谱线（A_2）（低场 ^{13}C 伴随峰）。

15.3　质子连接实验（APT）

当对 ^{13}C 原子核施加 90° 脉冲时，在随后脉冲间隔 τ 内，CH_3 、CH_2 、CH 和季碳中 ^{13}C 原子核的横向磁化向量彼此不同步旋转，且以典型的不同角速度旋转，经过一定演化时间后产生特征向量取向。这就形成了众所周知的质子连接实验方法（APT）的基础，它可以区分 CH_3 、CH_2 、CH 和季碳（C_q）的 ^{13}C 共振，并将替代经典偏振 ^1H 去耦方法。

用于 APT 实验的脉冲序列如图 15.8 所示，脉冲序列对 CH 基团 ^{13}C 磁化向量的影响如图 15.9 所示。初始 90° ^{13}C 脉冲将 CH_3 、CH_2 、CH 和季碳的磁化向量统一旋转到 $x'y'$ 平面上的 y' 轴方向，在随后的时间间隔内，这些向量彼此分离并各自以特征拉莫尔频率在 $x'y'$ 平面内旋转。由于与各自键合的质子进行耦合，CH 、CH_2 和 CH_3 的碳磁化向量分别分离成 2、3、4 个向量分量。位于 y'

轴方向上的检测器仅检测到各个向量分量之和。当向量之和接近 y' 轴方向时，信号幅度增加到最大值，反之，当这些向量远离 y' 轴而趋向 $-y'$ 轴时，信号幅度减弱。

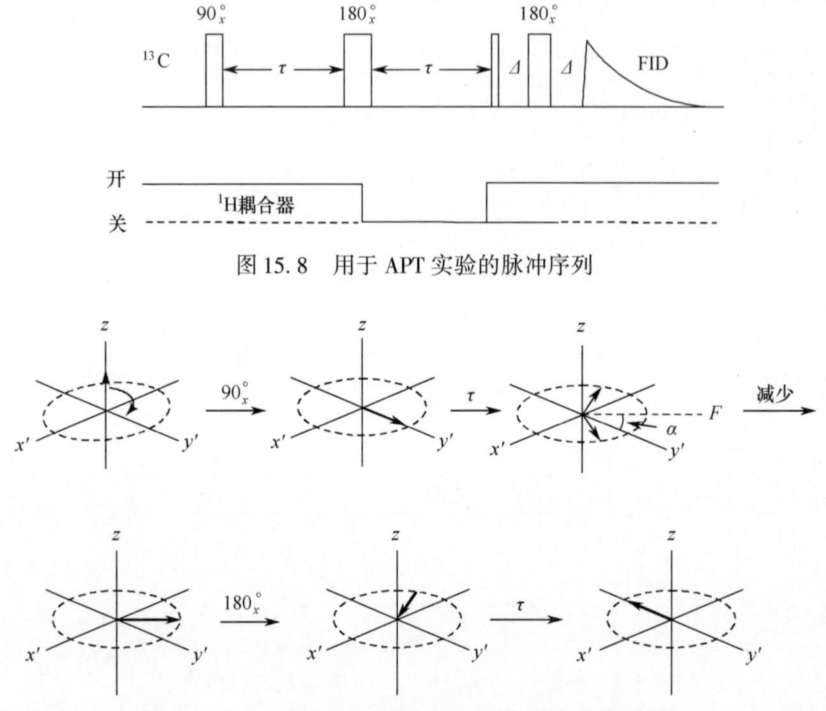

图 15.8　用于 APT 实验的脉冲序列

图 15.9　APT 实验脉冲序列对 CH 基团磁化向量的影响

如前所述，在一定演化时间后，对于 CH、CH_2 和 CH_3 基团（$A={}^1H$ 和 $X={}^{13}C$）产生特征向量取向。如果在检测期间通过 ^1H 去耦的方法将 ^1H、^{13}C 耦合去除，则可以利用这一事实进行信号选择。在演化时间结束时接入解耦器可保持特征向量取向。由于它们的值较大（125 ~ 250 Hz），则该实验主要由单键 $^1H-{}^{13}C$ 耦合常数决定，而谐位耦合和邻位耦合的影响非常小，可忽略不计。

在第一个 $1/J$ 延迟周期内关闭解耦器，在此周期内发生 J 分裂并保留耦合信息。在开始第二个延迟周期时打开解耦器，这使得分裂开的磁化向量衰减成为单峰。在第二个 $1/J$ 间隔结束时，CH_2 和季碳表现出正相位，而 CH_3 和 CH 呈现出负相位，从而 CH_3 和 CH 碳可与 CH_2 和季碳区分开。尽管化学位移通常有助于归属分析，但 APT 实验的缺点是无法区分 CH_3、CH、CH_2 与季碳。信号强度也有助于归属分析，由于键合质子具有更强 NOE，CH_3 碳通常比季碳具有更强的信号强度。

由于不同碳原子的自旋－自旋弛豫时间 T_2 存在差异，单键存在较大变化，

且 $^{13}C-{}^{1}H$ 耦合常数范围大，APT 频谱会出现错误。个别碳原子 T_2 弛豫时间差异可以通过保持激励和检测之间的时间常数进行最小化。

丙烯酸乙酯（$H_2C=CH-(C=O)-OCH_2-CH_3$）的 APT 频谱如图 15.10 所示，负信号代表 CH_3 或 CH 的碳。因此，丙烯酸乙酯在 δ 14.0 ppm 处的信号归属为甲基碳，在 δ 128.6 ppm 处的信号归属为烯 CH 碳，在 δ 60.2 ppm 和 128.8 ppm 处具有正幅度值信号分别归属于乙基 CH_2 碳和双键末端 CH_2 碳，在 δ 167.5 ppm 处的正信号归属为酯羰基碳。

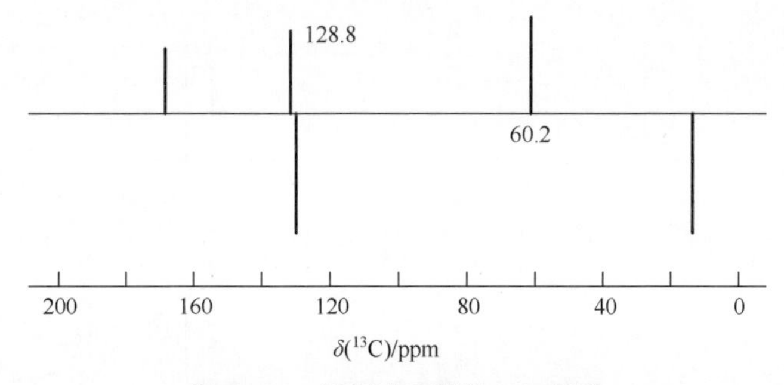

图 15.10　丙烯酸乙酯的 APT 频谱

值得关注的是两个时间间隔：$\tau=(1/2)J$ 消除了所有 ^{1}H 耦合共振，而 $\tau=1/J$ 实现相位选择，即 C_q 和 CH_2 共振信号为正幅度，CH_3 和 CH 共振信号为负幅度。$180°_x$（^{13}C）脉冲消除了化学位移和横向弛豫的影响，^{1}H 解耦器决定了 ^{13}C 磁化的演变过程。为了区分 CH 和 CH_2 共振，还需要演化延迟为 $(1/2)J$ 的附加 APT 实验。正因如此，下面将要介绍其他极化转移方法来完成 ^{13}C 频谱归属，如不失真的极化转移增强法（DEPT）和低灵敏的核极化转移增强法（INEPT），它们已经取代了 APT 技术。

15.4　INEPT 频谱

另一种用于测定碳多重性的 NMR 技术称为低灵敏的核极化转移增强技术。在该技术中，所有质子均发生非选择性极化转移到所有 ^{13}C 原子核，并具有适当的 $^{1}H-{}^{13}C$ 耦合，用于 INEPT 实验的脉冲序列如图 15.11 所示。脉冲序列对 AX 自旋系统中 ^{1}H 的磁化作用如图 15.12 所示。

$90°$ ^{1}H 脉冲的作用是使所有向量指向 y' 轴方向，在随后的时间间隔 $\tau=1/4J$ 内，^{1}H 原子核的两个向量在 $x'y'$ 平面内逐渐散开。施加 $180°$ ^{1}H 脉冲使它们跳过 x' 轴并处于 $x'y'$ 平面内的镜像位置。同时施加 $180°_x$ ^{13}C 脉冲可引起两个向量自旋标记的交换，从而交换它们的“身份”（图 15.12（c））。同时旋转方向也会随之改变，以至于在随后时间间隔 $\tau=1/4J$ 内它们彼此朝相反的方向旋进，并在演化周期结束时分别指向 x' 轴的正负方向（图 15.12（d））。

和极化转移实验一样，$90°_y$ ^{13}C 脉冲使它们在 $x'z$ 平面内旋转，以至于它们沿 z 轴分别指向相反的方向（图 15.12（e））。因此，当处于平衡态时，^1H 双重态的两个向量分量均指向 $+z$ 轴，而施加 INEPT 序列后两个向量分量中的一个反转指向 $-z$ 轴。对 ^1H 向量中的一个向量沿 $-z$ 轴磁化，可引起 ^{13}C 向量粒子数差相应的变化。此时，由于 ^{13}C 原子核最低能级与最高能级之间存在较大的粒子数差，^{13}C NMR 频谱信号强度增加倍数为 γ_H/γ_C。$90°_x$ ^{13}C 脉冲将 ^{13}C 原子核的 z - 磁化（纵向磁化）反转为 $x'y'$ 平面内的横向磁化。

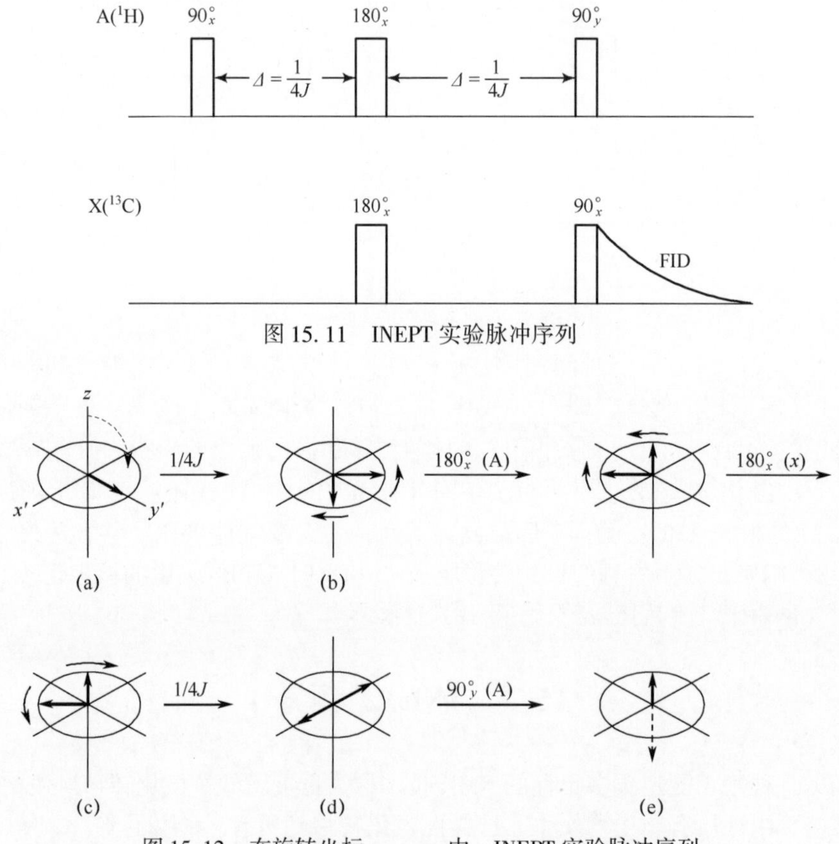

图 15.11 INEPT 实验脉冲序列

图 15.12 在旋转坐标 $v_0 = v_A$ 中，INEPT 实验脉冲序列对 ^1H（AX 自旋系统中 A 核，X = ^{13}C）的磁化作用

灵敏核弛豫时间是极化转移实验中一个重要因素。例如，像 ^1H 或 ^{19}F 这样的原子核弛豫时间比 ^{13}C 短，因此，数据积累的重复率要远大于直接测量低灵敏核的重复率，这将减少记录低灵敏核频谱所需的时间。在实际中，INEPT 频谱可以获得 5 ~ 6 倍的增强，然而，在质子去耦的 ^{13}C 频谱中，连续扫描的重复率由具有较长 ^{13}C 自旋晶格弛豫时间所决定。因此，在记录质子去耦 ^{13}C NMR 频谱时，INEPT 频谱的灵敏度将比通过 NOE 获得的灵敏度强 4 倍。

在诸如 INEPT 的极化转移实验中，多重谱线不具备标准二项式强度分布，相反，它们双重态的强度为 -3 和 5；三重态为 -7，2 和 9；四重态为 -11，-9，15 和 13，如图 15.13 所示。

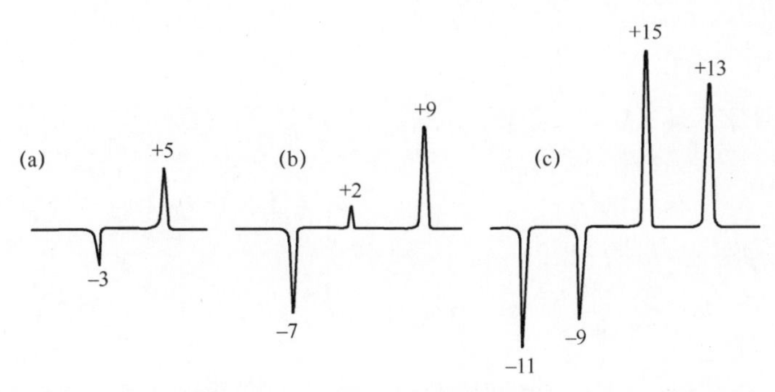

图 15.13　INEPT 频谱中（a）CH，（b）CH_2 和（c）CH_3 的碳共振幅度

在延迟时间 Δ 内 ^{13}C 多重态分量以不同角速度进动，角度为 θ（其中 $\theta = \pi J\Delta$），这与 CH、CH_2 和 CH_3 的碳共振灵敏度有关。在旋转坐标系下，CH 碳的双重态矢量进动频率分别为 $+J/2$ 和 $-J/2$，如果时间间隔 Δ 设置为 $J/2$（也就是 $\theta = 90°$），那么只会出现 CH 碳；当 Δ 设置为 $J/4$（即 $\theta = \pi/4$）时，所有质子化的碳均为正幅度值信号；当 Δ 设置为 $3/4J$（即 $\theta = 3\pi/4$）时，CH 和 CH_3 碳表现为正值信号，而 CH_2 碳将为负值信号。季碳不会出现，这是因为它们没有可产生极化转移的键合质子。对比不同时间间隔 Δ 下获得的 ^{13}C 频谱，易于考查碳的多重性。为了区分 CH、CH_2 和 CH_3 中的三种碳原子，应记录 θ 等于 $\pi/4$、$\pi/2$ 和 $3\pi/4$ 情况下的三种不同频谱，适当地组合这些频谱可获得含有 CH、CH_2 和 CH_3 碳的子频谱，如图 15.14 所示。

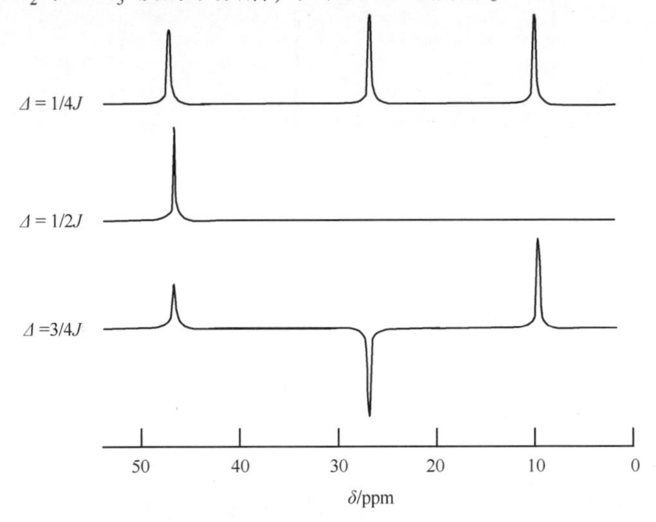

图 15.14　频谱编辑过程中的 CH、CH_2 和 CH_3 基团特性

1，2－二溴丁烷的 ^{13}C INEPT 频谱如图 15.15 所示。对于双重态，一个为正峰值，另一个为负峰值；对于三重态，两侧峰值表现出一正一负，中间为较弱的正峰值；对于四重态，前两个峰值为正值，其余两峰为负峰值，这样一来就完成了对 1，2－二溴丁烷的分配。

INEPT 实验具有以下重要特点：

（1）增强了像 ^{13}C 或 ^{15}N 这类低灵敏原子核 X 的灵敏度，由键合灵敏原子核（如 ^{1}H）的粒子数转移所致，其增强倍数为 γ_H/γ_X，以及由宽带去耦所产生的 NOE，其增强倍数为 $(1+\gamma_H/\gamma_X)$。当检测低磁旋比原子核时灵敏度提高特别明显，此外，负的 γ 因子并不是缺点。

（2）INEPT 技术可以确定碳信号的多重态，针对 CH、CH_2 和 CH_3 基团可生成单独的子谱。

INEPT 脉冲序列的演化时间以共价键 A、X 耦合为依据，如果 $J(A,X)$ 未知，那么需要估计它。质子连接测试（APT）频谱很难区分 CH、CH_3 或 CH_2 和季碳中的碳原子。然而，INEPT 频谱不仅能够提供所有碳原子的多重态信息，而且还能显示出由极化转移而使得 ^{13}C 共振灵敏度增强的特性。

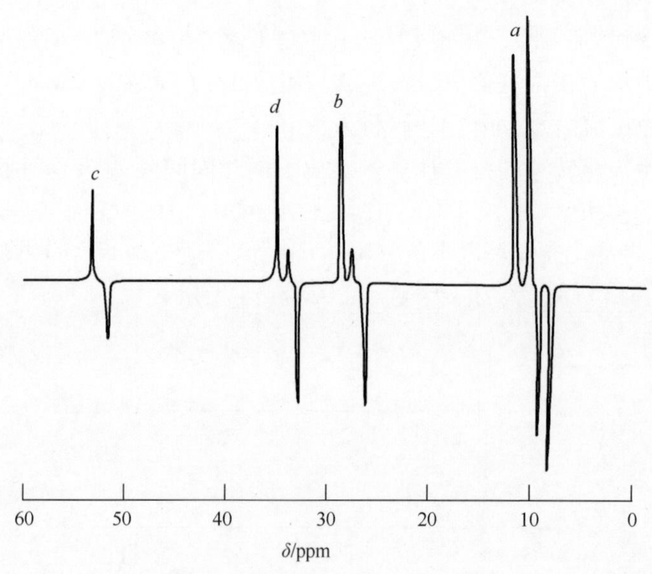

图 15.15　1，2－二溴丁烷 $Br-{}^{d}CH_2-{}^{c}CH(-Br)-{}^{b}CH_2-{}^{a}CH_3$ 的 INEPT ^{13}C 谱

15.5　DEPT 频谱

在分析复杂分子的 ^{13}C 频谱时，获知给定 ^{13}C 共振的先验信息（是否来自于 CH、CH_2、CH_3 或季碳）是非常有利的。分别测量 CH_3、CH_2 和 CH 基 ^{13}C

谱的一维 ^{13}C NMR 技术称为不失真的极化转移增强技术（DEPT）。目前，DEPT 频谱广泛用于碳原子多重态测定，通常替代偏共振去耦 ^{13}C 频谱技术并可直接读取多重性。

用于 DEPT 实验的脉冲序列如图 15. 16 所示，脉冲序列对 ^{1}H 和 ^{13}C 磁化矢量的影响如图 15. 17 所示。$90°_x$ ^{1}H 脉冲将平衡磁化从 z 轴旋转到 y' 轴，在随后的演化周期内，CH 耦合调制横向 ^{1}H 磁化，在第一个 $1/2J$ 延迟结束时分裂成两个反向旋转矢量，分别指向 $+x'$ 轴和 $-x'$ 轴。随后施加 $180°_x$ ^{1}H 脉冲以清除任何的场非均匀性。同时施加 $90°_x$ ^{13}C 脉冲将 ^{13}C 磁化矢量从平衡位置 z 轴翻转到 y' 轴。对 ^{1}H 或 ^{13}C 而言，因为不存在 z 磁化，所以它们可以有效地去耦。在随后 $1/2J$ 时间间隔内，它们在初始位置保持静止，且该间隔用于消除 $180°_x$ ^{1}H 脉冲引起的场非均匀性。在第二个 $1/2J$ 时间间隔结束时，施加一角度为 θ 的质子脉冲，为了达到只记录 CH 碳的目的，θ 值应保持为 90°，使得 CH 碳存在最大极化，并且可忽略 CH_2 和 CH_3 碳的 x' 轴向磁化。

施加 $90°_x$ 脉冲使两个 ^{1}H 自旋矢量中的一个偏转到 $+z$ 轴（初始平衡位置），另一个偏转到 $-z$ 轴（粒子数反转）。和前面所论述的 APT 和 INEPT 实验一样，其中一个 ^{1}H 自旋矢量的反转增加了 ^{13}C（与该 ^{1}H 耦合）两个自旋态之间粒子数之差，从而提高了 ^{13}C 信号强度。在第三个延迟周期 $1/2J$ 内，同时对 ^{13}C 原子核施加 180° 脉冲来消除任何磁场非均匀性。在最后一个延迟周期内，^{1}H 原子核存在 z 磁化，^{13}C 信号受 $^{13}C-{}^{1}H$ 耦合调制。^{13}C 矢量在 $x'y'$ 平面内旋转，且在第三个 $1/2J$ 延迟结束时，无论利用或不利用 ^{1}H 去耦都可获得自由感应衰减（FID）信号。DEPT 频谱中 CH_3、CH_2 和 CH 碳信号强度取决于最后极化脉冲角度 θ 值。在三个独立实验中，DEPT 序列中可变质子脉冲分别设置为 45°、90° 以及 135°，那么 DEPT 实验可以测得三种频谱，一种为标准宽带解耦频谱，它含有所有 CH_3、CH_2 和 CH 信号。当 θ 值设置为 135° 时，CH 和 CH_3 碳的调制方式与 CH_2 碳不同，使得 CH 和 CH_3 碳为正值信号（正常），CH_2 碳为负值信号（反转），季碳无信号。当 θ 值设置为 45° 时，所有质子化碳（CH_3、CH_2 和 CH）均为正值信号。获得的 DEPT 90° 频谱仅含有碳原子键合单个氢原子（CH）产生的共振频谱。对比 DEPT 频谱和宽带去耦 ^{13}C 频谱有助于识别 CH_3、CH_2、CH 以及季碳。DEPT 谱技术与 INEPT 谱技术相比，后者更依赖于脉冲间的时间间隔。目前，许多相关文献已提出了若干修正 DEPT 频谱的方法。

丙烯酸乙酯的 DEPT（θ = 135° 和 90°）和宽带去耦 ^{13}C NMR 频谱如图 15. 18所示。丙烯酸乙酯的宽带去耦 ^{13}C NMR 频谱呈现出 5 条共振谱线。DEPT（θ = 135°）频谱仅显示 4 个信号，因羰基季碳（δ167. 5 ppm）未出现在 DEPT 频谱中，所以，季碳很容易与 CH_3、CH_2 和 CH 碳区分开。CH（δ128. 6 ppm）和

CH_3（δ14.0 ppm）碳显示为正常信号，而 CH_2 碳（δ60.2 ppm 和 δ128.8 ppm）显示为反向信号。DEPT（θ = 90°）频谱仅含有次甲基碳（δ128.6 ppm），进而 CH_3 碳易于与 CH 碳区分开。

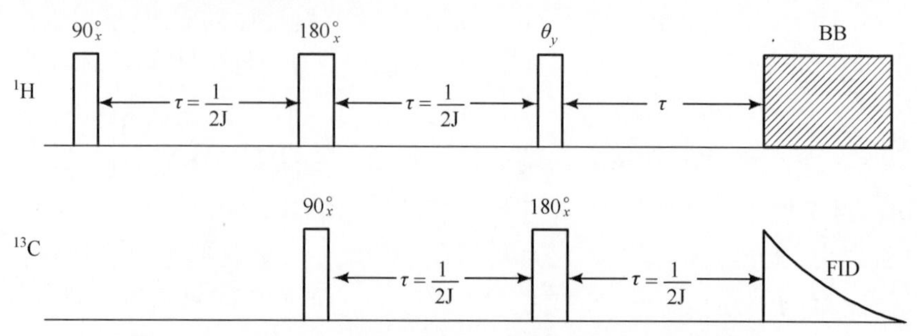

图 15.16　DEPT 实验脉冲序列（最后的脉冲角度 θ_y 可变化）

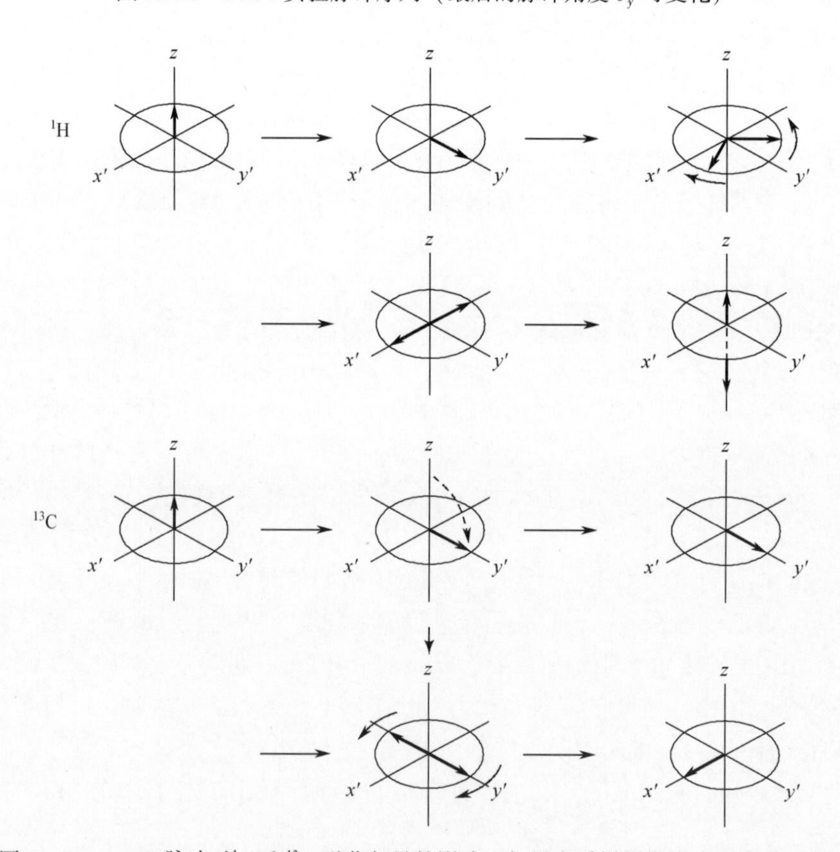

图 15.17　DEPT 脉冲对 ^{1}H 和 ^{13}C 磁化矢量的影响；如果在采样周期内应用宽带去耦，则可以将 ^{13}C 磁化记录为多重态或单重态

在 DEPT 实验中，由 NOE 和极化转移所引起强度增强是守恒的，因此，DEPT 实验在灵敏度和多重态分配两方面均优于 APT 实验。缺少键合氢原子的

季碳不再受益于极化转移，故不会出现在 INEPT 和 DEPT 频谱中。由于演化时间取决于 J，在大多情况下有必要重复两组不同的 DEPT 实验，这是因为 sp、sp^2 和 sp^3 碳的 $^1J(^{13}C,^1H)$ 值之间存在较大的差异。

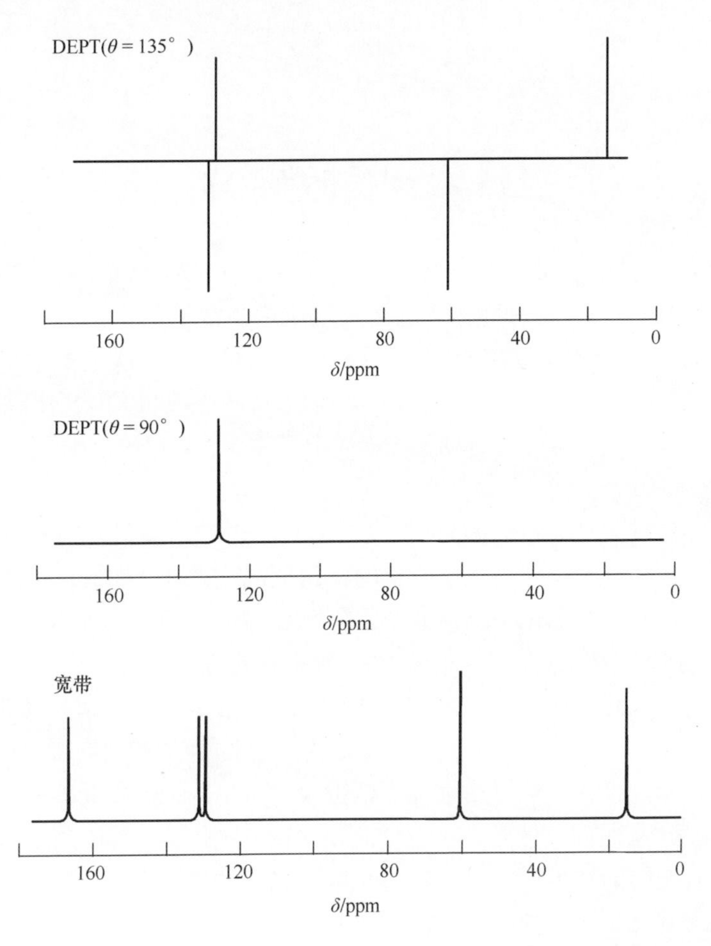

图 15.18　丙烯酸乙酯的 DEPT（θ = 135° 和 90°）和宽带^1H 去耦^{13}C NMR 频谱

DEPT 和 INEPT 实验均基于从灵敏核到低灵敏核的极化转移，它们所用脉冲序列的主要部分都是一致的。INEPT 频谱因未进行重聚焦和去耦而出现“失真的”多重谱线，例如，双重态的两条谱线彼此反相。另一方面，在 DEPT 实验中低灵敏核的所有信号在采样开始时刻均同相，所以不需要重聚焦周期(期间伴随灵敏度损失)。因多重态出现同相，故称为无畸变技术。此外，DEPT 频谱取决于最后一个极化转移脉冲的角度 θ，而不太依赖于脉冲间间隔 $1/2J$，J 的估计值在误差范围 ± 20% 内依然可获得正确的 DEPT 频谱，这明显优于需要精确设置脉冲时间间隔的 INEPT 技术。在实际应用中通常首选 DEPT

实验，对于所有类型的 ^{13}C 共振，它均产生 ^{1}H 去耦单谱线信号。通常记录DEPT频谱作为 ^{13}C 频谱分析的一部分。

```
128.8    128.6   167.5   60.2    14.0
H2C  =  CH  -  C  -  O  -  CH2  -  CH3
               ‖
               O
```

15.6　^{13}C 化学位移

如前所述，常规 ^{13}C 频谱的化学位移范围一般约为250ppm，^{13}C 的化学位移的趋势类似于 ^{1}H 。两种频谱中的溶剂效应是非常重要的，在一系列相关化合物中，给定碳原子的化学位移对取代基的影响很敏感，这主要与取代基的杂化和电负性有关。像其他类型的波谱学一样，基于参照化合物进行峰值分配。测量自旋－晶格弛豫时间也有助于大有机分子中 ^{13}C 共振的分配，这将在第16章讲述。

存在大量有关 ^{13}C 化学位移的信息，^{13}C 化学位移的范围见表15.1。对饱和碳原子来讲，相对于TMS，化学位移的常用范围为 δ 0 ~ 100 ppm，并且取代基的电负性通常会增加化学位移值。化合物 CH_3X 类型中，甲基相关的化学位移与X基的电负性和X原子的孤对电子数量有着直接的关系，但这些效应不具备递加性，因此，像 CH_2XY 这样的多取代基化合物的化学位移很难预测。羰基碳原子是最强去屏蔽核，其共振形成了一个独立的低场区。三个配位碳原子的化学位移通常在 δ 80 ~ 240 ppm 范围内，而炔烃的化学位移较小，一般在 δ 20 ~ 100 ppm 之间，芳香族化合物的化学位移范围为 δ 110 ~ 150 ppm。然而，π 键合金属烯烃和芳烃配合物的共振可能会转移到100 ppm，从常规范围转移到低频区取决于配位模式。CI_4（δ 293 ppm）的化学位移代表了一种极端情况。在高频区，金属羰基合物通常处于170 ~ 290 ppm之间，而金属卡宾络合物通常具有250 ~ 370 ppm的共振。金属羰基化合物的 ^{13}C 频谱通常很难录取，因为这些化合物中 ^{13}C 原子核的弛豫时间较长，这是由于主要弛豫途径中包括键合质子的偶极子耦合。在后面将介绍利用顺磁弛豫媒介（如三（乙酰丙酮）铬（Ⅲ））来解决该问题的方法。

碳原子的杂化对化学位移有着明显的影响。sp^3 杂化碳信号位于高场（TMS的低场0 ~ 60ppm），sp^2 碳信号位于低场（TMS的低场110 ~ 150ppm），sp 杂化碳吸收频谱位于中间值（65 ~ 90ppm）。

表 15.1 不同化合物中^{13}C 化学位移的范围

化合物	δ/ppm	化合物	δ/ppm
正构烷烃	5 ~ 25	酮类	195 ~ 220
环烷烃	25 ~ 40	不饱和酮	190 ~ 205
烯烃	100 ~ 150	醛类	190 ~ 210
炔烃	75 ~ 90	羧酸	170 ~ 185
芳烃和杂芳族化合物	120 ~ 145	酰氯	160 ~ 175
卤代烃	15 ~ 75	酰胺	160 ~ 180
= C =	205 ~ 225	酯类	155 ~ 185
醇类和醚类	40 ~ 90	酸酐	150 ~ 175
烷基胺	25 ~ 80	酰亚胺	160 ~ 180
烷基 C – S	30 ~ 45	内酯	170 ~ 178
芳基 C – S	115 ~ 135	脲	150 ~ 170
R – N ≡ C	150 ~ 165	碳酸盐	150 ~ 160
R – C ≡ N	105 ~ 125		

在频谱的特定区域中观测的化学位移可为分子中官能团提供良好参考，也可从相关图表中查看。给定官能团（如具有环氮或取代苯的杂环化合物）表现出特有的特征位移，使得具有指纹类型的^{13}C NMR 应用比^{1}H NMR 更成功。从而，基于经验数据表预测^{13}C 化学位移是可靠的。

值得注意的是烷烃中取代基的影响，其中甲基取代氢原子导致 α 和 β 碳原子去屏蔽 9 ~ 10 ppm，γ 碳原子屏蔽 2.5ppm，下面给出一些烷烃的化学位移值，以便说明。

H_3C — CH_2 — CH_2 — CH_3
13.0 23

H_3C — CH_2 — CH_2 — CH_2 — CH_3
13.7 22.7 34.5

$(H_3C)_2$CH — CH_2 — CH_3
H_3C: 22.3; CH: 13.1; CH_2: 32.1; CH_3: 12.0

$(H_3C)_3$C — CH_2 — CH_3
H_3C: 29.2; C: 30.7; CH_2: 37.0; CH_3: 9.0

对环己烷来讲，直立和平伏取代基的增量是不同的。直立和平伏取代基之间的差异对利用其^{13}C 化学位移进行构象分析是非常重要的。已列出不同类型化合物取代基诱导的^{13}C 化学位移列表。可以观察到，质子化和去质子化之间的^{13}C 化学位移变化大。例如，吡啶 C 2，6 的^{13}C 共振发生在 141ppm 处，C 4 发生在 147ppm 处，C 3，5 发生在 127.5ppm 处，当从酸性变为碱性 PH 时，^{13}C 共振分别发生在 148ppm、137.5ppm 和 124ppm 处。筛选出具有代表性碳化合物的化学位移值见表 15.2。

表 15.2　具有代表性的化合物 ^{13}C 化学位移 δ/ppm

化合物	δ/ppm
CH_4	–2.3
$CH_3—CH_2—CH_3$	15.9　15.4
$CH_3—CH_2OH$	17.6　57.0
$CH_3—CHCl—CHCl$	20.0　60.0　75.0
$H_2C=CH_2$	123.3
$CH_3—CH=CH_2$	18.7　135.0　115.0
$CH_3—CH_2—CH=CH_2$	13　28　140　113
$R—C≡N$	110-125
$H_2C=CH—CH=CH_2$	116.3　136.9
$CH_2=CH—CH_2—OH$	115　140　65
$CH_3—CH_2—CH_2—NH_2$	11.2　27.3　44.9
$CH_3—C(=O)—O—CH_2—CH_3$	30　170　70　20
$CH_3—CH_2—CH_2—CH_2—Cl$	13.4　20.4　35.0　44.6
苯	128.5
甲苯	CH_3 21.1；137.5，128.9，128.1，125.2
环己烯	127.3，24.3，22.1
甲基环己烷	CH_3 23.1；33.4，35.8，27.1，27.0
硝基苯	NO_2；148.1，123.2，129.3，134.5
苯甲醚	OCH_3 54.8；158.9，114.1，129.5，134.7
吡啶	135.9，123.9，150.2（N）
环戊二烯	109.6，142.6
吡咯（NH）	108.0，118.4
呋喃（O）	109.9，143.0
噻吩（S）	126.4，124.9

大量实验证明了化学位移与分子结构存在相关性，并已经被证实有助于 ^{13}C 频谱分析。^{13}C 化学位移主要取决于不同顺磁性物质的贡献 σ_p，为了估计对 ^{13}C 化学位移的贡献，其表达式如下：

$$\sigma_p^i \approx \frac{1}{\Delta E}\left(\frac{1}{r_i^3}\right)_{2p}\sum_{j\neq i} Q_{ij} \tag{15.3}$$

式中：ΔE 为平均电子激发能量；r_i 为碳 $2p_z$ 轨道半径的平均值；Q_{ij} 为键级。式（15.3）说明最大贡献 σ_p 来自于最低能级电子跃迁。例如，在烷烃、烯烃和羰基化合物中 ^{13}C 化学位移的增加正如预期那样（表 15.1）。式（15.3）可用于解释所观测到的碳屏蔽重要特征，然而，一些现代高级量子化学方法可用于

计算 ^{13}C 化学位移和自旋－自旋耦合常数。

部分负电荷导致 r_i 增加（轨道扩增），从而使得 σ_p 减小以及屏蔽增加。另一方面，对部分正电荷而言，会发生去屏蔽效应。基于芳烃离子的 ^{13}C 化学位移和 π 电荷密度相应变化 $\Delta\rho$ 之间的经验关系式为

$$\Delta\sigma = 160\Delta\rho \tag{15.4}$$

在利用 π 电子（包括 π 电子和 σ 电子）计算时，建议比例常数选取范围为 60～360。式（15.4）和具有不同比例常数的类似方程对特定类型化合物是有效的。^{13}C 化学位移随电荷密度的变化规律为化学位移归属奠定了理论基础，如下所示：

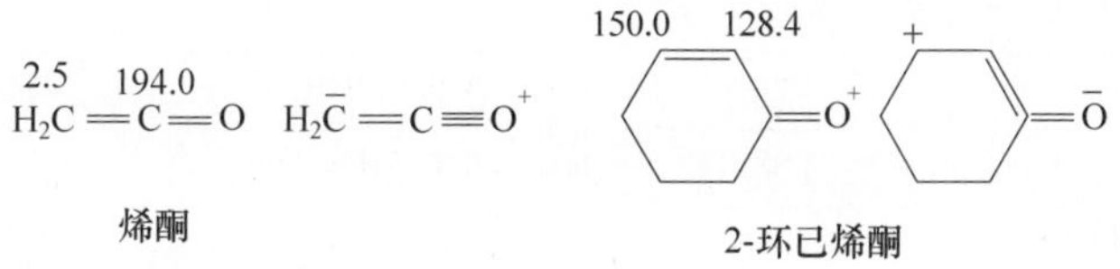

2.5 194.0
$H_2C{=}C{=}O$ $H_2\bar{C}{-}C{\equiv}O^+$
烯酮

150.0 128.4
2-环已烯酮

（化学位移单位为 δ/ppm）

电荷密度与化学位移的相关性也适用于 ^{1}H 和 ^{19}F 原子核。

15.7 $^{13}C-^{1}H$ 耦合常数

由核电子相互作用引起的耦合常数包括三个分量：其一，原子核磁矩与电子轨道运动产生的磁场之间相互作用，它依次与第二个原子核磁矩相互作用；其二，包括电子自旋磁矩的偶极相互作用；其三，来自于费米接触相互作用的其余部分贡献。这在质子耦合情况下是最重要的因素，但对于其他原子核，情况会复杂得多，所有项均取决于所涉及的两个原子核磁旋比。

^{13}C 频谱中，由于 ^{13}C 的自然丰度低（1.1%），通常观测不到同核 ^{13}C，^{13}C 耦合，其灵敏度仅是 ^{1}H 的 1.6%。若以甲醛为例，在给定位置含有 ^{13}C 核的分子中，包含第二 ^{13}C 原子核的概率仅有 1%，因此，$^{13}CH_3{}^{13}CHO$ 频谱约是 $^{12}CH_3{}^{13}CHO$ 或 $^{13}CH_3{}^{12}CHO$ 的 1%。因此，$^{13}C-^{13}C$ 分裂通常不会被注意到（见第 19 章）。显然，丰度最高的同位素异构体 $^{12}CH_3{}^{12}CHO$ 不会显示 ^{13}C NMR 频谱。

在有机分子中，^{13}C 原子核所经历的主要耦合是与其键合质子的直接耦合。这已从 ^{1}H 和 ^{13}C NMR 频谱中获得大量关于 $^{13}C-^{1}H$ 耦合常数（绝大部分是一个键）的实验数据。通过这些耦合产生多重态（例如，甲基碳的四重态和季碳单谱线）为频谱峰值归属到分子中特定碳原子上提供了参考。

相比 ^{1}H NMR 频谱，自旋－自旋耦合常数值在 ^{13}C NMR 频谱中显得不太重要，这是因为常规 ^{13}C 频谱通常是质子去耦的，不会获得 $^{13}C-^{1}H$ 耦合常数。

随着 C－H 键 s 特性的增加和碳原子上的吸电子基团的取代和角畸变，单键 $^{13}C-^{1}H$耦合常数（$^{1}J_{CH}$）范围约从 110Hz 增加到 300Hz。可观测到的$^{13}C-^{1}H$耦合也会扩大到两个或更多的键。谐位和邻位的$^{13}C-^{1}H$ 耦合常数均比单键耦合常数小很多，通常能够观测到 1～12Hz 之间的值。表 15.3 给出一些$^{1}J_{CH}$和$^{2}J_{CH}$耦合常数典型值。sp^3 碳原子的$^{3}J_{CH}$值与$^{2}J_{CH}$值大致相当。在芳香环中，$^{3}J_{CH}$值要比$^{2}J_{CH}$值大，如苯（$^{3}J_{CH}$ = 7.4 Hz，$^{2}J_{CH}$ = 1.0 Hz）。

表 15.3　$^{1}J_{CH}$和$^{2}J_{CH}$耦合常数典型值

化合物	J/Hz	化合物	J/Hz
$^{1}J_{CH}$			
CH_3CH_3，CH_4	125	$CH_2=CH_2$	156
CH_3CH_2，CH_3	119	$CH_3\underline{C}H=O$	172
$(CH_3)_3CH$	114	$NH_2CH=O$	188
CH_3NH_2	133	$HC\equiv CH$	250
CH_3OH	141	$HC\equiv N$	269
CH_3Cl	151	$^{2}J_{CH}$	
CH_2Cl_2	178	CH_3CH_3	－4.5
$CHCl_3$	209	$\underline{C}H_3C\underline{H}=O$	26.7
—H	159	$CH_2=CH_2$	－2.4
—H	162	$(C\underline{H}_3)_2\underline{C}=O$	5.5
—H	158	$CH_2=\underline{C}HC\underline{H}=O$	26.9
H	220	C_6H_6	1.0
	123	$HC\equiv CH$	49.3

研究$^{1}J(^{13}C-^{1}H)$ 数值与结构之间的依赖关系具有重大意义，已经发现 s 特性的依赖性。对碳氢化合物而言，单键耦合与 C－H 键部分 s 特性之间的经验关系式为

$$^{1}J(^{13}C-^{1}H)=500s(i) \tag{15.5}$$

式中：对质子而言，1s 轨道时，$s(i)=1$。费米接触项可衡量两原子核间化学键 s 特性，因为氢 s 轨道可容纳所有质子电子密度，在碳杂化轨道上与氢键合，直接键合碳和氢的$^{1}J(^{13}C-^{1}H)$ 量级将取决于部分 s 特性。式（15.6）可用来估计来自$^{1}J(^{13}C-^{1}H)$ 数据估计电子密度 ρ：

$$^{1}J(^{13}C-^{1}H)\text{Hz}=500\rho_{CH} \tag{15.6}$$

可以看出，$^1J(^{13}C-^1H)$应为杂化碳的灵敏量度。正如式（15.6）所示，饱和烃的$^{13}C-^1H$耦合常数约为125 Hz，烯基和炔基氢分别约为160 Hz和250 Hz，它们分别对应于sp^3、sp^2和sp杂化（$\rho=0.25$，0.33和0.5）。$^1J(^{13}C-^1H)$值可用于频谱峰归属，但取代基的电负性大大增加了耦合常数，例如，$CHCl_3$的耦合常数可增加至209 Hz。在其他情况下，必须考虑s电子对每个原子的贡献。与$^3J(^{13}C-^1H)$数据类似，邻位$J(^{13}C-^1H)$耦合有助于构象分析，这是因为它们取决于键长度和二面角。基于实验和理论已推导出键参数与邻位$^3J(^{13}C-^1H)$耦合常数之间的关系式。

15.8 ^{19}F NMR

15.8.1 化学位移

氟只有一个天然同位素^{19}F，其原子核自旋量子数$I=1/2$，^{19}F灵敏度约为^1H的83%，是研究NMR的理想原子核。对于特定的施加磁场，氟的共振频率略低于质子的共振频率（场强为1.4 T，氟共振频率为56.5 MHz，质子共振频率为60 MHz）。与质子化学位移不同，^{19}F化学位移易受溶剂的影响。与录取^1H NMR方法一样，均利用连续波（CW）仪器对^{19}F NMR进行常规录取。三氯氟甲烷$CFCl_3$用作^{19}F的标准参考化合物（δ0.0 ppm），它通常具有惰性和挥发性，可产生单^{19}F共振谱线。

^{19}F化学位移跨越近900 ppm的广泛范围。顺磁屏蔽是主导因素，由抗磁屏蔽引起的有机化合物中^{19}F原子核的屏蔽不到1%。^{19}F的化学位移很难预测，它们对邻近基团的电负性和氧化态，立体化学和较远邻近原子核的影响敏感。氟原子共振谱往往被很好地分离，且通常为一级谱。例如，在ClF_3中直立和平伏氟原子的化学位移相差120 ppm，XeF_2和XeF_4之间相差180 ppm，乙基氟原子和甲基氟原子的化学位移相差60 ppm。由于化学位移差异大，^{19}F NMR可用作跟踪反应和结构变化的敏感方法。

表15.4列出了一些常用有机氟基团的化学位移范围，某些氟化合物的化学位移见表15.5。化合物间的化学位移变化相当大，并且无合并的趋势。

表15.4 常用有机氟基团的化学位移范围

官能团	δ/ppm
$C-CF_3$	68~98
$C=CCF_3$	62~92
$-CF_2-$	90~135

（续）

官能团	δ/ppm
$-CHF-$	180 ~ 225
$-CF_2H-$	122 ~ 142
$-CHF_2-$	188 ~ 242
$-CF=C-$	50 ~ 140
$CF_2=CF-$	152 ~ 205
$-CF=CF-$	95 ~ 185
$Ar-F$	110 ~ 176

表 15.5　选定化合物 ^{19}F 的化学位移（δ/ppm，参考物 $CFCl_3$）；负数越大表示场越高

化合物	δ/ppm	化合物	δ/ppm	化合物	δ/ppm
F_2	432	BF_3	-133	CF_4	-60
HF	-190	ClF_3	80	SiF_4	-160
F^-	125	BrF_3	-38	CH_3F	-228
NF_3	140	BrF_5	132，269	CF_3Cl	-32
PF_3	-36	IF_5	4	CF_3Cl_2	-9
AsF_3	-48	IF_7	238，274	CF_3I	-4
NSF_3	66	XeF_2	-210	CF_3COOH	-79
SF_6	42	XeF_4	-23	$(CF_3)_2CO$	-82
SeF_6	50	XeF_6	50	OF_2	250
SiF_6^{2-}	129	$XeOF_4$	101		

15.8.2　耦合常数

表15.6列出了$^{19}F-^1H$耦合常数的一些典型值。氟核之间的耦合常数要比^1H NMR中的具有更大的跨度范围，谐位F-F耦合范围从40 ~ 370 Hz，邻位F-F耦合范围从0 ~ 40 Hz，顺式的J值为105 ~ 150 Hz，跨5个键F-C-C-C-C-F的远程耦合变化范围为0 ~ 18 Hz。^1H和^{19}F间的耦合也很强，谐位耦合范围为42 ~ 80 Hz，邻位H-F耦合常数范围为1 ~ 29 Hz，顺式H-F的J值为0 ~ 22 Hz，反式H-F的J值为11 ~ 52 Hz。附着在苯上的氟原子也与环上的质子耦合，$J(^1H-^{19}F)$的范围是，正交时为7 ~ 12 Hz，间位氢为4 ~ 8 Hz，对位氢为0.2 ~ 3 Hz。

表 15.6　典型 $^{19}F-^{1}H$ 耦合常数

化学式	J/Hz	化学式	J/Hz
>C(H)F	44 ~ 80	H–C=C–F（反式）	12 ~ 40
>CH—CF<	3 ~ 25	氟苯（F, H）	o 6 ~ 10 m 5 ~ 6 p 2
>CH—C—CF	0 ~ 4		
H–C=C–F	1 ~ 8	$^{2}J(^{19}F-^{1}H)$	10 ~ 50

15.8.3　举例

在 $CDCl_3$ 中氟丙酮 $CH_3-C(=O)-CH_2F$ 的质子去耦 ^{19}F NMR 频谱如图 15.19所示，氟原子的频谱表现出单谱线。质子耦合谱也如图 15.19 所示，观测到氟与两组氢耦合，可以获得具有大耦合常数的三重态，三重态通过氟与甲基的四键耦合进一步分裂成三个四重态。另一方面，从氟丙酮的 ^{1}H 频谱中可以看出，CH_3 基在 δ 2.2 ppm（J = 4.3 Hz）处为双重态，这是由于 F 原子核远程耦合所致。在 δ 4.75 ppm（J = 48 Hz）处的双重态代表 CH_2 基中质子与偶位 F 原子核耦合。CF_3CH_2OH 中 CH_2 基的分裂与 CH_3CH_2OH 中 CH_2 基的分裂类似，耦合常数大致相同，H–H 和 H–F 的耦合分别为 8 Hz 和 11 Hz。

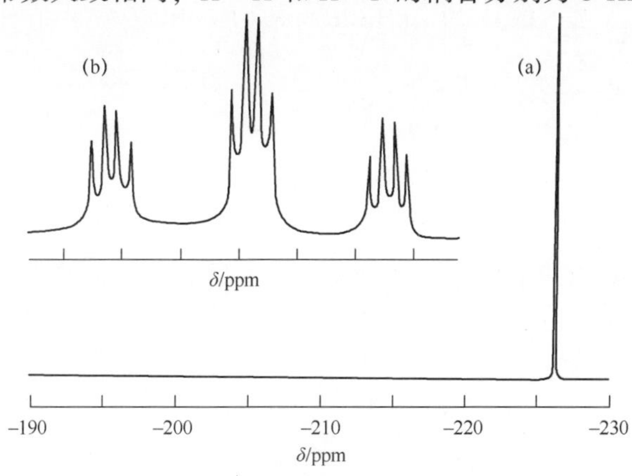

图 15.19　氟丙酮的 ^{19}F NMR 频谱
（a）质子去耦；（b）质子耦合。

1-溴1-氟代乙烷（CH_3CHFBr）的^{19}F NMR频谱如图15.20所示。^{19}F频谱中，氟信号被偕位次甲基质子分裂成双重态（J = 50），且每条谱线通过邻位甲基质子进一步分裂成四重态（J = 22 Hz），因此，氟谱由重叠的四重态双峰组成。^1H NMR频谱中，CH信号是四重态双峰，CH_2信号为双重态双峰。

通式$R_{5-n}PF_n$代表了大量化合物，这些化合物的氟NMR频谱已经被报道出来，其中R为碳氢化合物、碳氟化合物或卤根离子（除氟之外）。利用频谱中谱峰个数和耦合常数大小来推导其结构。对R_2PF_3类型的化合物来说，其结构为三角双锥结构，可以看到顶端氟原子的J_{P-F}值比平伏氟原子的低约170 Hz，最强电负性基团位于顶端位置。低温下，从这些化合物获得的频谱中可以看出，$(CH_3)_2PF_3$中的两个甲基处于平伏位置，$(CF_3)_2PF_3$中的两个三氟甲基处于直立位置。室温下，发生快速分子内交换，且该交换的作用是平均耦合常数。

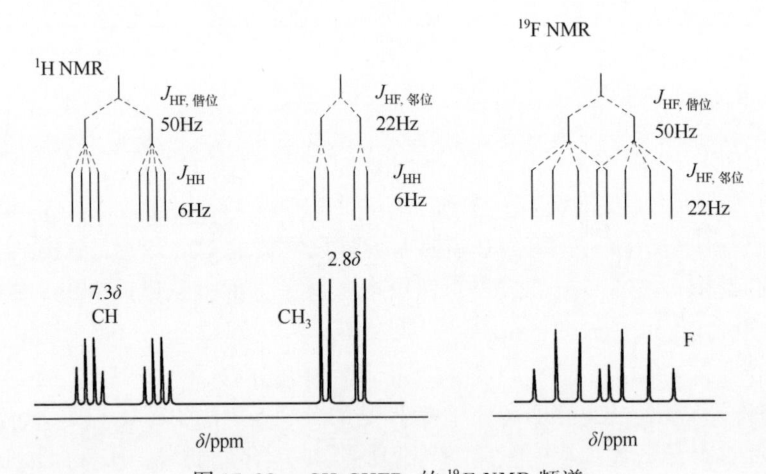

图15.20　CH_3CHFBr的^{19}F NMR频谱

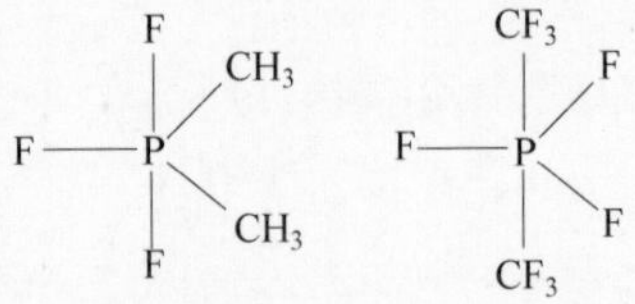

BrF_5的氟NMR频谱具有强度比例为4:1的双峰，强谱线为双重态，弱谱线为五重态（1:4:6:4:1）。该频谱与BrF_5的方形锥体结构一致（图15.21）。

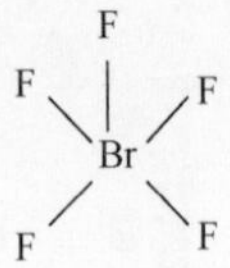

图15.21　BrF_5的结构示意图

对于分子 $H_2C = CF_2$，其中两个氢原子和两个氟原子不是磁等价的，期望当两个氢原子和两个氟原子磁等价时，可获得简单的 1:2:1 三重态，但在氟或质子 NMR 频谱中均未观测到，这种现象是因为 J 值不相等。

15.9　^{31}P NMR

15.9.1　化学位移

磷的唯一天然同位素为 ^{31}P，它显示出类似于 ^{1}H 和 ^{19}F 的磁特性。有机、无机和生物化学家对磷极其感兴趣。磷具有极大的生化意义，主要因为核酸含有磷脂和其他分子，如 ADP、ATP 等。含磷的试剂范围包括从各种无机形式的磷到有机磷类化合物、亚磷酸盐和磷盐等。

^{31}P 是自旋量子数为 1/2 的原子核，具有正的磁旋比。关于 ^{31}P NMR 的文献比较多，^{31}P 化学位移的参考物为 85% 的 H_3PO_4，它是唯一首选的参考化合物（外部）。在研究过程中发现，它通常不是直接添加到溶液内的理想材料，但可以将其嵌入到密封毛细管内。相对于 85% 的 H_3PO_4（$\delta = 0$），^{31}P 化学位移范围较大，一般在区间 ±250 ppm 内。由质子去耦获得的 ^{31}P NOE 增强为正值，最大值为 1.23。^{31}P 化学位移与结构相关的几项研究已被报道出来，一般来说，与磷（V）化合物的共振相比，磷（Ⅲ）化合物的共振发生在更低场。^{31}P 化学位移可低至 δ 460 ppm（P_4），上限可达 +1362 ppm，如在亚磷烯络合物 $t-BuP\{Cr(CO)_5\}_2$ 中。因此，存在极限化学位移值的化合物具有 0 和 1 的形式氧化态。大部分五价磷化合物的共振处于较小范围 δ −50 ~100 ppm 内。由于可能存在其他因素的影响，使得解释这些位移现象变得很困难。然而，若已知这些类似化合物的种类，则可以预测未知化合物的位移。例如，利用 PX_3 和 PXY_2 可以预测 PX_2Y 或 PY_3 的 ^{31}P 化学位移值。这些简单的附加关系经常会失效，尤其是像 Cl 或 F 这样的电负性原子，因此，建议通过对比文献数据来归属频谱。表 15.7 列出了某些代表性磷化合物的化学位移。

表 15.7　具有代表性磷化合物的化学位移

化合物	δ/ppm	化合物	δ/ppm
PMe_3	−62	PX_5	−70 ~ −100
PEt_3	−20	PCl_5	−80
PPh_3	−7	$OPMe_3$	36
PF_6^-	−145	$OPEt_3$	48
PH_3	−238	$OPPh_3$	29
PX_3	90 ~ 185	$P(OMe)_3$	140

含有机基团的磷化合物频谱通常通过质子去耦获得，在$^{31}P\{H\}$频谱中，除非存在其他非氢自旋原子核，否则每个不同类型的磷原子均会与其他^{31}P原子耦合而产生单一信号。通过记录谱峰个数和它们的相对强度，可从NMR频谱中获得有价值的信息。例如，CS_2溶剂中的五氯化磷约在δ80 ppm处表现出单一的^{31}P共振，这可从其三角双锥结构（发现于气相）预测得到。然而，在固态的情况下，五氯化磷显示出两个强度相等的^{31}P峰，这清楚地表明相位随结构的变化而变化。事实上，PCl_5在固态下发生歧化反应，它结晶为$[PCl_4^+][PCl_6^-]$，PCl_4^+和PCl_6^-的化学位移分别接近于δ95和280 ppm。

15.9.2 耦合常数

表15.8列出一些典型的$^{31}P-^{1}H$耦合常数。依据$^{1}J_{PH}$值可容易地区分磷原子的配位数，其中三个和四个配位原子核的典型值分别为180Hz和400Hz。磷（Ⅲ）和磷（Ⅴ）的衍生物也可使用耦合常数数据来区分，磷（Ⅴ）化合物的$^{1}J_{PH}$值一般要比磷（Ⅲ）化合物的大，前者为400～100 Hz，后者为250～100 Hz。类似地，$^{1}J_{PF}$耦合常数可用于确定磷的配位数，且在五种配位键类型中，可区分直立和平伏的氟取代基。

表15.8 典型$^{31}P-^{1}H$耦合常数

化合物	J_{PH}/Hz
$>P(=O)H$	630～700
$(CH_3)_3P$	2.7
$(CH_3)_3P=O$	13.4
$(CH_3CH_2)_3P$	0.5（HCCP）13.7（HCP）
$(CH_3CH_2)_3P=O$	11.9（HCCP）16.3（HCP）
$CH_3P(=O)(OR)_2$	10～13
$CH_3C-P(=O)(OR)_2$	15～20
$CH_3OP(OR)_2$	10.5～12
$P[N(CH_3)_2]_3$	8.8
$O\equiv P[N(CH_3)_2]_3$	9.5

15.9.3 其他典型实例

HPF_2 的 ^{31}P NMR 频谱非常具有代表性。若 $^1J_{PF} > {}^1J_{PH}$，预期三重态的每条谱线分裂成为双重谱；另一方面，若 $^1J_{PF} < {}^1J_{PH}$，则期望频谱包含两个三重态；若两个耦合常数相当，频谱将是一种复杂模式，即介于两种期望频谱模式的中间态。在大多数已经研究过的化合物中，$^1J_{PF} > {}^1J_{PH}$（约 1500 Hz 和约 200 Hz），正如期望那样，实验测得的频谱如图 15.22 所示。

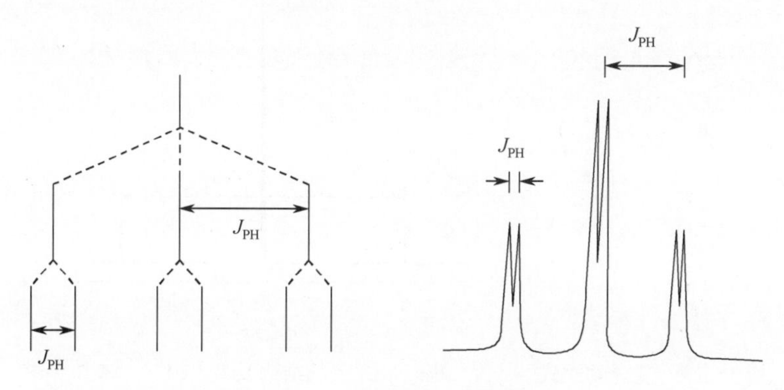

图 15.22 HPF_2 的 ^{31}P NMR 频谱

与氢键合的磷特征化学位移发生在一个有限范围内，且对应于 $^1J_{PH}$ 的峰具有精细结构。$HPO(OH)_2$ 的 ^{31}P 共振为双重态，而 $H_2PO(OH)$ 的 ^{31}P 共振为三重态，与下述结构一致。羟基和磷的耦合或是因太小而不能被观测到，或是由于快速的质子交换过程而观测不到。$FPO(OH)_2$ 和 $F_2PO(OH)$ 已经获得类似的结果。

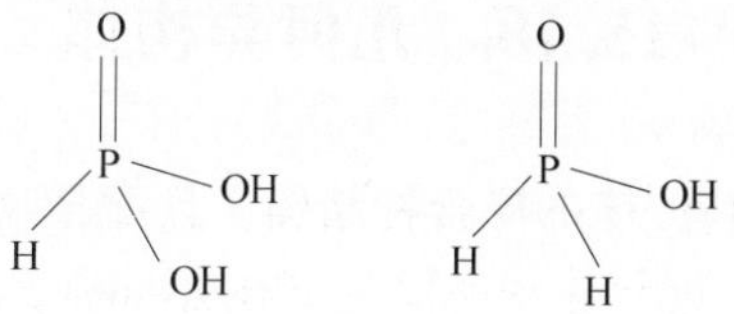

在其他方面的应用是过渡金属络合物，其中金属和配体原子的耦合取决于金属配位数，并因此也取决于其 s 轨道对每个键的贡献。因此，四配位络合物 I 和六配位络合物 II 的 $^1J_{PtP}$ 值之比为 3:2，但只有类似的复合物可以比较。

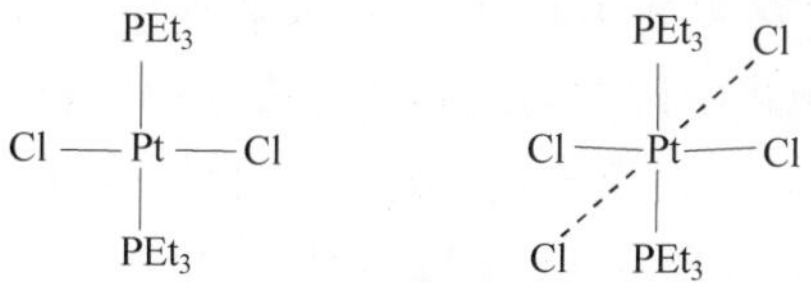

I　　　　II

复合物顺式 -［$Pt(PEt_3)_2Cl_2$］的质子去耦 ^{31}P NMR 频谱如图 15.23 所示，

同时也给出了该化合物的结构。因两个磷原子等价，故预期只产生一个信号。然而，近34%的Pt原子进行了有效自旋（$I = 1/2$）。包含有效自旋铂原子的这些分子将显示出双峰，这是由于存在$^1J(\mathrm{Pt-P})$耦合，同时，不含有有效自旋铂原子的其他分子将显示出单峰。观测到的频谱为两频谱的叠加，正如第12章所讨论的，相对于主峰，较弱的峰称为“伴随谱峰”。

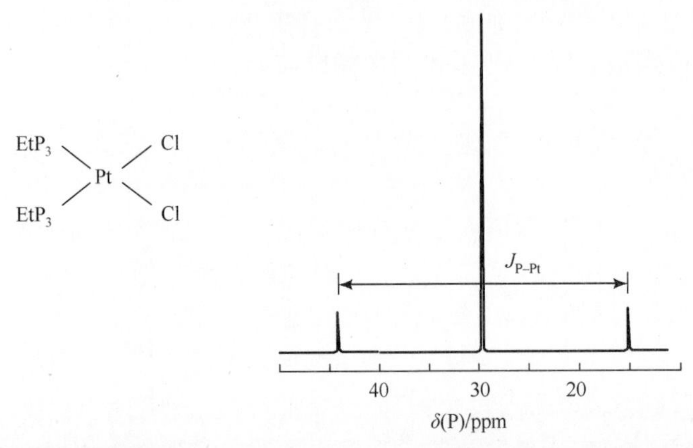

图15.23　复合物顺式-[$Pt(PEt_3)_2Cl_2$]的结构及其$^{31}P\{H\}$ NMR频谱

在测定复合物$PtX_2(PR_3)_2$（X表示卤化物）的立体化学时，其化学位移的价值不大；另一方面，耦合常数存在较大的差异。一般，对PtX_2复合物来说，一个磷化氢反式到另一个磷化氢上时，$^1J(\mathrm{P-Pt})$为2000～2500 Hz，当磷化氢反式一个卤化物上时，$^1J(\mathrm{P-Pt})$为3000～3500 Hz。对于其他铂（Ⅱ）配合物，会有不同的值，但其规律趋势保持不变。

15.10　几何异构体

^{31}P NMR可测定带磷配体的配合物结构，且配合物中的顺反效应也显示在它们的NMR频谱之中。配位体受基团反式的影响强烈一些，受基团顺式的影响相对弱一些，因此，金属-配体耦合常数取决于与配体反式结合的原子或集团的性质。例如，如图15.24所示，在溶于苯溶液的复合物$PtHCl(PEt_3)_2$中，在反式于H的$^1J(^{195}\mathrm{Pt}-^{31}\mathrm{P})$值接近1400 Hz，而反式于Cl的$^1J(^{195}\mathrm{Pt}-^{31}\mathrm{P})$值接近3500 Hz。化学位移主要由反式配位体来确定，反式配位体对之间的自旋-自旋耦合强，而顺式配位体对之间的自旋-自旋耦合弱，这为几何异构体的识别提供了理论支持。在TMS高场中，氢化物共振发生在δ 16.9 ppm处，它被两个等价磷原子（$J(\mathrm{Pt-H}) = 1276$ Hz，$^2J(\mathrm{P-H}) = 15$ Hz）分裂成三重态。该谱线具有相同的Pt伴线，这是由于与33.7%的^{195}Pt相耦合。

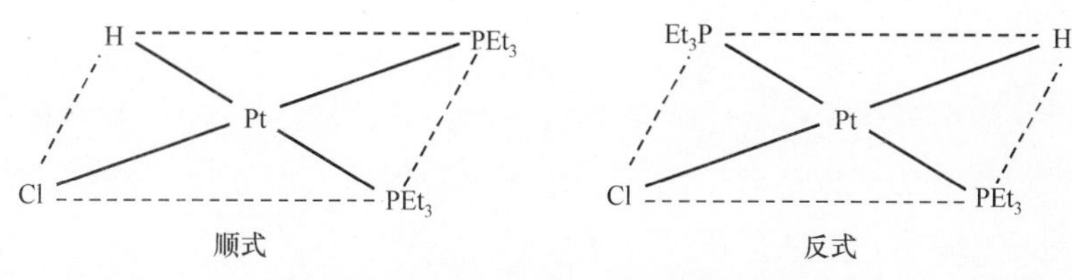

图 15.24 PtHCl $(PEt_3)_2$ 几何异构体

举另外一个例子，三苯基膦复合物 Ph $(\phi_3P)_3$ Cl_3（Rh，I = 1/2）的 ^{31}P NMR 频谱如图 15.25 所示。Ph $(\phi_3P)_3$ Cl_3 复合物可能存在两个同分异构体：面式和经式。磷配体在表面异构体中是等价的，因所有的磷原子均为反式氯配位体。频谱如图 15.25 所示，可以看出复合物具有经线结构，在该异构体内，两个磷原子相互反式表示为 P_b，反式氯的磷原子表示为 P_a，因此，在 mer – Ph $(\phi_3P)_3$ Cl_3 中两个配位体是等价的，但与第三个不同。预期分裂如图 15.25 所示，从频谱图中可以看出，两个等价配位体显示出两个双峰，第三个配位体（与另外两个相耦合）显示出两个三重态，其强度为前者的 1/2。因此，原则上，基于其 ^{31}P NMR 频谱中谱峰个数可以确定出复合物 M $(PR)_3X_3$ 型的结构，即采用了表面结构还是经线结构。

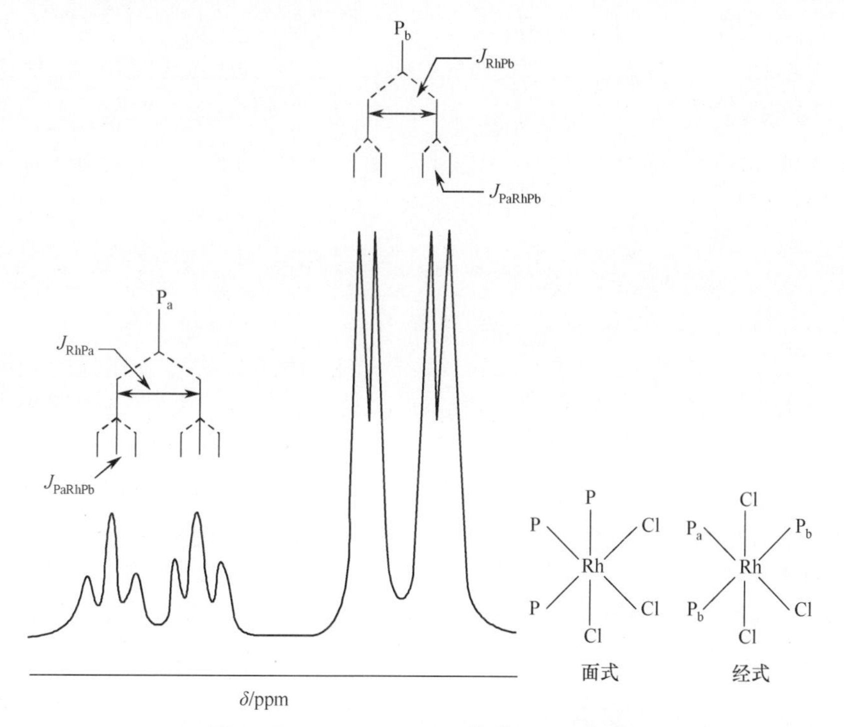

图 15.25 Ph $(\phi_3P)_3$ Cl_3 的 ^{31}P NMR 频谱

15.11 双键耦合

双键耦合似乎可以忽略，因为对于大多数同核系统来说，这些原子核等价，因此没有观测到该耦合。然而，$^2J_{pp}$ 的大小往往可提供复合物立体化学方面的有用信息。通常情况下，两磷原子彼此反式（约 750 Hz）时的耦合常数远大于彼此顺式时的耦合常数（约 20 Hz）。例如，重金属配合物中的反式原子核耦合强度一般比顺式原子核的更强烈，这有助于归属相关配合物的立体化学。因此，对于 $PtX_2(PR_3)_2$ 配合物，正如期望的那样，顺式结构 I 中 $^2J_{pp}$ 值要比反式结构 Ⅱ 中的值小一个量级。

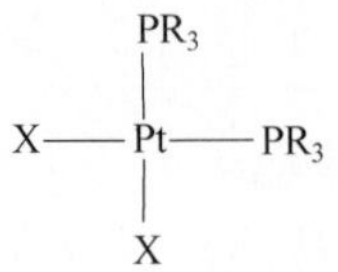

PR3
X
Pt
PR3
X

I

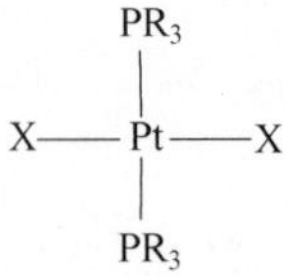

PR3
X
Pt
X
PR3

Ⅱ

在其他紧密相关化合物的基团内，双键耦合和键角之间存在关系。例如，$^2J_{FF}$ 和 FCF 或 FPF 键角之间的关系早有报道。双键耦合可能取决于构象，在结构 I 中，$^2J_{PP}$ 典型值为 450 Hz，在结构 Ⅱ 中，其值相对小一些，接近 100 Hz。

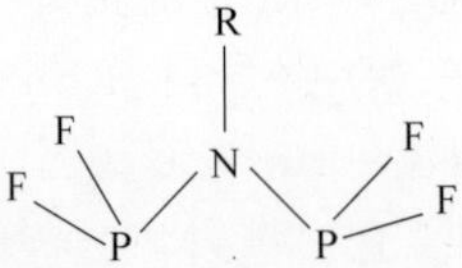

R
F
F
N
F
F
P
P

I

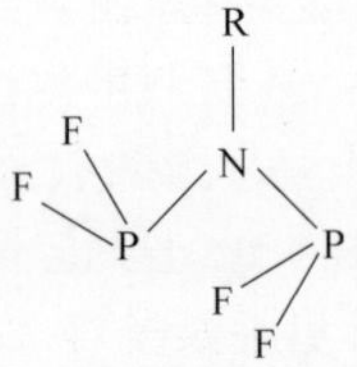

R
F
F
N
P
P
F
F

Ⅱ

由于化学等价和磁等价，观测不到双键 H－H 耦合现象。可使用部分氘化（如前所述）处理。例如，磷化氢类 PH_2X 的 ^1H 频谱由 $^1J_{PH}$ 产生的双峰组成，而不是 $^2J_{HH}$。但 PDHX 的频谱显现出一个由 $^2J_{DH}$ 分裂引起的额外 1:1:1 三重态。耦合常数 $^2J_{DH}$ 乘以 γ_H/γ_D 得到 $^2J_{HH}$，其中 γ 为磁旋比。

15.12 远程耦合

在饱和 XCCY 单元内，$^3J_{XY}$ 主要取决于 X－C－C－Y 的二面角 ϕ，耦合常数与二面角之间的关系式为

$$^3J_{XY} = A + B\cos\phi + C\cos2\phi \tag{15.7}$$

式中：A、B和C均为经验常数（见第12章）。式（15.7）可用于计算$^3J_{HH}$、$^3J_{PH}$、$^3J_{PC}$和$^3J_{PP}$。

有时可以观测到跨4个或更多个键的较小耦合，远程耦合可能与扩展的π电子系统相关。尽管原子间相隔几个化学键，但其物理空间很接近，仍可以观测到其耦合，远程耦合能够提供重要的结构信息。

第16章　弛豫过程

16.1　引　　言

正如前面章节所述，与 ESR 频谱一样，NMR 频谱现象也是由两个弛豫过程所决定的——自旋-晶格弛豫和自旋-自旋弛豫。适用于磁活性原子核集合的弛豫时间概念对该技术来说非常重要，有助于理解 NMR 现象。^{1}H 和 ^{13}C 的自旋-晶格弛豫时间有助于化学位移归属，以及理解溶液内分子的动态行为。因此，化学位移和自旋-自旋耦合常数是使用最为频繁的 NMR 参数。

16.2　自旋-晶格弛豫

在样品放入磁场之前，自旋量子数为 I 的原子核的 $(2I+1)$ 能级是简并的，且其粒子数相等。当施加外加磁场 B_0 时，自旋能态立即分裂，自旋-晶格弛豫使自旋在其能级之间重新分配，以便建立玻耳兹曼粒子数差。当原子核达到平衡态时，释放出的能量消散在周围环境中（晶格）。如前所述，在 NMR 实验中存在两个宏观磁化，一是沿着 z 轴的横向磁化，二是 x,y 平面内的横向磁化，这两者均属弛豫过程。

建立磁化平衡态 M_0 需要时间 T_1，且宏观磁化 z 分量的变化服从一阶方程：

$$\frac{dM_z}{dt}=\frac{M_0-M_z}{T_1} \tag{16.1}$$

扰动系统恢复到平衡态的速率常数为 $1/T_1$。在时间 T_1 内，自旋释放出的能量转移到环境（称为晶格），该过程可由式（16.1）表示，称为纵向或自旋-晶格弛豫，T_1 为纵向或自旋-晶格弛豫时间。

自旋-晶格弛豫描述了平行于施加磁场的磁化 z 分量（M_z）的变化，通常以指数形式弛豫到平衡态，因此大量自旋量子数为 1/2 的原子核，$m=1/2$ 和 $m=-1/2$ 的自旋差值符合式（16.2）：

$$\Delta n(t)=\Delta n_{eq}\{1-\exp(-t/T_1)\} \tag{16.2}$$

式中：Δn_{eq} 为平衡态粒子数差；t 为时间。如图 16.1 所示。将样品放入磁场后，在录取频谱之前，应等待足够长的一段时间（相对于自旋－晶格弛豫时间 T_1），理论上，至少需要延迟 $5T_1$ 的时间才能完全恢复到平衡态。液体中自旋量子数 1/2 原子核的典型 T_1 值仅为几秒。当 $t = T_1$ 时，粒子数差增加到其在热平衡态（Δn_{eq}）下的 63%，只要原子核自旋粒子数差受到扰动，均有可能发生类似的行为。

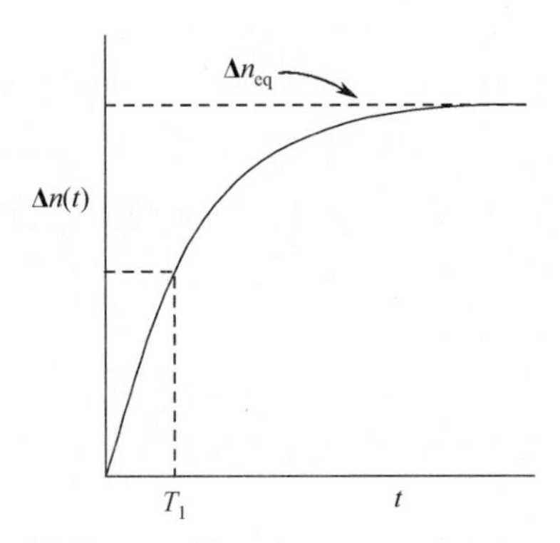

图 16.1　将样品放入外部磁场后，对于自旋 $I = 1/2$ 核的集合，$m = 1/2$ 和 $m = -1/2$ 之间的粒子数差（Δn）为时间（t）的函数，T_1 表示自旋弛豫时间

通过施加小幅度磁场 B_1，使宏观磁化偏离 z 轴一个小角度 θ。即使在共振期间，因系统通过弛豫过程来恢复正态玻耳兹曼分布，所以保持 z 磁化，射频场的部分吸收能量传递到周围环境中。新的平衡磁化强度 M_z 的大小为自旋－晶格弛豫时间和 B_1 磁场幅度值的函数，对强磁场 B_1，$\omega = \omega_0$ 处连续波信号的最大强度 I 可表示为

$$I(\omega_0) = 常数/(B_1 T_1) \tag{16.3}$$

因此，振荡磁场的长弛豫时间 T_1 和高振幅（能量）降低了信号强度，即使共振吸收饱和，非常短的弛豫时间也会使共振谱线展宽。当原子核激发态的生命期较短时，依据不确定原则 $\Delta E \cdot \Delta t \geqslant h/4\pi$，它会导致能量 ΔE 的不确定性。由 $\Delta E = h\Delta\nu$，可确定出共振频率的不确定度 $\Delta\nu\Delta t \geqslant 1/4\pi$ 或 $\Delta\nu \geqslant 1/4\pi\Delta t$，因此，谱线宽度取决于 $1/\Delta t$ 或 $1/T_1$。在液体中，质子的 T_1 通常为几秒或更短，因而自旋－晶格弛豫对谱线宽度的贡献不大于 0.1 Hz 或更小。

有几种有助于自旋系统与其周围环境之间能量交换的机制，这些过程的速率具有叠加性。在液体中，分子内和分子间偶极子与其他原子核直接相互作用很重要。原子核自旋和分子旋转之间的相互作用也很重要，且在这种情况下，当旋转被碰撞打断时将发生能量转移。该机制对高温低黏度液体和气体尤为重要，弛豫速率与施加磁场的平方成正比。

运行于其他形式波谱学中的弛豫机制对 NMR 是无效的。如前所述（见第 1 章），自发辐射在 NMR 频率上是极缓慢的，因为核自旋与系统其余部分之间的相互作用较弱，那么由分子碰撞所致的激发态失活也可忽略不计，以至于对

含有自旋核的运动分子进行有效地解耦。核自旋弛豫机制在于磁相互作用，最重要的相互作用为偶极相互作用。如前所述，两原子间的偶极 – 偶极相互作用取决于它们的间距 r，以及核间距向量与施加磁场间的夹角 θ。各向异性耦合不会引起 NMR 频谱中的分裂。当分子在溶液中翻滚时，r 和 θ 以复杂的方式变化，使相互作用快速波动。由分子平移和旋转运动调制的偶极耦合使得核自旋经历波动的局部磁场，如果它们包含一个可诱发非辐射跃迁的 NMR 频率分量（$=\gamma B_0/2\pi$），可使自旋恢复到平衡态。然后，晶格吸收到的磁能转化为热能。相比于溶液内分子的旋转、振动和转化能量，自旋能量较小，因此核自旋进行弛豫，样品的温度变化可忽略不计。因为局部磁场相当弱，且它们与自旋的相互作用也相当弱，所以核自旋弛豫缓慢。若溶液内存在顺磁物质，则纵向弛豫特别有效，这是因为弛豫时间 T_1 与产生波动磁场的磁矩平方成反比。未配对电子的磁矩远大于核磁矩，约 1000 倍，从而 $T_1<0.1\text{s}$，且共振谱线变得非常宽，因此样品中即使存在微量的大气氧，也会加速自旋弛豫过程。

质子的自旋 – 晶格弛豫时间主要由分子间相互作用所决定，但是 ^{13}C 原子核的弛豫过程取决于分子内相互作用。具有 $I=1/2$ 的重核，对自旋 – 晶格弛豫的额外贡献源于化学位移的各向异性以及像甲基旋转或标量耦合到四极核（如 ^{35}Cl，^{79}Br 等）的分子内过程，这将在后面叙述。对 ^{2}H 和 ^{14}N 来说，四极核弛豫不是那么有效。

其他弛豫机制的起因也几乎相同，分子内或分子间（或 $I>1/2$ 的原子核，电子）的磁相互作用是时变的随机分子运动。旋转运动发生于共振频率附近，并且调节分子内的相互作用，因此这些运动最有利于弛豫。分子振动太快（10^{10} 至 10^{13} Hz）而不存在贡献。平移运动也具有相对低的效率，因为与分子内情况相比，其耦合通常是比较弱的。由于其磁矩与随机磁场相互作用存在，因此具有自旋 1/2 的原子核可弛豫到玻耳兹曼分布。如上所述，这些随机场源于分子的旋转和平移运动。因此，总的弛豫速率取决于描述这些运动的相关时间，以及自旋系统与分子运动间的相互作用能量。相关时间 τ_c 刻画了分子运动的动态行为，可看作溶液内分子旋转一个旋转角（60°）所用时间的平均值。低黏度液体 τ_c 的典型值为 10^{-11} s，相应的频率为 10^5 MHz。一般地，与大分子中的原子核相比，小分子中的原子核翻转更快，其弛豫时间相对较短。因此，长链的末端比中间更具可移动性，$^{13}CT_1$ 的测量已用于研究高分子链中不同部分的移动性。

相互作用原子核对的自旋 – 晶格弛豫速率正比于 $(r^{-3})^2$，即 r^{-6}。因此，自旋 – 晶格弛豫时间 T_1 敏感地取决于分子间距，进而取决于其分子结构。此外，由自旋 X 产生的均方偶极场正比于 γ_X^3，所以邻近自旋（B）的自旋 – 晶格弛豫速率应正比于 $\gamma_X^2\gamma_B^2$，其中 γ 表示磁旋比，因此，质子 γ_X^3 与邻近 ^{13}C 核的相互作用比同距离质子相互作用低。

16.3　自旋 - 自旋弛豫

如上所述，自旋 - 晶格弛豫引起谱展宽约 $1/\pi T_1$，通常其对谱宽的贡献小于0.1 Hz。然而，观测到的谱线宽度较大，且在固态情况下可达几千赫兹。因此，T_1 不是唯一影响 NMR 线宽的弛豫过程，因此定义一个新的参数，即自旋 - 自旋弛豫时间 T_2：

$$\frac{1}{\pi T_2} = \Delta\nu \tag{16.4}$$

式中：$\Delta\nu$ 为对应于弛豫过程的线宽。

自旋 - 自旋弛豫时间 T_2 描述在垂直于施加磁场的平面中的弛豫，且可看作谱线宽度参数。两个弛豫时间均取决于分子的翻滚运动，与共振频率 ω_0 相比，若其翻滚较快，那么两个弛豫时间在极端缩小限制内是相等的。

在 NMR 实验的经典描述中，除了 z 磁化，第二项 x,y 平面内磁化称作横向磁化 $\boldsymbol{M}_{x,y}$。通常，引入横向弛豫时间 T_2 来描述 $\boldsymbol{M}_{x,y}$ 的时间依赖性，它不同于 M_z 的时间依赖性。在最简单情况下，对液体来说 $T_2 = T_1$，因为在共振之后，随着纵向磁化沿 z 轴达到其先前值 $\boldsymbol{M}_0$，x,y 磁化分量消失。然而横向磁化减小时，不增加 z 分量，此时 $T_2 < T_1$。正如在自旋 - 晶格弛豫的情况下，波动磁场与横向分量 $M_{x,y}$ 相互作用，从而降低了其幅度值。横向弛豫也会发生于静态偶极场内，在实验室框架下，分量 B_z 为静态场。

自旋 - 自旋弛豫的一个重要机制是自旋系统内的能量转移。原子核自旋状态间的任何转换都会改变原子核附近局部场，从而激励出一个相反方向的转换。由于该过程，自旋态的生存期将降低，使得 NMR 谱线展宽，自旋系统的总能量不会改变。随机局部磁场产生随时间变化的，以拉莫尔频率自旋的个别小的弛豫过程，导致整个样品中相位相干性降低。

在固态中，横向弛豫过程受静态偶极场的影响较大。在不存在分子运动的情况下，由于与其邻近的偶极相互作用，每个自旋都经历一个略微不同局部磁场。因为横向磁化 $\boldsymbol{M}_{x,y}$ 为宏观量，只有当样品中的各个磁矩相对于任意原点均具有相同的拉莫尔频率和相位角时，才能产生宏观量。显然，不同局部磁场引起扩散（以拉莫尔频率）将破坏掉 $\boldsymbol{M}_{x,y}$。该过程可描述为 $\boldsymbol{M}_{x,y}$ 扇形张开，如图 16.2 所示。由于 $\boldsymbol{M}_z$ 不受该过程影响，施加磁场 B_0 内自旋系统的总能量没有变化。

液体内，磁场 B_0 的非均匀性 ΔB_0 是 $\boldsymbol{M}_{x,y}$ 时间相关性最重要的因素。不同外部磁场 $B_0 \pm \Delta B_0$ 对核自旋辐射将导致以拉莫尔频率扩散，且产生 $\boldsymbol{M}_{x,y}$ 扇形张开过程，如图 16.2 所示。

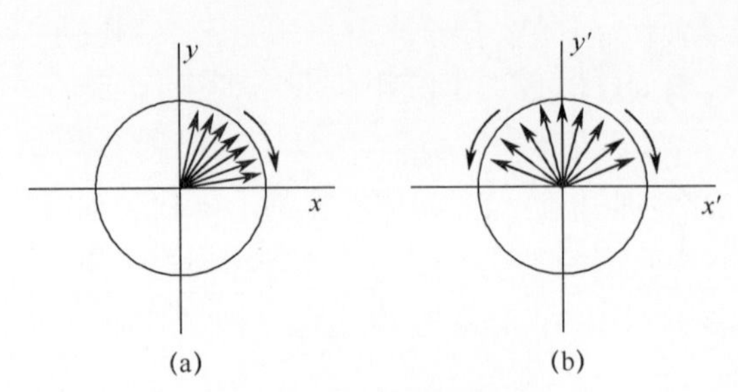

图 16.2　$\boldsymbol{M}_{x,y}$ 扇形张开

（a）实验室框架下；（b）旋转框架下。

信号半高宽度表达式为

$$\Delta\nu_{1/2} = 2/T_2 \tag{16.5}$$

式中：$\Delta\nu_{1/2}$ 为共振信号的半高宽度（图 14.3）。NMR 信号具有洛伦兹线形，由场非均匀性和自旋 - 自旋弛豫所引起的 $\boldsymbol{M}_{x,y}$ 衰减可表示为

$$\Delta\nu_{1/2} = 2/T'_2, \frac{1}{T'_2} = \frac{\gamma\Delta B_0}{2} + \frac{1}{T_2} \tag{16.6}$$

式中：第一项为非均匀场对谱线宽度的贡献，转化为频率，可以表示为

$$\Delta\nu_{1/2} = \frac{1}{\pi T'_2} \tag{16.7}$$

式中：T'_2 单位为 s。例如，若谱线宽度为 10 Hz，那么有效横向弛豫为 $T'_2 = 1/\pi 10\ \mathrm{s}^{-1} = 32\mathrm{ms}$。

对于黏性液体和固体，T_2 远小于 T_1。当 T_2 减小时，谱线宽度增大，获得其频谱变得困难。当分子经历分子间或分子内动态过程时，如质子转移、构象平衡等，可有效降低横向弛豫时间，因此若两原子核间的耦合常数随时间是变化的，或者第二个原子核自身迅速弛豫，且两者之间存在耦合，那么标量与其他自旋核之间的相互作用有利于弛豫，这是化学交换（见第 14 章）的结果。第二种情况发生在四极核之间，这将在后面讨论。在这种情况下，四极核为横向弛豫的主要机理，弛豫速率可由具有温度依赖性的 T_2 值导出。如前所述（第 14 章），NMR 波谱学可用于快速可逆反应的热力学研究。

16.4　弛豫时间测量

几种技术可用于分别测量自旋 - 晶格时间（T_1）和自旋 - 自旋弛豫时间（T_2）。可使用包含两个或多个射频脉冲的傅里叶变换技术来单独测量这两个弛豫过程和弛豫过程。对于 ^{1}H 和 ^{13}C 原子核，通常测量其自旋 - 晶格弛豫时间。反转恢复和自旋 - 回波方法是分别用于测量 T_1 和 T_2 的两种最简单方法，这里简要介绍一下。

16.4.1　T_1 的测量：反转恢复方法

通过粒子数反转测量 T_1 是最常用的方法。该方法利用了 2D－NMR 实验（见第 19 章）中所采用的准备、演化和检测序列来测量纵向弛豫时间 T_1。在这里，原子核保持平衡，使得它们的净磁化指向静态磁场方向（z）。反相射频脉冲（准备）扰动该磁化，在时间 t（演化）内通过一个 90° 脉冲（检测）对其 z 磁化强度进行检测，可以获得不同 t 值下的频谱，其峰值高度可表示为时间 t 的函数。由于其恢复过程可描述为一个简单指数函数，所以使用计算机依据简单指数函数，对每个峰进行拟合计算，并获得其相关弛豫时间（T_1）是非常必要的。

正如前所述，在施加磁场中，原子核磁矩沿磁场 B_0 方向进动。考查旋转坐标系中宏观磁化强度，在脉冲实验中，依据脉冲持续时间的不同，可以使磁化向量 $\boldsymbol{M}_z$ 偏转 90°、180° 或任意角度，如第 13 章所述。

表示为 180°-τ-90° 的脉冲序列如图 16.3 所示。反转恢复方法中的第一步是用 180° 脉冲对样品进行辐射，使得磁化向量扳转 180°，并指向 $-z$ 方向。该阶段观测不到信号，因为在 x,y 平面内无磁化分量，即 $\boldsymbol{M}_{x,y}$ 的检测线圈非常敏感。180° 脉冲关闭后在延迟期间发生衰减，其 $\boldsymbol{M}_z$ 以纵向弛豫时间 T_1 所确定的速率减小，β 自旋开始弛豫恢复到 α 自旋，且其磁化向量以指数形式衰减到热平衡值 $\boldsymbol{M}_z$。图 16.4 所示的箭头描绘了 $\boldsymbol{M}_z$ 随时间指数衰减到其热平衡值，$\boldsymbol{M}$ 的幅度减小，经过零值，然后沿 $+z$ 轴方向增加，最终达到其初始值的过程。因单个瞬时弛豫是以随机方式进行的，所以不会产生 x,y 分量。

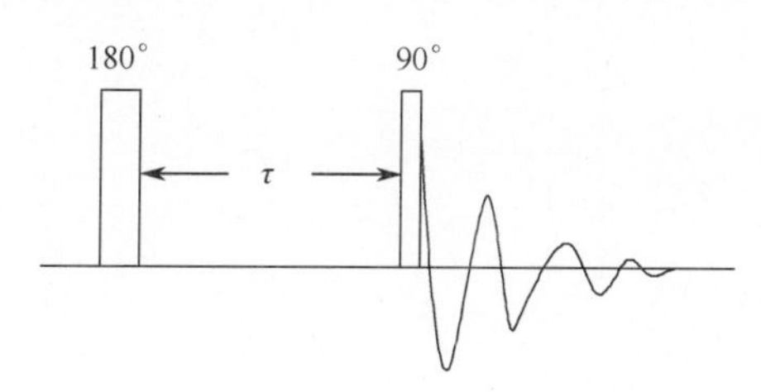

图 16.3　用于反转恢复方法的脉冲序列

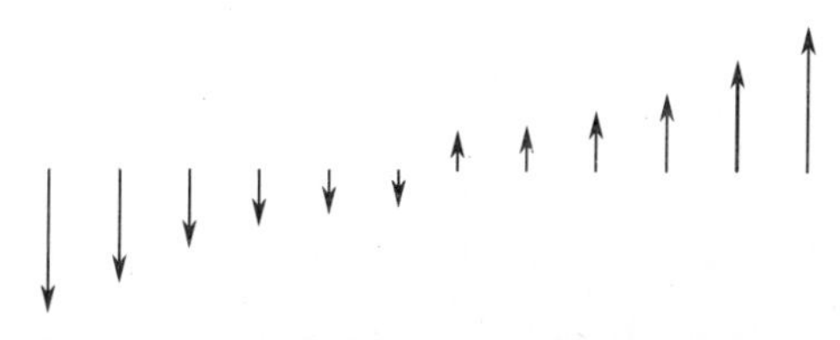

图 16.4　180° 脉冲后 M_z 随时间的衰减示意图

间隔时间后施加 90° 检测脉冲辐射样品，该脉冲将磁化向量旋转到 xy 平面上，然后检测磁化强度。等到重新建立热平衡后（等待时间通常选用 5～10

倍的 T_1 ），对样品再次施加相同的 180° 脉冲，等待一段时间后，紧跟一个 90° 检测脉冲，将磁化向量扳转到 xy 平面上。如图 16.5 所示，在延迟 τ 内，M 经历部分自旋 - 晶格弛豫、产生 z 磁化（ $\boldsymbol{M}_z(\tau)$ ）、90° 脉冲将其扳转到 y 轴、产生 FID 信号，然后由傅里叶变换获得频域频谱。在施加 90° 检测脉冲之前，通过等待更长时间来获得不同 τ 值，重复该过程来确定反转磁化的恢复。通过该方式获得的频谱强度取决于偏转到 x、y 平面上的磁化向量（ $\boldsymbol{M}_{x,y}$ ）大小。磁化矢量以指数的形式恢复到其热平衡值，两脉冲之间间隔逐渐增加，因此频谱强度也随着 τ 值的增加恢复到其平衡值。将不同间隔 τ 值下获得的系列频谱与指数衰减曲线进行拟合，可获得 T_1 值。

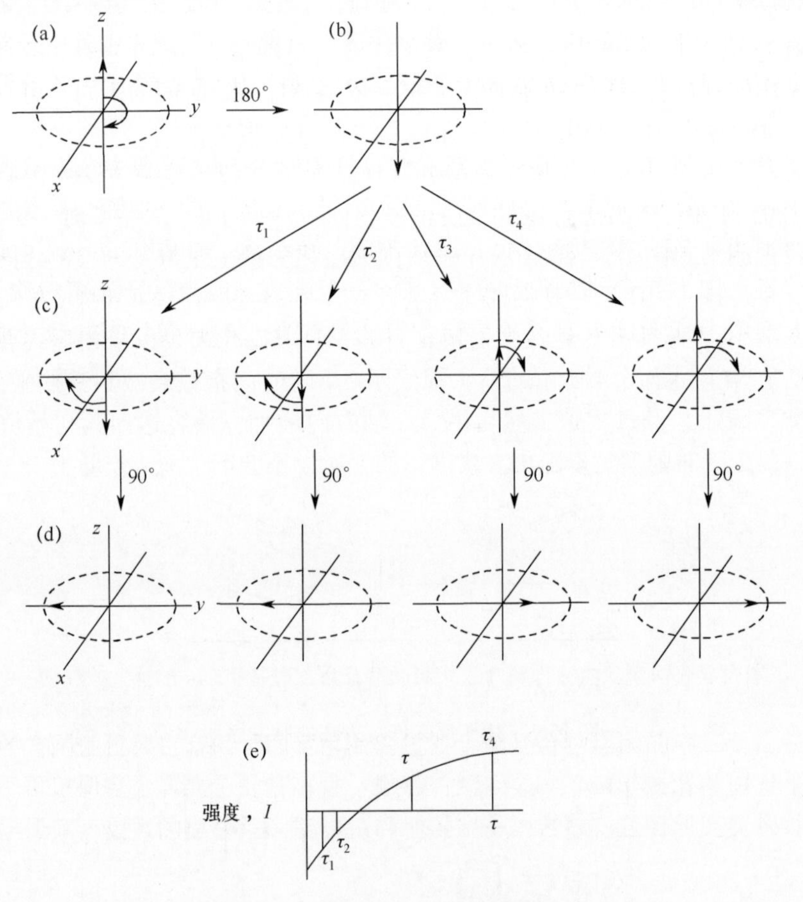

图 16.5　用于测量 T_1 的反向恢复方法

（a）热平衡；（b）180° 脉冲之后；（c）四个不同延迟 $\tau_1 < \tau_2 < \tau_3 < \tau_4$ 之后；（d）90° 脉冲之后；（e）NMR 信号强度是关于延迟 τ 的函数 $I(\tau)$ 。

图 16.5（c）、（d）所示的情况由 180° 脉冲之后的延迟时间 τ_1 ，τ_2 ，τ_3 和

τ_4 来表示。图16.5（c）表示了180°脉冲之后，不同的延迟时间 τ_1，τ_2，τ_3，τ_4 的情况。延迟时间 τ_1，τ_2，τ_3，τ_4 施加90°脉冲之后，所检测到的磁化如图16.5（d）所示；使 M 分别沿 $-y$ 方向和 $+y$ 方向。相位差为180°的信号分别引起发射和吸收谱线。每当样品的净磁化与磁场相反时，可获得反相共振。从与场反向的状态转化到方向一致的状态，检测器检测其信号为发射信号。当净磁化沿着施加磁场方向时，它会产生一个吸收信号。每个180°/90°脉冲对之间必须留有足够的时间，使得 M_Z 完全弛豫到其平衡态值，否则会获得不正确的结果。

利用与计算机相连的频谱仪进行测量 T_1 的实验，计算机重复执行若干次连续脉冲序列，并在180°与90°脉冲间自动调整脉冲不同的延迟周期值，同时确定出连续脉冲间的弛豫时间间隔。录取自由感应衰减信号并对其进行傅里叶变换，以获得相应的频谱，其NMR谱峰强度 $I(t)$ 与 $M_z(t)$ 成正比。该实验的一个典型应用如图16.6所示，为某样品的单共振 ^{13}C NMR频谱。每条谱线均是对样品施加脉冲180°-τ-90°序列后所获得的频谱，将延迟时间从2.0s变为4.0s，以便监测反向磁化恢复，如图16.5（e）所示。计算机绘制出一组频谱"堆叠"频谱，如图16.6所示，其中每个频谱垂直向右偏移一个正比于延迟时间的量。

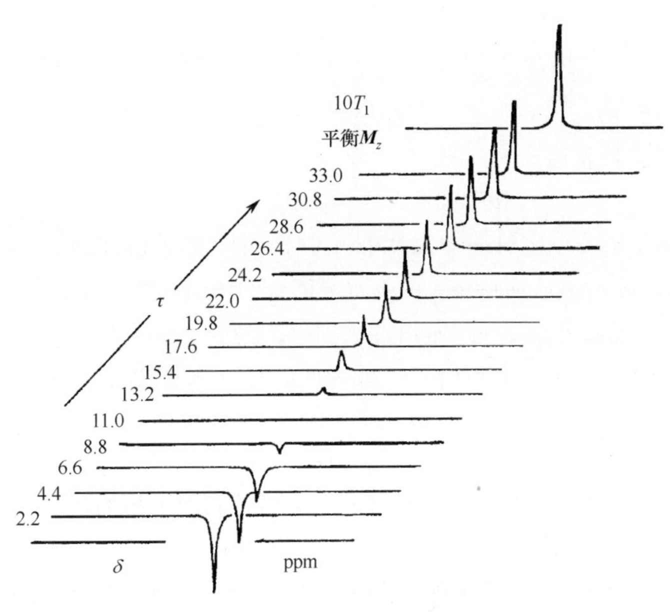

图16.6　180°与90°脉冲之间，随延迟时间 τ 增加（从下到上）所获得的反向恢复实验频谱

假设以指数形式弛豫，则可得

$$M_z(\tau) = M_0[1 - 2\exp(-\tau/T_1)] \tag{16.8}$$

式（16.8）可重新写为

$$A(\tau) = A_0[I - 2\exp(-\tau/T_1)] \tag{16.9}$$

式中：A_0 为测得常规傅里叶 NMR 频谱的平衡态幅度；τ 为 180° 与 90° 脉冲之间的间隔。

通过做出 $\ln[I(\infty) - I(t)]$ 对 τ 的曲线图，可获得 T_1 的每个峰值，其中 $I(\infty)$ 为彻底弛豫后的 NMR 强度（$\tau \gg T_1$）。$\ln I$ 对 τ 的图为一条直线，从中可以计算出 T_1。

式（16.9）中是按指数恢复的假设，可由 $\ln[A_0 - A]/2A_0$ 对 τ 的曲线图具有良好的线性关系来验证。若画出图 16.6 中频带 A 的面积与脉冲的间隔 τ 之间的关系，可获得一阶衰减曲线如图 16.7 所示，从中可计算出 T_1。

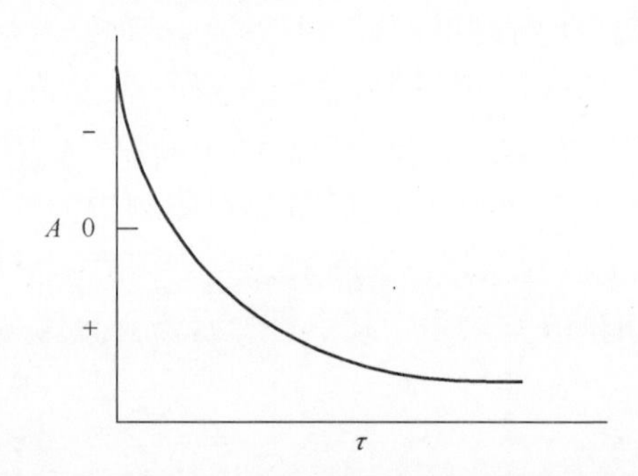

图 16.7 180° 脉冲后 $\boldsymbol{M}_z$ 分量的一阶衰减曲线

对式（16.1）进行积分，可以从强度变化 $M_0 - M_z$ 对 τ 的半对数图中准确地估计 T_1 值，其表达式为

$$\ln(M_0 - M_z) = \ln 2M_0 - \tau/T_1 \tag{16.10}$$

从频谱图（图 16.6）中可简单看出自旋弛豫时间 T_1 的近似值，从频谱的正、负幅度值可以确定出任何特定 ^{13}C 或质子信号的谱。对于分子中不同质子（或 ^{13}C），其零跃迁（零点）是不同的，这取决于它们各自的自旋－晶格弛豫时间。在时间 τ_0 时，观测不到信号，因为此时样品未被磁化，这种情况下的弛豫可表示为

$$\tau_0 = T_1 \ln 2 = 0.693 T_1 \tag{16.11}$$

式（16.11）可有效地确定出弛豫时间 T_1。当特有原子核的信号幅度值变为零时，可确定出 τ_0（秒级），且 τ_0 除以 0.693 可得到其自旋－晶格弛豫时间 T_1。在该例（图 16.6）中，信号在约 11s 处变为零，其弛豫时间为 11/0.693 = 15.8 s，因此 T_1 测量法相对容易实现，并可获得相当精确的 T_1 值。还有其他确定 T_1 的方法，但该方法是最合适的。

如果频谱中存在多个共振，并以自身速率进行弛豫，那么通过该方法也可测量出分子中同位素的所有原子核弛豫时间，进而获得分子运动的详细信息。

如果原子核都是自旋耦合的，那么其弛豫时间明显不同于实际值。^{13}C 弛豫时间通常利用 ^{1}H 去耦方法测量，可获得令人满意的结果。

16.4.2　T_2 测量：自旋回波方法

原则上，自旋-自旋弛豫时间 T_2 可直接由 NMR 线宽确定，然而实际中非均匀磁场通常影响线宽，因此 T_2 测量方法取决于非均匀扩展影响的消除程度。相互作用引起 NMR 谱线展宽和自由感应衰减，使得自旋在略微不同的拉莫尔频率上进动，从而破坏了它们的相位相干性，即，磁化在横向平面内扇形散开。导致相位相关性降低的原因有两个方面：其一，由分子内或分子间磁场引起的自旋-自旋弛豫；其二，外部磁场 $\boldsymbol{B}_0$ 的空间非均匀性，如前所述。由于 NMR 谱线宽度取决于这两个因素，因此，无法由谱线宽度轻易获得自旋-自旋弛豫。自旋-回波方法是用于精确测量横向弛豫时间 T_2 的首选方法，它允许单独执行这两个过程，要求 $T_2 < T_1$。

自旋-回波方法的显著特点是可以抑制非均匀磁场和化学位移的影响。自旋-回波方法的基本原则可以结合图 16.8 所示的脉冲序列来理解，脉冲序列可以表示为 $90°_x - \tau - 180°_x - \tau -$ FID。

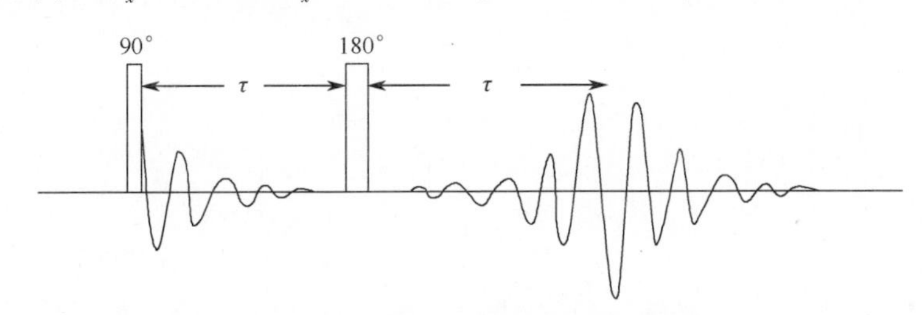

图 16.8　自旋-回波方法的脉冲序列

样品的总磁化作用可以看作由大量的微小区域所构成，由于施加非均匀磁场，所以每个区域经历略微不同的磁化强度，并且可以忽略存在的自旋-自旋弛豫。实验坐标系下，沿 z 轴的宏观磁化矢量 $\boldsymbol{M}$ 如图 16.9（a）所示。首先对样品施加旋转坐标系 x 轴向的 $90°_x$ 脉冲；将矢量扳转到 x,y 平面内的 y' 轴，生成 $\boldsymbol{M}_{x,y}$（图 16.9（b））。由于施加磁场具有轻微的不均匀性，每个矢量的磁化强度以略微不同的频率进动，有些频率低于射频，有些频率高于射频，使得磁化矢量开始在 x,y 平面内扇形展开（图 16.9（d））。如果存在化学位移，其进动频率也存在差异，该移相使总体横向磁化最终为零。等待一段时间 τ，期间，样品不同部分内的原子核经历不同磁场，以不同频率进动。在延迟周期 τ 后，沿旋转坐标系内的 x' 轴施加一个 180° 脉冲，将 x' 轴周围每个区域中的磁化矢量扳转到 x,y 平面内对称位置的负 y 轴（图 16.9（e）），即，当继续进动另一个周期 τ 时，矢量将跨越到 x,y 平面的另一侧。180° 重聚焦脉冲的优点是可以补偿由非均匀场所引起的任何误差。值得注意的是，绕 x' 180° 旋转不同

于绕 z 轴 180° 旋转。$180°_x$ 脉冲将快速自旋磁化矢量束旋转到先前慢速自旋束所占位置，反之亦然，因此矢量继续进动，快速矢量滞后慢速矢量；扇形开始再次收缩。第二个延迟周期与第一个延迟周期 τ 保持一致，2τ 时间后，所有矢量将再次聚集到 y 轴并达到最大值 $\boldsymbol{M}_{xy}$，由非均匀场引起的扇形矢量得到重聚焦。不考虑进动频率和 τ 值，在第二个延迟周期结束时，所有矢量均会完全回到同一相位（图 16.9（f）），称其为自旋－回波；由非均匀场所引起的移相现象，可由 $-y$ 轴方向上的 $180°_x$ 脉冲重聚焦，90° 脉冲后，在 2τ 处再次出现快速衰减的 NMR 信号，共振于不同化学位移的原子核也经历类似的重聚焦效应。自旋－回波是声音回波的磁性模拟，由射频脉冲所引起的横向磁化衰减，然后增长而形成回波。

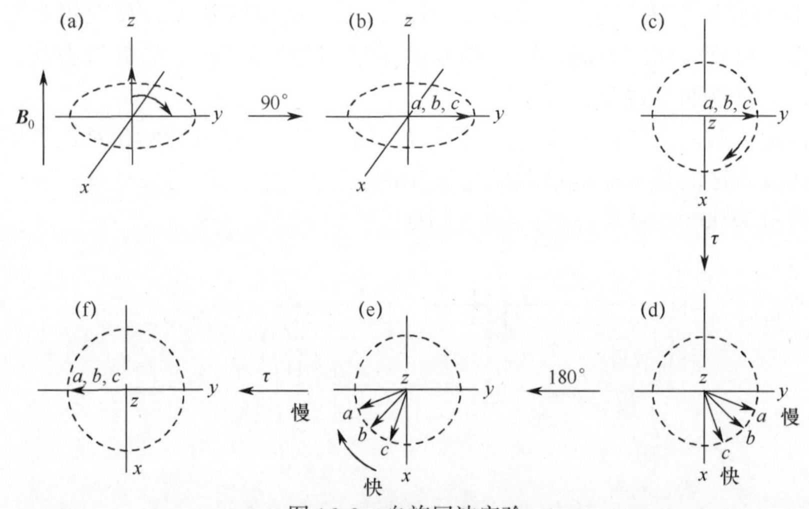

图 16.9　自旋回波实验

（a）热平衡；（b）90°脉冲后；（c）从 z 轴向垂直视图，
即（b）的俯视图；（d）延迟 τ 后；（e）180°脉冲后；（f）第二个延迟 τ 后。
三个磁化矢量 $\boldsymbol{a}$、$\boldsymbol{b}$、$\boldsymbol{c}$ 是由经历稍微不同磁场 $\boldsymbol{B}_0$ 的原子核产生的。

最大值或回波的强度衰减速率由 T_2 所决定，实际上存在两个使幅度降低的因素：①与施加磁场的系统性质相反，原子核的 T_2 磁化作用随机散开；②在 2τ 时间内，分子扩散到管内样品的不同部分。第一个效应随 $\exp(-\tau)$ 变化，第二个效应随 $\exp(-\tau^3)$ 变化，因此信号幅度是关于 τ 的函数，通过测量信号幅度值可以获得分子扩散时间和自旋－自旋弛豫时间 T_2。

因为重聚焦可以有效抑制非均匀场的影响，单独由自旋－自旋弛豫所引起的回波信号将以 $\exp(-2\tau/T_2)$ 因子衰减。在 2τ 时间后，磁化将继续进动，并再次散开，其结果是随时间常数 T'_2 衰减。真正的横向弛豫源于在分子时间尺度上波动的磁场，在重聚焦阶段无法保证个别快速自旋仍保持快速旋转，从而自旋束以时间常数 T_2 扩散，因此横向弛豫的影响不是重聚焦，且回波的大小

随时间 T_2 衰减。接收器线圈检测到的信号为横向磁化合量，即所谓的自旋 - 回波信号。检测到回波信号的第二部分与自由感应衰减信号一样，具有相同的形式，对其进行傅里叶变换，可获得 NMR 频谱，且其谱线幅度值与非均匀场无关。

现在考虑弛豫对回波幅度值的影响，在两个 τ 延迟期间，自旋 - 自旋弛豫破坏了由 90°脉冲所产生的相位相关性，并且使得横向磁化以 T_2^{-1} 速率衰减。这种由于随机分子运动产生的波动磁场而引起的失相不会被 180°脉冲重聚焦，因此，在自旋回波频谱中每条谱线强度可以表示为

$$I(2\tau) = I(0)\exp(-2\tau/T_2) \tag{16.12}$$

在不同延迟时间 τ 下重复该实验，可依据 $\ln[I(2\tau)]$ 对 τ 的曲线获得 T_2 。

综上所述，显然自旋回波的强度仅取决于横向弛豫速率，即，在周期 2τ 内横向磁化的损失不可逆，因为磁场不均匀性对自旋扩散的影响可由重聚焦过程消除。在这种情况下，回波信号幅度值正比于 $\exp(-2\tau/T_2)$ 。实际中，扩散过程使情况变得复杂，它改变了磁场中自旋的位置，进而增加了拉莫尔频率的扩散。然而，为了抑制扩散的影响，不应在间隔 τ 处采用单 180°脉冲，应在不同间隔 τ , 3τ , 5τ ，…重复自旋 - 回波实验，在 2τ , 4τ ，…处测量幅度值减小的自旋回波信号，其幅度值正比于 $\exp(-\tau/T_2)$ ，且如果脉冲间的间隔很小，则扩散的影响可忽略不计。回波强度（信号强度）可以绘成以延迟为函数的一条直线，其斜率为 $-1/T_2$ 。

自旋 - 回波方法的重要特征是回波信号的大小与磁场的非均匀性无关，且在两个 τ 间隔期间，局部磁场保持恒定，自旋 - 回波方法可给出准确可靠的结果。实现 T_2 的测量有些难，且 T_2 值对结构研究是没有用的。

16.4.3 四极弛豫

偶极机制是前面所述弛豫的来源。对具有 $I > 1/2$ 的原子核，存在一种额外的主要弛豫机制。$I = 1$ 的原子核具有非零核四极矩 eQ ，其中 e 为静电荷单位，Q 为球对称电荷分布偏差值（见第 20 章）。成键电子空间排列的非对称性在原子核处产生电场梯度，在诸如球形、立方八面体或四面体等高度对称环境中，周围电荷所产生的电场梯度相互抵消，不发生净四极矩相互作用。

具有四极矩的原子核通常在波动电场中能够非常有效地进行弛豫，该电场由偶极溶剂和溶质分子产生。核四极矩与电场梯度的相互作用为核自旋弛豫提供了一种非常有效的机制。例如，对 CH_3CN 中 ^{14}N 来说，T_1 为 22 ms，但对于没有电场梯度的水铵离子来说，不存在电场梯度，T_1 大于 50 s。一般地，如原子核 ^{14}N 、^{17}O 、^{35}Cl 和 ^{37}Cl 可观测到四极相互作用，可观测到明显的大线宽谱线（小 T_2 值）。四极弛豫的另一结果是自旋 - 自旋分裂损失，这些自旋与四极核标量耦合。如果 T_1 非常短，则原子核自旋交换能量并迅速改变它们的方向，

使得耦合核在短时间内与所有可能的自旋态相互作用，它只能区分相互作用的平均值和单重态共振结果。例如，氯化烃类没有提供有关质子自旋与氯原子核耦合的证据，其中 ^{35}Cl 和 ^{37}Cl 均具有 $I = 3/2$，可以观测到中间物弛豫具有较宽的谱线，例如，$I = 1$ 原子核的有效自旋－晶格弛豫使其在三个自旋取向（$m = +1,0,-1$）间快速翻转，从而使得耦合自旋的共振频率（化学位移频率 v_0，耦合常数 J）在 $v_0 + J$、v_0 和 $v_0 - J$ 之间快速变换。如果该过程发生速率比所涉及的频率差还要快，即 J 和 $2J$，在平均频率 v_0 处可以观测到一条单谱线。

16.5 四极弛豫对频谱的影响

正如前面所述，快速核四极矩共振弛豫对质子或与四极核键合的其他原子核的 NMR 频谱谱线宽度具有明显影响。四极核上的质子共振分裂可能无法观测到，或是因为质子信号可能太宽而无法检测到，大多数卤素化合物（氟除外）都是这种情况。大多数卤素化合物（除了氟）符合这种情况。已获得对称卤素化合物（如 ClO_4^-）的尖锐信号，其中球形电荷分布在原子核周围，产生一个小的场梯度，产生大的 T_1 值。尤其值得注意的是，已观测到化合物 $SiCl_4$、CrO_2Cl_2、$VOCl_3$ 和 $TiCl_4$ 中氯的化学位移，其中氯在该环境中的化学位移要比在立方对称环境中的低。像快速化学交换一样，快速核四极弛豫实际上将质子放置在其自旋状态快速变化的核上（或多核，用于快速变换），核四极弛豫速率往往对应于化学交换速率的中间值，因此，通常可以观测到广延性展宽（见第 14 章）。由于四极弛豫，$^{14}NH_3$（$^{14}N, I = 1$）的质子 NMR 频谱由三个非常宽的信号组成，在缺乏这种效应的情况下，$^{15}NH_3$（$^{15}N, I = 1/2$）的频谱由一个尖双峰组成。另一方面，在 $^{14}NH_4^+$ 中，电子密度的球对称分布产生零场梯度，可以观测到三条尖峰谱线。类似地，锥形 $N(CH_3)_3$ 的 ^{14}N 共振谱线宽度约为 100 Hz，而 $^{15}N(CH_3)_3$ 的氮 NMR 谱线宽度小于 1 Hz，这种谱线展宽将严重降低频谱分辨率。对液体进行四极核 NMR 研究的工作量所占比例较小，因为四极弛豫对温度和黏度较敏感，观测到耦合原子核的共振谱线形状随黏度和温度的改变而改变。温度升高使得弛豫较慢，且多重态分辨率更高。

从 NF_3 的氟 NMR 频谱中观测到一个有趣的效应，如图 16.10 所示。在 $-205°C$ 时，可获得 NF_3 的尖锐单重态，谱线随温度的增加而变宽，最终在 20°C 时，频谱由尖锐的三重谱线组成，观测到的这些变化作为温度的函数，通常与交换过程（见第 14 章）所期望的变化相反。在较高温度下，四极弛豫率较慢；在低温下，慢分子运动非常有利于 ^{14}N 的四极弛豫，因此，四极弛豫时间非常短并且可获得单峰。在较高温度下，弛豫并不有效，^{14}N 原子核在给定状态生存期内足以引起自旋 - 自旋分裂。

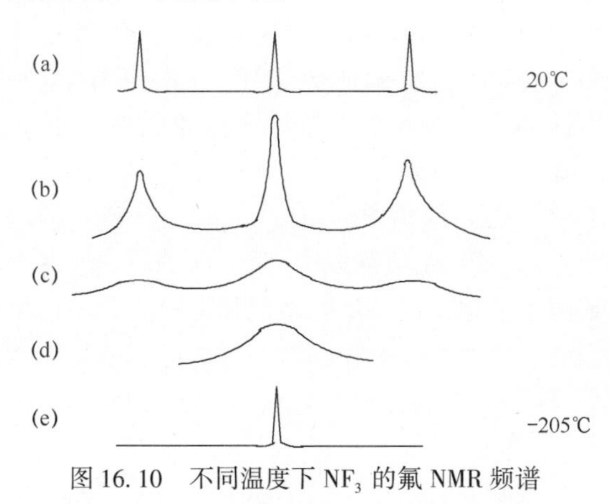

图 16.10　不同温度下 NF_3 的氟 NMR 频谱

16.6　弛豫时间的应用

一般，NMR 波谱学中的弛豫时间主要应用于结构和动力学研究领域。T_1 测量非常有益于动力学研究，分子动态特征的一些知识对结构研究也是有用的。碳原子和质子的 T_1 值可以用来描述聚合物链动态行为的某些方面，T_1 测量越来越多地用于波谱归属和结构说明。

有机分子中 ^{13}C 自旋晶格弛豫时间取决于 $^{13}C - ^1H$ 偶极相互作用，其作用取决于 r_{CH}^{-6} 距离，所以最近的质子具有最大效应。季碳不存在直接键合取决质子，具有相当长的弛豫时间，典型范围从 15 ~ 100 s，大于 CH 和 CH_2 碳的弛豫时间，在相同分子内它们的弛豫时间典型范围从 2 ~ 20 s。季碳产生低强度峰，并且具有较小 NOE，这与较慢偶极弛豫是一致的。最有用的弛豫参数是 NOE。偶极弛豫机制对单核间距离 r^{-6} 的依赖性是分子结构和构象信息的重要来源（见第 17 章）。自旋 - 晶格弛豫时间所含信息量较少，因为它们是由与邻近所有核的偶极相互作用以及其他弛豫机制所决定的。

^1H 和 ^{13}C 两者的 T_1 值有助于 NMR 谱峰归属。例如醋酸乙烯酯质子的 T_1 值如图 16.11 所示。

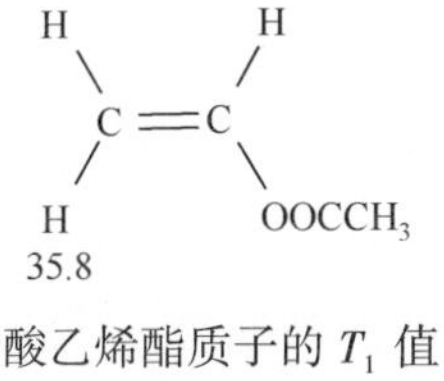

26.9　　86.4
H　　　H
C ═ C
H　　　$OOCCH_3$
35.8

图 16.11　醋酸乙烯酯质子的 T_1 值（单位为 s）

T_1 值提供了关于溶液内分子运动的信息，因为弛豫也由分子运动速率决定。一些分子中的个别 ^{13}CT_1 值如图 16.12 所示。在甲苯的情况中，季碳具有非常长的 T_1，CH 碳以不同的速率弛豫，且更有效。发生这种情况是因为分子重新取向是各向异性的，且 2 和 3 环碳比 4 碳重新取向更常见，然而甲基绕 C－CH_3 键的旋转很快，以至于有效地平均了偶极相互作用，导致弛豫缓慢。自由－CH_3 基的典型弛豫时间为 10～20s。丙胺的弛豫时间表明，沿烃基链的链段运动增加，尤其当秒级 T_1 值乘以 N_h 时，N_h 为直接与每个碳原子键合的氢原子核数。若氨基被质子化，以产生与溶剂相互作用的溶剂化离子端基，则该效果显著增加。

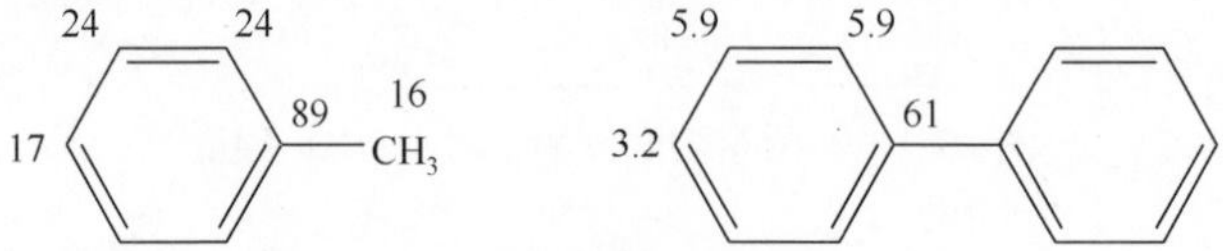

24 24 89 16 17 CH_3 5.9 5.9 61 3.2

（在丙酮-d_6中）

	CH_3 —	CH_2 —	CH_2 —	CH_2 —	NH_2
T_1	12.1	15.0	13.4	13.4	
T_{1h}	36.3	30.0	26.8	26.8	

	CH_3 —	CH_2 —	CH_2 —	CH_2 —	NH_3^+
T_1	4.0	3.1	2.3	1.5	
T_{1h}	12.0	6.2	4.6	3.0	

图 16.12　在38℃下，一些分子中^{13}C 自旋－晶格弛豫时间，T_{1h} 表示以秒为单位的 T_1 与 N_h 的乘积，N_h 为直接与每个碳原子键合的氢原子核数

第 17 章　多重共振技术

17.1　同核双共振

双共振方法是用于简化复杂频谱的一项重要技术。该技术的主要目的是消除原子核间或原子核组间标量自旋 - 自旋耦合的影响，因此，该过程可称为“自旋去耦”技术。自旋去耦是多重辐射实验系列中的一员，已有多年的发展历史。通过利用强射频场 B_2 辐射一组核，同时在常规射频场 B_1 中观测另一组原子核，以实现自旋去耦。

已经证实双共振或自旋去耦是简化复杂频谱和确定该频谱中耦合原子核最有价值的方法。去耦在解释特定多重态的由来方面特别有用，这使得去耦闻名遐迩。如果两个原子核 A 和 X 通过自旋 - 自旋耦合的方式进行耦合，利用常规弱射频（RF）场 B_1 观测 X，同时应用与 A 共振频率相匹配的第二个较强射频场 B_2，那么会产生双谱峰。在 X 共振处来自核 A 的耦合，若以 A 共振频率辐射，可导致结构损失。类似地，以 X 频率辐射使得 A 共振多重态结构塌缩。该强磁场 B_2 的影响是引起 AX 系统中 X 原子核自旋态跃迁，使得 X 饱和，从而有效地消除 X 对 A 核的耦合，即，X 对 A 频谱没有贡献。A 双峰在中点处塌缩成单峰，当在辐射 X 情况下测得 A 频谱时，其可表示为 A{X}。实际中，如果满足 $v_A - v_X > 5|J_{AX}|$ 的条件可实现去耦。当去耦信号与耦合信号接近时，自旋去耦是不可行的，即，两信号之间的差值小于 1 ppm。整个频谱没有必要都是一阶的，该方法值是翻倍的。整个频谱不必是一阶的，该方法有两个优点：首先简化了在中间耦合情况下产生的复杂 NMR 波谱模式，这有助于频谱分析；其次，可明确归属自旋 - 自旋分裂的参数，分子中质子序列可通过双共振实验来确定。如果通过观测原子核 A 就能获得与原子核 X 相关的辐射跃迁，那么，不用直接观测 X 核就有可能发现很多关于 X 核的信息。采用这种方法可扩展现有频谱仪功能，具有低成本、通用性好的特点。

在常规单共振连续波 NMR 实验中观测射频场 $B_1\cos\omega_1 t$，其中 ω_1 表示垂直于静态磁场 B_0 的施加射频。在双共振实验中，施加的第二个射频场 $B_2\cos\omega_2 t$ 也是垂直于 B_0 的，可以用于单频或带宽频率辐射。B_2 的频率和幅度（能级）

非常重要，因为它们决定了观测频谱的形态。此外，通过控制 B_2 的开关时间，可以将强度和跃迁频率的影响分开。

频谱分析中存在大量关于双共振应用的例子。正溴丙烷的 ^1H NMR 频谱如图 17.1（a）所示。现在考查正溴丙烷 $CH_3CH_2CH_2Br$ 的 CH_3 共振，同时利用恰好是 $\beta-CH_2$ 基共振频率的第二强度射频场辐射样品，这将诱发 $\beta-CH_2$ 基质子自旋态间的快速跃迁，因此 $\beta-CH_2$ 基的自旋态与 CH_3 基的耦合将丧失，并且 CH_3 共振表现出单峰。当强辐射 $\beta-CH_2$ 时，$\alpha-CH_2$ 共振会得到同样的结论，它会塌缩成为单峰，去耦频谱如图 17.1（b）所示。在这些情况下，不可能录取到 $\beta-CH_2$ 共振信号。通过这些双共振实验，只能确定出质子或质子基团与被辐射的原子核耦合情况。可对该分子进行的另一个去耦实验如图 17.1（c）所示。这里，第二个辐射频率为 CH_3 基的共振频率。当然，在不进行去耦实验的情况下也可以很容易地解释丙基溴的 NMR 频谱。然而，去耦实验在更复杂的情况下是非常有用的。

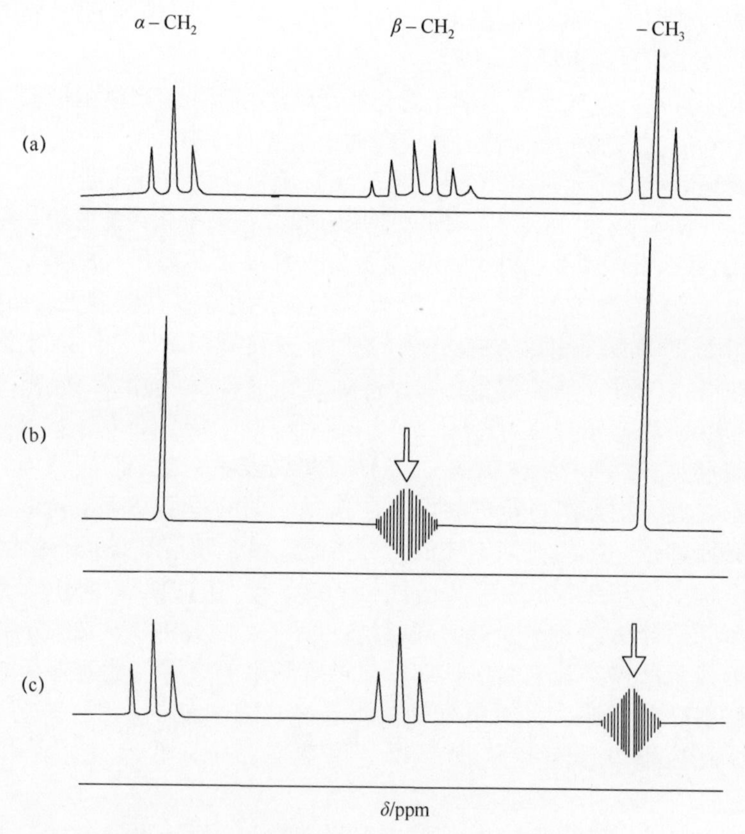

图 17.1　正溴丙烷 $CH_3CH_2CH_2Br$ ^1H NMR 频谱

（a）常规频谱；（b）、（c）$\beta-CH_2$ 基和 CH_3 基共振频率辐射结果（箭头表示辐射频率）。

在傅里叶变换双共振实验中，采用分时程序来获得频谱，仅需要一部分驻留时间来录取自由感应衰减数据点。驻留时间是用于生成特定数据点的时间，它是采样时间的倒数。如频谱宽度为 5 kHz，那么驻留时间为 10^{-4} s 或 100 μs 。接收器和去耦通道可以同时进行，即在数据采集期间采用去耦。在这两种情况下，消除了与辐射原子核相耦合所引起的自旋 - 自旋分裂。在自旋 - 去耦实验中所观测到的分裂模式取决于辐射频率（理想情况下，应该恰好处于 X 频谱的双峰中心）和功率水平。对 AX 自旋系统，以中等功率辐射 X 跃迁会引起 A 频谱谱线的分裂。若功率进一步增加（ $B_2 \gg 2\pi J_{AX}/\gamma_X$ ），A 和 X 间的耦合会彻底消失。

通过辐射一组化学位移（该组正经历二阶效应）不同于另一组的质子，可大大简化质子谱，举例来说，AB_2X 、A_2B_3 中的 A 或 B，即 A 和 B 的化学位移可以通过一系列的去耦实验来确定，该信息对分析二阶谱是非常有用的。在 A{B} 频谱中，仅可检测到 A，并因此而精确地获得其化学位移。若 A 和 B 的化学位移是已知的，可轻易地确定出仅有的未知量 J_{AB} 。该信息在含有若干耦合常数和化学位移有待确定的复杂系统中更具价值，通过双共振实验，即使由于与其他原子核信号重叠而观测不到目标原子核共振时，也可以确定出其化学位移。

17.2　杂核双共振

在去耦实验中，如果被辐射和被观测原子核均来自同一核素，这实验则称为同核双共振。将该方法扩展到不同原子核则产生杂核双共振，杂核自旋去耦方法为各种杂核的 NMR 频谱归属提供了重要的实验依据。许多原子核，像 ^{13}C 、^{19}F 、^{31}P 和 ^{11}B 所引起自旋 - 自旋分裂和耦合常数都较大。在这种情况下，可用引起这些原子核共振的频率来辐射样品，以消除它们对质子谱的影响。例如，在 9.4 T 的磁场中，^{13}C 在 100.6 MHz 处共振，而质子共振在 400 MHz 处。在该场强下，为了获得去耦 ^{13}C 频谱，可用两个射频辐射样品，一个射频场用来产生 ^{13}C 共振，另一强射频场使所有质子经历快速跃迁而导致饱和。然而，由耦合引起的频率差为兆赫兹。目前可通过频率合成器很便利地提供去耦频率，它可以精确地给出 NMR 所需要的任何频率。上述实验可用于简化由杂核自旋 - 自旋耦合（如 $J(^{1}H,^{19}F)$ 或 $J(^{1}H,^{31}P)$ ）产生的复杂频谱，也可消除由 ^{14}N 四极矩效应所引起的谱线展宽。

杂核去耦在确定一系列原子核（如 ^{13}C 、^{14}N 、^{19}F 、^{195}Pt 、^{199}Hg 、…）的化学位移方面是一种重要方法，不仅因为它所使用的单探头频谱仪具有多功能性，还因为其灵敏度高。原子核的 NMR 灵敏度取决于其磁矩，如前所述，质子具有最大的灵敏度，其次是氟。其他几个原子核，例如，^{14}N 和 ^{13}C 分别具有

0.1%和1.6%的质子灵敏度，因此，带有这些原子核的单共振NMR难以实现。然而，在双共振方法中，在^{1}H或^{19}F共振频率处进行检测，其灵敏度相对较高。因此，也可很容易地确定出“不适宜”原子核的化学位移，下面的例子说明了杂核去耦的应用。

17.2.1 乙硼烷

利用同位素纯$^{11}B_2H_6$获得乙硼烷质子NMR频谱（100 MHz）如图17.2所示。该频谱由^{11}B原子核分裂开的两组非等价质子（桥接和末端）所产生，末端质子四重态强度比为1:1:1:1，是TMS低场，桥接质子七重态的强度比为1:2:3:4:3:2:1，是TMS高场。每个末端质子均与一个硼原子有主要的自旋耦合，桥接质子与两个硼原子进行同等的耦合，频谱含有二阶分裂，因为两个^{11}B原子和末端质子不是磁等价的。自旋去耦技术使得硼原子核饱和，进而可以去除由^{11}B引起的分裂，可以获得对应于四个末端和两个桥接质子的双峰，强度比为2:1。

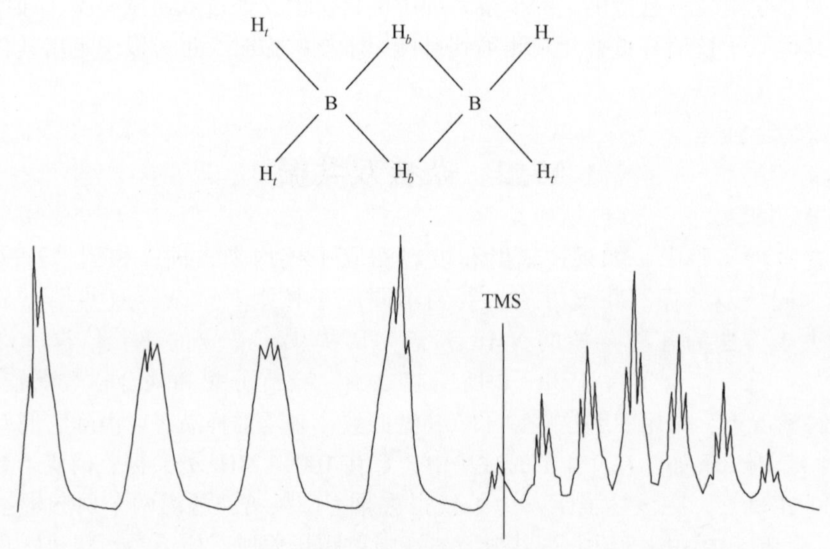

图17.2　B_2H_6（接近纯同位素^{11}B）的质子NMR频谱

17.2.2 N_2F_2

在合成N_2F_2过程中可以获得两个同分异构体，一个具有反式结构，即，每个氮原子上带有一个氟原子，如图17.3所示。第二个同分异构体的结构为顺式，即$F_2N=N$。为了解决该问题，通过几个物理方法以及包括从双共振实验获得的^{19}F NMR频谱可获得分析结果。在第二种同分异构体中^{14}N原子核的磁化饱和，施加强射频场会使得所有氮原子核分裂瓦解，这表明两个氮原子的化学位移必须相等，这就排除了 $F_2N = N$ 结构。计算顺式结构下的 J_{N-F} 值与 NF_3 的 J_{N-F} 值完全一致。可从红外线光谱和拉曼光谱获得顺式结构的其他证据。

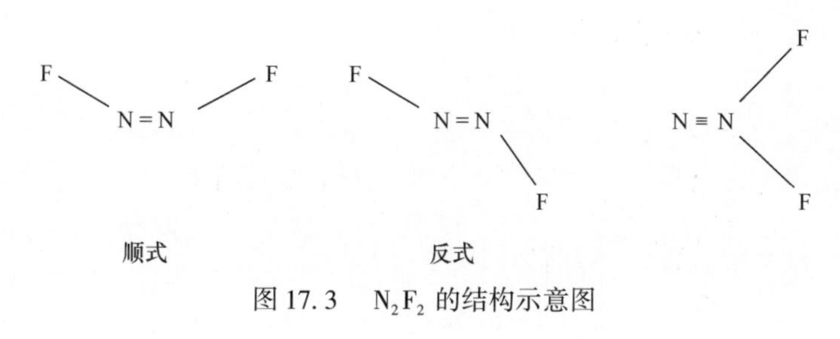

图 17.3　N_2F_2 的结构示意图

17.3　宽带去耦

宽带去耦技术是杂核去耦领域中的一个重要技术。因为在双共振方法中 B_2 场的幅度值不能超过特定限值，其应用被限制在相对小的频谱区域中。当杂核的化学位移超过更大的范围时，完全去耦是不可能的，例如，^{31}P 共振的情况。在这种情况下，采用调制技术产生一个射频带宽（超过几千赫兹）覆盖原子核的整个频谱范围，通过引起耦合的饱和跃迁进行去耦，这称为“噪声去耦”或“宽带去耦”，该技术利用噪声产生器引起去耦效应。为了达到完全自旋去耦的目的，B_2 场的功率应该足够大，以覆盖特定原子核的整个频谱区域。

在去耦实验中常常会遇到由耦合常数大小引起的难题，尤其是与无机系统的耦合。当耦合常数为 1000 Hz 或更高时，所需的功率级别非常高，难以避免过度加热样品或将探头熔化。样品冷却是一个解决措施，而在这种情况下，出现了一种基于自旋 – 回波实验的新技术，称为复合脉冲去耦技术（见第 16 章）。与噪声去耦类似，但是其可以处理几千赫兹的耦合常数，这对无机化学家是非常有用的。

通常采用噪声去耦的方法从观测频谱中完全去除被辐射核的影响。当每种类型碳原子耦合到几个不同质子上时，没有宽带质子去耦的有机化合物 ^{13}C 频谱将非常复杂。^{13}C NMR 波谱学通常采用宽带去耦。宽带质子去耦的 ^{13}C 频谱通常由每个化学性质不同碳的单共振组成，便于解释，正如前所述（见第 15 章）。这一原则同样适用于许多与高丰度核（氢）耦合的其他原子核。^1H 去耦方法的另一优点是共振强度增强：①从多重态衰减成单峰态，改善了信噪比；②由于 NOE 效应，^{13}C 共振强度增加了近 200%，这将在后面叙述。除了一般性的简化，噪声去耦有助于特殊耦合常数的归属。

17.4 偏共振去耦

顾名思义，偏共振去耦是一种部分去耦技术。在该技术中，采用与质子共振频率接近但不同的强射频辐射，即，与相关的共振频率相差几百赫兹。该作用是去除所有长距耦合，但不能完全去除最大的耦合（通常为单键），这样就可以观测到多重态结构，并因此可确定出临近自旋原子核的个数。在 ^{13}C 频谱的情况下，^{13}C－^{1}H 耦合常数（谐位、邻位和长距）被消除得较小，反之，由较大的单键耦合常数所引起的自旋－自旋分裂被保留，因此，在偏共振 ^{1}H 去耦的 ^{13}C 频谱中，可以观测到一阶多重性。对于甲基（CH_3）、亚甲基（CH_2）、次甲基（CH）和季碳原子来说，分别观测到四重态、三重态、双重态及单重态。前面讨论了醋酸乙烯酯和 p－乙氧基苯甲醛的偏共振 ^{1}H 去耦 ^{13}C 频谱（见第15章）。偏共振去耦频谱中所观测到的剩余耦合可表示为

$$J' = 2\pi J\Delta\nu/\gamma_{\mathrm{H}}B_2 \tag{17.1}$$

式中：J 为常规耦合常数；$\Delta\nu$ 为耦合质子共振频率与去耦信号频率之间的差值；B_2 为去耦功率。然而，从偏共振去耦频谱中不容易获得耦合常数。

该方法常用于 ^{13}C 频谱，当保留所有质子耦合时，这种方法非常复杂。存在所有 ^{1}H 去耦的频谱非常简单，它由一系列的单谱线组成，但归属问题变得困难。使用偏共振去耦后，窄的多重态代替了单谱线，因此，正如前述，很容易识别伯碳、仲碳、叔碳和季碳原子。该方法是通用的，尽管主要用于 ^{13}C 频谱，但某种程度上已被复合脉冲技术所取代。例如，目前利用之前讨论的 DEPT 技术（通过极化转移来进行无失真增强）获得碳的多重性（见第15章）。

17.5 门控去耦

在测量 ^{13}C NMR 频谱时，由 ^{1}H 去耦产生的一些缺点：①自旋－自旋分裂的消除阻止了 ^{13}C，^{1}H 耦合常数的测量，因此，会丢失一些有价值的实验信息；②NOE 导致强度失真，谱峰整合成为问题，应避免 NOE，因为这会导致负强度或零强度，或者在增强强度的同时保持完全耦合频谱；③化合物特定碳原子共振归属不清晰。

门控去耦技术成功地克服了自旋－去耦的局限性，它变得更具通用性。门控去耦技术的目的是至少保持一部分 NOE，且仍然保持 ^{13}C－^{1}H 耦合以及消除发生在全 ^{1}H 去耦 ^{13}C 频谱中的强度失真。不同的时间尺度是自旋去耦实验和 NOE 的特征。虽然 NOE 由自旋－晶格弛豫所决定，演化和衰减时间为秒

级，但在 B_2 辐射场开启或关断后几乎立即启动去耦或消失。因此，在 ^{13}C 脉冲之前就建立起来的 NOE 是一个缓慢过程，仅在脉冲和采集周期间部分衰减。然而，耦合是一个快过程，在 ^{13}C 脉冲之后立即建立起来，并且在整个采样周期内保持耦合。门控去耦恰是利用了这个差异，脉冲序列如图 17.4 所示，并说明了这一差异性。首先，去耦器由门控制，使得它在脉冲间间隔内是打开的，在数据采样期间是关闭的，因此频谱未去耦但保留了 NOE 增强。那么，可以在不完全失去 NOE 的情况下，获得 ^{13}C 、^{1}H 耦合常数。若对修正强度感兴趣，则需要进行第二组实验。这里，去耦器在数据采集期间是开启的，但在下一个脉冲之前的剩余脉冲周期内是关闭的，^{13}C 、^{1}H 自旋 - 自旋耦合因此被消除，并且不再发生 NOE 增强，NOE 建立缓慢，因此不会影响自由感应衰减（FID）。在 FID 采样之后必须有一段延迟时间，使得 NOE 在下一个脉冲序列开始之前衰减，这种去耦方式是在没有 NOE 的情况下发生去耦的，因此，可以分别实现强度改变和去耦的效果。相比于前面讨论的简单粒子反转技术（见第 15 章），门控去耦实验需要消耗更多的时间。

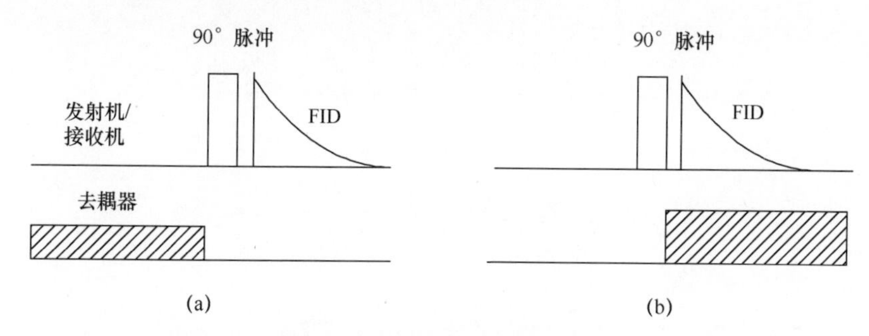

图 17.4　门控去耦的脉冲序列

（a）在数据采集期间去耦器关闭，保留部分 NOE，可以获得 ^{1}H 耦合的 ^{13}C 频谱；

（b）在数据采样期间去耦器开启，消除 NOE，获得的 ^{13}C 频谱为质子去耦。

为了处理 NOE 的变化，“反门控去耦”非常有用。^{1}H 宽带去耦器是门控的，仅在 ^{13}C 脉冲期间和采样周期内开启；在延迟周期内关闭。在脉冲和采样周期内，NOE 略微增强。当利用 ^{1}H 宽带去耦器辐射时，即刻建立去耦，所以最终结果是许多单重态，它们的强度与其代表的碳原子数量成正比。

17.6　自旋微扰

自旋微扰是自旋去耦实验中的细微变化，它是一种不完全的自旋去耦技术。它不是利用强去耦信号辐射整个多重态以消除耦合，而是使用功率小得多的去耦信号，约为强去耦信号的 1/10，它只集中在多重态的一条谱线上。这对自旋系统的能级有扰动效果，耦合到微扰观测信号上的共振变化很小但很明显，与其他的常规频谱相比，一系列异核自旋微扰实验可以提供更多的信息。自旋微扰实验本质上也是一种可以执行脉冲傅里叶变换技术的连续波。

自旋微扰可以更精确地确定出单谱线位置。例如，考虑亚磷酸盐阴离子（HPO_3^{2-}）的 NMR 频谱，^{1}H 和 ^{31}P 频谱是完全一样的，每个都为双重态，$J(^{31}P-^1H)$ 为 690 Hz（图 17.5（a））。在双共振实验中，如果在^{31}P 共振频率处施加足够强的能量，质子双重态塌缩为单重态（图 17.5（b）），这实现起来相当困难，因为 J 值非常大。在非常低的功率情况下，当第二频率设置为或者非常接近于^{31}P 频谱中的一条单谱线时，质子谱中的每一条谱线均分裂成双重态，如图 17.5（c）所示；当第二射频场精确地设置为^{31}P 谱线时，其频谱是对称的，如图 17.5（d）所示。如果所研究的分子更复杂，如 $(CH_3O)_3P$，则会产生对称三重态，其相对强度取决于系统性质。

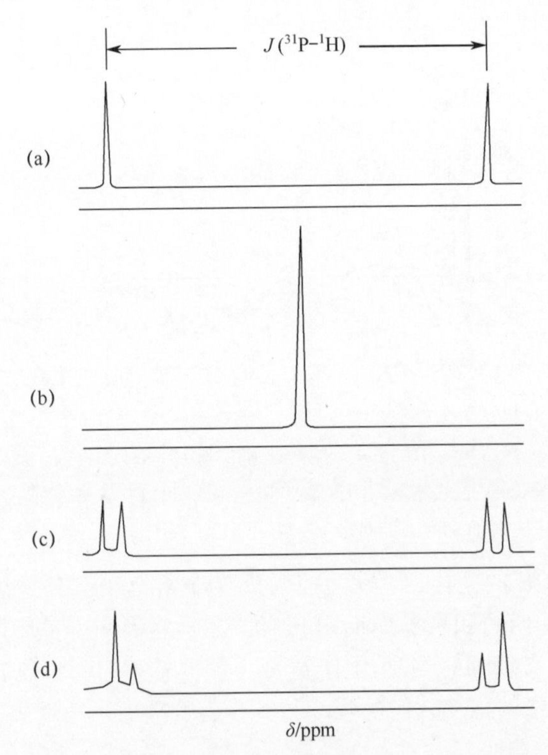

图 17.5　亚磷酸盐阴离子（HPO_3^{2-}）的^{1}H NMR 频谱

（a）常规频谱；（b）^{31}P 去耦；（c）^{31}P 谱线精确的自旋微扰；（d）^{31}P 谱线附近的扰动。

17.7　耦合常数的符号

自旋微扰是用于复杂频谱谱线归属的有价值的技术。利用微弱场微扰一个原子核，可以识别与之耦合的其他原子核。它允许建立系统的能级图，相比于普通去耦实验，自旋微扰利用的能量更少，并且相对于常规去耦信号来说，它是有优势的。

自旋微扰在确定耦合常数的相对符号方面非常有用。Evans 首次证明了 $(C_2H_5)_2^{205}Tl^+$ 的耦合常数符号，耦合常数是一个原子核通过电子云影响自旋取向能力的量度，如果这种影响使得最低能级是具有两个核自旋平行的能级，耦合常数为负值，否则为正值。例如，在 $^{13}CFHCl_2$ 中，$J(^{13}C-^1H)$ 为正值，而 $J(^{13}C-^{19}P)$ 为负值。对具有三个或更多个自旋耦合在一起的任何自旋系统来说，可以确定出耦合常数的相对符号而不是绝对符号。如果已知某个耦合常数的绝对符号，那么可以确定出所有耦合常数的绝对符号。单键 $^{13}C-^1H$ 耦合常数为正值，与理论预测的一致。耦合常数绝对符号的确定非常困难，因为分子中所有符号的反转对 NMR 频谱或双共振实验结果都没有影响，但它可以通过样品中分子的部分取向来完成。然而，双共振实验可以用来比较同一分子中原子核间耦合常数的符号，耦合常数符号是非常有价值的，它可以提供化学信息。例如，$^1J_{PN}$ 通常在磷（Ⅲ）和磷（Ⅴ）化合物中具有不同的符号。

如前所述（见第 15 章），对两个自旋系统进行弱辐射，扰乱了通过跃迁连接的能级间的粒子数，因此相关共振的强度发生改变。这一原则同样适用于多自旋系统。例如，最简单的三自旋 AMX 系统用来研究自旋微扰的影响，正如前所述（见第 12 章），含有 12 条谱线的 AMX 典型频谱如图 17.6（a）所示，为简单起见，假设 $J_{AM} \gg J_{AX} \gg J_{MX}$ 。A_1 、A_2 跃迁对或许会处于 A_3 、A_4 的高频侧或低频侧，这取决于 J_{AM} 的符号。如果 $J_{AM} > 0$ ，那么 A_3 、A_4 处于 A_1 、A_2 的低频侧。类似地，J_{AM} 的符号可确定出 X_{11} 和 X_{12} 对应于 X_9 和 X_{10} 的位置。在质子 A 共振位置处的去耦会消除 A 与 M 和 X 的耦合，仅保留小的耦合 J_{MX} ，并观测到两个双重态，如图 17.6（b）所示。如果自旋微扰是通过弱辐射 A 频谱中高频率谱线之一而完成的，则 M 共振的谱线 6 和 8 以及 X 共振的谱线 10 和 12 将进一步分裂，如图 17.6（c）所示。因此，如果多重态的低场谱线被扰动，且它导致在与多重态相关联的高场部分和低场部分中分裂，则两个耦合常数具有相反的符号。从耦合常数 J_{AM} 可以看出，很显然，谱线 5 和 6 对应于 A 的个别自旋方向，同时，谱线 7 和 8 对应于 A 的相反自旋方向。类似地，从耦合常数 J_{MX} 可以证明，谱线 5 和 7 对应于 X 的一个自旋方向，而谱线 6 和 8 对应于 X 相反的自旋方向。如果去耦器以 A 多重态的不同谱线为中心，则频谱外观会发生细微的变化，这些细微的变化足以建立起耦合信号间的联系。

基于以上论据，频谱 X 部分中的谱线 9 和 10 来自于 A 的一个特定自旋取向，同时，谱线 11 和 12 来自于相反的自旋取向。类似地，谱线 9 和 11 对应于 M 的一个特定自旋方向，而谱线 10 和 12 对应于 M 的相反自旋方向。①如果 A 的正方向产生一组谱线 5、6 和 9、10，那么，负方向将会产生一组谱线

7、8和11、12；②如果A的正方向将会产生一组谱线5、6和11、12，在这种情况下，负方向产生谱线7、8和9、10。谱线1的自旋微扰扰动了谱线6、8和10、12，使得这些谱线都来自于A的相同自旋方向，耦合常数J_{AM}和J_{AX}的符号必然是一样的，与J_{MX}相反。只有已知其中一个的绝对符号，才能确定出其他的绝对符号。例如，存在以下可能，${}^1J_{PF}$总是为负值，而${}^1J_{CH}$和${}^1J_{Pt-P}$总是为正值。

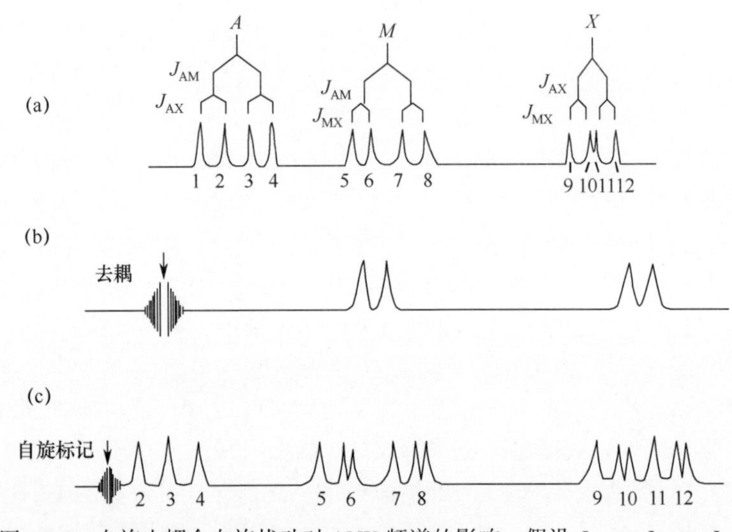

图17.6 自旋去耦合自旋扰动对AMX频谱的影响，假设$J_{AM} \gg J_{AX} \gg J_{MX}$

17.8 与低丰度核的耦合

许多磁核具有低丰度，例如${}^{13}C$（1.1%）、${}^{29}Si$（4.6%）等。在这些情况下，只有一小部分样品分子表现出质子和其他核的自旋-自旋耦合效应。质子谱为强的中心信号，伴线位于其两边，因此，亚磷酸三甲酯$(CH_3O)_3P$的${}^1H$谱是强双重态，由100%丰度的${}^{31}P$分裂而成，且具有弱对称性的双重态（由含有${}^{13}C$原子核的分子产生），如图17.7所示。正如前所述，杂核自旋微扰实验可以获得一个精确的${}^{13}C$共振频率。谱线a和b之间的差值$J({}^{13}C-{}^{31}P)$如图17.7所示，该耦合常数值可以通过测量${}^{31}P$频率与a和c之间的频率差值而得到确认。这些实验也能提供相对于$J({}^{13}C-{}^1H)$的$J({}^{31}P-{}^1H)$和$J({}^{31}P-{}^{13}C)$的符号。相比从${}^{31}P$或${}^{13}C$单共振频谱中测量$J({}^{13}C-{}^{31}P)$，该方法具有明显的优势。因此，杂核双共振实验的一个重要特点是它们可以为那些不能直接观测到耦合常数的原子核提供耦合常数符号和大小。

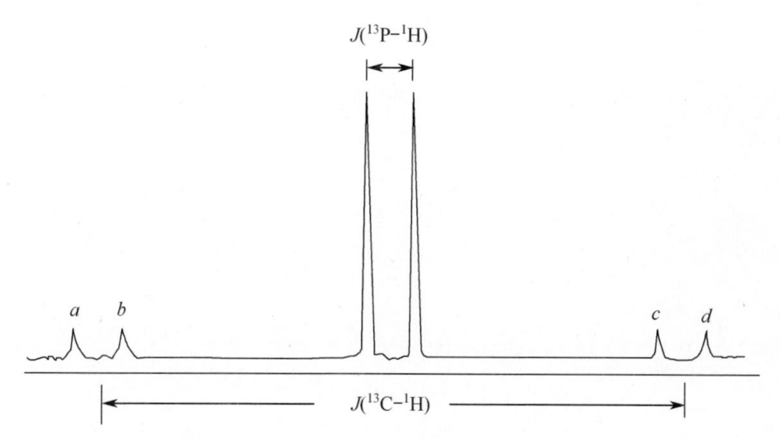

图 17.7　亚磷酸三甲酯 $(CH_3O)_3P$ 在 ^{13}C 共振频率（a，b，c，d）的 ^1H NMR 频谱

17.9　核 Overhauser 效应

前面已经讨论了核通过化学键耦合（即标量耦合）的分子 NMR 频谱。原子核也可以通过空间直接与其他原子核相互作用（即偶极相互作用）。后一种相互作用形式解释了一种有趣的现象，称为核 Overhauser 效应（NOE），当两个（组）不同类型的核空间距离很近时，其中一个（组）核因辐射扰动而发生跃迁，会引起另一个（组）核的共振强度变化，它发生在所有双共振实验中。

考查一个简单的 AX 类型系统，包含两个不同的质子（或化学不等价质子基团，或 ^{13}C 原子核和质子）S 和 I，它们之间不存在标量耦合，因此 ^1H 频谱由每个化学位移处的一个单峰组成。两个质子 S 和 I 应该离得足够近，以允许产生偶极自旋 - 自旋相互作用，而不是标量自旋 - 自旋耦合。假设通过施加强射频场，并记录其频谱，S 自旋在其共振频率处是饱和的。显然，如果两个自旋具有明显的偶极相互作用，这会消除 S 的 NMR 信号，但它也会影响 I 共振的强度。如图 17.8 所示，I 共振峰值会变得更强，更弱甚至反转。因此，如前所述的 NOE，当邻近第一个原子核的其他原子核受辐射扰动而发生跃迁时，单核共振强度发生改变。弱射频场通常会引起扰动，且它消除了饱和核跃迁所引起的粒子数差。通过调整邻近核跃迁所产生的粒子差，可给系统带来补偿性响应。对应于一个小而快速翻转的分子，NMR 峰强度变化可能会增加，或对应于大而慢速翻转的分子，其峰值会减小。质子的一个优点是它们具有高磁旋比，它会导致相当大的玻耳兹曼粒子数差。在 NOE 中，包括核间偶极–偶极相互作用的弛豫过程有助于将质子的玻耳兹曼粒子数向另一原子核（^1H 或 ^{13}C）转移，使得后者共振增强。强耦合系统的 NOE 理论相当复杂。

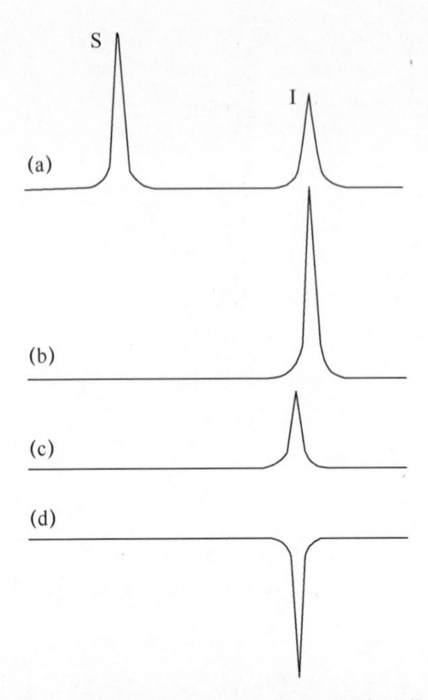

图 17.8　说明不同 NOE 的 NMR 频谱示意图

(a) 两个邻近自旋 I 和 S 的常规频谱，由于 S 共振饱和，I 信号变化；(b) 变强；(c) 变弱；(d) 反转。

利用相对低的功率去耦器信号辐射 H_S 并记录其频谱，如果 H_I 和 H_S 之间间隔大于4.5Å，则不会产生增强效果。如果 H_I 非常接近 H_S，即小于4.5Å，则在第二个频谱中 H_I 的强度会被增强。

若假设原子核 I 的弛豫仅通过与原子核 S 的纯偶极相互作用的方式发生，并达到稳态平衡，那么在没有其他弛豫机制的情况下，原子核 I 的 NOE η 可表示为

$$\eta = \frac{\gamma_s}{2\gamma_I} \tag{17.2}$$

式中：I 为观测到的原子核；S 为被辐射核；γ_S 和 γ_I 分别为两者的磁旋比。在同核的情况下，$\gamma_S = \gamma_I$，并依据式（17.2），期望的最大 NOE 增强值接近常规信号强度的 1/2，其影响相对较小。然而由于许多干扰因素，一般范围为 1%～20%，无论核 S 和 I 之间的距离多少。当观测质子也是通过质子进行弛豫而不是通过其他辐射质子时，NOEs 进一步弱化。所以当邻近质子被辐射时，甲基（其中每个质子均具有两个邻近质子以加速弛豫过程）通常表现出非常小的 NOE。因此，相对于甲基而言，从次甲基中更容易检测到 NOEs，在解释 NOE 结果时务必谨慎。

由于 NOE 最终幅度值取决于弛豫路径，但 NOE（瞬态 NOE）建立的初始速率仅取决于原子核间的交叉弛豫，这可提供原子核间距离的有价值信息。交

叉弛豫为磁等价的相互分子间或分子内弛豫，例如偶极弛豫。偶极场正比于 r^{-3}，其中 r 为核间距离，弛豫效应正比于场的平方，即 r^{-6}。NOE 的建立速率正比于 r^{-6}，其中，r 为原子核间距离。因此，一旦确定出比例常数，就可以计算出两个原子核间的近似距离。

NOE 在短距离内是明显的，通常为 2～4Å，以原子核间距离的负六次方快速下降。在刚性分子中，当分子间距离小于 3Å 时，可以获得最优 NOE 结果。通过对开启和关闭辐射时所获得的信号进行积分，并注意其不同，来测量 NOEs。如果 NOE 为 10% 甚至更大，则该方法的积分精度是可靠的。尽管如此，NOE 依然是一种检测空间中相邻基团的有效方法，因为质子磁旋比约为碳的 4 倍，即 $\gamma_H/\gamma_C \approx 4$，如果观测核为 ^{13}C，且在极端窄的限制内辐射 ^1H，$\eta \approx 2$，即 200%。因此，由于存在 NOE 效应，^{13}C 信号强度应增强 4 倍。

在噪声去耦 ^{13}C 频谱中，NOEs 可以直接用于检测键合质子的 ^{13}C 原子核，该频谱出现 ^{13}C 信号强度增强，这是一种有用的方法。对于 $^{13}C\{^1H\}$ 而言，通常可以观测到所有与氢键合碳的 NOE 增强，但季碳除外，如前所述（见第 15 章）。例如，联二苯中的 ^{13}C 原子核，可以发 o－、m－ 和 p－ 碳共振的 Overhauser 增强因子在 2.7～2.8 之间，季碳 NOE 显示为 0.61，这是 ^{13}C 在分子中与质子长距离相互作用的结果。一种用于记录杂核 NOEs 的改进方法是利用低去耦功率辐射多重态中的每条谱线，而不是利用高射频功率去激励整个多重态，这将使得辐射质子具有更大的选择性，且碳信号具有更高的灵敏度。

对自旋量子数为 1/2 的原子核，偶极弛豫显得尤为重要。除偶极-偶极弛豫过程（取决于原子核周围波动磁场的强度和频率）外，还有其他影响 NOE 的因素：①相互作用原子核 I 和 S 的固有性质；②它们的核间距离 r；③含有原子核 I 和 S 的分子相关部分的翻转速率，即有效分子相关时间 τ_c。分子相关时间 τ_c 代表了含有原子核 I 和 S 分子的相关部分从一个方向改变到另一方向的所用时间。该时间应选择为不同方向间的最小时间间隔，而不是取时间间隔的平均值。在常规 NMR 溶剂内，分子量可达 300 的小分子，其翻转频率接近 10^{10}～$10^{11}s^{-1}$，且 NOE 是增强量（正的 NOE）。分子量大于 600 的大分子在相对黏性的溶液内，如 DMSO，观测信号中的 NOE 对应于下降量（负的 NOE）。

如前所述，偶极－偶极弛豫取决于分子相关时间 τ_c、分子间距离 r 和两个原子核的磁旋比 γ_S、γ_I。对于液体中的快速分子运动，偶极弛豫率符合以下关系式：

$$R_i = k\gamma_I^2\gamma_s^2 r^{-6}\tau_c \tag{17.3}$$

式中：k 为常数。

虽然偶极相互作用的变化率取决于 τ_c，但其大小仅取决于核间距离，与 τ_c 无关。式（17.3）形成了利用同核 NOE 实验测量距离的基础。偶极弛豫的

r^{-6} 距离依赖性是分子结构和构象的重要信息来源，因此弛豫过程的效率由 r^{-6} 关系所决定。偶极－偶极相互作用的强度取决于两个原子核磁旋比乘积的平方，所以，质子－质子相互作用成为弛豫过程的主要来源。碳原子主要通过键合氢来弛豫，所以，含有三个氢原子的甲基碳通常比仅带有一个氢的次甲基碳弛豫得更快。未质子化碳原子的低强度通常是由于其长弛豫时间产生的。顺磁性物质，如乙酰丙酮铬（$Cr(acac)_3$）的弛豫率随其浓度线性变化，其弛豫率可增加100倍，所以其NOE也会降低100倍。具有更快弛豫率的质子化碳原子受到影响较小（弛豫率约增加10倍），NOE的降低量也相应更少。NOE可以通过所有允许弛豫机制进行淬灭，而不是通过分子内偶极－偶极相互作用。因此，NOE可以用于研究弛豫机制（见第16章）。

NOE是一种提高不敏感核NMR测量灵敏度的重要工具，即具有较小磁旋比的原子核。如前所述的标准实例，^1H 宽带去耦在 ^{13}C NMR波谱学中的应用。如果X原子核具有负的磁旋比将会出现问题，如 ^{15}N 或 ^{29}Si。如果 γ_I 和 γ_S 中其一为负值，那么，式（17.2）预测结果为负增强。对 $^{29}Si-^1H$ 而言，最大效应为 -1.5，对于 $^{15}N\{^1H\}$，其值为 -4。NOE为负值，那么观测到的I信号将反转。在应用NOE测量时将会产生一些复杂性，这是因为在分子中，单个质子通常具有大量的不同邻近原子核，它不是孤立的两自旋系统。标量自旋－自旋耦合是使NOE变得复杂化的另一因素。对于较大分子，NOE对相关时间的依赖性也很重要（式（17.3））。

实验中，借助于FT NMR NOE差谱法可以较容易地实现NOE测量，它可以估计相对质子距离。可以记录两组不同的实验结果，一组是辐射某些质子，并可获得其他邻近质子的增强；另一组是不加这样的辐射，从而获得常规频谱。从扰动FID中减去非扰动量，接着对差值FID进行傅里叶变换，得到NOE差谱，其仅包含NOE增强。这种形式的NOE波谱学非常灵敏，允许检测非常小的强度差，1%增强甚至更小，因为该实验在同一条件下可以录取有和无辐射的信号。通过一系列的实验，可以构建一个质子相对位置图。

NOE实验是结构测定最有效和应用最广泛的方法之一。差谱和2D－NOE谱（NOESY）（见第19章）广泛用于获取有用的结构信息，尤其是测定立体化学中。它们提供了一种间接获得核间距离信息的方法，因此，在同一分子中，当需要确定两个原子核X和Y中哪个更靠近第三个原子核A时，NOE测量在辅助结构说明和构象分析方面具有极大的价值。例如，在如下所示的化合物（I）中，辐射顺式甲基、次甲基信号增强17%。辐射反式甲基不会影响次甲基信号强度。利用NOE实验可以明确地归属N，N－二甲基甲酰胺中两个甲基的化学位移。低场下的甲基定义为一个反式羟基。

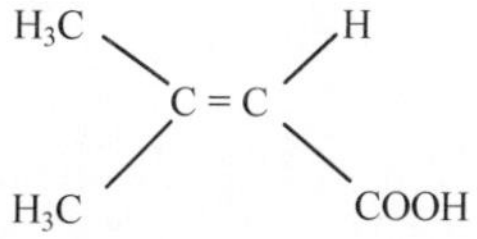

H_3C　　　　H
　　C = C
H_3C　　　　COOH

(I)

在许多情况下，化合物的结构可能是已知的，除了一些小而重要的细节，如立体化学或取代基的定位。例如，以下两个同分异构体将产生非常类似的 NMR 频谱。在没有可信频谱的情况下，区分这两种结构将相当困难，NOE 可用来明确地区分这两种同分异构体。

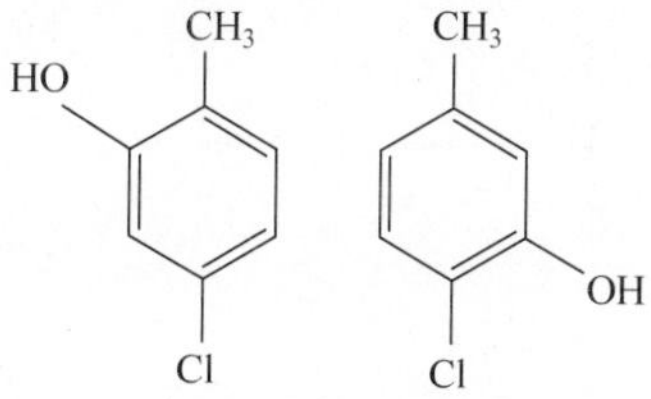

CH_3　HO　Cl　　CH_3　OH　Cl

17.10　核间双共振

核间双共振（INDOR）技术是用于建立自旋 - 自旋耦合的另一双共振方法，它是一种非常有用的技术，但该实验开展起来相当困难。在 INDOR 方法中，当扰动场扫略频谱剩余部分时，可以观测到单谱线强度。当扰动场所辐射的谱线与观测信号能级相同时，会发生观测信号幅度值增加或降低的现象。

简单的 INDOR 实验可以用 AX 自旋系统的能级图来说明，如图 17.9（a）所示。$\alpha\alpha$ 、$\alpha\beta$ 等项指的是原子核 A 和 X 的自旋量子数（ m_I ）。热平衡态下，粒子数差与施加磁场中的原子核自旋能级间能量差值成正比。A 信号强度（峰值高度）可以看作微弱射频源，它扫略原子核 X 的跃迁能级（ X_1 和 X_2 ）。如果跃迁能级 X_1 受低能量射频辐射而饱和，则与该跃迁相连的能级粒子数变得相等，它会引起谱线 A_1 强度减小以及谱线 A_2 强度增加。另一方面，在跃迁能级 X_2 处辐射增强了 A_1 的强度，但降低了 A_2 的强度。谱线 A_1 和 A_2 的强度取决于它们对应能级间的粒子数差。谱线 A_1（或 A_2 ）的强度与辐射（X）频率之间的关系如图 17.9（b）所示，它称为 INDOR 频谱。因此，INDOR 频谱测量提供了 X 频谱的频率信息，同时，仅能观测到 A 频谱。利用连续波频谱仪可以轻易地实现 INDOR。因为多核 NMR 频谱仪的广泛应用，现今 INDOR 实验已显得不太重要。然而，在 NMR 研究中，如果 X 是不敏感核或只有质子频谱可用时，它依然是有用的。INDOR 技术对获得自旋系统的能级和确定一阶谱中耦合常数的相对符号是非常有用的。

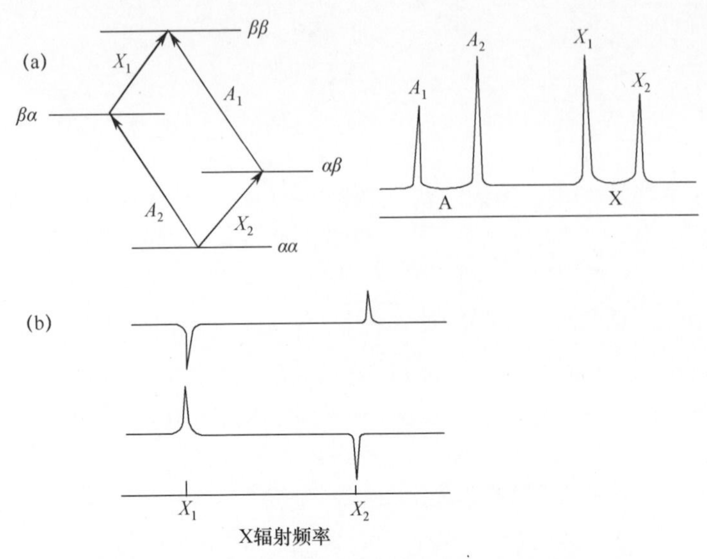

图 17.9　（a）AX 自旋系统的能级图和常规 NMR 频谱；
（b）AX 自旋系统的典型 INDOR 频谱

如图 17.9（a）所示的 AX 自旋系统能级图有助于理解辐射 X 信号期间 A 信号强度的变化。假设 $A_1 > A_2 > X_1 > X_2$，频谱中每条谱线代表了自旋态 $\alpha\alpha$、$\alpha\beta$、$\beta\alpha$ 和 $\beta\beta$ 间的跃迁。在 X_1 处辐射来自 A_1 的 INDOR 信号，因为它们之间有一个共同能级（$\beta\beta$）。在 X_1 处辐射会引起从 $\beta\alpha \rightarrow \beta\beta$ 的跃迁，且使得自旋态 $\beta\beta$ 的粒子数增加，因此跃迁 $\beta\alpha \rightarrow \beta\beta$（$A_1$ 谱线）的概率变得较小，且 A_1 信号强度减小（负的 INDOR 信号）；另一方面，当发生跃迁 $\beta\alpha \rightarrow \beta\beta$ 时，自旋态 $\beta\alpha$ 的粒子数减少，因此跃迁 $\alpha\alpha \rightarrow \beta\alpha$（$A_2$ 谱线）的概率变大，A_2 信号强度增加（正的 INDOR 信号）。同理，在 X_2 处辐射引起跃迁 $\alpha\alpha \rightarrow \beta\alpha$，自旋态 $\alpha\alpha$ 的粒子数减少的同时自旋态 $\alpha\beta$ 粒子数增加，所以 A_2 谱线强度将降低（负的 INDOR 峰值），同时 A_1 谱线的强度将增加（正的 INDOR 信号）。INDOR 中强度效应建立和衰减所需时间约等于自旋－晶格弛豫时间 T_1 的倍数。

如果从能级下端跃迁到上端存在能量渐进，应采用“渐进跃迁”一词；如果两个能级具有同样的最高能级和最低能级，应采用“回归跃迁”。当辐射和监测的跃迁为渐进的，将产生正信号，回归跃迁产生负信号。能级粒子数将会改变，跃迁 X_2 和 A_1、X_1 和 A_2 之间的关系是渐进的，跃迁 X_2 和 A_2、X_1 和 A_1 之间的关系是回归的。在渐进跃迁中，表征跃迁的三个能级将稳定地改变其能量；另一方面，对于回归跃迁来说，中间能级的值要大于或小于初始能级和最终能级，如图 17.10 所示。

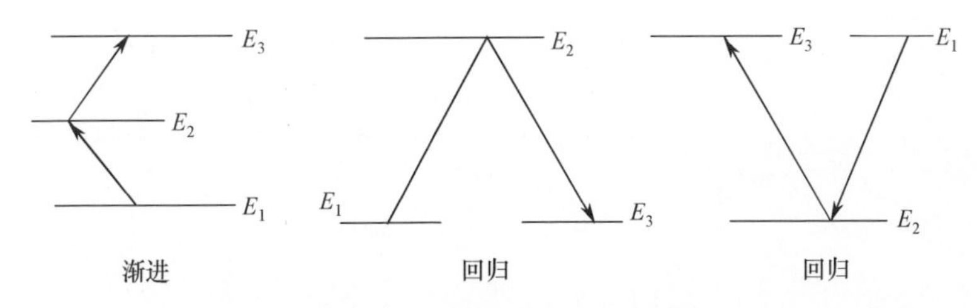

图 17.10　渐进和回归的自旋跃迁

INDOR 技术最初用于研究 ^{13}C 这样的原子核。利用低强度射频扫描 ^{13}C 共振频率用于去耦，在相应 ^{1}H 频谱中产生改变。无需直接观测 ^{13}C 共振，就可以获得更多的信息，因此称为核间双共振，类似的技术可用于质子 - 质子 INDOR 实验。与去耦的情况或自旋扰动实验相比，扰动信号和监测信号在频谱中距离更近。INDOR 实验可以在连续波或傅里叶变换模式下开展。

与常规频谱类似，INDOR 频谱可以直接录取于同一种图纸上，INDOR 峰表现出受影响的原始跃迁，它使可轻易地观测到感兴趣系统的 INDOR 频谱。录取 NH_4^+ 的 ^{14}N 频谱通常很困难，酸性溶液内 NH_4^+ 的 ^{14}N 共振 INDOR 频谱显示出五重态，其 $J(^{14}N-^{1}H)=52.6Hz$ 。同核 INDOR 频谱的强度仅为常规频谱的 1/2，因此需要相对浓缩的溶液。就像氧化苯乙烯那样，该因素在一个复杂频谱中显得很重要。如果监测复杂频谱中的一条谱线，并通过扰动辐射扫描不可分辨的多重态，则将在复杂多重态中录取 INDOR 峰，峰值所对应点表示与监测谱线耦合的信号。大多数情况下可以推导出耦合常数，因为 INDOR 信号的间距将与 J 值一样（除非还存在其他耦合）。在 INDOR 中辐射射频的辐射强度较低，与其他双共振技术相比，会产生更少的邻近信号干扰。因此，可以获得关于紧密间隔多重态的更精确和更具选择性信息。

INDOR 中应用的辐射场功率约等于或小于自旋微扰所需的功率，无需持续地施加扰动射频场。在 INDOR 中仅自旋态的粒子数是变化的，并且能级间不发生变化。利用傅里叶变换频谱仪，使用 90° 脉冲可获得粒子数平衡，且对强度的作用与连续波辐射一样。然而，180° 脉冲反转了 X 自旋，其粒子数与能级对应，它的作用是改变 A 跃迁的强度，且较为明显，这就形成了极化转移技术的基础（见第 15 章）。自旋微扰和 INDOR 频谱均为典型的连续波技术，由它们获得的信息，如今可以轻易地从 2D - NMR 实验中获得。

第18章　精选话题

18.1　顺磁物质的频谱

18.1.1　接触位移

通常很难获得顺磁性化合物的NMR频谱，这是因为非常有效的自旋-晶格弛豫和由未配对电子所引起的谱线展宽。对有机自由基而言，谱线展宽彻底毁坏了频谱特性。然而，对于某些过渡金属的复合物而言，可以获得包含丰富信息的频谱，从某种程度上来说，这是由于所发生的极大化学位移远远超过谱线展宽的宽度。若顺磁性物质在过渡金属化合物中被“抗磁稀释”，或作为低浓度的自由基出现在抗磁物质中，则可通过NMR频谱仪研究顺磁性物质。即使极低浓度的顺磁性物质混入抗磁性化合物内，其频谱也能表现出顺磁性物质的影响。与金属配位的配体NMR频谱通常可从其结构进行预测，然而，自由分子和复合分子的化学位移和耦合常数是不同的。

配体中的磁性原子核或配体的抗磁性复合物由于受键合电子的屏蔽而表现出正常的化学位移。对抗磁性复合物而言，配体的化学位移变化范围小，通常要比未配对分子的化学位移小1~2ppm。然而，顺磁性复合物的化学位移至少要大一个量级。例如，甲胺的^1H NMR频谱中，甲基质子和氨基质子分别在δ3.08和1.92ppm处发生共振。在顺磁性镍（Ⅱ）配合物$Ni(CH_3NH_2)_6^{2+}$的频谱中，相对于TMS，NH共振上移至δ98ppm处，而甲基质子共振移至δ80ppm处，如图18.1所示，因此相对于相同质子在相应的自由配体或其抗磁性复合物中所获得的信号，质子与顺磁性金属离子的未配对电子相互作用使得NMR信号高场或低场位移。由于电子的磁旋比是质子的660倍，因此未配对电子产生大的偶极磁场，这会产生大的核屏蔽或去屏蔽。顺磁性化合物和其抗磁性类似物之间的化学位移差被称为各向同性位移。通常针对金属络合物的电子和几何结构开展详细的NMR研究。

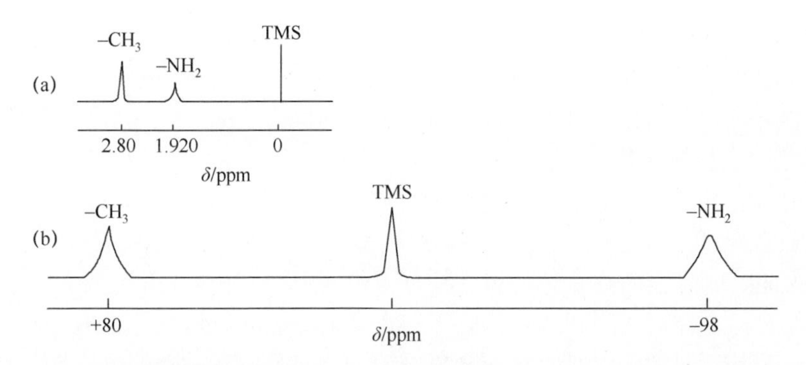

图18.1 溶液中甲胺和其镍（Ⅱ）配合物 $Ni(CH_3NH_2)_6^{2+}$ 的 ^1H NMR 频谱

需要了解在顺磁性系统中所发生的弛豫机理。磁场中的电子存在两个自旋态 $m_S = +1/2$ 和 $m_S = -1/2$ 。当电子不受质子的约束时，期望原子核的两个自旋态耦合到电子的两个自旋态上，并产生两个 NMR 峰值，就如同未配对电子与具有 $I = 1/2$ 的原子核相互作用而产生 ESR 频谱那样（见第3章），应该产生对应于 ESR 频谱中所发现的超精细耦合常数值两峰之间存在的大间隔，然而并非如此。

未配对电子随着时间改变它们的自旋态 $m_s = \pm 1/2$ 。对于溶液内的过渡金属复合物，电子自旋态的生命期与电子自旋弛豫时间（τ_e）或配体交换时间（T_{le}）相关（这取决于哪个更快）。τ_e 是将自旋能量转移到其他自由度所花费时间的量度，而 T_{le} 表示对特定金属离子进行配位所花费的时间。相关时间 τ_c 刻画了溶液中分子翻转速率，其数量级为 10^{-11} s。电子自旋－核自旋耦合常数 A_i 的典型值为 10^8 Hz，NMR 中符号为 A_i 。如果 $1/\tau_{le} \gg A_i$ 或 $1/\tau_e \gg A_i$ ，则原子核仅能检测到两个电子自旋态的粒子数加权平均值，原子核与电子自旋存在微弱的耦合，因此在这种情况下，将进行更有效的弛豫。为了观测顺磁性分子的 NMR 频谱，需至少满足以下两种条件中的一个：

$$1/\tau_e \gg A_i \text{ 或 } 1/\tau_{le} \gg A_i$$

如果这两个条件都不满足，核自旋的 T_2 将非常短，且共振信号相应地展宽，甚至有可能观测不到。也就是说，慢电子弛豫通过电子自旋翻转，将产生波动磁场，电子自旋具有引起核弛豫的频率分量，而快速电子自旋弛豫将不会发生上述现象。在后者这种情况下，原子核自旋将仅监测由电子自旋产生的磁场均值。非常快速的分子间电子交换或配体交换将具有同样的作用，因为它将放置不同 m_S 值的电子于质子上。这类似于质子 NMR 波谱学中的去耦，后者就像乙醇的 OH 质子交换那样。以与 A_i 完全相同频率下弛豫的电子在 NMR 频谱展宽方面最有效，因此观测 NMR 频谱所需的过渡金属配合物中电子自旋态的生命期范围为 $10^{-9} \sim 10^{-13}$ s。有趣的是，快速核自旋弛豫导致宽的 NMR 信号，但快速电子自旋弛豫降低了质子自旋－晶格弛豫时间 T_1 效率，导致尖锐的 NMR

信号，然而所观测到的频谱不会像抗磁性分子的那样尖，大功率射频辐射用来记录顺磁性物质的 NMR 频谱，因为几乎不存在饱和共振的可能。

对第一行过渡金属离子复合物的电子自旋生命期的一些一般性，它可以帮助预测何时出现期望的尖信号（见第8章）。带有三重简并（T）基态电子态的复合物通常具有短的电子自旋生命期，将产生尖的 NMR 频谱。这些包含 d^1、d^2、低自旋 d^4 和 d^5、高自旋 d^6 和 d^7 构型的八面体配合物，当对称的八面体产生大的畸变时，简并状态分裂，并且 NMR 频谱通常会变得更宽。对于 d^1 构型的低对称复合物观测到宽峰，它不存在零场分裂而导致快速弛豫；对于具有 d^3、高自旋 d^5 和 d^9 构型的八面体复合物，也获得了宽的 NMR 信号。在自由配体和配位到顺磁性金属离子的配体之间存在快速交换，即存在如下类型的平衡：

$$M^+ + L \rightleftharpoons (ML)^+ \tag{18.1}$$

在这种情况下，观测到的接触位移将变得更小，其变化因子等于配对分子的部分。锰络合物是慢弛豫电子系统（$1/\tau_e \gg A_i$）的例子，可以观测到非常宽的单个 NMR 峰。然而，锰（Ⅱ）复合物的 ESR 频谱显示出窄线。由于存在零场分裂，观测到八面体 Ni^{2+} 复合物（具有非简并基态）的尖谱线。具有三重简并基态的四面体复合物，例如，四面体的 Co^{2+} 复合物也会产生尖的 NMR 峰。

未观测到由电子自旋引起的 NMR 峰超精细分裂的原因有两个：①快速的电子自旋弛豫；②溶液内金属离子和抗磁性分子之间的快速电子交换。因为电子与大量处于不同自旋态的原子相互作用，所以，核时间平均结果和超精细分裂消失。由于两个电子自旋态之间的粒子数差，平均 NMR 信号不会与对应抗磁性化合物共振信号出现在同一位置。未配对电子的 $m_S = +1/2$ 和 $m_S = -1/2$ 能级差实质上会更大，处于较低能级 $m_S = +1/2$ 上的粒子数比能级 $m_S = -1/2$ 上的多，即 $N_{+1/2} > N_{-1/2}$，这更有助于信号的时间平均。即信号 ν 的位置可以表示为

$$\nu = N_{+1/2}\nu_{+1/2} + N_{-1/2}\nu_{-1/2} \tag{18.2}$$

在顺磁性化合物中所观测到的各向同性位移是由两个分量构成的。第一个分量为接触位移，另一分量为伪接触位移，这是由于未配对电子的磁偶极和它们的核自旋之间存在一种跨空间偶极相互作用。

与场相关的接触位移大小可以由式（18.3）表示：

$$\frac{\Delta B}{B_0} = \frac{A_i \gamma_e^2 h}{8\pi \gamma_p kT} \tag{18.3}$$

式中：A_i 为耦合常数；γ_e 和 γ_p 分别为电子和质子的磁旋比；k 为玻耳兹曼常数；T 为绝对温度，它也依赖于顺磁性化合物的浓度。式（18.3）可以确定出超精细耦合常数 A_i 的符号，该信息不能单独由 ESR 频谱获得。

18.1.2　接触位移的由来

接触位移的起源可以理解为电子自旋和核自旋之间的相互作用。当含有未配对电子的复合物置于磁场中时，如前所述，两个自旋态 $m_S = +1/2$ 和 $m_S = -1/2$ 具有不同的粒子数。当快速自旋经历交换或弛豫时，可以观测到复合物 $m_S = +1/2$ 和 $m_S = -1/2$ 化学位移的摩尔分数加权平均值。N_β 和 N_α 间的差值，即在 $\alpha(m_S = +1/2)$ 和 $\beta(m_S = -1/2)$ 态的电子自旋总数，使得多余未配对电子沿磁场方向自旋。它表示了由未配对电子在外部磁场内诱发的系统内净磁效应，磁场内系统加权平均值 m_S 是指平均电子自旋极化（S_q），这与观测到的位移相关联。位移是由电子力矩在核附近产生的附加场产生的，核周围的附加场大小将取决于电子 – 原子核的耦合类型（标量或偶极），而电子 – 核耦合的类型又取决于分子的键合和几何构型。在快速弛豫条件下，分裂的单峰会出现在偏离抗磁性复合物期望位置的几千赫兹处，NMR 信号的这种位移为各向同性位移。当出现不止一个电子自旋时，$\bar{S}_q$ 的值可以表示为

$$\bar{S}_q = \frac{g_{av}\beta BS(S+1)}{3kT} \tag{18.4}$$

式中：g_{av} 为 g 的平均值；$\bar{S}_q$ 为电子自旋极化平均值。式（18.4）服从居里定律的系统要求。由于在低温下 α 自旋的过盈量会更大，因此导致各向同性超精细位移对 $1/T$（居里定律）的依赖。当上式所表达的 $\bar{S}_q$ 无效时，可以写为

$$\frac{\Delta B}{B} = \frac{\Delta \nu}{\nu} = \frac{A_i}{\hbar g_N \beta_N B}\langle \hat{S}_Z \rangle \tag{18.5}$$

应该正确地表示 $\langle \hat{S}_Z \rangle$。

解释接触位移所涉及的理论与之前解释自由基 ESR 频谱中超精细分裂所用到的理论基本相同。通常依据自旋密度来解释超精细耦合常数（参阅第 3 章），已经观测到大量金属复合物的接触相互作用。例如，已经研究了仅具有两种不同类型质子 CH_3 和 CH 的第一行过渡金属乙酰丙酮化物（图 18.2）。观测到的 CH_3 和 CH 对 V(Ⅲ) 的位移分别为 δ45.7 和 δ40.7ppm，以及 Mn(Ⅱ) 的位移值分别为 δ25.9ppm 和 δ18.8ppm。主要接触位移可根据配体 π 分子轨道上的电子自旋离域进行解释。伪接触位移在第一行过渡金属三（乙酰丙酮）位移中所起到的作用可忽略不计。

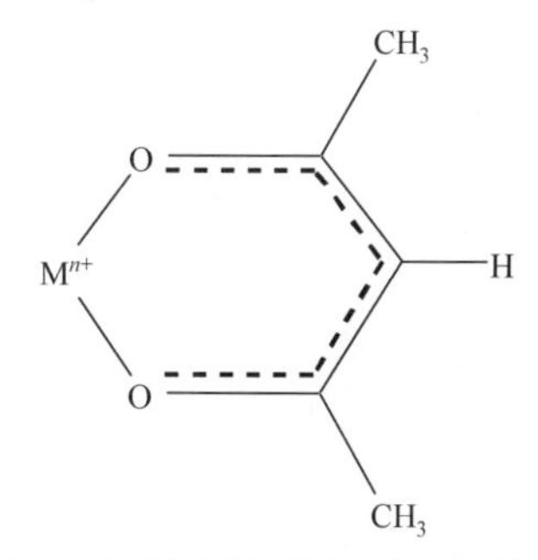

图 18.2　金属乙酰丙酮复合物的结构

各向同性的电子自旋－核自旋超精细耦合常数 A 与前面讨论的 ESR 波谱学中的超精细耦合常数 'a' 是一样的，用在此处的大写 A 是为了表示分子或离子中不止存在一个未配对电荷，由式（18.6）给出：

$$A = \frac{8\pi}{3} g_e g_N \beta_e \beta_N |\psi(0)|^2 \tag{18.6}$$

式中：g_e 为各向同性的 g 因子，其他符号定义与前面的相同（见第3章）。当存在多个未配对电子自旋时，需要添加标准化因子 $1/2S$，对于复合物来说，g_{av}（g 因子的平均值）取代 g_e，可以重新表示为

$$A = \frac{8\pi}{6S} g_{av} g_N \beta_e \beta_N |\psi(0)|^2 \tag{18.7}$$

式中：A 的单位为尔格（erg）①，单位为高斯的 A 值转换公式为

$$A(\mathrm{erg}) = g\beta A(\mathrm{gauss}) \tag{18.8}$$

接触相互作用常数 A_i 可以表示为含有可测量参数的方程：

$$\frac{\Delta B}{B} = \frac{\Delta \nu}{\nu} = \frac{A_i g_{av} \beta S(S+1)}{3kT g_N \beta_N} \tag{18.9}$$

式中：k 为玻耳兹曼常数；T 为温度，单位为K。这里的 B 代表第 i 个原子核发生共振时的磁场，当从纯配体或锌络合物（均为抗磁性的）转化为顺磁性络合物时，ΔB_i 为所需的磁场改变量（使特定原子核共振），ν 和 $\Delta\nu$ 为相应的频率，A_i 为第 i 个原子核接触相互作用常数，β 为玻尔磁子，S 为总电子自旋。式（18.9）表示非常小的 A_i 值产生大的各向同性位移。等式 $\Delta B/B = \Delta\nu/\nu$ 成立，其中 ν 为固定式探头频率，对核自旋应符合以下关系式，$h\nu = g\beta B$。如果在不同温度下测量符合居里定律行为的系统，$\Delta\nu$ 对 $1/T$ 的关系曲线是一条直线，斜率与 A_i 成正比。

由 NMR 波谱所获得的各向同性超精细耦合常数 A 与由 ESR 波谱所获得的超精细分裂常数 a 是一样的。如果采用这两种方法研究同一系统，所获得的各向同性位移 a 和 A 的值是一致的。NMR 方法具有高灵敏度，且大质子位移（如50Hz）会产生 ESR 波谱学无法分辨质子超精细分裂。对 NMR 进一步研究，可以根据位移方向获得耦合常数符号，而该符号对观测到的 ESR 频谱没有影响。

18.1.3 伪接触位移

每当分子中存在未配对电子时，可能通过空间可产生核的偶极相互作用。在施加磁场中，若顺磁性物质具有各向同性 g 值，分子的快速翻转将偶极效应平均为零。对于各向异性的 g 张量，由金属离子的未配对电子密度引起目标

---

① $1\,\mathrm{erg} = 10^{-7}\,\mathrm{J}$。

核上的磁场变化，其偶极贡献大小将取决于分子相对于场的取向。因为不同取向上的 g 具有不同值，快速翻转分子对空间的贡献并不会平均为零，那么，使在 g 中产生各向异性的效应也会引起伪接触相互作用，伪接触相互作用也会导致化学位移发生变化，当强的各向异性顺磁性中心出现在分子中时会产生这种现象。例如，镧系金属的未配对电子具有各向异性特征，它们对 ^1H 共振的影响是磁矩通过空间进行偶极相互作用的结果。它们的大小正比于 $(3\cos^2\theta - 1)/r^3$，其中 r 为所考虑原子核与顺磁性中心之间的距离，θ 为顺磁性矩的对称轴与到原子核的距离向量 r 之间的夹角。伪接触效应的空间性质相当于邻近基团各向异性对质子化学位移（如前讨论）的贡献（见第 11 章），这取决于分子不同取向时的抗磁性磁化率 χ_{dia} 差。顺磁性磁化率 χ_{para} 也是如此，伪接触相互作用在晶体和溶液内都可观测到。

为了理解 NMR 频谱中的各向同性位移的起因，应遵循以下几点：当接触位移和偶极位移都发生时，由于会产生并发现象，可以选择这样的系统，该系统中的偶极贡献与接触位移的贡献相比可以忽略。因此，大量关于顺磁性复合物的 NMR 频谱研究通常在接触相互作用或伪接触相互作用占主导地位的系统内进行。具有 ML_6^{n+} 形式的八面体复合物，其中 L 为单齿配体（$g_{\parallel} = g_{\perp}$），对伪接触位移无贡献。如果 ML_6^{n+} 复合物为 Jahn – Teller 畸变，溶液内该畸变在 NMR 时间尺度上是动态的，即使畸变不是动态的，快速配体交换也会将伪接触位移平均为零。

18.1.4　接触位移的应用

接触位移对研究过渡金属复合物中金属离子的电子构型非常有用。当且仅当金属 – 配体键中存在共价键时，配体与金属键合才会对接触位移产生贡献。因此，已经进行了很多尝试来研究共价键强度的动态趋势，和一系列复合物中金属 – 配体的 π 反向键。使用吡啶的镍（Ⅲ）复合物作为例子来说明接触位移的定性解释所涉及的原理，其中位移大小遵循 H(2) > H(3) > H(4) 的顺序。此外，当 4 – 甲基吡啶配位到金属上，甲基质子共振位移与吡啶 H(4) 的方向相反。所观测到接触位移的模式具有配体分子轨道，该配体包含自旋离域。吡啶中孤对氮的分子轨道贡献按 H(2) > H(3) > H(4) 顺序递减。特征 σ 离域模式出现在金属轨道与吡啶 σ 分子轨道混合过程中，它使 H(2) 产生大位移，H(3) 产生较小位移，H(4) 产生最小位移，因此自旋离域机制的解释与复合物和配体的分子轨道描述密切相关，前面讨论的接触位移可作为一种共振核处未配对电子密度的量度，有助于研究有机自由基、有机金属和无机复合物中的自旋分布。仅在 e_g 轨道上存在未配位电子的八面体复合物中发现存在 π – 离域位移模式的证据，表明自旋极化机制是有效的。

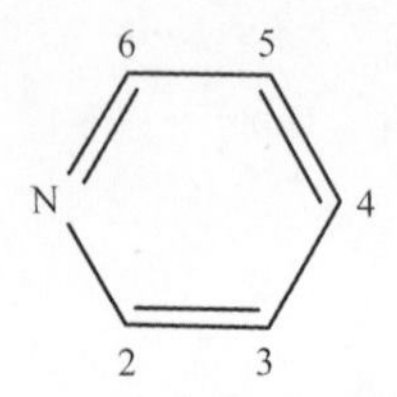

已经确定出钒、铬、钴和镍的二环戊二烯基复合物的 ^{1}H 和 ^{13}C 接触位移，且已获得了关于金属环键合所涉及的轨道信息和电子离域机理，并与各种理论模型作了比较。

现在可以理解本章一开始所提及的 $Ni(CH_3NH_2)_6^{2+}$ 中甲基质子共振位移。大多数未配对电子密度离域到氮的配体上，且很少直接离域到 N－H 质子上，在该质子中其为主要位移，将产生高场位移，当氮直接键合到镍上时，似乎适合于所有 N－H 质子情况。由于未配对电子密度的离域，甲基共振向低场移动。

研究顺磁性复合物 NMR 频谱的一个优点是增强了分子中非等价原子产生的共振分离。例如，两个同分异构体、面式和经式、可能存在不对称的螯合配体，如4，6－二甲基邻二氮杂菲，如图18.3所示。该配体的钴（Ⅱ）复合物的 ^{1}H NMR 频谱显示出四组共振，一个源于对称性面式同分异构体，三个源于非对称性经式同分异构体，共振强度显示出两种同分异构体的比例是3（经式）:1（面式）。

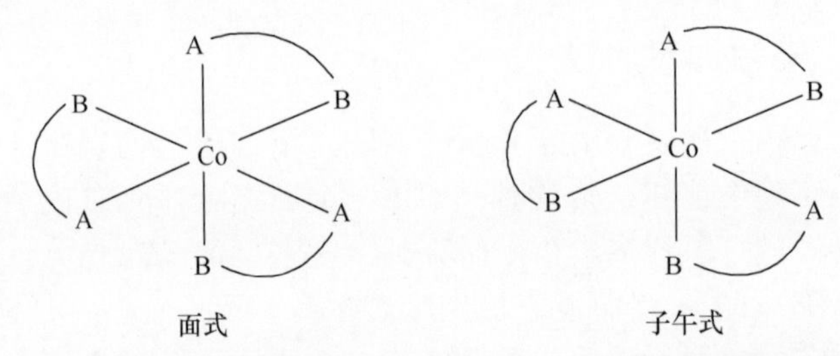

图18.3　4，6－二甲基邻二氮杂菲的钴（Ⅱ）复合物的几何同分异构体

各向同性位移也有助于确定溶液内过渡金属复合物周围的第二个配位层的性质。可以研究金属离子的溶解性，顺磁性络合物的 NMR 频谱可用于平衡和动力学研究。更大的位移范围能够精确地确定平衡常数，且可研究更快的化学交换过程。

18.1.5　抗磁性复合物

对于抗磁性过渡金属复合物，可以定义一个称为“配位化学位移”的量，它通常表现出系统的变化。例如，在 Pt(0)（d^{10} 构型）复合物中，配位化学位移随配位数的增加而减小。对于更高的配位数量，化学位移变得更接近于自由配体的化学位移。举例来说，对于经式 $IrCl_3(PMeph_2)_3$，该位移可能为正或为负，两种类型磷原子的配位化学位移为 -2.6 和 +6.5ppm，它们分别对应于反式 Cl^- 和 $PMeph_2$。复合物中的顺式-反式效应在 NMR 频谱中也比较明显(见第15章)。

18.1.6 自由基的频谱

NMR 方法的另一优势是灵敏度，它能确定出非常小的超精细耦合常数，这不能直接从 ESR 波谱中测量获得。在有利条件下，也有可能观测到自由基的 NMR 频谱，并根据接触位移的大小和符号确定 ESR 超精细耦合常数。例如，图 18.4 所示为不同溶度下，1-丙基萘及其自由基阴离子的 NMR 频谱。

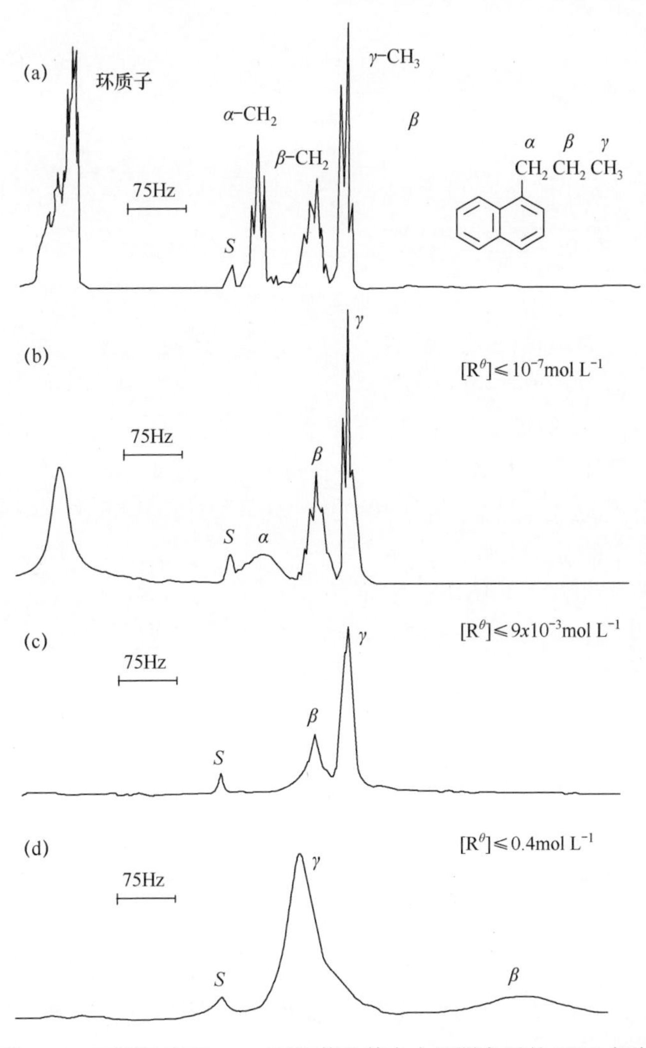

图 18.4 不同浓度下，1-丙基萘及其自由基阴离子的 NMR 频谱

值得注意的是，甲基和β－亚甲基质子的超精细耦合常数的符号相反，因为甲基质子转移到更低场，而亚甲基质子移动到更高场。从频谱中计算得到的接触位移大小与式（18.2）结果吻合，且与超精细分裂常数 a 的大小成正比。此外，谱线宽度也与 a 的大小成正比，且是关于 $1/r^6$ 的函数，其中 r 是所考查原子核到自由基中心的距离。这是萘环相应碳原子的 $2p_z$ 轨道。环质子和 α－亚甲基质子共振均具有高位移和展宽，使得在高浓度自由基阴离子频率中观测不到它们（图 18.4（c）和（d））。由频谱确定出来的超精细耦合常数值如下。

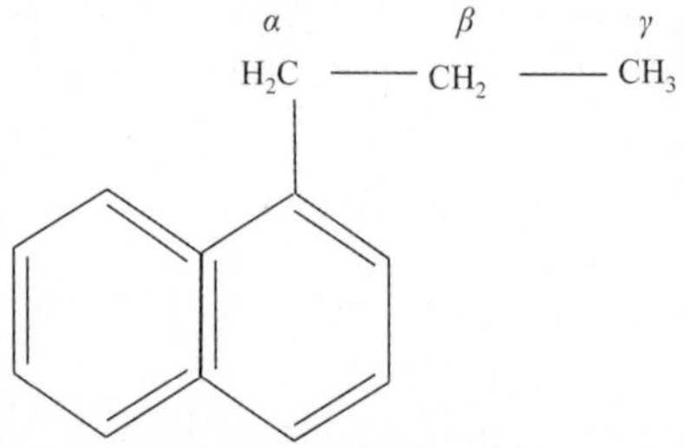

α β γ

H_2C —— CH_2 —— CH_3

$a_\alpha = 267.0\mu T$

$a_\beta = 21.2\mu T$

$a_\gamma = 6.4\mu T$

18.1.7 镧系元素位移试剂

顺磁性物质通常用于简化有机化合物的 NMR 频谱。许多稀土复合物存在这种特征，被称为位移试剂。镧系元素位移试剂均为轻度路易斯（Lewis）酸，该酸与具有孤对电子的位点键合。基质的络合位点，例如 NH_2、NHR、—OH、C═O 等，应不能被空间位阻，这样会阻止膨松试剂接近镧系元素离子。位移试剂将大大简化存在大量质子共振信号重叠的复杂频谱，试剂延展了频谱，从而分离重叠信号。值得庆幸的是，由镧系元素顺磁矩所引起的谱线展宽相对较小。假设由位移试剂诱导产生的质子谱位移为偶极原点，那么有机分子中质子将产生非常大的伪接触位移。

镧系元素位移试剂（LSR）为β－二酮的复合物，存在通式 Ln$(R_1COCHCOR_2)_3$，其中，Ln 代表顺磁性镧系元素离子铕、镨、镝或镱，前两个是最常见的。具有不同配体的各种镧系元素配合物是可商购的，化学式为 $R_1COCH_2COR_2$ 的两种配体：二叔戊酰甲烷（DPM，其中 $R_1 = R_2 =$ 叔丁基）和氟化螯合物 1，1，1，2，2，3，3－七氟丁酰氯－7，7－二甲基－4，6－辛二酮（FOD，其中 $R_1 = C_3F_7$，$R_2 =$ 叔丁基），已发现它们的阴离子特别有用，是因为它们的化学惰性，具有良好的溶解性和对复合物形成具有良好的结合特性。这些镧系元素位移试剂中最好的通用型试剂是 Eu$(fod)_3$，其结构如图 18.5 所示。β－二酮衍生物的稀土三螯合物均为强路易斯酸，甚至与弱碱会形成良好复合物，并且在含有镧系络合物溶液中加入路易斯碱会导致大的伪接触位移。这些配合物中的几种（例如，铕和镨）产生的共振均存在尖峰。与这些系统的情况一样，位移试剂复合物与过量的路易斯碱在进行着快速交换。

镧系元素复合物是八面体，且极易溶于有机溶剂。镧系元素的配位个数超过 6 个，因此依然存在自由配位位置。如果有机分子具备合适的供体位点（例如 O 或 N），它可以与镧系元素复合物相互作用。FOD 复合物比 DPM 络合物更易溶，尽管它们存在比较麻烦的吸湿性。FOD 的完全氘化衍生物也可商购，这消除了配体质子所产生的信号。

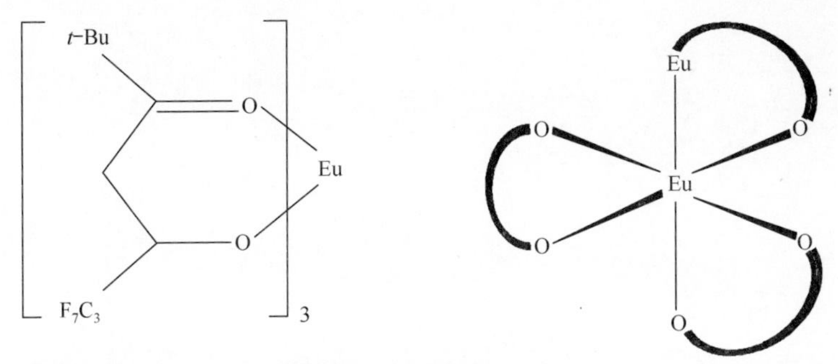

图 18.5　Eu (fod)$_3$ 结构

位移试剂具有广泛应用，在络合物中，分子中不同质子具有不同程度的位移，在角系数 $3\cos 2\theta - 1$ 的基础上，可能发生向较低和较高场的位移，观测到的频谱为自由基和复合基的时间平均。个别镧系元素的偶极场符号不同，所产生的位移大小取决于基质中络合基团的碱性，按以下顺序减小：

$$-NH_2 > OH > C = O > COOR > CN$$

随着位移试剂浓度的增加，化学位移差 $\Delta\nu$ 变得大于 J 值，产生一阶谱。因而，位移试剂可用于简化二阶谱（即 $J \sim \Delta\nu$）。酸性基团通常导致镧系元素络合物的分解，因此无法进行研究。烃不能与镧系位移试剂形成络合物，所以也不做研究。

利用正戊醇来说明 Eu (fod)$_3$ 的应用，图 18.6 所示为 $CDCl_3$ 中正戊醇的 ^{1}H NMR 频谱。图 18.6（a）中标注为 a、b、c 的烷基信号没有很好地分离，正戊醇的常规频谱包含一个三重态，这是由于亚甲基质子与醇基相邻，并且由于剩余质子具有相同的化学位移，使得两个基团含有一系列的重叠谱线。图 18.6（b）显示了加入 10mgsEu (fod)$_3$ 之后获得的频谱，这些信号开始向下延伸。

质子离络合物的位置越近，它们向低场的位移就越大。加入 20mgEu (fod)$_3$ 后，所有烷基信号充分地分离开，得到一阶谱。在络合物相对较弱的情况下，需要更多量的 Eu (fod)$_3$，以获得期望分离频谱。通常对于铕复合物，共振均移动到 TMS 的低场。如果添加镨络合物，所有共振将移动到 TMS 的高场。

质子化学位移的改变量 $\Delta\delta$ 与其到铕原子的平均距离的立方成反比，可以表示为

$$\Delta\delta = 常数(3\cos^2\theta - 1)/r^3 \tag{18.10}$$

式中：θ 为连接质子和铕原子的距离矢量 $\boldsymbol{r}_1$ 与铕到孤对键合原子核之间连线的夹角。利用 Eu (fod)$_3$ 区分两个非常类似的同分异构体变得相对简单。

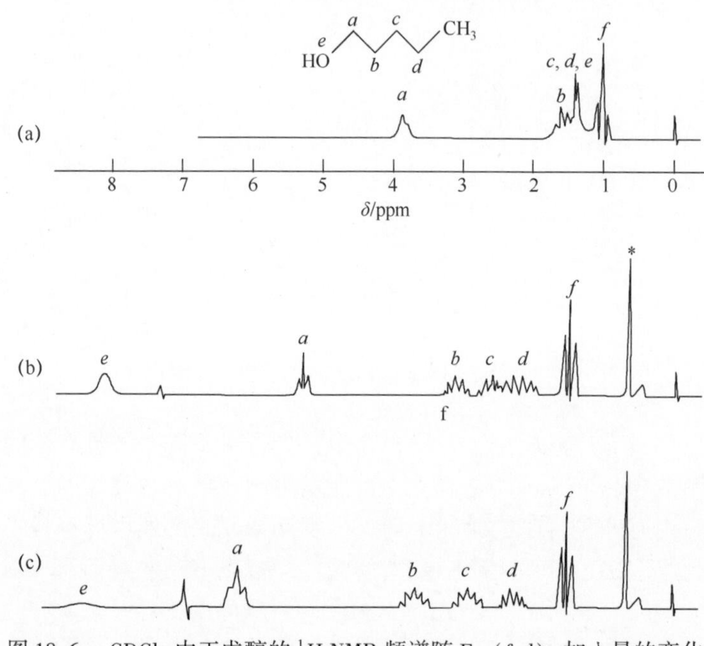

图 18.6　CDCl$_3$ 中正戊醇的 ^{1}H NMR 频谱随 Eu (fod)$_3$ 加入量的变化

（a）0.0mg；（b）10.0mg；（c）20.0mg 图中 * 表示 Eu (fod)$_3$ 的 1－丁基信号。

当溶剂具有孤对电子对时，不使用 Eu (fod)$_3$ 。对于 Eu (fod)$_3$ ，顺磁性弛豫相当低效，即使在高浓度的情况下，也不会引起谱线展宽。铒和钬化合物通常会产生更大的位移，但一些谱线也会发生展宽现象，这使得多重态的分析变得复杂。谱线展宽是由于顺磁性离子降低了弛豫时间，镧系元素位移试剂在高磁场中效果不佳。

位移试剂的另一应用是确定溶液内分子几何结构，该实验通常在快速交换区域进行。首先，假设一个分子结构，其结构是待定的，计算分子中各核的期望偶极位移。该假设分子结构是变化的，借助计算机程序计算这些值，以达到与实验位移最佳拟合的目的。位移试剂对 ^{13}C 共振的作用是为确定溶剂结构提供额外的支持。关于该方法的适用性和准确性存在一些局限性，一些证据表明，费米接触相互作用可能有利于位移，因此在使用这些数据时应需谨慎。位移试剂的配位可能会影响生物分子的构象。

如上所述，镧系元素诱导位移的定量分析对构象分析具有重大意义。然

而，在实践中，通常应用位移试剂并利用定量经验分析足以解决立体化学问题。为了确定对映体混合物的光学奇偶性，经常会用到具有手性配体的镧系元素络合物。如果使用具有唯一立体化学结构配体的位移试剂，可以观测到 D 和 L 类型非对映体配合物的不同 NMR 信号。

18.1.8　磁化率测量

由顺磁性物质产生的共振频率位移可用于测量它们的磁化率，这种方法称为“Evans”方法。该方法使用含有两种等浓度的惰性物质溶液，通常为 2% 叔丁醇，其中一种还含有顺磁性物质，将一种溶液装入盛有另一种溶液的毛细管内，然后可以观测到丁基的两个共振，它们之间的化学位移差归因于磁性物质，位移直接正比于两种溶液的体积磁化率差。溶解物质的质量磁化率 χ 可以表示为

$$\chi = \frac{3\Delta\nu}{2\pi\nu m} + \chi_o + \frac{\chi_o(d_o - d_s)}{m} \tag{18.11}$$

式中：$\Delta\nu$ 为共振频率 ν 的位移；m 为每毫升溶液的质量；χ_o 为溶剂的质量磁化率（对于稀释的叔丁醇水溶液为 -0.72×10^{-6}）；d_o 和 d_s 分别为溶剂和溶液的密度。对于强顺磁性物质，如一些过渡金属复合物，式（18.11）的最后一项非常小，可以忽略不计。

18.2　固态 NMR

18.2.1　宽谱线 NMR

具有非零自旋量子数的每个原子核均存在一个磁偶极子，因此，一个磁原子核就像一个微小的磁棒。之前讨论过的原子核磁矩间通过空间直接相互作用，称为偶极-偶极相互作用或偶极耦合，该相互作用会引起共振信号的分裂。由原子核磁矩 μ 在第二个原子核处产生的磁场可以表示为

$$B_b = K\mu\left(\frac{3\cos^2\theta - 1}{r^3}\right)\left(\frac{\mu_o}{4\pi}\right) \tag{18.12}$$

式中：μ_o 为真空磁导率；K 为常数；r 为两个原子核之间的距离；θ 为原子核间的连线与施加磁场 B_0 方向的夹角，如下图所示。

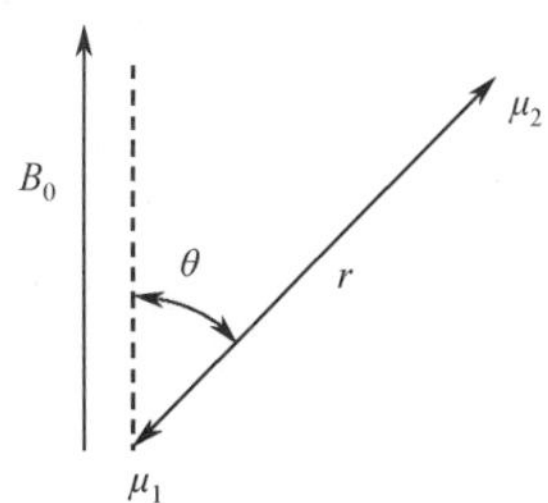

式（18.12）适用于具有相同共振频率的质子（核）自旋系统，例如，二溴甲烷中的质子自旋系统。在溶液内，观测不到由偶极相互作用引起的谱线分裂，因为溶液内分子做快速翻转运动，角度 θ 随时间变化，因此 $3\cos^2\theta - 1$ 项消失。然而，在固体中，分子相对于外部磁场 B_0 的方向和彼此间的方向具有固定取向，因此固体分子内的偶极耦合尤为明显，其中，分子间偶极相互作用也很重要。在固体中，除了偶极－偶极相互作用，标量耦合、四极相互作用以及核屏蔽各向异性导致严重的谱线展宽。这些因素致使频谱具有无结构的宽峰，其半宽为几千赫兹。可通过化学位移和自旋－自旋耦合（在高分辨率NMR中非常有用）获得的核信息丢失了。然而，式（18.12）说明原子核间的距离可以由固态NMR频谱确定，这也称为宽谱线NMR波谱法。

固态NMR波谱学可用于微晶和非晶体材料。高分辨率固态NMR可提供有关固态结构的键合、结构和动态特性等信息。由于谱线宽度是关于核间距离的函数，因此在简单情况下，它可以测量质子－质子的距离，通过其他技术很难测量该值，线形也取决于自旋数量。在许多结晶水合物中，该技术已经能够确定结晶水是否存在及其存在形式，如 H_2O 、H_3O 或 OH— 。例如，硼砂 $Na_2O.2B_2O_3 \cdot 10H_2O$ ，已经显示以 $Na_2[B_4O_5(OH)_4] \cdot 8H_2O$ 形式存在。

如果相互作用自旋迁移，使得它们的相对取向发生变化。例如，一组原子围绕某些坐标轴自旋，那么，它们通过空间耦合，且其信号的谱线宽度减小。通过测量不同温度下的谱线宽度，可以推导出晶体中不同基团的运动信息。对于加合物 $(CH_3)_3N-BF_3$ ，在温度68K下，C－N键周围没有自旋，并且其谱线非常宽。当温度升高到100K，线宽明显变窄，这是由于C－N键周围存在甲基自旋。高于100K时，线宽进一步变窄，这是由于 $N(CH_3)_3$ 基作为一个整体围绕B－N键自旋。最终当温度接近400K时，线宽缩窄到毫特斯拉的一小部分，因为整个分子开始各向同性地旋转并在固态晶体内发生扩散。温度低于77K时，BF_3 部分的氟共振比较宽，温度升高时，BF_3 基绕B－N键自旋。线宽的改变常常归因于相变。

18.2.2 魔角自旋

近年来，已开发出可检测粉末状固体，具有相对窄谱线（线宽10~50Hz）的高分辨率固态NMR频谱仪。

（1）由偶极和远距离耦合引起的谱峰展宽，需要减小到零，如果给定原子核具有四极矩，由于它与样品电场相互作用，线宽会进一步扩大。

（2）当不存在分子翻转时，发生化学位移各向异性，对于粉末状样品，由于分子取向为所有方向，这增加了谱线展宽程度。

（3）固态时，由于不存在分子翻转，其自旋－晶格弛豫时间 T_1 极长，这限制了频谱数据采集速率，对不具备自旋1/2的核，克服方法有待于研究。

为了实现高分辨固态谱，需要采用魔角自旋技术（MAS）。在典型固态中，式（18.12）将会计算出所有 θ 值。当与磁场的夹角 θ 为 $55^{\circ}44'$ 时，B_b 为零，原子核不会对 B_b 造成扰动，因此不会影响它们的共振频率。如果将样品放置到圆柱体形状的小胶囊样品仓内，且样品仓轴与主磁场方向成 $55^{\circ}44'$，并绕该轴快速旋转，如图 18.7 所示，其平均 B_b 将为零，并且所有展宽现象将消失，产生窄 NMR 谱线，角度 $55^{\circ}44'$ 称为魔角。

四极相互作用和化学位移各向异性也遵循关系 $3\cos^2\theta - 1$，它们也由魔角自旋消除（图 18.7）。图 18.8 比较了存在和不存在魔角自旋的情况下，固态 $(NH_4)H_2PO_4$（磷酸二氢铵）的 ^{31}P NMR 频谱。

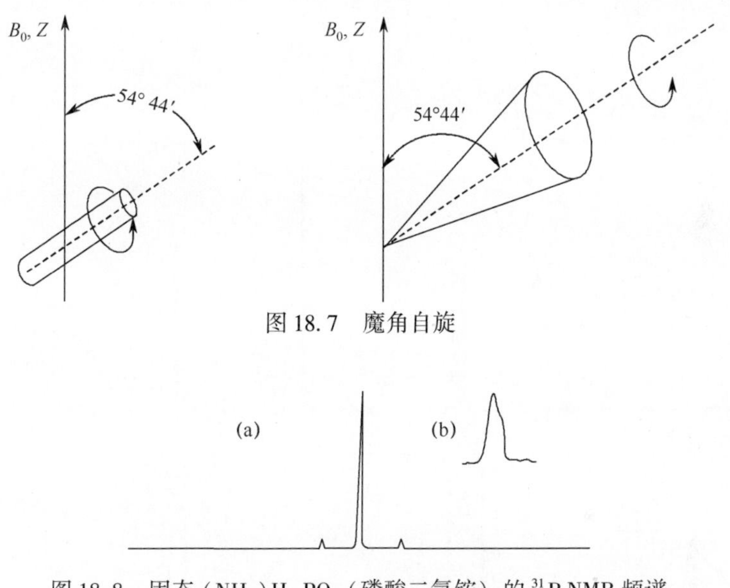

图 18.7　魔角自旋

图 18.8　固态 $(NH_4)H_2PO_4$（磷酸二氢铵）的 ^{31}P NMR 频谱

（a）存在魔角自旋；（b）不存在魔角自旋。

如果旋转速度变大，谱线宽度和偶极耦合也可由魔角自旋平均为零，就像溶液中翻滚的分子那样，但偶极耦合通常在 50kHz 或更高，因此该旋转不够快而不能彻底消除它们。目前，可使用旋转速率为 25kHz 的气驱样品旋转器，因此，无法去除产生最大线宽的直接键合质子的所有影响，直接键合氢会产生谱线宽度最大值。可以利用常规去耦方法去除杂核系统中的偶极效应，但需要更高的去耦功率。因此，对于像 ^{13}C 或 ^{29}Si 这样的原子核，比较重要的只有杂核耦合，与从溶液内获得的频谱相比，可以获得高分辨频谱。图 18.9 所示为去耦合魔角自旋对二水醋酸钙 ^{13}C 频谱的明显缩窄效应，从而可以解析非常小的分裂。这种精细结构源于四个乙酸分子，这与晶体的对称性无关，因此，可由 NMR 谱获得有关晶体结构的信息。从晶体结构已知的结晶乙酸钡的频谱中也能观测到相同的分裂。在录取 ^{13}C 频谱的同时，通过结合双共振和魔角自旋的方式可以大大改进其分辨率。利用适当的自旋速度，共振谱线可以缩窄到可与高分辨 NMR 相媲美的程度。

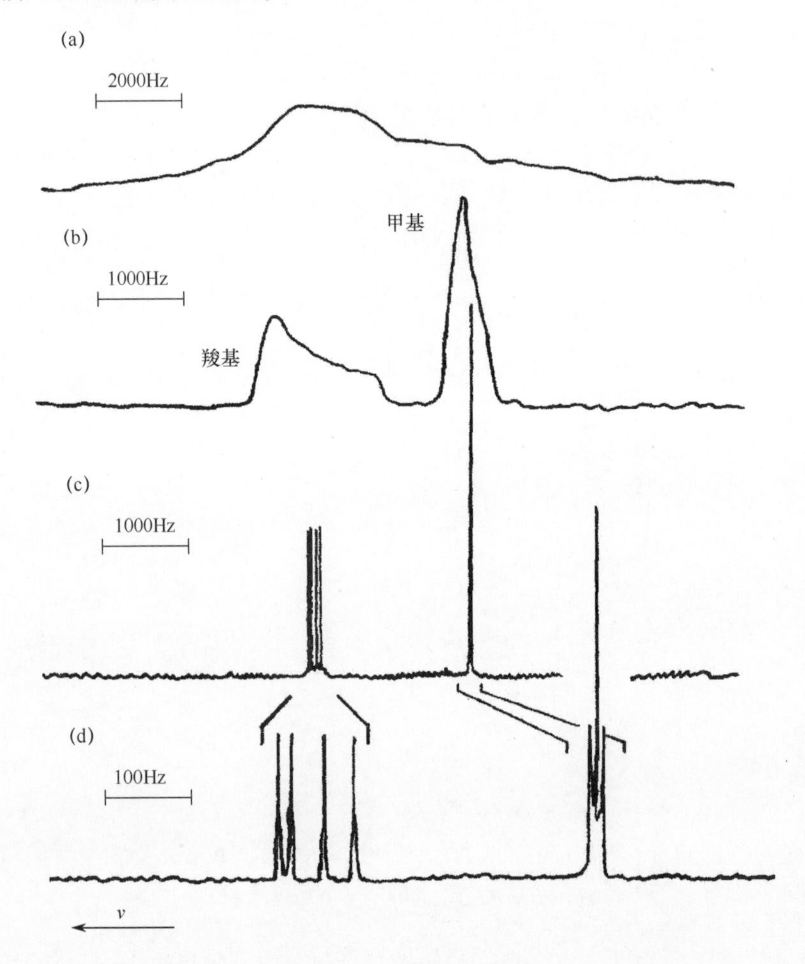

图 18.9　二水醋酸钙 $Ca(CH_3COO)_2 2H_2O$ 的 ^{13}C 频谱，共振频率为 22.6MHz
（a）静态；（b）具有高功率质子去耦的静态；（c）去耦合魔角自旋；
（d）图（c）的扩展超精细结构。

对于具有自旋 1/2 的稀释核存在丰富的自旋，存在长弛豫时间的问题，可以通过交叉偏振技术解决，这里将不会讨论。采用一个或多个这样的方法，可以获得固态高分辨频谱，包含晶状粉末，凝胶和复合材料。

下图所示的二膦铂络合物的 ^{31}P 频谱显示出两组共振，其在固态下具有略微不同的化学位移。两个中心共振均具有 ^{195}Pt 伴线，且耦合不同，为 1980Hz 和 1820Hz。因此，晶体内一定存在两种不同的磷环境。^{195}Pt 频谱表明晶体内仅存在一种类型的铂原子，耦合到两个不同类型的 ^{31}P 原子核。因此，每个不对称单元中一定存在一个完整的分子，且分子本身不具备对称性，这些可以通过 X 射线晶体结构分析来证实，观测到的这些位级分裂表明，化学位移对环境非常敏感。

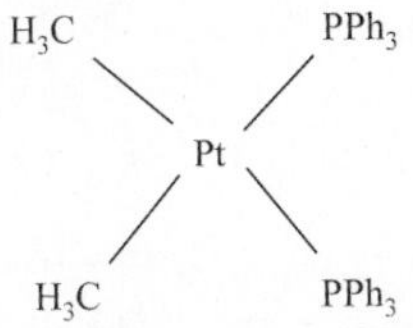

H_3C　　　PPh_3

Pt

H_3C　　　PPh_3

很难获得具有高自然丰度的自旋 1/2 原子核（如 ^{1}H 和 ^{19}F）固态 NMR 频谱。因为它们的高自然丰度会导致强烈的同核偶极相互作用，所以不能实现同核去耦。由于存在四极相互作用，具有自旋 1/2 的原子核（如 ^{2}H、^{11}B 和 ^{17}O 等），也很难获得固态 NMR 频谱。对于四极核，固态中通过四极耦合以产生共振分裂，魔角自旋一般不能消除它。个别跃迁的简并性消失，并出现多重态结构（双重态、三重态），因此，像带有 ^{13}C、^{15}N、^{29}Si 和 ^{31}P 等原子核的分子频谱已得到广泛研究。研究这些原子核的一大优势是它们由于低自然丰度而被稀释，是由于它们具有低的自然丰度（^{13}C、^{29}Si），或者是在含 ^{31}P 化合物中，每个分子中往往仅含有一个这种类型的原子。不存在同核耦合，并且杂核相互作用可以通过自旋去耦的方式消除。对于不敏感的原子核，大量质子的交叉极化可以产生磁化转移，该技术有助于固态高分辨 ^{13}C NMR 波谱学的发展。

为了获得高分辨固态 ^{13}CNMR 频谱，^{13}C 核通过 ^{1}H 与 ^{13}C 核的交叉极化（CP）激励。在信号检测期间，高功率 ^{1}H 去耦用于减少偶极和标量杂核自旋耦合。然而，施加磁场中屏蔽常数 σ 的各向异性导致了化学位移的各向异性，化学位移的各向异性又引起了信号展宽。在粉末状样品频谱的情况下，可以观测到不同 σ 值，这取决于各个微晶体相对于施加磁场方向的取向。这种分布反映在实验频谱的不同谱线形状上，由这些频谱可以确定化学位移的各向异性。它提供了直接与化学键相关的原子核周围的电子分布信息。从单晶体研究中，可以获得屏蔽常数的各向异性，其中样品在相对于外部磁场的不同方向上测量。

结合 MAS 和交叉极化，可以获得 CP/MAS 固态频谱。CP/MAS 技术可用于检测大量自旋 1/2 核，例如 ^{29}Si、^{33}S 等。如果样品中不含质子，且不带交叉极化时，仅可获得 MAS 频谱，例如硅酸盐的 ^{29}Si 频谱。对于复杂频谱，例如有机固体的 ^{13}C 频谱，难以明确归属。

18.2.3　应用

固态 NMR 波谱学具有广泛的应用，它是研究固态相互作用的有力工具，它也可用于研究非晶体材料。将 MAS 或 CP/MAS 技术用于结构研究是多方面的，它在以下几个方面是非常有用的，如固态反应、相位变化和多态性。已经从 ^{29}Si 和 ^{27}Al 频谱中获得了沸石和硅铝酸盐的化学结构信息，其化学位移差足够大，可以区分不同 ^{29}Si 核的环境，甚至有可能获得关于 $^{29}Si-^{29}Si$ 键信息。从单晶 NMR 可以确定出核间距离，通过化学位移数据可以获得固体电子结构信息。

固态和液体下化合物结构的明显差异反映在化学位移的较大差异中。当发现液态和固态频谱之间的差异时，固态中不存在的溶剂化效应可以稳定溶液中的某种结构。五氯化磷的 ^{31}P MAS NMR 频谱清楚地显示存在离子结构 PCl_4^+ 和 PCl_6^-，因为两个 ^{31}P 共振差为 σ 377ppm。

通过高分辨固态 NMR 频谱研究固态动态过程已备受关注，其研究基础与液态的相同。温度依赖性的研究揭示了构象变化的机制和热力学参数，以及由谱线形状分析获得的分子内过程。更有趣的是，已发现固态和液体内的环己烷环反转具有几乎相同的势垒，这表明有机化合物的分子晶体堆积与溶解在溶液内的差别不大。

18.3 核磁共振成像（MRI）

核磁共振成像（Magnetic Resonance Imaging，MRI）涉及 NMR 对非均匀样本的应用，例如人体的某一部分。它是医学和生物医学领域的一种新诊断技术，具有革命性的意义，该技术的基本原则罗列如下。

生物样品、组织等含水和其他含有质子的液体，由于生命系统中存在高浓度的氢和非常有利的 NMR 特征，所以完全可以实现 MRI，也可用其他原子核，如 ^{2}H、^{13}C、^{14}N、^{19}P、^{23}Na 和 ^{31}P，因为生命系统中的这些核具有很低的 NMR 灵敏度，与质子成像相比，将产生相当低的图像分辨率。医学研究中的一个重要领域是观测含磷脂的 ^{19}P 化合物信号，像三磷酸腺苷（ATP）和二磷酸腺苷（ADP），这样的磷脂参与了大多数代谢过程。

NMR 波谱学最重要应用之一是其在医疗领域中的应用，利用它对人体某些部位进行成像，以便检测肿瘤和其他病变。与常规扫描技术中使用的 X 射线，MRI 用于临床诊断，对活细胞是非侵入性的，且无危害。通常用于 MRI 的参数有化学位移、自旋密度、弛豫时间 T_1 和 T_2 以及对象的流体速度。因此，MRI 除了提供形态学信息外，还会通过弛豫参数获得额外的诊断见解。例如，在 100MHz 下，质子的纵向弛豫时间 T_1 的变化范围为 0.3～1.2s，并且取决于组织的病理状态，因此通常可以利用弛豫时间，这使 MRI 成为生物学和医学的重要工具。

常规 NMR 和 MRI 的基本现象是在实验程序和应用中保持一致。在仪器方面的主要区别是在检测人体时需要更大孔径的磁体，并且增加线圈以产生磁场梯度。1973 年，Lauterbur 通过对样品单元施加磁场梯度 ΔB 首次产生 NMR 图像。其中一张 NMR 图像对应样品的制备如下，直径为 1mm 的两个毛细管填充 H_2O，置于直径为 5mm 且含有 D_2O/H_2O 的样品管内，NMR 数据经过计算机图像处理，可产生样品中质子自旋密度图。

MRI 的基本原理相当简单，考查一个体腔，其中含有 1mL 纯水样品，并置于常规 NMR 频谱仪的均匀磁场内，质子 NMR 频谱将显示出单尖峰。现在如果对试管中的水施加一个量级为 1G/m（10^{-2} T/m）的梯度，样品的不同部分将经历不同场强度。由于 NMR 频率直接正比于场强，因此 NMR 频谱是质子密度沿磁场梯度方向的一维投影。

梯度引起 NMR 频率的空间分布。磁场梯度引入原子核间的化学位移，这在常规 NMR 实验中具有等时性。用于成像的梯度通常约为 0.1~0.2T/m 或更小，从而产生的磁场要比主磁场小得多。因此，通过使磁场不均匀来产生 MRI，而采用高度均匀性的磁场可产生高分辨 NMR。在 MRI 中，将部分病人身体置于强大的磁场中，并利用射频进行辐射。当穿过待测样品的磁场规律性变化时，正常核的共振频率和受疾病影响的核共振频率位于不同磁场中。例如，大脑中增强的铁分布区域，例如苍白球、黑质和红核，与大脑其余部分相比呈现出不同的信号。图 18.10 给出大脑部分的 MRI。通过获得不同深度上的不同横截面，很容易确定出大脑或骨髓中肿瘤的位置、形状和大小等信息。主要观测参数是水，图像强度取决于样品中水的浓度，也会获得横向和纵向弛豫时间，或前面所提到的扩散系数。

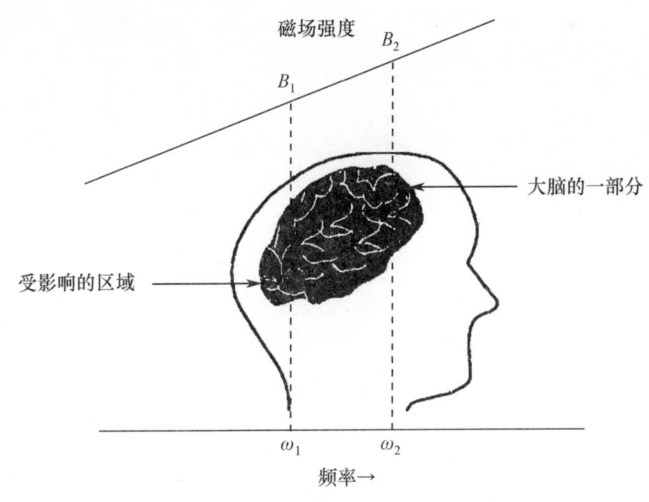

图 18.10　NMR 成像，B_1 和 B_2 分别表示大脑的病变和正常区域产生的信号

一维（1D）投影代表某些结构信息，但对于图像而言，至少需要 NMR 响

应的二维（2D）表示。为了利用该基本 1D 探头获得 2D 或 3D 信号，需通过调制、切换或旋转梯度引入时间依赖性，NMR 响应必须限制成对象的平面或切片，一组对象的共面薄切片的 2D 图像可提供一个对象的完整 3D 表示。另外，将面形线圈适当地放置在人体的特定区域，可以获得更详细的检查。

存在几种不同的核磁共振成像方法，它们根据检测到的空间元素进行分类。常用方法如下：①连续点法；②连续线法；③连续平面法；④同时体积法。关于信噪比、无失真图像、最小成像时间等考虑因素决定了技术的选择。最简单的步骤包括分离和每次从一个元素 P_q 直接测量 NMR 响应 A_{pq} ，从一个到下一个顺序移动，直到扫描完跨越整个感兴趣区域的所有 n^2 个元素，该过程称为连续点方法。在连续线法中，对感兴趣区域逐行扫描，该方法比前一种方法更有效、更复杂。同理，可以通过选取连续平面的方式成像或对整个体积同时成像。相对于场梯度，如果各个共振谱线宽度都很小，则可以探测到对象不同部分（更准确地说是那些位于不同平面且垂直于梯度的原子核）所产生的信号。强度图将提供有关空间分布的信息。迄今为止，最成功的人体全身图像是通过平面成像获得的。

为了创建 2D 图像，需要沿 X 和 Y 方向施加两个梯度，且在 XY 平面内沿不同方向上录取一系列 1D 图像，然后利用一种称为反投影的技术将对象的各种 1D 图像组合起来。尤其是，采用面线圈可以获得关于人体某些区域更详细的检查结果。目前，所使用的大多数成像实验均采用多维傅里叶变换而不是反投影方法来创建 2D 图像，该技术可拓展到 3D。在临床应用方面 MRI 值得继续投入更多的关注，对非临床应用潜力也得到了广泛认可。

第19章 2D NMR 波谱学

19.1 引 言

在最近25年中，2D方法彻底革新了NMR波谱学的实际应用，并使得用于解释复杂有机分子结构的几种技术得到长足的发展。详细讨论2D NMR波谱学的所有理论和实践方法已经超出了本书的范围，在这里仅简要介绍基本原理和讨论最流行的2D实验。基本上有两种主要类型的2D NMR实验：键化学位移相关（Shift Correlation Through Bonds）（如2D化学位移相关谱（COSY）、杂核化学位移相关谱（HETCOR）和化学位移空间相关（如2D NOE谱、NOESY）。有趣的是，所有2D NMR技术均有合适的缩写形式。这些频谱可能为同核或杂核类型，包括类似原子核（如质子）间或不同原子核间（如 ^{1}H 和 ^{13}C）的相互作用，这些最简单而有效的NMR实验揭示了核间存在的标量和偶极耦合，它比传统1D实验更清晰明了。本章中所描述的COSY、HETCOR、NOESY和INADEQUATE技术是大量有效的2D NMR实验例子，可用于探索分子结构和运动。对于较大分子来说，可以使用3D NMR和4D NMR的方法来研究。

19.2 2D NMR 原理

录取1D傅里叶变换 ^{1}H NMR频谱的步骤包括热平衡、90°_x 脉冲、衰减和信号采集所耗时间约几秒钟（图19.1）。NMR频谱仪检测到的横向磁化振荡衰减就是自由感应衰减（FID），因此在常规1D脉冲序列实验中，接收到的信号仅是探测时间 t_2 的函数，该序列会一直重复，直到获得合适强度的NMR信号，否则常规1D脉冲序列会一直重复。自由感应衰减（FID）信号的傅里叶变换提供了所需的频域频谱。在质子NMR实验期间 ^{13}C 通道保持无效，通道表示与每个感兴趣核辐射和信号采集相关的硬件。

所获得的频谱可表示为化学位移（频率，σ 单位）对强度（任意单位）的曲线，称为1D NMR频谱，频率维是对FID采集信号进行傅里叶变换获得的。

化学位移和耦合常数显示在同一坐标轴上，强度绘制在第二维度上（省略尺度）。在1D NMR中只有一个变量，即影响频谱的采样时间 t_2 。

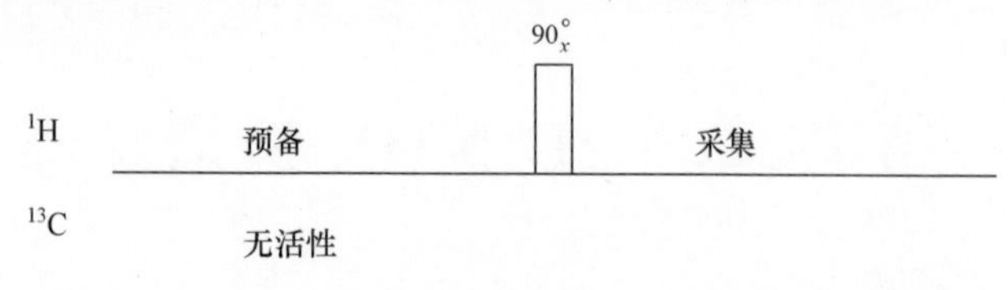

图19.1　1D ^{1}H NMR脉冲序列，沿 x 轴施加 90°_x 脉冲

在1D NMR中仅录取单共振，并且仅需要单次傅里叶变换即可获得所需频域数据。FID信号是相位调制的结果，它是由具有不同化学位移和自旋-自旋耦合常数的进动核磁化所引起的，并因此而产生不同的共振频率。

在1D NMR实验中，在脉冲之后立即录取FID信号。然而，如果在90°脉冲之后不立即采集信号，而是间隔一定时间，t_1 为检测之前、90°脉冲之后的消逝时间。在该间隔 t_1 期间检测原子核与其他原子核之间以不同方式相互作用，这取决于施加脉冲序列，这段时间称为“演化周期”。原子核在化学位移和/或自旋—自旋耦合的作用下进动。NMR频谱中产生的信号是两个变量演化时间为 t_1 、采样时间为 t_2 的函数 $S(t_1,t_2)$ 。引入该时间上的第二维度使得几种有效的2D NMR技术得到长足发展，可用于探索复杂有机分子的结构和动力学。所有2D NMR实验均涉及相同的基本程序构建模块和数据处理方法，目的是用于阐明模糊或隐藏的信息。

这便于将典型2D NMR实验时间序列分成3个周期：①预备期；②演化周期；③检测周期。如图19.2所示。演化周期的持续时间可表示为 t_1 ，而 t_2 代表了检测周期（采样时间）的持续时间。在几个2D NMR实验中，在检测前需要添加另一时间间隔，称作为混合时间（ t_m ）。

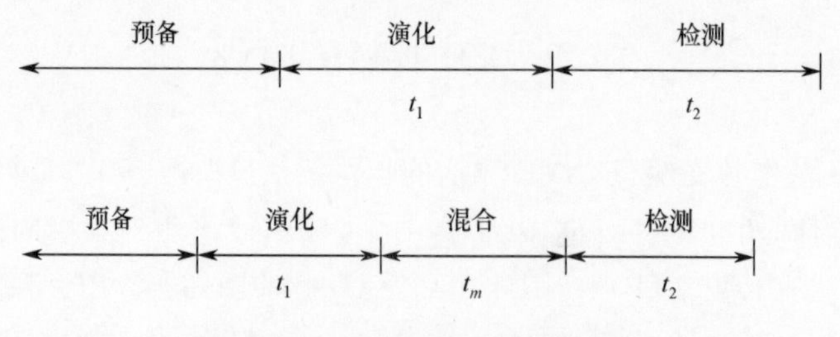

图19.2　2D NMR实验的时间尺度

19.2.1　预备

在此期间，针对自旋系统，不同脉冲用于准备阶段。事实上，在此阶段，对样品没有产生任何作用。这种状态可以是热平衡，其中所有自旋均具备由玻

耳兹曼粒子数所控制的自然磁化。在大多数实验中，该周期包含足以让所有核达到磁化平衡的延迟。由于这个原因，实际时间通常设置为原子核平均弛豫时间的 5 倍。

19.2.2　演化

在预备周期期间，响应于一个脉冲或多个脉冲的感应磁化在固定间隔内演化。在检测信号之前的演化时间 t_1 内，原子核在不同因素影响下进化，例如拉莫尔进动或标量自旋 - 自旋耦合。在演化过程中，核所经历的过程就是一个 2D 实验不同于其他实验的依据。因为所获得的 FID 提供磁化矢量的位置和状态信息，可以从 FID 信号映射出原子核在演化时间内的行为。对应于 t_1 的傅里叶变换揭示了演化周期内由原子核所处环境决定的原子核固有频率。在 t_1 期间，为了获得新频率和新信息，必须建立和控制原子核环境。

19.2.3　混合

在演化时间结束后，自旋之间需重新分配原子核磁化，重新分配可能会用到脉冲和/或进一步的时间间隔。这里的目的是允许自旋传播在固定时间周期内完成，允许该传播所用到的机制将决定了原子核间发生相互作用的方式。稍后将要讨论的两个例子是 J 耦合和偶极弛豫。

19.2.4　检测

测量自由感应衰减信号的间隔时间称为采样时间，通常以化学位移的方式录取最终原子核 NMR 频谱。一般，频谱外观在强度或相位方面将与 1D 常规频谱的不同，但其特征仍然相似。通过系统地改变演化时间（从零到某个上限）并收集实验中所使用的每个新演化演化时间时的频谱，可以对这些相位和/或强度变化进行详细研究。这些变化揭示出原子核的化学和磁性环境的详细信息，并提供可能无法观测到的信息。

常规 2D NMR 技术是 ^{1}H - ^{1}H 位移相关频谱（Shift Correlation Spectroscopy，COSY），它可以识别彼此耦合的质子对。另一种用于显示 ^{1}H - ^{13}C 位移相关的常见 2D NMR 技术称为杂核相关（HETCOR）或 ^{1}H - ^{13}C COSY。它们可用于检测直接键合的 ^{1}H - ^{13}C 原子。NOESY 频谱表现出经历相互偶极弛豫原子核间的位移相关性，这些原子核 INADEQUATE 频谱显示出了 ^{13}C - ^{13}C 位移相关性。

19.3　2D NMR 实验

用于获得 2D - NMR 频谱的典型脉冲序列如图 19.3 所示，它包含 90° 脉冲、时间间隔 t_1（演化时间）、第二个 90° 采样脉冲和采样时间 t_2。随间隔时间 t_1 增加，重复多次该脉冲序列，每次获得一个单独的 FID 结果。

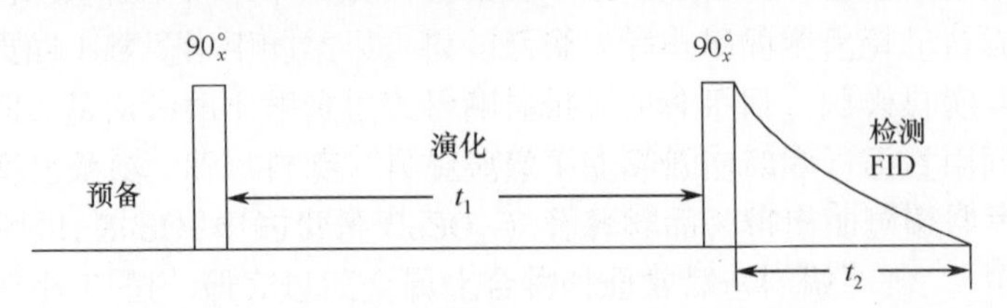

图 19.3　2D NMR 实验的典型脉冲序列，90°_x 表示沿 x 轴方向施加的脉冲

前面所讨论的所有 2D 技术中均采用复合脉冲序列。在实验的第一部分中，磁化以特定方式从其平衡态转变到磁化（“预备”），然后演化过程是关于时间的函数（演化），且自旋影响着彼此的行为（混合）。例如，根据它们是自旋-自旋耦合还是空间内的偶极耦合。最后，通过采集 FID（采集）的方式来检测所得到的磁化。开展若干个实验，检测所产生的 FID 取决于两个独立的时间变量 t_1 和 t_2，依据独立时间变量 t_1 和 t_2 检测所产生的 FID，这意味着 FID 数据需要两次傅里叶变换，一次是关于 t_1，一次是关于 t_2，可获得两个频率变量 F_1 和 F_2。如前所述，可以绘制出傅里叶变换后获得的整个数据矩阵，F_2 数据列于 x 轴，对应 t_1 原始数据的 F_1 数据列于 y 轴。当然，所有频谱之间会有略微的差异，这是因为 t_1 的增量 Δt_1 将它们分开。

演化时间 t_1 是微秒级，检测时间 t_2 为秒级。通过添加小的增量 Δt_1 系统地改变演化时间 t_1，对应于每个 t_1 值可获得单独的 FID。第二个时间间隔 t_2 代表检测时间，它保持恒定。时间增量 Δt_1 在 2D NMR 频谱中是 2D 的起点，这些 FIDs 的第一组傅里叶变换产生一组频域 1D NMR 频谱（行）。当这些 1D NMR 频域频谱堆叠到一起（数据转置时），获得新的数据矩阵或“伪 FID” $S(t_1,F_2)$、$S(t_1,F_2)$ 中吸收模式信号是以演化时间 t_1 为函数的调幅信号，所以必须进行第二组傅里叶变换，将该“伪 FID”变换成频域频谱。对 $S(t_1,F_2)$ 进行第二组傅里叶变换（按列），产生一个 2D 频谱 $S(F_1,F_2)$，这表示了获得 2D NMR 频谱的一般步骤（忽略强度尺度）。首先对行还是对列进行傅里叶变换是无关紧要的（即对变量 t_1 或 t_2）。然而，比较好的方法是首先对相对于 t_2 的单个 FID 进行傅里叶变换，数据转置之后变换所产生的干涉图（相对于 t_1），从而生成 2D 频谱（或更精确的部分 2D NMR 频谱）。

频谱包含两种机制的频率：一是在演化期间 t_1 的有效机制；二是引起观测信号幅度或相位调制的机制。例如，在演化时间 t_1 内如果自旋-自旋耦合是有效的，在检测时间 t_1 拉莫尔进动是有效的，那么，频率轴 F_1 包含耦合常数，同时化学位移出现在频率轴 F_2。在2D NMR 实验中感兴趣的点是在 t_1 期间磁化以恒定频率演化，在 t_2 期间以不同的频率演化。在常规1D NMR 频谱中无法区分的共振频率和自旋－自旋耦合常数，可以分离且可呈现在两个不同频率轴上。

2D NMR 中，F_2（或 v_2）轴始终代表在采样时间 t_2 期间检测出的原子核，另一轴 F_1（或 v_1）取决于演化时间 t_1，可以代表相同原子核（即$^1H-^1H$ COSY）、不同原子核（即$^1H-^{13}C$ COSY）、耦合常数（即 J 分辨波谱法），这将在后面讨论。需要知道在 t_1 和 t_2 期间磁化以便归属交叉峰。

通常测量2D NMR 频谱需要很长时间，这也是由于总是使用90°激励脉冲的这一事实。因此，每次实验之后至少需要5倍弛豫时间的延迟，以便保证一致的起始状态。此外，2D NMR 实验需要大量数据积累，以便获得足够强的信号。最后，需要处理的数据量要比1D 实验大得多。

19.4　2D NMR 频谱描述

有两种基本的2D NMR 频谱的表示方法，即从 T_1 实验中介绍的“堆积图”或如图19.4所示的等高线图。俯视堆积图，其外观如山脉，它能够提供频谱的伪3D 表示。然而，堆积图可能难以分析。事实证明，如果沿峰值强度的轴向下观看该堆积图，可以获得最有用的图线视图，峰值强度可由等高线准确地表示。等高线图是在选定高度处的堆积图横截面，因此在等高线图内每一谱峰均表示为每个峰的切片。等高线图更适合频谱表示，这种表示方法方便且信息量大，该频谱表示方法绘制起来更快，更易于分析。然而，信号的相对强度和多重态的结构不容易观测到。

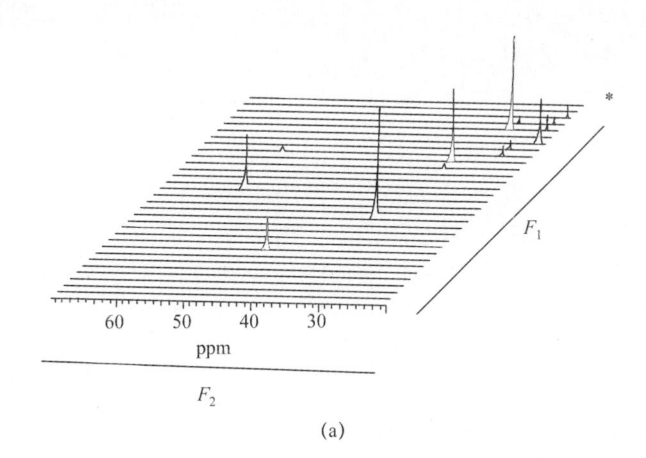

(a)

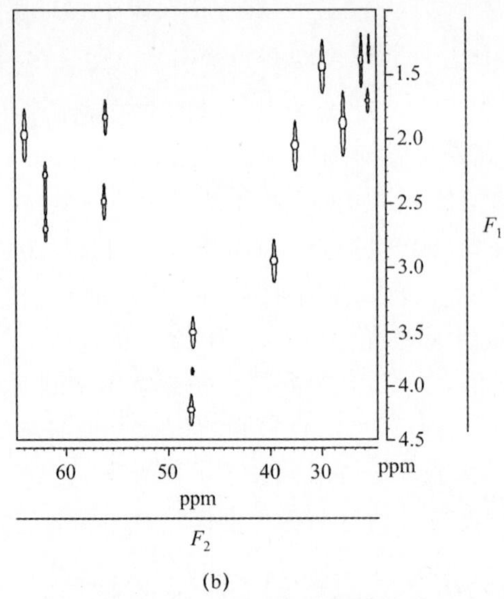

(b)

图19.4　2D NMR频谱表示

（a）堆积法；（b）等高线图。

19.5　$^1H-^1H$ COSY

选择性自旋去耦实验可以确定出^1H NMR频谱中观测到的耦合质子，以便获得CH_3、CH_2和CH基的连接性，这对于产生复杂频谱的大分子来说，其变得冗长复杂。此外，当两个或更多个信号具有相同的化学位移时，其中一个信号的辐射在同一时间会不可避免地与其他信号相冲撞，此时，无法从去耦实验中识别耦合情况（谁与谁耦合）。对于产生复杂频谱的更大分子，即使在更高场中也会产生许多重叠的多重态频谱。有利的是在单次实验中，可以确定出所有耦合信息。COSY为1D选择性自旋耦合的2D等效，是最重要的2D NMR技术之一。更确切地说，它可以称为$^1H-^1H$ COSY（相关波谱学），它能够明确地指出相关关系。实践证明，$^1H-^1H$ COSY实验是简单的，并且对推导$^1H-^1H$耦合关系极其有用。COSY技术主要通过交叉峰显示的自旋连接性来获得结构信息，用于获得通过自旋连通性的结构信息。

图19.5所示为COSY频谱的脉冲序列，它包含两个90°质子脉冲，这两个脉冲由系统化递增的演化时间t_1间隔开。因为该实验的目的是确定相互耦合的原子核，因此，标量耦合相互作用必须在演化t_1期间是有效的。利用90°_x脉冲激励质子，并在xy平面内进动，获得因它们在化学位移上的差异而不同的相位。在演化期间，同核自旋-自旋相互作用也将扩散磁化矢量，该矢量为具有方向编码的质子磁化矢量。可在采样时间t_2之前施加90°脉冲启动这种调制

(图 19.5)。第二个 90° 脉冲的作用之一是将自旋态混频到自旋系统内，沿 x, y 平面内的轴方向施加脉冲可将属于一个质子的 x, y 磁化转移到另一耦合的质子上。从而，t_2 期间在另一处化学位移处可检测到已在 t_1 内进行化学位移编码的磁化。在 2D 图像中，这些强度显示为“非对角线”，而那些没有改变其化学位移值的磁化具有相同的 F_1 和 F_2 坐标并给出对角线峰值。也就是说，在 t_1 期间，当磁化是同一调制时，产生的峰将有 $v_1 = v_2$，并产生对角线峰。非对角线强度的存在是质子间自旋 - 自旋耦合最好的证据，因为 90° 脉冲短且具有高幅度值，将产生所有可能的非对角线强度，这形成了关于耦合常数的完整描述。一般地，用于录取 COSY 频谱的 t_1 增量至少为 100 ~ 1000，只要信号是可分辨的，交叉峰就会与一对特定的耦合质子可靠相关。

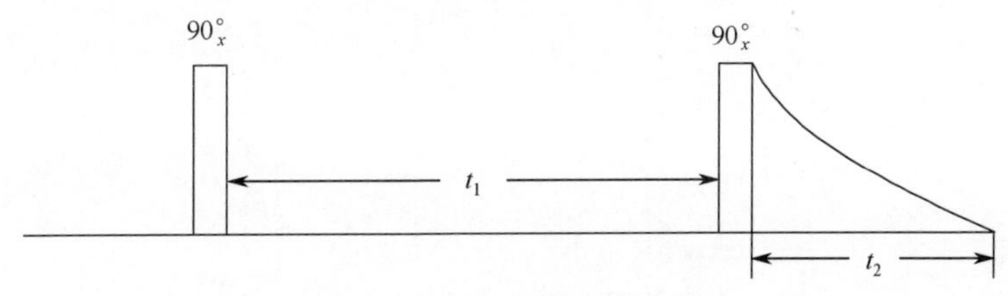

图 19.5　COSY 频谱的脉冲序列

在存在自旋 - 自旋耦合的情况下，第二 90° 脉冲不仅影响横向磁化，还会导致自旋系统中不同跃迁的粒子数变化。磁化以这种方式在所有原子核间进行交换，这些原子核均为相互耦合，并且在以邻近原子核频率为共振频率的一系列 t_1 实验中，它们的信号均为调幅信号，这种机制使得 2D 频谱在 v_i，v_j 和 v_j，v_i 处产生交叉峰。

如前所述，在 COSY 频谱中，观测到的信号受原子核与其耦合核的共振频率调制。其结果是，在第二次傅里叶变换后，可以获得一张 2D 图像，其中未调制信号处于对角线上，而耦合核化学位移产生的交叉峰将出现在对角线两侧。

在 COSY 频谱中，化学位移沿 F_1 和 F_2 轴测量，所以 COSY 频谱也可称为 δ, δ 频谱。非对角线峰表明处于对角线上的质子间存在同核标量自旋 - 自旋耦合。交叉峰水平和垂直外推法可以确定出它们的位置。COSY 频谱的 F_1 和 F_2 轴含有同核标量自旋 - 自旋相互作用的频率，因为在演化期间，化学位移和标量耦合参数均起作用。因此，在高分辨 COSY 频谱中，可以观测到对角线峰和交叉峰的精细结构。控制交叉峰内强度分布的规则与 1D 频谱中确定多重态强度的规则不同。交叉峰强度和标量自旋 - 自旋耦合幅度之间关系不简单，对于复杂频谱，重叠信号可导致交叉峰分量的减少。因此，在较为复杂的 2D 频谱中，特定自旋 - 自旋耦合的归属问题并不简单。同核位移相关实验的重要价值之一是在整个耦合常数域内出现交叉峰，可观测到 2 ~ 20Hz 范围内的耦合常数。

对于一个简单的两自旋系统 AX，COSY 频谱由中心处于坐标 δ_A，δ_A 和 δ_X，δ_X 的对角线信号，以及中心处于 δ_A，δ_X 和 δ_X，δ_A 的非对角线信号（交叉峰）组成。交叉峰与化学位移 δ_A 和 δ_X 相关，并表示 A 和 X 原子核自旋间的标量耦合（图 19.6）。它导致邻近质子的直接归属，并提供关于分子结构的重要信息。

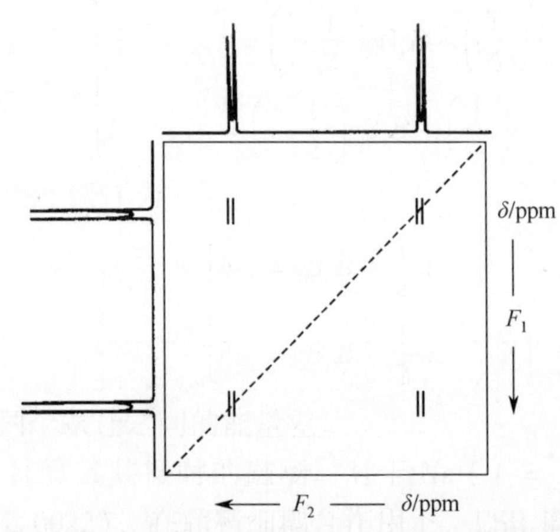

图 19.6　一对标量耦合原子核 A 和 X 的 COSY 频谱示意图

只需要一次 2D 频谱实验就可以获得关于感兴趣耦合核的所有信息，因此要优于 1D 去耦合实验。这对复杂频谱是非常有用的，因为它花费较少时间就可获得完整的频谱分析，同时对常规应用也是不可或缺的。在使用现代高场仪器的情况下，常规 COSY 频谱所需时间相对短，标准样品的测试时间通常不到 1h。若使用梯度增强 COSY 频谱仪（这里不再讨论），测量时间可能会更短。

为了便于阐明该理论，考查间 - 二硝基苯的 $^1H-^1H$ COSY 频谱，图 19.7 所示为该频谱的等高线图。在 COSY 频谱中，两个几乎相同的化学位移轴（标为 F_1、F_2）正交，然而，各化学位移轴的分辨率通常不同。按惯例，F_2 轴处于顶部或底部，标示质子化学位移尺度；F_1 出现在右侧，从上到下标示质子化学位移尺度。COSY 频谱关于对角线（从右上角到左下角）对称，在等高线图对角线上存在一系列 $v_1 = v_2$ 的集中点。与 1D ^1H 频谱相比，该对角线峰没有提供新的信息。所有代表相互自旋 - 自旋耦合的峰可以表示为交叉峰，它们对称地分布在对角线的两侧，所以只需要考查对角线一侧的交叉峰即可。为了便于解释起见，较高分辨率的 1D 频谱图绘制在一条正交化学位移轴上，通常为 F_2 轴。值得注意的是，1D NMR 频谱不是 COSY 频谱的一部分。为了确定信号的耦合关系，可以从一个给定交叉峰开始，将其投影到两个分别平行于

F_1 和 F_2 轴的垂直虚线上，如图19.7所示。以这种方式将1D NMR频谱中对应于两信号的相互耦合质子与交叉峰联系起来，显然，所有信号间的联系一目了然。

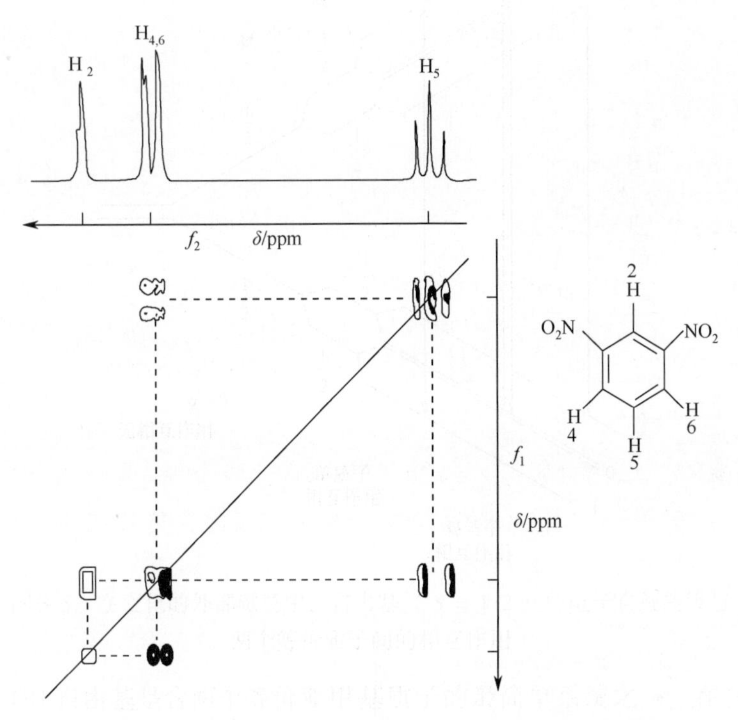

图19.7　间-二硝基苯的 $^1H-^1H$ COSY频谱等高线图

对1D频谱做初始分配是至关重要的。COSY分析首先从已知对角线峰移动到交叉峰，然后再移回到对角线上，以便实现分配新谱峰。在间二硝基苯的COSY频谱中，从易于分配的最低场 H_2 质子信号（δ9.1ppm）开始。因此，从 H_2 产生的信号处于左对角线底部，与 $H_{4,6}$ 信号（δ8.6ppm）相连接，具有交叉峰，因此，H_2 质子耦合到 $H_{4,6}$ 质子。同理，$H_{4,6}$ 信号与 H_5 信号通过交叉峰相连接，这表明 $H_{4,6}$ 与 H_5 之间存在耦合。

交叉峰能够提供耦合常数，但不是完整的多重态。处于对角线上的 H_2 信号为三重态，然而，交叉峰缺少三重态的中心线，五重态同样会发生中心线缺失的现象。然而，交叉峰中也会产生双重态和四重态。通常，交叉峰的存在表明了产生对角线上的连接共振的质子为孪位耦合或邻位耦合。长距离耦合通常不会产生明显的交叉峰，除非它们的值较大。通过在脉冲序列中引入额外的延迟，当获得的耦合常数量级为1Hz时，能够获得COSY频谱，以便阐明长距离耦合。

COSY 频谱的优点是可以清楚地找到源于大的多重态结构的标量耦合，也可以从连接信号的斜率确定出耦合常数的符合。然而，实际测量耦合常数是困难的。

19.6 COSY 修正

可针对不同目的改进 COSY 脉冲序列，例如减少对角线信号，以便阐明小的耦合和消除单重态信号等，在这里讨论一些重要的变量。

19.6.1 COSY－DQF

在 NMR 频谱中，从较低能级 α 到较高能级 β 的跃迁可以直接通过 x,y 平面内的磁化演化检测到，该“单量子相干”是通过施加脉冲建立平衡磁化产生的。另一方面，具有耦合常数 J 的双自旋系统包含两个耦合原子核，存在四个能级，如图 19.8 所示。

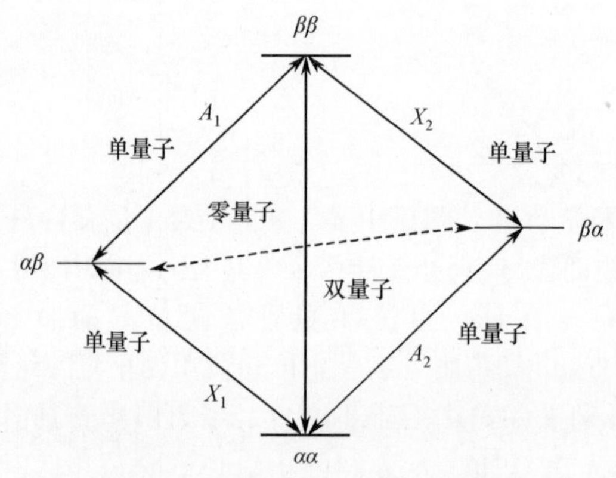

图 19.8　耦合双自旋系统的能级图

对该系统而言，均可能发生一个单量子跃迁（$\alpha\alpha \to \beta\alpha$，$\alpha\alpha \to \alpha\beta$，$\alpha\beta \to \beta\beta$，$\beta\alpha \to \beta\beta$）、一个双量子跃迁（$\alpha\alpha \to \beta\beta$）和一个零量子跃迁。零或多重量子相关不服从标准选择规则，并且在接收线圈内不会感应出任何电压。不能直接检测到这些跃迁，但在混合脉冲转化到可检测的单个量子相关之前，在特定间隔期间，可以通过使磁化以双量子或零量子频率演化来间接检测到。单量子相关是一种类型的磁化，它可以在 x,y 平面内取向时感应出接收器信号（即射频信号）内的电压，该信号是可以观测到的量，它可以被放大，并且可以通过傅里叶变换成为一个频域信号。

除了单量子磁化转移是 COSY 频谱中产生交叉峰的原因之外，还存在由第二个 90° 脉冲产生的零和多重量子磁化（或相关）。接收线圈接收不到这些信号，因此常规COSY频谱也不会录取到这些信息。在任意耦合自旋对内均可产生双量子磁化，通过第三个脉冲将双量子磁化转化成单量子磁化，进而可以间接检测到双量子磁化。

具有相似化学位移的核将在对角线附近呈现出交叉峰，这将难以识别和解释。因为对角线峰的色散特征，将掩盖位于对角线附近的交叉峰。如果交叉峰中的多重态不能完全地分辨，它们的强度可能会降低甚至会消失。交叉峰强度提供了一些关于耦合常数顺序的指示。减少对角线峰大小的技术之一称为COSY双量子滤波（COSY－DQF）。在简单COSY脉冲序列中，紧跟第二个90°脉冲之后立即插入第三个90°脉冲，可以得到双量子滤波$^1H-^1H$ COSY（COSY－DQF）实验的脉冲序列，如图19.9（a）所示。第三个90°脉冲的目的是去除或"滤除"由单量子磁化产生的信号，使得仅产生双量子跃迁或更高量子跃迁。双量子滤波器将选择具有至少两个自旋（最小AX或AB）的自旋系统，因此，如未耦合的甲基单峰将大大减少。仅在含有两个或更多个标量耦合原子核（具有不同的化学位移）的自旋系统内才可检测到双量子现象。标准的COSY频谱，但其非耦合核的对角线信号严重减少，这使得频谱的解释更容易。

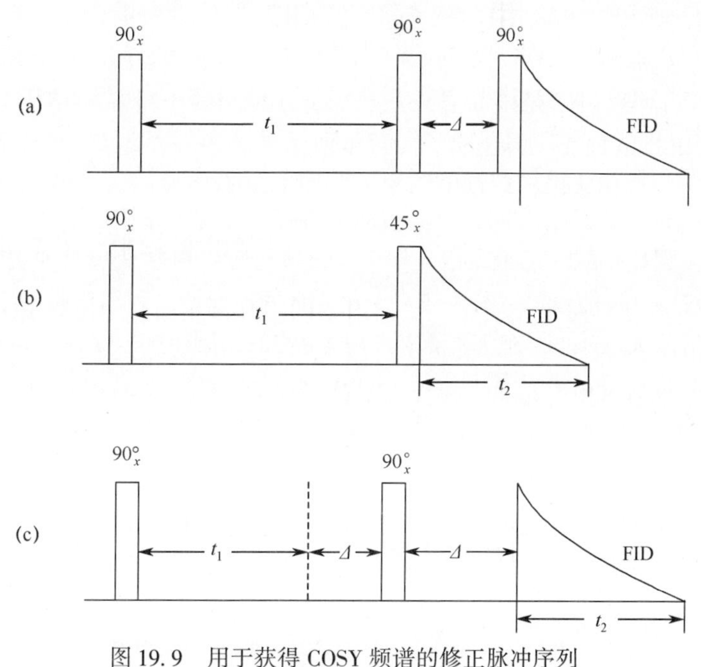

图19.9　用于获得COSY频谱的修正脉冲序列

（a）具有双量子滤波的COSY（COSY－DQF）；（b）COSY 45；

（c）COSY长距（COSY－LR）。

19.6.2 COSY 45

如果1D频谱中耦合原子核间的化学位移差异小，则COSY交叉峰出现在对角线附近，并且可能会与对角线峰重叠。在这种情况下，COSY 45脉冲序列是有用的，其中45°脉冲代替了第二个90°脉冲，如图19.9（b）所示。

$$90^\circ_x - t_1 - 45^\circ_x; \mathrm{FID}(t_2)$$

这降低了对角线信号的强度并简化了对角线区域，使得识别原本隐藏在一组对角线附近峰内的相关性成为可能，因此，可能减少或消除重叠峰。在COSY 45频谱中，对角线峰并不重要。由于分子中耦合质子间存在邻位和孪位耦合，将产生非对角线交叉峰。较小的脉冲角度引入非对称的交叉峰，其中交叉峰方向的取向提供了标量自旋-自旋耦合常数的相对符号，这有助于区分负的孪位耦合常数与正的邻位耦合常数，COSY 45频谱中的交叉峰主要代表了直接连接跃迁间的耦合。

19.6.3 长距离COSY

有机化合物的质子谱通常以孪位和邻位耦合常数决定，这些大小介于2~20Hz的相互作用也决定了COSY频谱。如果考虑长距离耦合，需要做出特殊规定。这可以通过在COSY序列的演化期间以及在检测时间之前和第二个脉冲之后引入固定延迟Δ来实现，即$90^\circ_x - t_1 - \Delta, 90^\circ_x, \Delta, t_2$，如图19.9（c）所示。那么，在第一个脉冲之后插入一个量级为$1/J$（如1s）的明显延迟，使得t_1成为更有利于检测小J值交叉峰的区域。像用于t_1延迟那样，采用与t_1延迟相同的时间来延迟采样开始时间，这使得由强直接耦合相互作用产生的交叉峰变弱，甚至消失，强化较弱的长距离相互作用，该方法可以清楚地观测到长距离耦合。因此，COSY-LR能够提供跨4或5个化学键的连通性。利用该脉冲序列，可以观测到对应于元质子间邻硝基苯胺的^4J耦合常数，所用延迟Δ =125ms。当测量未知化合物时，建议首先测量一个COSY 90或COSY 45频谱，以便识别孪位和邻位耦合，通过仔细比对这些频谱之后，施加其他脉冲序列，以获得长距离耦合。

19.7 HETCOR（^{1}H-^{13}C COSY）

在常规^{1}H去耦^{13}C频谱中，由于碳共振信号缺乏多重态结构，难于区分CH_3、CH_2、CH和季碳原子共振，难以归属碳共振。^{1}H和^{13}C的信号化学位移受周围环境的影响，期望确切地获得碳原子多重性。可获得碳原子多重性的技术之一为DEPT频谱（前面讨论过），另一种是^{1}H-^{13}C相关频谱。在^{1}H-^{13}C相关频谱技术中，^{13}C频谱信号与键合到碳原子上的质子信号相关，显示^{13}C-^{1}H

化学位移相关的 2D NMR 频谱称为杂核化学位移相关，有时也称为$^{1}H-^{13}C$ COSY。相关信号表示分子中哪些碳原子与哪些质子相键合。

如 COSY 的情况那样，在 HETCOR 中标量耦合 ^{1}H 和 ^{13}C 原子核的共振频率是相关的，且可以获得坐标 $\delta(^{1}H)\ \delta(^{13}C)$ 处的交叉峰。一般，这些相关性均基于杂核 ^{13}C，^{1}H 跨单键 $^{1}J_{CH}$ 耦合，因此，在给定分子中，表现出交叉峰的原子核均是直接相邻的，质子频谱分配可以直接转化到 ^{13}C 频谱，反之亦然。如果质子谱可以与 ^{13}C 频谱相关联，那么，可以轻易地完成两频谱的完整分配和结构说明。

用于 2D HETCOR 实验的脉冲序列如图 19.10 所示，它使杂核相关成为一种高灵敏技术。脉冲序列对 CH 的 ^{1}H 磁化向量的影响如图 19.11 所示。第一脉冲产生初始质子磁化，控制自旋系统恢复到平衡态所需时间为质子自旋－弛豫时间 T_1，通常比连接碳的质子自旋－弛豫时间短，因此，在等待几秒钟后即可重复实验。通过施加一对 90° 脉冲将磁化转移，获得的碳磁化量是由质子的玻耳兹曼分布决定的，而不是碳的玻耳兹曼分布。相对于不存在 NOE 效应的碳磁化量，碳信号增强了四倍。由于极化转移解决了像 ^{13}C、^{15}N 等这样原子核的低灵敏度，获得快速重复率和灵敏度增益。

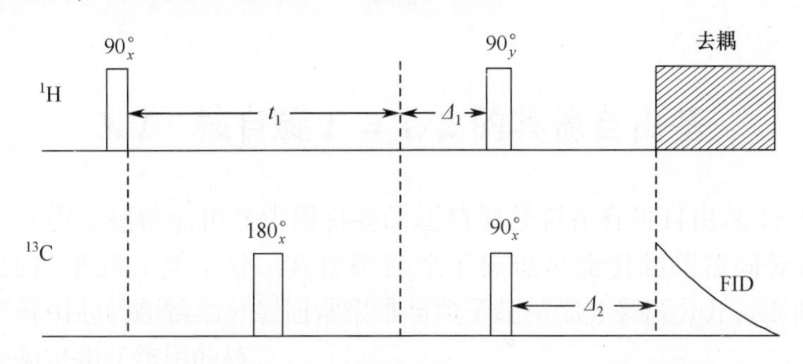

图 19.10　用于获得杂核化学位移相关（HETCOR）频谱的脉冲序列

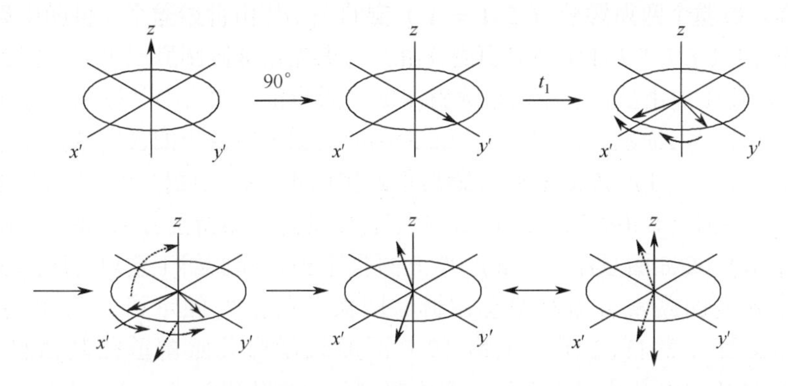

图 19.11　HETCOR 实验脉冲序列对 CH 的 ^{1}H 磁化向量的影响

第一个90°脉冲将^{1}H磁化扳转到y轴，在演化期间，该磁化在$x'y'$平面内进动，可以认为它由两个向量组成，这两个向量对应于^{1}H耦合碳的低自旋态（α）和高自旋态（β）的两个向量。由于这两个向量的角速度不同，因此它们在演化周期内的前半部分发散。在演化周期中间处施加180°^{13}C脉冲，使它们的旋转方向反转，从而在演化周期的后半部分内，它们将往一处聚拢，在演化周期t_1结束时重聚焦。矢量偏离y'轴的角度对应于它们的化学位移，低场质子要比高场质子偏离角度大。在可变演化周期t_1之后，给出恒定的混合延迟时间Δ_1，混合延迟的持续时间设置为J_{CH}的平均值。在第一个1/2J间隔内，矢量偏离并沿反方向对齐；接着施加第二个90° ^{1}H混合脉冲，它会使两个矢量分别朝$+z$轴和$-z$轴旋转，现在一个矢量指向$+z$轴，另一个矢量指向$-z$轴，因此，CH双重态中一条质子谱线反转，该谱线对应于指向$-z$轴的矢量。这就意味着发生了选择性的粒子数反转，如同前面所述的INEPT实验(见第15章)，由于极化转移，使得^{13}C信号增强。当施加第二个90°混合脉冲时，极化转移的程度将取决于质子多重态分量的分布，该脉冲则取决于^{1}H化学位移和演化周期t_1的持续时间。在t_2期间检测到^{13}C信号幅度受^{1}H自旋频率的调制是关于t_1的函数，因此产生^{1}H、^{13}C位移相关谱。施加一个90°_x ^{13}C脉冲用于监视自旋态的演化过程。最后，在采样期间，给质子通道中施加宽带去耦，使得从每个FID中获得的^{13}C信号均为单峰。

在2D实验中，在t_1期间发生相关实验，因此在此期间质子去耦没有打开。若在采样期间未施加宽带去耦，那么在两个维度上均可获得耦合频谱，从而得到一个相对复杂的频谱，信号分裂成多重态，导致它们具有低灵敏度，因此，通常需要消除杂核耦合。对于一个CH_2基团的不等价孪位质子，在相同^{13}C化学位移处将会产生两个不同交叉峰，但其位于两不同^{1}H化学位移处，这有助于它们的识别。

从增量延迟t_1中衍生出F_1轴（v_1）为质子化学位移轴。在t_2期间获得的F_2轴（v_2）为^{13}C原子核化学位移轴。因此，π/2脉冲处于^{13}C通道，并且t_2期间采集的FID代表了^{13}C原子核。

像所有的2D NMR频谱那样，HETCOR频谱描述了t_1期间原子核所处的环境。HETCOR脉冲序列的一个特征是相互作用仅对调制质子磁化起作用，即产生质子化学位移和杂核耦合。可以基于已知质子化学位移来归属碳共振，或可基于已知碳化学位移来分配质子共振。例如，产生一个复杂频谱的质子可能键合到碳（其频谱具有较好的分辨率），或者说碳信号均非常类似，但质子可以获得很好地归属。那么，HETCOR频谱有助于阐明质子频谱中所产生的重叠共振。HETCOR频谱与^{1}H－^{1}H COSY频谱具有互补性，这非常有助于分析较大分子。COSY频谱可识别邻近质子，HETCOR频谱可以获得分子链测序，且有助于所提结构的验证。

HETCOR 实验可用于任何具有可分辨的自旋 - 自旋耦合的杂核系统。当然，像磷和硼这样的高自然丰度原子核会产生非常好的 HETCOR 频谱。在非对称环境中，四极矩核可能具有不合适的弛豫特性，因为它们的弛豫时间会非常短。

考查 1 - 氯 - 2 - 丙醇的 HETCOR 频谱，如图 19.12 所示。

（1）在图 19.12 中，沿 F_2 轴（x 轴）给出化合物的 ^{13}C 化学位移，沿 F_1 轴（y 轴）给出 ^1H 化学位移。为了方便起见，在这些轴的反方向，给出相应的 1D 频谱，这些频谱不是实际 2D 频谱的一部分。

（2）2D 频谱只包含交叉峰，每个交叉峰与分子中每个碳原子直接键合质子（多个）相关联，质子频谱的归属是合理的。在 HETCOR 频谱中没有对角线峰，也观测不到季碳。

（3）为了更好地解释频谱，从任意碳共振开始，并设想绘制一条垂直的线直到与交叉峰相遇为止，线绘制另一条垂直于第一条的直线以便找到质子或与其相关的质子为止。如果从质子共振开始，将会获得完全相同的结果，这将容易地揭示出哪个氢与哪个碳原子相键合。

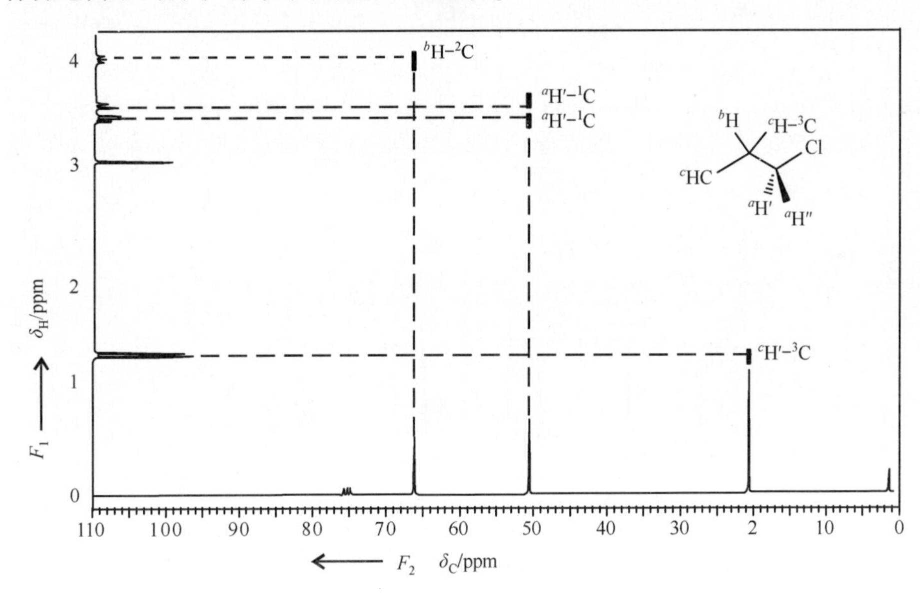

图 19.12　1 - 氯 - 2 - 丙醇的 HETCOR 频谱

（4）1 - 氯 - 2 - 丙醇宽带 ^1H 去耦 $^{13}CNMR$ 频谱在 δ 20ppm、50ppm 和 67ppm 处分别显示出 CH_3、CH_2 和 CH 碳的谱带。遵循上述步骤，发现存在一个交叉峰，它是甲基双峰在 δ 1.2ppm 处化学位移与 1 - 氯 - 2 - 丙醇 C_3 碳信号在 δ 20ppm 处化学位移的相关。同样地，由 CHOH 的 CH 质子在 δ 3.9ppm 处产

生的 ^{1}H NMR 峰，通过交叉峰与醇碳 C_2 在 δ67ppm 处产生的 ^{13}C 信号相连接。最后，CH_2Cl 两质子在 δ3.4 ~ 3.5ppm 处的 ^{1}H NMR 峰通过交叉峰与 δ51ppm 处的 ^{13}C 峰相连接。

（5）如果从 ^{13}C 化学位移画出的连线未遇到交叉峰，那么，该碳无键合氢。如果仅遇到一个交叉峰，那么该碳可能具有 1、2 或 3 个键合氢。如果连接了两个质子，那么，它们要么具有等效化学位移，要么正好重叠。如果从 ^{13}C 化学位移画出的连线遇到两个交叉峰，那么，会有一种非对映异构质子连接到亚甲基的特殊情况。许多信息可从 DEPT 频谱获得，因此，HETCOR 应尽可能地与 DEPT 一起进行。

因为杂核位移相关的一般重要性，针对改善相对灵敏度和选择性已经开展大量的研究，并且已经提出 HETCOR 的各种修正。

两种不同脉冲序列可用于一个敏感核 A（例如 ^{1}H 、^{19}F 、^{31}P）和一个不敏感核 X（例如 ^{13}C 、^{15}N）之间的二维杂核位移相关。较近期的杂核多量子相关（HMQC）和杂核多键连接（HMBC）技术均涉及反向极化转移，即磁化从敏感核（一般为质子）转移到不敏感核，例如 ^{13}C（或 ^{15}N）。

19.7.1 异核多量子相关（HMQC）

HSQC 是一种用于确定单键 ^{1}H － ^{13}C 位移相关的敏感技术，获得 HSQC 频谱的脉冲序列如图 19.13 所示。未耦合到 ^{13}C 上的质子可通过一个双线性（BIRD）脉冲进行抑制，因此，在 2D 频谱中，只有与 ^{13}C 直接键合的质子才会产生交叉峰。当施加第一个 90°_x 脉冲时，BIRD 脉冲之后紧随一个延迟 τ，其大小是可以调节的，使得未键合到 ^{13}C 原子核上的质子反向磁化为零。脉冲间隔设置为 $1/2J$，其中 J 为单键 ^{13}C － ^{1}H 耦合常数值（100 ~ 200Hz）。

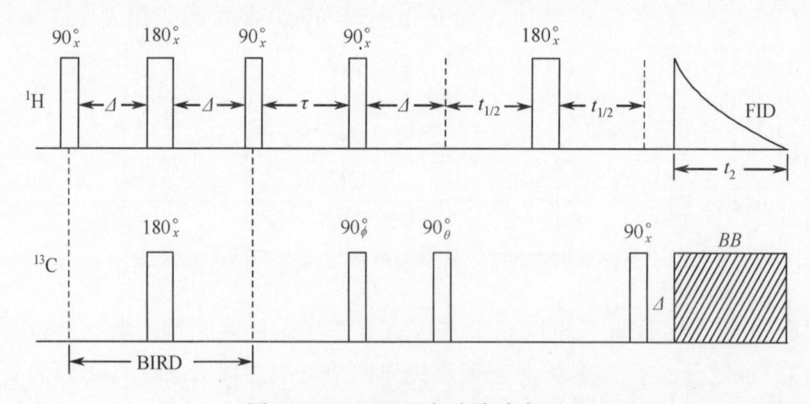

图 19.13 HMQC 实验脉冲序列

在 HMQC 中，在演化期间产生的磁化，最终转移到可检测的 A（如 ^{1}H）

磁化中。敏感原子核A用于信号检测，直接与^{13}C键合的质子弛豫时间T_1短，因此，重复扫描间的间隔可以保持非常短。由于检测敏感原子核A，HSQC频谱比基于极化转移来检测单键$^{1}H-^{13}C$相关的频谱更敏感。HMQC技术对^{13}C检测的灵敏度约是传统HETCOR技术的16倍。HMQC和HMBC方法的灵敏度优势是由于它们依赖于质子衍生的平衡磁化。另外，由于NMR信号强度随检测频率的增加而增加，因此相对于较低^{13}C观测频率下获得的信号，较高质子观测频率下获得的信号更强。HMQC频谱中，如果任意特定^{13}C化学位移处存在两个交叉峰，那么连接到特定碳上的两质子必定是偕位质子。

19.7.2　异核多键连接（HMBC）

HMBC是一种用于获得长距$^{1}H-^{13}C$耦合信息的敏感技术。在HMBC技术中，如同HMQC那样，^{13}C粒子数差通过间接测量它们对^{1}H的影响来获得，因此，它是一种更灵敏的技术。用于HMBC的脉冲序列如图19.14所示。第一个$90°\,^{13}C$脉冲用于消除单键$^{1}J_{CH}$耦合，则由于单键$^{1}H-^{13}C$耦合引起的交叉峰不再出现，仅产生长距$^{1}H-^{13}C$耦合。第二个$90°\,^{13}C$脉冲产生零和双量子相关，它们通过$180°\,^{1}H$脉冲进行相互交换。在最后一个$90°\,^{13}C$脉冲之后，$^{1}H-^{13}C$多量子相关所引起的^{1}H共振受^{13}C化学位移和同核^{1}H耦合的调制。长距$^{1}H-^{13}C$ COSY脉冲序列也能给出2D频谱，其中^{13}C化学位移为一维，^{1}H化学位移为另一维。然而，原子核“预备”之后，在该序列中设置等于$1/2J$（约10Hz）的延迟，即，延迟时间约为50ms。由于$^{1}H—C—^{13}C$（双键）和$^{1}H—C—C—^{13}C$（三键）耦合常数值通常类似，且在区间2～20Hz内，因此现在^{13}C化学位移与由双键和三键分离开的那些质子化学位移相关。HMBC方法适用于通过双键（$^{2}J_{CH}$）、三键（$^{3}J_{CH}$）和四键（$^{4}J_{CH}$）耦合来定位季碳。尽管双键和三键耦合值可能会重叠，但该技术依然很重要，因为它可以检测到结构中亚甲基和反式双键的存在性。HMBC实验根据碳－碳连接性可间接推导出有机化合物的结构，但该过程非常麻烦，因为无法确定相关性是源于双键耦合还是三键耦合。

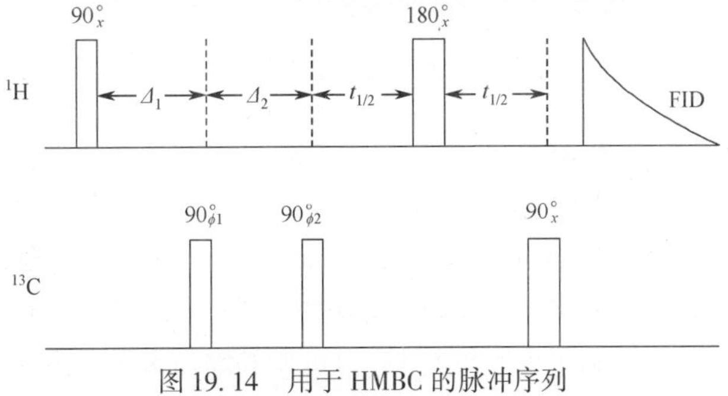

图19.14　用于HMBC的脉冲序列

通过结合COSY和HETCOR频谱，所有^{13}C和^{1}H峰均可准确无误地归属到它们各自的碳原子和氢原子上。在没有这些2D技术辅助的情况下，许多化合物的归属均非常困难。COSY和HETCOR实验对阐明复合有机分子结构是极其有用的，从HETCOR频谱中可以识别出孪位和邻位质子以及它们的单键连接性。通过仔细分析COSY和HETCOR频谱，可获得有关质子化碳的碳碳连接性信息。质子与季碳跨双键、三键或四键进行长距离碳质子耦合，其相互作用将不同片段连接到一起，这是非常重要的。

19.8 J－分辨频谱

2D技术的另一个例子是J－分辨或J,δ－波谱学，在所得到的2D NMR频谱中，F_2轴为化学位移，F_1轴为耦合常数，因此化学位移和耦合常数是分离的，以免附近多重态出现重叠现象。所采用的脉冲序列为$90^\circ_x - t_{1/2} - 180^\circ_x - t_{1/2} - \mathrm{FID}(t_2)$，该脉冲序列与自旋回波实验所用到的一样。2D J－分辨NMR实验在t_1期间消除了化学位移的调制，在F_1域内能够观测到J－耦合。如果被检测的原子核为^1H，则^1H化学位移将出现在F_2轴，^1H与其他邻近^1H核的耦合将发生在F_1轴。典型^{13}C 2D J,δ NMR频谱的等高线图如图19.15所示，沿一边绘制出^1H去耦^{13}C频谱，这使得每个碳的多重态易于读取，这是一种优异的技术，但对于二阶系统可能会产生伪像。

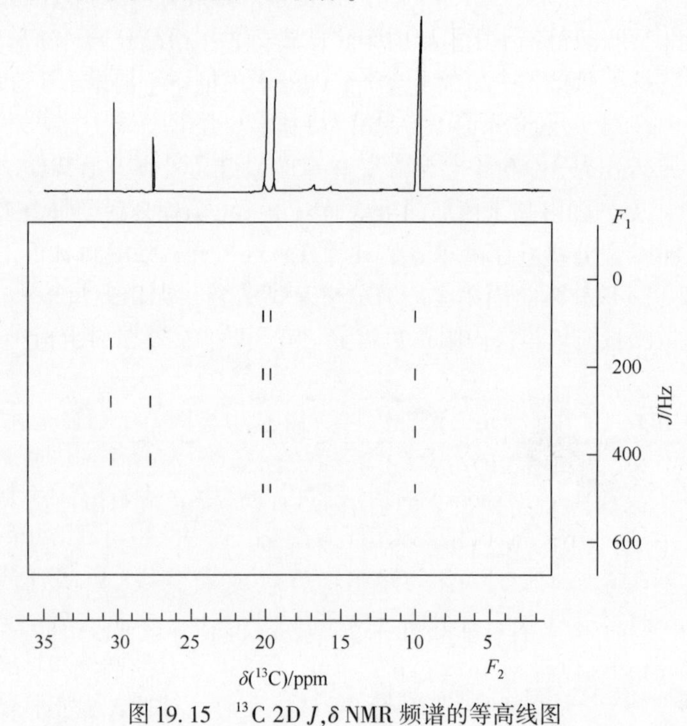

图19.15 ^{13}C 2D J,δ NMR频谱的等高线图

在同核和杂核 2D J 分辨实验中，化学位移和耦合常数沿两轴分开。异核 2D J 分辨频谱包含一种原子核类型的化学位移，例如 ^{13}C，它作为一维坐标轴，与其他类型原子核的耦合数据作为另一轴，如 ^{1}H。因此，2D J 分辨频谱通常称为 J,δ 频谱。杂核 2D J 分辨频谱对阐明复杂重叠多重态是非常有用的。2D J 分辨波谱学的主要应用是分析复杂频谱，例如在生物分子中，不同质子自旋多重态重叠产生复杂频谱。J,δNMR 波谱学需要相当长的测量时间，对于强耦合自旋系统来讲，简单分析自旋多重态是不可能的。如今，J,δ NMR 波谱学的应用学不太常见。

19.9　2D NOE 频谱 （NOESY）

一个原子核纵向磁化的扰动可以通过相互弛豫引起另一原子核平衡磁化的改变，NOE 就是一个众所周知的例子。在 NOE 实验中，其中一个核是饱和的，或者他的磁化被选择性 180° 脉冲反转，该脉冲起到了敏感性分子探头的作用。在随后饱和或反转期间，磁化转移到第二个原子核的速率是关于核接近度、弛豫路径及其相对运动的函数。通过改变发生相互作用的时间，可以监测到相互作用强度。

如果要确定分子中许多质子间的空间关系，必须进行大量的 1D NOE 实验。在这种情况下，可以进行 2D 同 NOE 相关波谱研究（NOESY）。记录了分子中发生的所有由相互偶极弛豫（NOEs）引起的磁化转移的 2D 频谱称为 NOESY 波谱学。通过 1D NOE 实验（见第 17 章）的 2D 版本，即利用 NOESY 频谱可以一次性地检验出若干质子间的整个空间关系。如果这些质子具有很近的化学位移，则 NOESY 是格外有利的，因为在 1D 实验中，很难在不影响邻近质子的情况下实现辐射。在单个 NOESY 频谱中，同时出现所有质子间 NOE 效应，并且由于频谱在 2D 内展宽，其空间重叠最小化。

NOESY 在生物分子构象分析方面是必不可少的，它有助于确定溶液内的 3D 结构，因为除了基于通过化学键的自旋 - 自旋耦合的相关之外，还可以获得空间内关于原子核间距离的直接信息。以已知距离为基准，可以非常精确地确定出 0. 2 ~ 1. 0nm 量级的质子距离。对于较大分子，NOESY 频谱对部分频谱的归属是非常有用的。NOESY 技术也可用来研究化学交换。

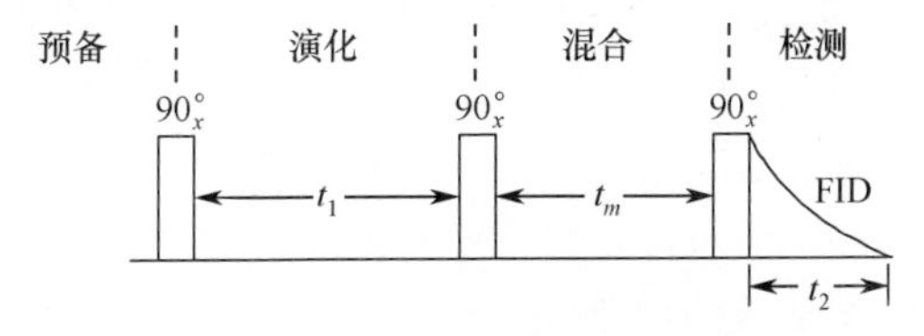

图 19. 16　录取 NOESY 频谱的脉冲序列

用于获取NOESY频谱的脉冲序列如图19.16所示，其脉冲序列对原子核磁化矢量的影响如图19.17所示。脉冲序列由3个90°脉冲组成，第二个和第三个脉冲由固定间隔τ_m分开，在此期间z磁化通过NOE在邻近自旋间传递。假设存在两个邻近质子S和I，它们不参与标量耦合。施加到I自旋的第一个90°_x脉冲，将原子核I的纵向z磁化平衡旋转到y轴，并且在随后时间间隔t_1内，该磁化在xy平面内进动，使得在时间t_1后进动角度为$\Omega_I t_1$，其中Ω_I为原子核I的进动频率。第二个90°脉冲将该磁化从xy平面旋转到xz平面。此时，磁化的x分量将与$\sin(\Omega_I t_1)$成正比，z分量将与$-\cos(\Omega_I t_1)$成正比。

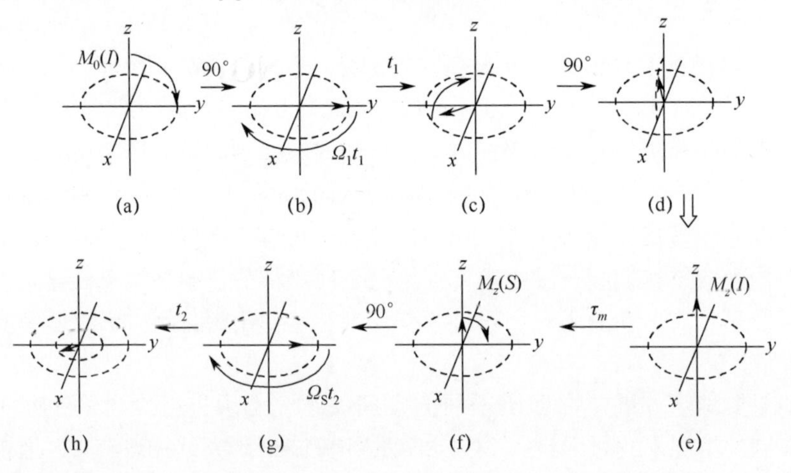

图19.17　脉冲序列对偶极耦合的两个原子核S和I磁化的影响

在间隔τ_m期间，自旋S和I将经历交叉弛豫，且I自旋的一些非平衡z磁化将通过NOE效应转移到S。在检测周期t_2期间，当S自旋以频率Ω_S进动时，由第三个90°_x脉冲将其z磁化旋转到y轴。图19.16所示脉冲序列用于录取2D Overhauser频谱（NOESY），同时也可用于2D交换波谱（EXSY）来研究化学交换。在化学交换过程中，磁化从一个位点转移到另一个位点，在混合期间基于NOE进行磁化交换。图19.18所示为2D NOESY频谱的示意图。

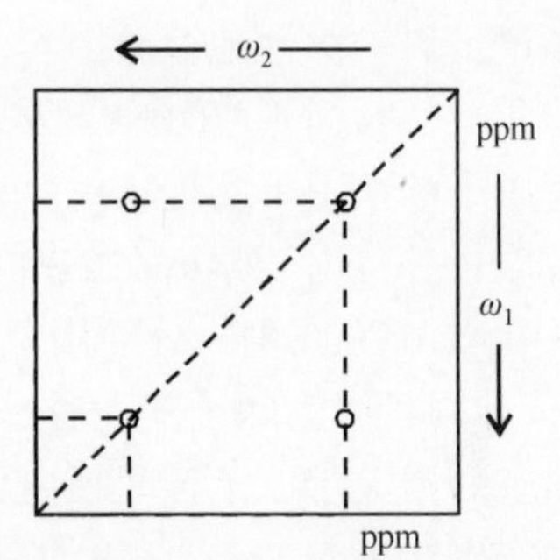

图19.18　2D NOESY频谱示意图，非对角线交叉峰表示不同原子核间的NOE相互作用

和COSY频谱一样，由演化时间间隔开的两个90°脉冲通过它们的相对化学位移将原子核分开，这会引起自旋的非平衡纵向磁化。这将产生偏振现象，它会导致相互弛豫自旋间粒子数的再分配，如同NOE一样。由于存在这样的不平衡态，需要创建一系列规律性递增的演化时间，无论所有自旋化学位移如何，它们

都将经历粒子数非均匀分布的周期。t_1 增量规律性变化，以确保所有自旋具有相同的采样，以及发生所有可能的粒子数转移。该粒子数转移发生在混合期间，其持续时间应选择适当。磁化转移的程度可利用第三个 90° 脉冲监测，之后通常紧跟检测时间 t_2 。t_2 期间在自旋 S 处检测到的磁化，源自 t_1 期间的自旋 S 本身（产生对角线峰），或源于产生交叉峰的相互作用的自旋。交叉峰的检测表明两个自旋间存在交叉弛豫（因此它们具有空间邻近性），或两自旋参与化学交换。后一种情况表明，母体自旋不必在同一分子内。在该种情况下，两个独立自旋，即 A 和 X 在紧随第一脉冲之后进动，是由于它们具有不同的化学位移而失相。在演化周期结束时，它们在 xy 平面内是反相的。这种差异体现在它们的 z 磁化上，在随后第二个 90° 脉冲之后，该磁化传播到其他自旋，然后由最终脉冲检测。A 和 X 磁化的所有可能方向均可通过规律性递增 t_1 进行采样。因此，在 F_1 轴上，可以检测到对应于弛豫率和化学交换率的所有可能频率。当交换和 NOE 效应都存在时，ROESY（旋转框架 NOSEY）实验可用于区分这两种效应。在许多情况下，可以通过改变温度来消除交换信号。大多数 NOESY 实验均会产生 COSY 信号，因为存在孪位、邻位或长距 ^1H，^1H 耦合，这些耦合必须通过相位循环进行消除。

典型 NOESY 频谱如图 19. 19 所示。对比图 19. 18 和图 19. 8 会发现 NOESY 频谱与 COSY 频谱具有相同的结构，每条正交轴均为质子化学位移，1D 频谱出现在对角线上，处于非对角线元素的交叉峰表明这些质子在空间上离得很近，它们是通过空间相互作用，而不是化学键。因此，NOESY 频谱提供了关于分子几何结构的重要信息。为了清楚表示频谱关系，通常可以由 2D 等高线频谱沿某条轴重新绘制 1D 频谱。

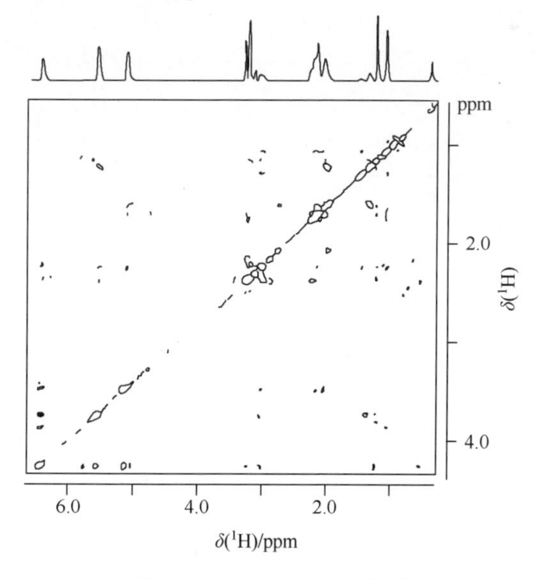

图 19. 19　典型 NOESY 频谱

NOESY频谱的主要优点归纳如下：

(1) 无初始假设，可立即检测复杂频谱；

(2) 通过展开共振到2D，大大简化了密集频谱；

(3) 与NOE一样，选择个别共振激励可以避免难以处理的重叠谱线；

(4) 与一系列1D实验相比，同时测量所有NOE更具有效性。

从小分子（分子量100~400）中获得的正NOE增强是相当弱的，通常利用NOE差谱可以获得最优检测结果。较大分子（在非黏性溶剂中的分子量为1000或更高）通常会产生更强的NOE交叉峰。由于NOE效应随r^{-6}下降（其中r是产生交叉峰质子间的距离），NOE交叉峰强度随质子间距离的增加而急剧下降，但它也会受其他变量的影响。频谱中重叠共振现象可通过测量不同温度、pH或溶剂下的频谱的方式消除。完整的COSY和NOESY频谱能够解决复杂分子结构，与X射线晶体学相比，NOSEY频谱的优点是适用于溶液中的分子，且化合物不必是结晶体。

19.10 2D INADEQUATE 波谱

在结构有机化学中，最重要的问题是分子碳骨架的性质和立体化学。X射线晶体学是用于获得分子三维结构的有力工具，然而，X射线法只适用于可结晶的且已获得固态结构的物质。NMR非常适合用于研究溶液中的分子，并可以提供类似的结构信息。

前面讨论过的NMR技术（例如COSY、NOESY、HETCOR）提供了关于质子-质子相互作用信息，它们允许质子与碳或其他杂核原子间存在相关性（例如，异核COSY）。从这些技术得到的信息对结构解析非常有用，但它不能直接揭示有机分子的碳结构。2D低自然丰度双量子传输实验（2D Incredible Natural Abundance Double Quantum Transfer Experiment，INADEQUATE）可通过测量$^{13}C-^{13}C$耦合常数直接推导出整个碳框架。$^{1}J(^{13}C-^{13}C)$耦合常数的确定有助于邻近碳原子的归属。

自旋-自旋分裂作为$^{13}C-^{13}C$耦合结果存在于^{13}C NMR频谱中，仅作为弱的边带信号伴随分子的强信号。由于^{13}C仅在少数情况下存在富集，因此能够测量$^{1}J(^{13}C-^{13}C)$耦合常数的实验方法具有重要意义。对于低分子量的化合物（如小于500），需要将约500mg的样品溶解在0.5mL氘化溶剂中，并扫描24~36h，以获得具有高信噪比的2D INADEQUATE频谱。

INADEQUATE实验是一种同核NMR技术，其中在抑制强$^{13}C-^{1}H$之后可获得$^{13}C-^{13}C$耦合伴随谱线。分子中存在两个同相^{13}C原子核是观测$^{13}C-^{13}C$耦合常数的必要条件。由于^{13}C的天然丰度较低（1.1%），因此一个^{13}C与另一个^{13}C键合情况非常罕见。分子中两个邻近的$^{13}C-^{13}C$键合碳概率大约为1/10000，$^{13}C-^{13}C$ 耦合常数实验测定是非常困难的，这是由于自然丰度 $^{13}C-^{13}C$ 原子核的固有低强度，且许多 $^{13}C-^{13}C$ 耦合常数均类似，因此用于检测这类分子中 $^{13}C-^{13}C$ 耦合的 INADEQUATE 实验是非常不敏感的。

$^{1}J(^{13}C-^{13}C)$ 耦合常数落在一窄区间内，且其对碳 – 碳键的性质非常敏感，几何结构是影响 $^{1}J(^{13}C-^{13}C)$ 的主要因素。在烃类情况下，可以观测对碳轨道 φ_i 和 φ_j（形成 σ 键 C_i-C_j）s 特征乘积的依赖性。$^{13}C-^{13}C$ 耦合常数从 CH_3-CH_3（sp^3-sp^3）的 35Hz、$CH_2=CH_2$（sp^2-sp^2）的 68Hz，变化到 $CH\equiv CH$（$sp-sp$）的 172Hz。对于甲苯中的甲基苯基（sp^3-sp^2），观测到的耦合常数为 44Hz，邻近的电负性元素提高了耦合常数值，例如乙酸盐中甲基耦合常数 $^{1}J(^{13}C-^{13}C)$ 为 59Hz。

INADEQUATE 频谱有助于建立碳骨架，而邻位质子 – 质子耦合常数利于阐明组成碳原子链的组分。例如，当季碳插入时会产生困难，因为它不存在质子与其邻近质子的耦合，导致碳链中断。以已知碳作为起始，首先确定哪些碳与其连接，然后通过分析更多的连接关系，建立碳原子链。对于未知的烃，该过程可完全确定出分子结构，即使未知分子中含有异核，也可推断出所有结构。

最初 INADEQUATE 技术是针对 ^{13}C NMR 频谱而开发的，用于实现 1D 实验，以便确定出邻近 ^{13}C 对。受其较低灵敏度的限制，1D INADEQUATE 实验未能得到广泛的应用。借助于双量子滤波的方法可以实现 $^{13}C-^{13}C$ 耦合检测，双量子滤波现象滤除了所有单自旋跃迁，这与前面讨论的 COSY – DQF 中分离 ^{13}C 原子核相吻合。在 NMR 激活 ^{13}C 原子核链中，除了在碳链两端的碳原子核，其他碳原子核自旋均具有两个相邻自旋，并因此参与两个不同的 AX 自旋系统。在采样期间，只有这些具有两个自旋（AB 和 AX 系统）的跃迁才被检测到，这些事实均表明了在特定分子结构中存在自旋连接。

介绍一种 1D INADEQUATE 实验强有力的扩展，它是通过添加演化时间 t_1，在频率上产生了第二维，因此成为 2D 实验。该实验的目标是通过前面提到的 $^{1}J(^{13}C-^{13}C)$ 耦合常数来分析分子碳骨架。通过利用 2D INADEQUATE 波谱学，可以获得许多液体和高浓度固体溶液的分子结构分析。

原则上，利用如图 19.20 所示的脉冲序列可以实现 2D INADEQUATE 实验。该脉冲序列利用 ^{1}H 宽带去耦来实现 ^{13}C 测定。在 t_1 期间，它是耦合原子核化学位移之和，由于存在双量子滤波，仅有两种类型的 $^{13}C-^{13}C$ 自旋系统 AB 和 AX。

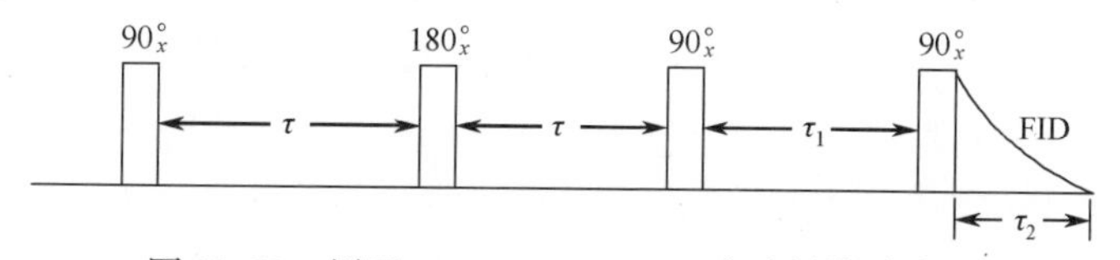

图 19.20　用于 2D INADEQUATE 实验的脉冲序列

间隔 τ 一般保持为 $1/4J_{CC}$，直接键合碳的耦合常数通常在 30～70Hz 之间。前两个脉冲和延迟（$90° - \tau - 180° - \tau$）产生一个自旋回波，该回波在第二个 $90_x°$ 脉冲的影响下，对所有直接键合 ^{13}C 原子产生双量子相关。在递增的演化时间 t_1 期间，双量子相关进行演化，通过第三个脉冲转化为可检测的磁化量，并记录所产生的 FID 信号。通过 90° 的翻转角可实现双量子相关的最有效转化，正确选择脉冲序列中的延迟（τ）可获得更大的键合耦合常数（$^1J_{CC}$）。

每两个自旋 AX 系统可通过它们的拉莫尔频率 v_A 和 v_X，以及双量子频率 $v_{DQ} = v_A + v_X - 2v_0$（$v_0$ 为发射频率）来表征。频率轴 F_1 包含 AX 系统的双量子频率 v_{DQ}，若在 2D 频谱中，F_2 轴包含拉莫尔频率 v_A 和 v_X，则在频率轴 F_1 上，不同的 v_{DQ} 值可将各系统区分开。这里还有一个优点，即 AX 系统的双量子频率 v_{DQ} 取决于发射频率 v_0。

在 2D INADEQUATE ^{13}C，^{13}C 谱中，F_2 轴为常规 ^{13}C 化学位移轴，当然这与采样时间相关。F_1 轴表示为双量子频率，通常以赫兹形式给出，是 F_2 轴范围的两倍。由于在自然丰度水平下就可观测到 ^{13}C 伴线频谱，但需要长的采样时间，因此，保持二维矩阵尽可能的小是非常重要的。在实际应用中，需要进行一系列的修正。为此，已衍生出几种版本的 INADEQUATE 脉冲序列。在 2D INADEQUATE 频谱中，两个邻近 ^{13}C 原子核（即 A 和 X）的交叉峰或相关出现在 F_1，F_2 坐标轴的 δ_A，$\delta_A + \delta_X$ 和 δ_X，$\delta_A + \delta_X$ 处。实际的交叉峰为双重谱线，其间隔等于耦合常数 $^1J_{CC}$。连接两组双重态的谱线中点是 $\delta_A + \delta_X$，$(\delta_A + \delta_X)/2$。所有双重态对的中点连线均沿对角线方向，这可用于区分真假交叉峰。此外，即使当 J_{CC} 值完全相同时，也不会发生重叠现象，这是因为每对耦合 ^{13}C 原子核均处于不同的横轴上。

与 1D 实验相比，2D 实验明显需要较长的采样时间，也需要相当大的样品量，这是因为 ^{13}C 自然丰度较低。如果可以进行选择性激发，则可以进行替代 1D 实验，如获得 $^{13}C-^1H$ 耦合常数和使用位移试剂。然而，伴随谱线中强耦合的必要条件要比 2D 实验技术中的要求低。此外，在无任何先验信息的情况下，即使 $^1J_{CC}$ 的变化范围在 30～70Hz 之间，也可分析并获得碳连接情况。2D INADEQUATE 具有不存在对角线信号的优点，就像在 COSY－DQF 实验中那样，不会产生单量子磁化引起的溶剂信号。

2－丁醇 2D INADEQUATE 频谱及其 1D ^{13}CNMR 频谱如图 19.21 所示。虚对角线穿过每一对交叉峰的中点，这有利于从噪声中识别交叉峰。首先通过交叉峰间的水平相关建立碳原子间连通性，这些交叉峰对称地坐落在对角线的两侧。解释 INADEQUATE 频谱最好的流程是从明确归属性的 ^{13}C 信号开始，进而推测 $^{13}C-^{13}C$ 连通性。在给出的例子中，最低场信号应分配给 C－O 碳（C－2），因其键合到 OH 基上。标注为 a 和 a_1 的交叉峰通过水平线连接到一起，因此标识为 b 和 b_1 的交叉峰亦是如此。交叉峰 a 和 a_1 分别对应于 C_2 和 C_3 的 ^{13}C 共振，交叉峰 b 和 b_1 分别对应于 C_2 和 C_1 的 ^{13}C 信号。a 和 a_1 、b 和 b_1 的交叉峰分别表示了 C_2 和 C_3 之间、C_2 和 C_1 之间的连接性。C_3 和 C_4 碳之间存在的连接可由连接交叉峰 c 和 c_1 的水平线表示。碳链的末端很容易辨别，因为它们在各自的端点处只有垂直相关。从图 19.21 可以看出，在高场交叉峰 b_1 和 c_1 上方或下方不存在交叉峰，这表明这些原子核分别只与一个碳原子键合。

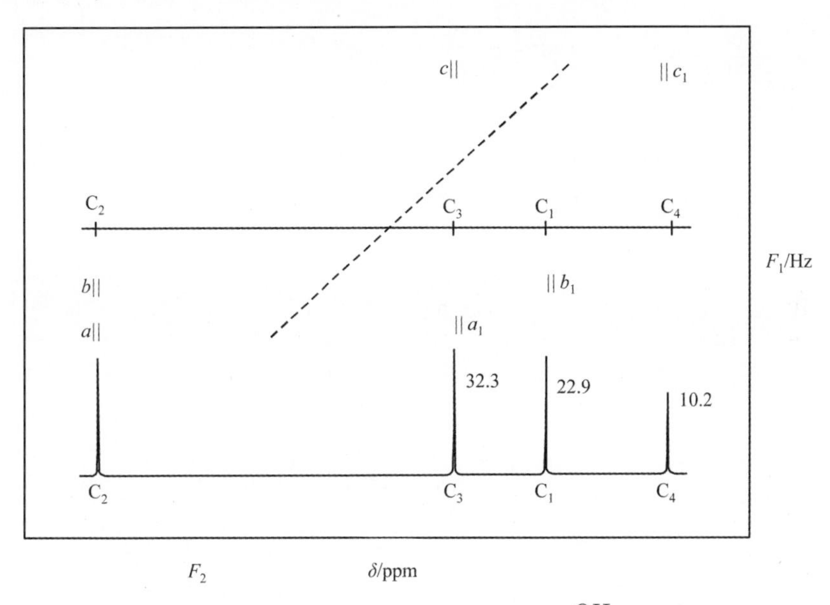

图 19.21　2 - 丁醇 2D INADEQUATE 频谱，$H_3C-\underset{|}{\overset{OH}{C}}H-CH_2-CH_3$（1　2　3　4）

考查另一个例子，即甲基四氢呋喃 2D INADEQUATE 频谱，如图 19.22 所示。在图中从右上角到左下角绘制一条直对角线，该直线经过每对交叉峰的中点，这有助于从噪声中识别交叉峰。为了确定碳 - 碳连接性，在伴随峰之间画一条水平线，使得处于对角线两侧的距离相等。首先，可以明确地将处于 δ 17.9ppm 处的碳信号分配给甲基。从对应于甲基共振 δ 17.9ppm 处的交叉峰 A 处画一条水平线，与对应于 δ 34.0ppm 处（信号 b）的交叉峰 B 相连接，它表示这两个碳原子（C_a-C_b）的连接性。从交叉峰 B 到交叉峰 B_1 画一条垂直线，B_1 拥有另一对同一条水平轴上的交叉峰 C，该水平线表示对应于共振 δ 34.0ppm（峰 b）和共振 δ 34.7ppm（峰 c）之间的连接性，即（C_b-C_a）。类似地，交叉峰 D 水平地连接到交叉峰 C_1 上，它们分别对应于 67.6ppm 和 34.7ppm 处的 ^{13}C 共振，这表明 C_d-C_c 键的存在性。从交叉峰 C 至 B_1 画一条水平线，可以表示出 δ34.7ppm 和 δ34.0ppm（峰 δ）处碳共振间的连接性（C_b-C_c）。因此，这些 $^{13}C-^{13}C$ 连接性建立了甲基四氢呋喃的结构。很容易地可确定出末端碳原子（C_a），因为在两端点处仅有垂直相关性。

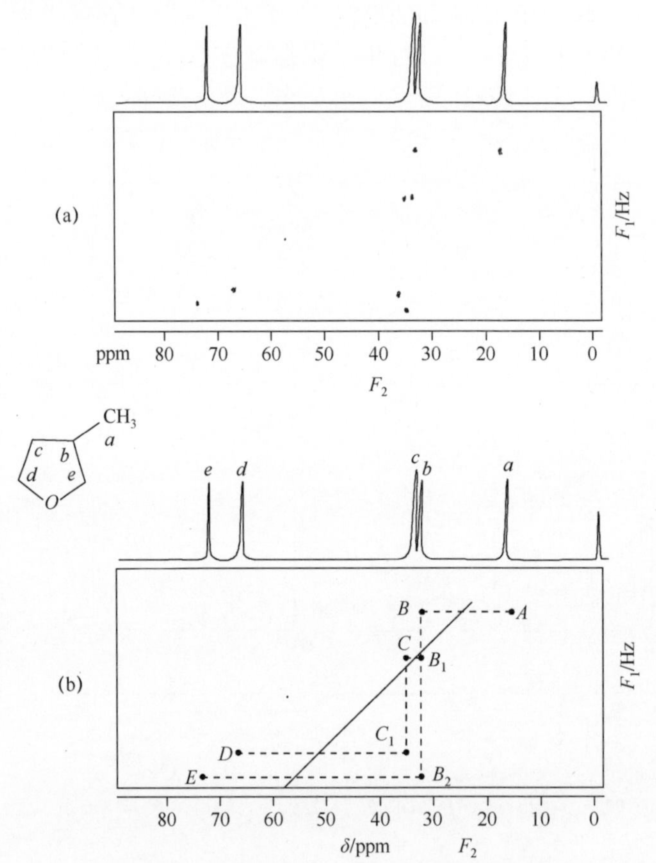

图 19.22　甲基四氢呋喃 2D INADEQUATE 频谱

(a) 未划出标注线；(b) 带标注线用于解释。

2D INADEQUATE 技术的应用受极低灵敏度的限制，当配备极高浓度溶液的样品或分子中富含 ^{13}C 同位素时，可采用 INADEQUATE 波谱学。

19.11　2D NMR 应用

各种 2D 技术的功能极大地提高了 NMR 波谱学的应用。

（1）对于复杂分子，即便是在最高磁场下获得的 1D 频谱也仍然会模糊，这是由于大部分重叠信号所致。2D NMR 以 J－分辨频谱的形式给出，为分辨高度重叠共振提供了一种新方法，它可将重叠频谱容易地分解成易于识别的多重态，并且支持化学位移归属。

（2）复杂质子频谱可采用去耦技术进行分析。在低分辨率频谱中或当需要实现大量去耦实验的时候，该方法不再适用。即使在给定分子的结构信息不可用的情况下，2D $^{1}H-^{1}H$COSY 波谱学仍可用于识别原子核自旋－耦合对。

（3）2D $^{1}H-^{13}C$COSY 频谱可用于识别分子中所有直接键合碳－质子对，甚至在无明确质子归属先验信息的情况下也可提供数据，因此从一种频谱（例如 ^{13}C）中获得的信息也有助于另一种频谱（如 ^{1}H）的归属。COSY 和 HETCOR 实验非常适用于阐明复杂有机分子结构。

（4）NOE 已用于获得距离信息以及推断原子核的局部邻域。测量这些参数是困难的，并需要很长的采样时间。NOESY 形式的 2D NMR 在无频谱归属先验信息或分子结构的情况下，为获得分子中所有原子核的核 Overhauser 效应信息提供了一种新方法。NOESY 广泛地用于立体分配，它提供了一种间接提取核内距离信息的方法。

（5）经常需要重复变温 NMR 实验以便研究动态过程，以磁化转移相关形式的 2D NMR 实验揭示了样品中存在的化学交换过程，以及在无聚结温度先验信息的情况下，有助于相关交换速率的测量。同时，可实现频谱中所有谱线的 2D 测量。

（6）NMR 波谱学通常可通过间接方式提供分子结构，然而，在无任何有关分子结构先验信息的情况下，像 2D INADEQUATE 这样的 2D NMR 方法仍可提供分子碳骨架的直接推论。

第三部分

核四极矩共振

第 20 章　核四极矩共振波谱学

20.1　引　　言

核四极矩共振（Nuclear Quadrupole Resonance，NQR）波谱学是一种适用于研究固态材料的分析方法，它更适用于普遍范围的原子核。然而，由于 NQR 波谱学的应用领域受到限制以及必要的仪器不容易获得，所以它不经常被使用。

当两个不同点电荷分离时会产生偶极子，一个电四极由两个带有偶极矩的偶极组成，它们在幅度上相等，方向上相反。因此，四极矩既不是一个静电荷，也不是一个偶极矩，例如 CO_2 。

δ^-　δ^+　δ^-
$O \rightarrow C \leftarrow O$
δ^+

$+q$　$-q$　$-q$　$+q$
$-\mu$　$+\mu$

如果原子核自旋量子数 I 为零，正电荷的分布将是球状的，这就是所谓的原子核具有零核四极矩 eQ ，其中 e 为电子电荷，Q 为四极矩。四极矩是衡量电荷分布与球形对称分布偏差程度的量度。具有 $I = 1/2$ 的原子核，如图20.1（a)所示，这里的电荷分布也为零，也就是说 eQ 为零。所有自旋大于 1/2 的原子核均具有电四极矩，它产生于原子核的非球对称性（图 20.1（b）和（c））。非均匀电荷分布可以由椭圆表示，正 Q 值表示质子电荷沿主轴线（扁长）方向取向，而负 Q 值表示电荷分布取向垂直于主轴线（扁）。表 20.1 列出了一些常见的 NQR 同位素。

表 20.1　常见的 NQR 同位素

同位素	自然丰度	I	eQ *	QCC/MHz
^{14}N	99.6	1	1.6×10^{-2}	-10
^{35}Cl	75.5	3/2	-1×10^{-1}	110
^{37}Cl	24.5	3/2	-7.9×10^{-2}	86.7
^{79}Br	50.5	3/2	3.7×10^{-1}	770
^{81}Br	49.5	3/2	3.1×10^{-1}	645
^{127}I	100.0	5/2	-7.9×10^{-1}	-2293

注：* 四极距 $10^{-28}m^2$；QCC 为四极耦合常数

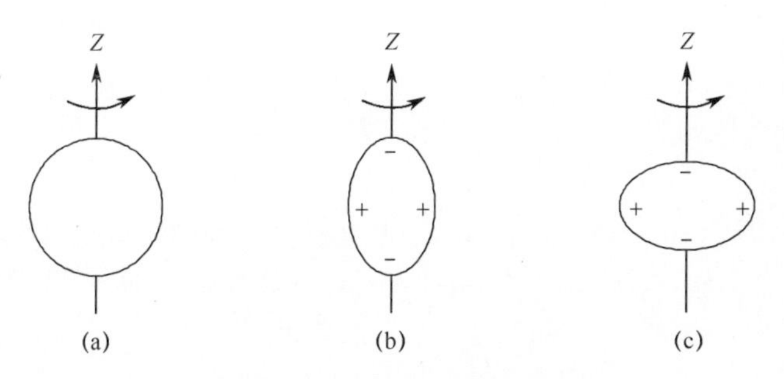

图 20.1　具有代表性原子核

(a) $I = 1/2$; $eQ = 0$; (b) $I = 1$, $eQ > 0$; (c) $I = 1$, $eQ < 0$。

就像偶极子在线性磁场中的取向一样，四极矩也可在线性场梯度中确定方向。电场梯度（EFG）是由非对称分布电荷所产生的，该非对称性源于分子内部部分原子核的核外电子，非键合或成键电子。若分子由不同的负电性原子组成，例如 PCl_3，磷和氯分别携带正电荷和负电荷，那么将会产生电场梯度（EFG）。EFG 将与核四极矩相互作用，产生不同衰减程度的四极态分裂。分子特性确定了核四极矩能级，NQR 波谱学能够测量出这些能级之间的跃迁，跃迁能量的大小是电场梯度的度量。磁偶极子类型的跃迁均是由原子核四极矩与射频区内射入电磁辐射的磁矢量方向之间的相互作用引起的。

Schuler 和 Schmidt 在铕原子光谱超精细结构研究过程中首先证实某些原子核的电四极矩来自于超精细结构。在固体中一般会观测到核四极能级间的跃迁，然而，分子束共振实验已经表明，在低压下的气体可以检测到纯四极矩跃迁，其中分子碰撞时间约等于固有谱线宽度的倒数，即也可从气相分子纯旋转频谱的精细结构获得四极能级信息。在微波频谱精细结构中，不同核四极矩方向会产生稍微不同的惯性矩。有关 NQR 波谱学的详细说明应参考由 Das、Hahn 和 Lucken 编撰的书籍。

20.2　核四极矩

当把具有电四极矩的原子核置于由非对称电子分布所产生的低均匀电场（低于八面体或四面体）时，四极核将与该电场梯度相互作用，而椭圆四极核的不同取向使得作用强度有所不同，每个方向对应于一个不同的量化能量。总传播能量相当小，远远小于 kT。最低能量四极能级与最大数量正电荷的方向一致，而最大数量正电荷与电子环境中最大负电荷密度非常相近。不同方向间的能级差都很小，且在室温下一组分子的所有方向在很大程度上是固定的，因此，依据选择规则，任意能级均可能发生跃迁。信号强度取决于两个跃迁能级间的粒子数差，该差值随温度降低而增加。

核自旋量子数 m_I 的不同值对应于电子和分子的其他原子核的非均匀电场中核四极矩的不同取向，因此，也对应不同的能量。在NQR波谱学中，当在射频区域0.1～1000MHz内采用适当辐射时，就能观测这些能级之间的跃迁，没有必要扫描整个区域。与NMR和ESR有所不同，NQR无需施加外部磁场，内部分子电场将用于产生能级。当射频场垂直于对称轴时，NQR谱峰的强度最大，当它们平行时，NQR消失。从而，研究谱线强度与射频场方向相对于晶体轴的相关性，有助于确定电场梯度的对称轴。

可直接测量固体的射频辐射吸收谱，在气体或液体中，因分子翻滚，平均电场梯度为零，因此四极能级分裂不会发生。

像原子核这样的带电体在其周围会产生电场。在特定原子核处的电场 $\boldsymbol{E}$ 取决于其他原子核所产生的电场。标量电位 V 是电场中任意一点上单位电荷的电势能，通常简称为位，电位仅表示静态电荷产生的电场。

电场中任意一点的电位 V 定义为在该点处单位电荷的势能，电场和电位紧密相关。若不同点处的电位已知，便可确定出 $\boldsymbol{E}$。把 V 看作为空间坐标 (x,y,z) 的函数，可以直接表示出与电位 V 在 x、y 和 z 轴向上分量相对应的 $\boldsymbol{E}$ 分量。也就是，x、y 和 z 轴向上的 $\boldsymbol{E}$ 分量为该方向上电位随距离变化率的负值，可以表示为

$$E_x = -\frac{\partial V}{\partial x}, E_y = -\frac{\partial V}{\partial y}, E_z = -\frac{\partial V}{\partial z} \tag{20.1}$$

式（20.1）中的 $\boldsymbol{E}$ 分量以 V 的形式表示出来。$\boldsymbol{E}$ 可表示成如下单位向量：

$$\boldsymbol{E} = -\left(\boldsymbol{i}\frac{\partial V}{\partial x} + \boldsymbol{j}\frac{\partial V}{\partial y} + \boldsymbol{k}\frac{\partial V}{\partial z}\right) \tag{20.2}$$

式（20.2）简写成如下向量形式：

$$\boldsymbol{E} = -\text{grad. } V \tag{20.3}$$

那么，$\boldsymbol{E}$ 是梯度 V 的负数。在每一点处，在 V 梯度方向上 V 随位置变化迅速增加，因此，在每一点处，$\boldsymbol{E}$ 的方向就是 V 急剧减少的方向，并且过该点与椭圆表面垂直。在电场方向上移动就意味着在降低电位的方向上移动，这两者之间是一致的。

式（20.2）不依赖于 V 的局部零点。若改变零点，在每一点处将影响 V 改变相同的量，V 的导数将是相同的。首先，通过计算得出电位，然后依据梯度寻得电场，进而可以计算得到由电荷分布引起的电场。由于电位是标量，仅需要一个标量积分函数，所以该方法是比较简单的。若关于位置函数的 $\boldsymbol{E}$ 已知，可以计算出 V（通过积分）；若关于位置函数的 V 已知，可以计算得到 $\boldsymbol{E}$（通过微分）。

20.3　电场梯度

一个偶极子置于单电荷电场，如图20.2（a）所示。与偶极子取向相关联的能量取决于静电势在偶极子上的变化率 $\partial V/\partial Z$ 。考查四极子与电场z分量间相互作用如图20.2（b）所示。可以把它看作已成为两个相对固定方向的偶极子与电荷电场之间的相互作用，相互作用能量将取决于电场在四极子上的变化率（即梯度），这是相对于 z 的二阶导数，也就是 $\partial^2 V/\partial z^2$ ，称其为电场梯度，记为 q 或 eq 。它表示在电场分量上的变化 $\partial E_z/\partial z$ 。通过测量z分量上的电场梯度（其中选择 z 轴向为最大梯度）可以测量得到电场的非对称性，它是电位二阶导数的负值。

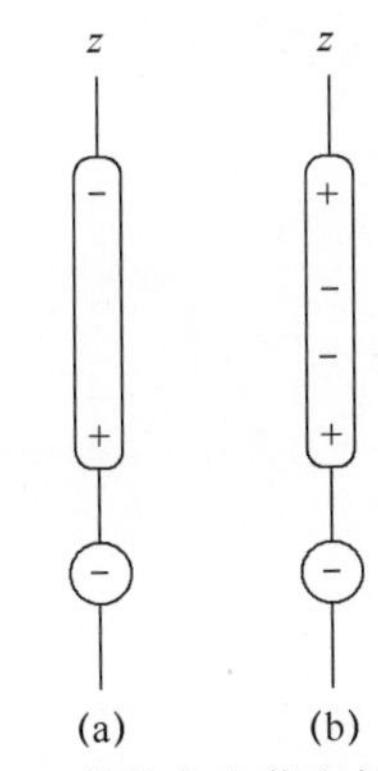

图20.2　单位负电荷电场 z 分量与（a）偶极子和（b）四极子相互作用示意图

$$\text{efg} = eq_{zz} = V_{zz} = -\frac{\partial^2 V}{\partial z^2} \tag{20.4}$$

一般地，一个系统的EFG可以描述为一个张量，该张量就如ESR波谱学中的 $\boldsymbol{g}$ 张量包含9个分量。分量可定义如下：

$$\begin{aligned} q_{xx} &= \frac{-\partial E_x}{\partial x} = \frac{-\partial^2 V}{\partial x^2} \\ q_{xy} &= \frac{-\partial E_x}{\partial y} = \frac{-\partial^2 V}{\partial x \partial y} \\ q_{zz} &= \frac{-\partial E_x}{\partial z} = \frac{-\partial^2 V}{\partial z^2} \end{aligned} \tag{20.5}$$

因为部分微分的顺序是不重要的，即 $q_{ij} = q_{ji}$ ，所以它可表示成一个方形对称矩阵。负号来自于电场定义，表示电位梯度的负值（式（20.3））。

$$\text{efg} = -\begin{bmatrix} q_{xx} & q_{xy} & q_{xz} \\ q_{xy} & q_{yy} & q_{yz} \\ q_{xz} & q_{yz} & q_{zz} \end{bmatrix} \tag{20.6}$$

理想的做法是选择一个笛卡儿坐标系统，其中非对称项 q_{xy} 、q_{xz} 等变为零。该类型坐标系统被称作为EFG向量主轴，并且EFG的主要分量变为 q_{xx} 、q_{yy} 和 q_{zz} 。从式（20.7）可以注意到，只需两个参数就可明确说明EFG，因为张量的对角线元素将服从拉普拉斯规则。

$$q_{xx} + q_{yy} + q_{zz} = 0 \tag{20.7}$$

按照惯例，q_{zz} 表示最大的场梯度，q_{yy} 为次大，q_{xx} 为最小，也就是 $|q_{zz}| \geq |q_{yy}| \geq |q_{xx}|$ 。若 $q_{zz} = q_{yy} = q_{xx}$ ，场梯度呈球形，这将影响简并核四级能级。

当 $q_{zz} \neq q_{yy} = q_{xx}$ 时，分子关于 z 轴对称，该种类型分子的 NQR 频谱易于解释。依据惯例，对一个具有轴对称 q_{zz} 可以表示为 q，且最大场梯度沿 z 轴向（即最高倍数对称轴）。例如，分子 Cl_2 和 CH_3Cl 均为轴对称。若 $q_{zz} \neq q_{yy} \neq q_{xx}$，那么，场梯度是非对称的。

20.4 非对称参数

正如前面提到过的那样，当电子密度在 x 和 y 方向上相同时，通常被描述为轴对称，当对称性的主轴大于二阶时，会产生这种现象。若不是这种情况，需要一个被称作非对称性参数 η 的附加参数。当 $q_{zz} \neq q_{yy} \neq q_{xx}$ 时，该参数是衡量场梯度偏离轴对称性的程度，它可以表示为

$$\eta = \frac{q_{xx} - q_{yy}}{q_{zz}} \tag{20.8}$$

因为 q_{xx}、q_{yy} 和 q_{zz} 之和为零，η 是小于1的数值。一般地，η 从0变化到1。$\eta = 0$ 对应于沿 z 轴轴对称，此时 $q_{yy} = q_{xx} = -q_{zz}/2$。$\eta = 1$ 对应于 $q_{yy} = -q_{zz}$ 和 $q_{xx} = 0$。

电场的对称性可通过测量 z 轴向的 EFG 来获得，它被选作最大场梯度方向。若原子核周围的基团具有立方（四面体或八面体）对称性，电子云是球形的，q 值为零；若分子具有圆柱形对称性，也就是说，若存在三倍或更高倍旋转轴，与球形对称性的偏差可由 q 的大小来表示；若分子存在更低的对称性，通常需要两个参数 q 和 η。然而，角度和电荷的某些组合可能会导致 $\eta = 0$ 的效果会偶然性消失。

产生 EFG 的基本要求是在 z 轴向上的电子密度不同于 x 和 y 轴向的。p 和 d 轨道上的电子数不平衡将产生 EFG。根据化学键的形式，若原子核的局部对称性低于立方体的（四面体或八面体），将产生 p 和 d 非平衡。对于过渡性金属化合物，非键 d 电子可能对 EFG 有贡献，这往往与键电子的符号相反。

单电荷对 V_{zz} 贡献的定义式为式（20.4），可以写为 $q(3\cos^2\theta - 1)/r^3$，其中 q 为电荷的大小，θ 和 r 为其极坐标。这种关系表明了给定原子的价电子比键轨道上的共有电子对具有更大的贡献，相反，它比电荷对周围原子或离子的影响更大。原子的核心电子具有球形对称，它们的贡献是可以忽略的。而价层上的孤对电子总是对 EFG 造成实质性的负面影响。在存在无论是正的或负的孤对电子的情况下，当分子具有低对称性时，会获得相当大的 EFG 值。

原子核与球形对称性的偏差可通过测量其四极矩获得，核四极矩 eQ 定义为

$$eQ = \int \rho(x,y,z) r^2 (3\cos^2\theta - 1) \mathrm{d}\tau \tag{20.9}$$

其中 e 为基本电荷，$\rho(x,y,z)$ 是在 (x,y,z) 点处的核电荷密度，r 是原子核到体积元素 $d\tau$ 的距离，θ 是半径矢量与核自旋轴的夹角。当 z 轴与核自旋矢量平行时，对核体积进行积分。

不同能级之间存在能量差，因此，跃迁频率将依赖于由价电子产生的电场梯度 eq 和原子核的四极矩 eQ。对于一个给定的同位素，eQ 是常数。在文献中可以查询到许多同位素的值（表 20.1）。从式（20.9）中可以看到，eQ 的大小是电荷与距离平方的乘积。在实际中，通常简单地表示四极矩 Q 单位为 cm^2 或 m^2。例如，^{37}Cl 具有原子核自旋量子数 $I = 3/2$，其四极矩 Q 为 $-0.08 \times 10^{-28} m^2$，负号表明该电荷分布相对于旋转轴是平坦化的。

^{35}Cl 和 ^{14}N 是最常见的研究核，氯和溴的共振均在可观测区域。即使当所有氯和溴原子占据晶体的相同位置点，对每个同位素（^{35}Cl，^{37}Cl；^{77}Br，^{81}Br）也均可观测到两个共振。且可以从它们的相对强度和频率方面进行识别，这些信息均是它们核四极矩 eQ 的比值（见表 20.1，1.27∶1 和 1.19∶1 分别为氯和溴）。在文献中，由于 ^{37}Cl 信号强度太低，通常只引述 ^{35}Cl。电场梯度和四极子之间的相互作用是通过测量其乘积来获得的。四极耦合常数（QCC）e^2qQ 或 e^2qQ/h，其中 e 表示电荷量的绝对值，是一个正值 $1.6022 \times 10^{-19} C$。从 NQR 波谱学中，可以获得四极子耦合常数。

核四极耦合能量 E_Q 可以表示为

$$E_Q = -\frac{e}{6}\boldsymbol{Q}_{ij}V_{ij} \tag{20.10}$$

式中：$\boldsymbol{Q}_{ij}$ 为核四极矩张量（二阶）；$\boldsymbol{V}_{ij}$ 为电场梯度张量。该乘积取决于两轴系统的相互取向。对于 $\boldsymbol{Q}$，可以很方便地选择一个坐标系，使其与该自旋系统的一致。当遵循该准则时，该张量可定义为只含一个参数的项——核四极矩 $e\boldsymbol{Q}$。若此量的符号是已知的，则可以得到电场梯度的符号。

当分子的主坐标轴与电场梯度张量的主轴一致时，四极矩与原子核处的电场梯度间相互作用的电势能 E_Q 可表示为

$$E_Q = \frac{e}{6}(V_{xx}Q_{xx} + V_{yy}Q_{yy} + V_{zz}Q_{zz}) \tag{20.11}$$

利用 V 和 η 的定义式以及式（20.7）、式（20.11）可以重新写为

$$E_Q = \frac{e^2Q}{6}\left(\frac{\eta-1}{2}Q_{xx} + \frac{\eta+1}{2}Q_{yy} + V_{zz}Q_{zz}\right) \tag{20.12}$$

当存在轴对称时，η 变为零，因为 $q_{xx} = q_{yy} = -\frac{1}{2}q_{zz}$，所以 E_Q 等于 $\frac{e^2qQ_{zz}}{4}$。

NQR 波谱学中三个最为重要的量是 e^2qQ、eq 和 η。在多重态中 eQ 的量级为 $10^{-28} m^2$，同时 eq 的量级为 $10^{-30} m^{-3}$。q（或 eq）的值通常带负号。计算分子中氮原子核（原子序数为 7）的 e^2qQ/h 值如下：

$$eQ = 1.6 \times 10^{-30}\text{m}^2（表 20.1）$$

$$\frac{1}{4\pi\varepsilon_0} = 9.0 \times 10^9\text{Nm}^2\text{C}^{-2}（\varepsilon_0 为真空介电常数）$$

$$e = 1.602 \times 10^{-19}\text{C}, 1\text{J} = 1\text{N} \cdot \text{m}$$

因为 eq =（电子电荷）/（平均电子距离）^{3}，可获得：

$$\frac{e^2qQ}{h} = \frac{7 \times (1.602 \times 10^{-19}\text{C})^2 \times (1.6 \times 10^{-30}m^2) \times 9.0 \times 10^9\ \text{N}m^2\text{C}^{-2}}{(6.626 \times 10^{-34}\text{J}s) \times (10^{-10}m)^3}$$

$$= 3.90 \times 10^6\text{Hz}$$

$$= 3.90\text{MHz}$$

这与从吡啶获得的实验数据一致，稍后讨论。

20.5 核四极跃迁

20.5.1 轴对称分子

在轴对称场内（$\eta = 0$），给定四极核的不同能级可由以下方程表示：

$$E_{m_I} = \frac{e^2Qq[3m_I^2 - I(I+1)]}{4I(2I-1)} \tag{20.13}$$

式中：eq 为电场梯度在对称轴向上的大小；m_I 为核自旋磁量子数，其值为 $(2I+1)$，$m_I = I, I-1, 0, \cdots, -I$。具有 $I = 3/2, 5/2$ 和 $7/2$ 的四极核在轴对称电场内的能级和跃迁如图 20.3 所示。跃迁能量可以表示为 e^2Qq/h 的函数。因此当自旋为半整数时，可以获得 $I + 1/2$ 能级。邻近能级间能够产生跃迁，选择原则为 $\Delta m_I = \pm 1$，因此频谱中存在 $I - 1/2$ 谱线。对于具有整数自旋的原子核而言，存在 $I + 1$ 能级和 I 跃迁也是可能的。在这两种情况下，均可从频谱中获得四极耦合常数大小，且四极耦合常数或正或负。当其为负值时，能级模式是反转的，但跃迁能量仍保持一致。EFG 的符号不能由频谱确定。对于核自旋 $I = 3/2$，例如，^{11}B、^{35}Cl 和 ^{79}Br，m_I 的值可为 $3/2$、$1/2$、$-1/2$ 和 $-3/2$。将 $m_I = 3/2$ 代入式（20.13）中，可得

$$E_{3/2} = e^2Qq/4$$

因为是 m_I 为平方项，那么，$m_I = -3/2$ 时的四极能量与 $m_I = 3/2$ 时的一样，并将产生双重衰减能级。类似地，$m_I = \pm 1/2$ 时也会产生双重衰减能级。在图 20.3（a）中由箭头所表示的跃迁能量 ΔE 对应于：

$$[e^2Qq/4 - (-e^2Qq/4)] = e^2Qq/2$$

那么，对于自旋 $I = 3/2$ 的原子核，将会产生单跃迁，并且可直接由频率吸收谱确定出核四极耦合常数 e^2Qq。

$$\Delta E = hv = (1/2)e^2Qq \quad (\text{Js})$$

例如，叔丁基氯在20K时产生两个NQR信号，分别是在31.195MHz处的强信号和在24.586MHz处的弱信号。强信号频带区分配给大丰度的 ^{35}Cl 同位素，弱信号频带区归属于小丰度的 ^{37}Cl 同位素。

对于原子核 $I = 3/2$ ，因其 $v(\pm 1/2 \rightarrow \pm 3/2) = \dfrac{e^2Qq}{2h}$ ，可得 ^{35}Cl 的特征频率为 $\dfrac{e^2Qq}{h} = 2v = 62.39\text{MHz}$ ，以及 ^{37}Cl 的特征频率为49.17MHz。

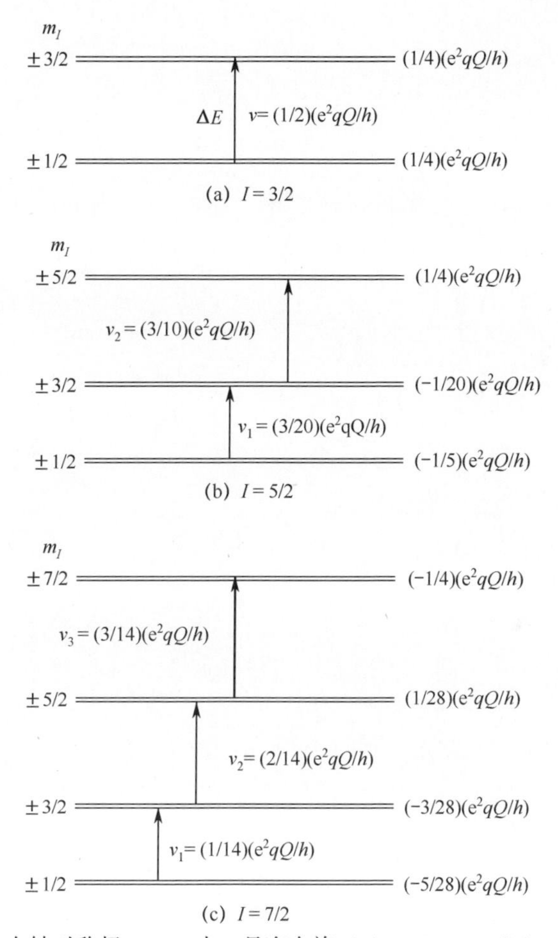

图20.3　在轴对称场 $\eta = 0$ 内，具有自旋（a）$I = 3/2$ ，（b）$I = 5/2$ 和（c）$I = 7/2$ 的原子核四极能级和跃迁，能级用 m_I 标注

在当前情况下，e^2Qq 是NQR跃迁的两倍（某些学者用符号 eQq 来表示 e^2Qq 所表示的相同量），e^2Qq 通常表示为频率（单位MHz）的函数，严格地讲，应该表示为 e^2Qq/h 。As_2S_3 的 γ 相NQR频谱如图20.4所示，表示从非等价 ^{75}As（ $I = 3/2$ ）原子核获得两共振的典型NQR频谱。

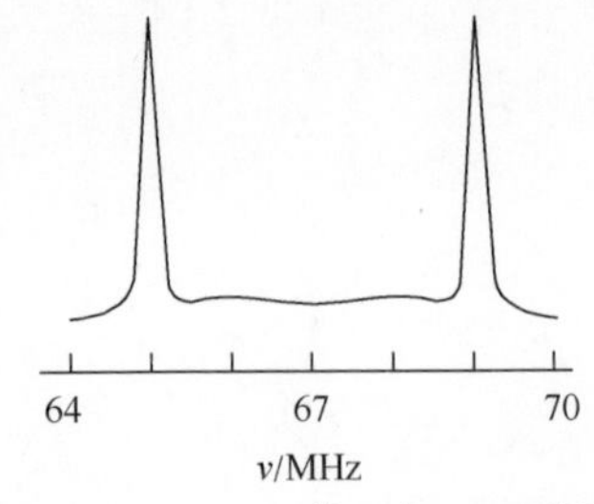

图 20.4　As_2S_3 的 γ 相 NQR 频谱

从 $(m_I-1)\rightarrow m_I$ 的跃迁频率可以利用式（20.14）计算得到：

$$v=\frac{3e^2Qq}{4I(2I-1)h}(2|m_I|-1) \tag{20.14}$$

轴对称分子的 NMR 共振相对强度正比于 $[J(J+1)-M_I(M_I+1)]$。然而，在 NQR 实际工作中，强度一般不做考虑，这是因为在它们的解释过程中会遇到实验和理论上的困难。

对于原子核 $I=5/2$，例如，^{27}Al 和 ^{127}I，存在三个能级（$E_{\pm1/2}$、$E_{\pm3/2}$ 和 $E_{\pm5/2}$），并且存在两个可观测跃迁 $E_{\pm1/2}\rightarrow E_{\pm3/2}$ 和 $E_{\pm3/2}\rightarrow E_{\pm5/2}$。将 I 和 m_I 代入式（20.13）中，可以得到跃迁 $E_{\pm3/2}\rightarrow E_{\pm5/2}$ 能量是跃迁 $E_{\pm1/2}\rightarrow E_{\pm3/2}$ 能量的两倍。在实验频谱中，由于轴向对称的偏离，可能会发生偏离预测频率的偏差，它可以作为测量对称性的量。

对于 $I=7/2$（如 ^{59}Co 和 ^{133}Cs），如图 20.3（c）所示，从式（20.13）可以得到四个能级，$E_{\pm7/2}$、$E_{\pm5/2}$、$E_{\pm3/2}$ 和 $E_{\pm1/2}$，产生三个共振频率 v_1、v_2 和 v_3，其期望比值为 1:2:3。不对称参数 η 对原子核 $I=7/2$ 的影响是将 $m_I=+1/2$ 和 $m_I=3/2$ 的能级分开，同时，使前级能量降低，后一能级亦然，$m=5/2$ 能级升高幅度较小。

对于整数自旋，式（20.13）产生一个非衰减以及（$I+1$）双衰减能级。具有 $I=1$（如 ^{14}N、^{6}Li）的原子核核四极矩能级图和跃迁如图 20.5 所示。由频率预测得到单共振谱线可以表示为

$$v=\frac{3e^2Qq}{4h} \tag{20.15}$$

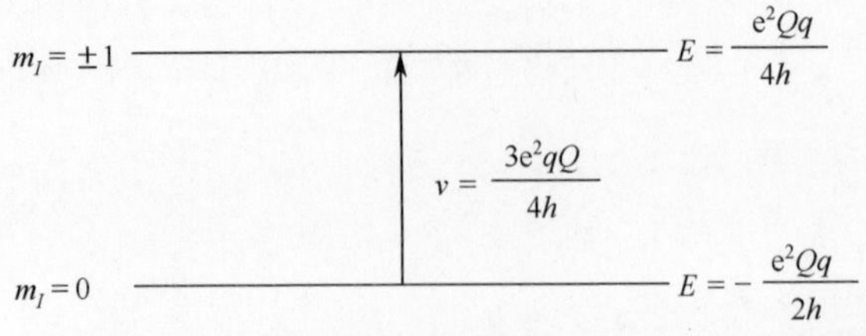

$m_I=\pm1$　　$E=\frac{e^2Qq}{4h}$

$v=\frac{3e^2qQ}{4h}$

$m_I=0$　　$E=-\frac{e^2Qq}{2h}$

图 20.5　具有 $I=1$ 的原子核在轴对称电场中的核四极能级和跃迁

20.5.2　轴向非对称分子

对于轴向非对称分子，获得的频谱要比轴对称分子的更复杂。对属于非轴向对称的分子来讲，也就是，当 $\eta \neq 0$ 时，式（20.13）不能表示不同四极能级上的能量，在半整数自旋的情况下，能量会略微受到影响。对于 $I = 3/2$，可以推导出以下方程来表示其两个状态的能量：

$$E_{\pm 3/2} = \frac{3e^2Qq\sqrt{1+\eta^{2/3}}}{4I(2I-1)} = \frac{e^2Qq}{4}\left(1+\frac{\eta^2}{3}\right)^{1/2} \tag{20.16a}$$

$$E_{\pm 1/2} = \frac{-3e^2Qq\sqrt{1+\eta^{2/3}}}{4I(2I-1)} = \frac{-e^2Qq}{4}\left(1+\frac{\eta^2}{3}\right)^{1/2} \tag{20.16b}$$

$I = 3/2$ 的核四极矩能级如图 20.6 所示，单跃迁（$\pm 1/2 \rightarrow \pm 3/2$）的共振频率可以表示为

$$v = \frac{e^2Qq}{2h}\left(1+\frac{\eta^2}{3}\right)^{1/2} \tag{20.17}$$

因非对称参数 η 和场梯度 q 这两个参数未知，故通过测量单 NQR 频率不能获得 e^2Qq 的值。从结构上考虑，若非对称性参数 η 已知并且很小，那么它可以忽略不计，这样也可获得足够精确的 e^2Qq 值。不过，该问题可以通过施加微弱的外部磁场来解决，稍后讨论。

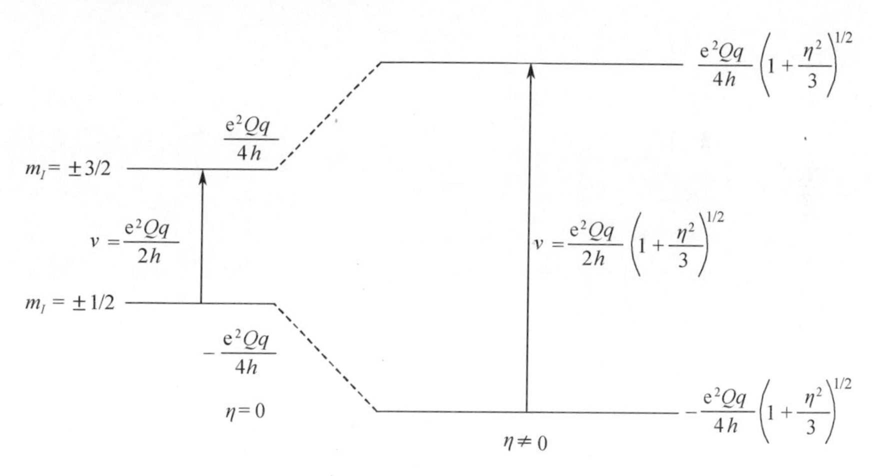

图 20.6　$I = 3/2$ 核四极能级及其在 $\eta = 0$ 和 $\eta \neq 0$ 时的跃迁

四氯砷（V）（$PhAsCl_4$）具有三角双锥结构，其苯基在平伏（赤道）位置。该化合物 ^{35}Cl 的 NQR 共振发生在 24.0、25.0、34.18 和 34.68MHz。由于轴向氯离子预计超过赤道氯离子，它们的信号分配在较低频域，这两种轴向氯离子则可能具有等效结晶结构。在 24.0 和 25.0MHz 处的共振分配给轴向氯原

子，其余两共振为赤道氯离子。依据 QCC(^{35}Cl)/QCC(^{37}Cl) = 110/86.7 = 1.2686（表20.1），在同一化合物中^{37}Cl共振的期望频率位置为18.92、19.71、26.94 和 27.34MHz。

在其他半整数情况下，如$I = 5/2$、$7/2$等，每个能级的能量取决于η。当η较小时，能量可以表示为η^2的幂级数。这些情况下，它们的跃迁数不受影响，仅是它们的能量略有变化。然而，对于整数自旋，$\pm m_I$的亚能级能量存在差异，例如，当$I = 1$时，$m_I = \pm 1$能级分裂如图20.7所示。具有$I = 1$和$\eta \neq 0$原子核的核四极能级和所产生跃迁示意图如图20.7所示。能级可表示为

$$E_0 = \frac{-2e^2Qq}{4I(2I-1)} = -\frac{e^2Qq}{2} \tag{20.18a}$$

$$E_{\pm 1} = \frac{e^2Qq(1\pm\eta)}{4I(2I-1)} = \frac{e^2Qq(1\pm\eta)}{4} \tag{20.18b}$$

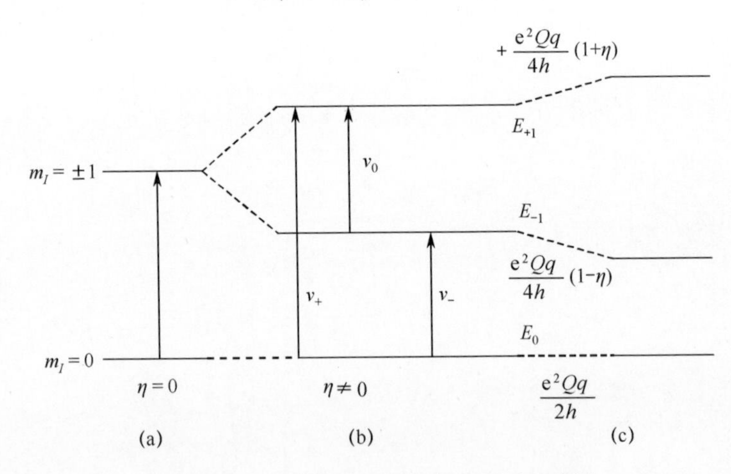

图20.7　$I = 1$的核四极能级和跃迁示意图

（a）$\eta = 0$和$B = 0$；（b）$\eta \neq 0$和$B = 0$；（c）$\eta \neq 0$和$B \neq 0$（其中B表示恒定的外部磁场）。

正如图20.7（b）所示，当$I = 1$，$\eta \neq 0$时，期望获得三个跃迁，其两个未知量e^2Qq和η可直接由实验测得的跃迁频率获得。$I = 1$的一个重要系统是^{14}N，因氮的四极耦合常数是4MHz的倍数，所以只有当η较大时，才可观测到v_0的跃迁。施加外部磁场对能级的扰动如图20.7（c）所示，该影响将稍后讨论。

图20.7所示的跃迁频率可表示为

$$v_+(0\to 1) = \frac{3}{4}\left(\frac{e^2Qq}{h}\right)\left(1+\frac{\eta}{3}\right)$$

$$v_-(0\to -1) = \frac{3}{4}\left(\frac{e^2Qq}{h}\right)\left(1-\frac{\eta}{3}\right)$$

上述两跃迁可由 v_o 将其分离开，v_o 可表示为

$$v_o = \frac{e^2Qq}{2h}\eta$$

考查吡啶的 ^{14}N 的 NQR 频谱，它在 0. 908、2. 984 和 3. 892MHz 处存在三个谱峰，分别对应于 v_o 、v_- 和 v_+ 可得

$$v_+ = \frac{3}{4}\frac{e^2Qq}{h}\left(1 + \frac{\eta}{3}\right) = 3.892\text{MHz}$$

$$v_- = \frac{3}{4}\frac{e^2Qq}{h}(1 - \frac{\eta}{3}) = 2.894\text{MHz}$$

$$v_o = \frac{e^2Qq}{2h}\eta = 0.904\text{MHz}$$

$v_- + v_+$ 之和为 $v_- + v_+ = \frac{3}{2}\frac{e^2Qq}{h} = 6.876\text{MHz}$ ，其中 $\frac{e^2Qq}{h} = 4.584\text{MHz}$ ，又因 $\eta = \left(\frac{h}{e^2Qq}\right)2v_o$ ，可得 $\eta = \frac{2 \times (0.908\text{MHz})}{4.584\text{MHz}} = 0.396$ 。

值得注意的是，当 $\eta \approx 0$ 时，NQR 频率趋于轴向对称分子的频率。四极耦合常数的大小主要体现在吡啶氮上的孤对电子上。由于原子环的平面性，EFG 分量在环平面内是不同的，并与其正交，因此存在大的 η 值。

四极能级作为 η 的函数方程，已列出针对不同 I 值（除了 1 和3/2 ）的非轴向对称分子的表格。该表格适用于具有 $I = 5/2$ 、7/2 和 9/2 的原子核，从其频谱数据中可以确定出 η 和 e^2Qq 。当 η 较明显时，也就是 $\eta > 0.3$ 时，表示 $I = 5/2$ 、7/2 和 9/2 能级的表达式往往是近似的。在多数情况下，当观测频谱中的谱线不止一条时，可以从频谱中获得对称参数 η 和四极耦合常数 e^2Qq 。当 η 值较大时，选择准则 $m_I = \pm 1$ 失效，可能需要观测一些具有 $m_I = \pm 2$ 的禁阻跃迁。

20. 6 外部磁场的作用

核自旋态能量受外部施加磁场的影响。通过记录磁场内样品的 NQR 频谱，可以推导出附加信息，所采用的磁场强度约为 0. 5T。

施加外部磁场的作用是消除 $\pm m_I$ 的简并，以及产生与 m_I 成正比的塞曼分裂，而选择原则未发生改变，因此，我们期望频谱谱线条数加倍。但是，由外部磁场所产生的两个新态 $m_I = \pm 1/2$ ，实际上是 $m_I = +1/2$ 和 $m_I = -1/2$ 态的混合，以至于从这两个能级到 $m_I = \pm 3/2$ 能级均存在跃迁，其跃迁示意图如图 20. 8所示。因此，在外加磁场中，$m_I = 1/2 \rightarrow 3/2$ 跃迁分裂成 4 个。在外部施加磁场中所观测到的谱线强度取决于 EFG 和磁场的相对方向。通过对磁场中不同方向单晶频谱的细致研究，可确定出非对称参数和场梯度相对于晶体轴

向的方向。在外部磁场中，顺磁性化合物不会产生 NQR 谱线分裂，即使非配对电子也会产生磁场。这可描述成单个原子自旋的快速波动在 NQR 时间尺度上平均为零。

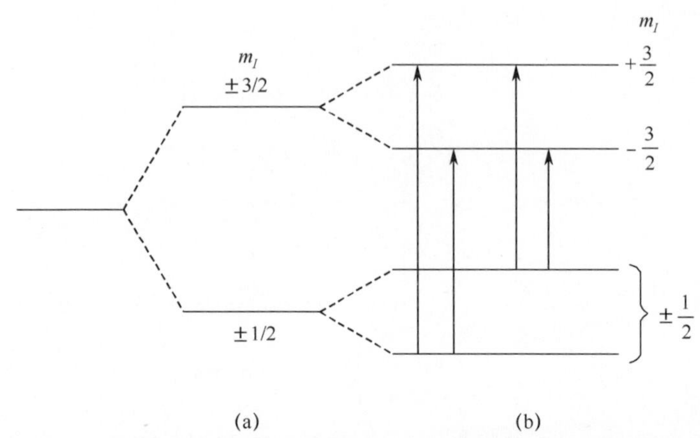

图 20.8　在外部施加磁场中，具有 $I = 3/2$ 的原子核能级分裂示意图
(a) $eq > 0, B = 0$；(b) $eq > 0, B > 0$。

在弱磁场中，也就是当 $g_N\beta_N B \ll e^2Qq$ 时，磁场是核四极的扰动量。因此，对于具有 $I = 1$ 和 $\eta \neq 0$ 的原子核，非衰减四极能级的能量通常会发生偏移，如图 20.7（c）所示，以及具有 $I = 3/2$ 和 $\eta \neq 0$ 原子核的双衰减能级分裂如图 20.8 所示。对于具有 $I = 1$ 的原子核而言，具有双频带的频谱产生于：①前面讨论的 $\eta \neq 0$ (图 20.7)；②位于两不等价晶格位置上具有 $\eta = 0$ 的原子核。研究处于外部磁场内样品频谱有助于确定这两种可能性。第一种情况下 ($\eta \neq 0$)，可以观测到两条谱线，但与不存在磁场时所获得谱线相比，它们具有不同的能量。在第二种情况下，每一个双衰减能级将分裂成四线频谱。

如前所述，在非对称磁场中，具有 $I = 3/2$ 的原子核存在双衰减能级 $m_I = \pm 1/2$ 和 $m_I = \pm 3/2$，外部磁场消除了这种衰减，并产生了四个能级。理论计算表明，次能级 $m_I = +3/2$ 的能量高于 $m_I = -3/2$ 的能量。相当大的混合态发生在次能级 $m_I = \pm 1/2$，致使次能级 $+1/2$ 具有次能级 $-1/2$ 的一些特征，反之亦然。

由于 $+1/2$ 与 $-1/2$ 能级间的跃迁频率比 NQR 频率小很多，所以对它不感兴趣。当塞曼场的数量级为 0.1 T，在这种情况下存在多个感兴趣核，其频率数量级为 0.1MHz 或更低。混合态 $+1/2 \to -1/2$ 间的跃迁对应于选择准则 $\Delta|m_I| = 0$，$+3/2 \to -3/2$ 之间的跃迁亦是如此，不予考虑。$\pm 1/2$ 与 $\pm 3/2$ 态之间的跃迁服从 $\Delta|m_I| = \pm 1$，罗列如下：

$$v_{\alpha}\ (+1/2 \to +3/2)$$
$$v'_{\alpha}\ (-1/2 \to -3/2)$$
$$v_{\beta}\ (-1/2 \to +3/2)$$
$$v'_{\beta}\ (+1/2 \to -3/2)$$

这四个共振频率关于恒定 NQR 频率 v_o 是对称的。内侧谱线对 v_{α} 和 v'_{α} 具有相等强度，且要比外侧谱线对 v_{β} 和 v'_{β} 的强度高，如图 20.9 所示。对于一给定磁场方向，当射频场垂直于电场梯度张量对称轴时，两对谱线 v_{α}，v'_{α} 和 v_{β}，v'_{β} 存在最大强度，因此，两对谱线的强度取决于磁场方向。在这里不再给出四塞曼 - 分裂能级和频率的表达式（请参阅 Das 和 Hahn 的著作）。对应于这些跃迁的能量差是关于 B、e^2Qq 和 η 的函数，所以对于该系统的 q 和 η，可分别从存在和不存在施加磁场时的频谱中获得。

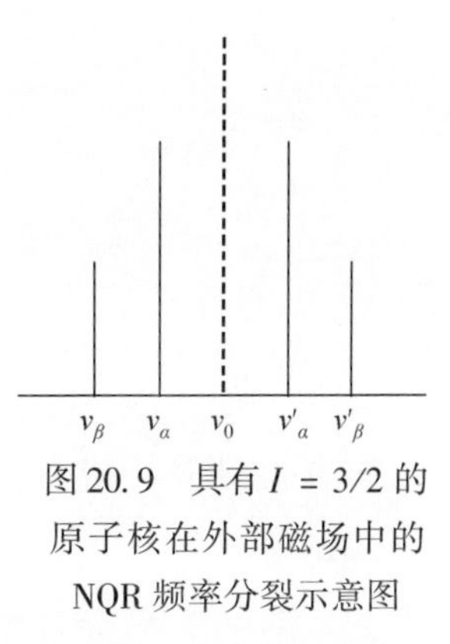

图 20.9　具有 $I = 3/2$ 的原子核在外部磁场中的 NQR 频率分裂示意图

20.7　应　　用

可从 NQR 频谱中获得的主要信息涉及样品中被四极核所占化学性质不同的位置个数，以及在这些位置上原子核的局部电场。下面介绍几个主要用于无机系统的例子，来说明 NQR 波谱学在化学和结构问题方面的应用。

20.7.1　化学键和结构

NQR 波谱学实质上是利用四极核作为一个探头来估算晶体内的电场梯度，其数据在晶体场理论应用方面是非常有用的，但是，要解释 NQR 频谱并不简单。实验确定的核四极矩 eQ 值已被制成表格，那么，电场梯度 eq 可通过已知值 e^2Qq 和 eQ 来确定。对于第一和第二行的元素，p - 轨道价电子对场梯度有重要贡献。理论计算表明 $q_p \gg q_d \gg q_f$。s 电子对 q 的贡献为零，这是球对称电荷分布的结果。依据 Townes 和 Dailey 的理论，分子中的 EFG eq_{mol} 与原子中的 eq_{at} 关系如下：

$$eq_{\mathrm{mol}} = feq_{\mathrm{at}} \tag{20.19}$$

式中：f 为一个考虑化学和物理因素的数量值。

NQR 波谱学的一个重要应用是将特定四极核的共振频率与所研究分子中键合的离子特性联系起来。表 20.2 中的数据表示了某些卤素氯化合物和碱金属卤化物的 e^2Qq 值是如何变化的。随着元素之间的电负差增加，键合变得更加离子化且值变得越来越小。在自由氯离子中，三个 p – 轨道将等同地被两个电子填位，因此，电子分布接近于对称，进而产生一个较小的 e^2Qq 值。

表 20.2　某些双原子氯化物的 e^2Qq_{mol} 值

分子	e^2Qq	分子	e^2Qq
F $\underline{Cl}$	–146	$\underline{Br}$Cl	877
Br $\underline{Cl}$	–103	F $\underline{Br}$	1089
I $\underline{Cl}$	–83	Li $\underline{Br}$	37
K $\underline{Cl}$	0.04	Na $\underline{Br}$	58
Rb $\underline{Cl}$	0.77	Na $\underline{I}$	260
Cs $\underline{Cl}$	3.0	ClCl	109

注：^{35}Cl、^{79}Br 和 ^{127}I 的 e^2Qq_{mol} 值分别为 109.7、769.8 和 2292.8。e^2Qq_{mol} 指的是表中带下画线原子

当被研究的原子比其键合的原子更具电负性时，分子中的四极原子周围将具有更大的电子密度（相对于孤立原子）。分子中四极原子的 p – 轨道电子"占位"与 q_{mol} 之间的关系消失了。下面的方程涉及数量 e^2Qq_{mol}，它由分子的 NQR 频谱和 e^2Qq_{at} 确定得到。

$$e^2Qq_{mol} = (1 - s + d)(1 - i)e^2Qq_{at} \tag{20.20}$$

式中：e^2Qq_{at} 为孤立原子的四极耦合常数，因为单个电子占用 p – 轨道；s 和 d 分别为 s 和 d 与其邻近原子相键合的部分特征；i 为键的部分离子特征。当被研究的原子具有电负性，i 将改变其符号。式（20.20）的一种修正表达式为

$$e^2Qq_{mol} = (1 - s + d - i - \pi)e^2Qq_{at} \tag{20.21}$$

式中：π 为 π 键的长度，其他参数与前面定义的一样。从式（20.21）可以注意到，一个分子的 NQR 频谱可给出一个可测量参数，但存在 4 个未知量 s、d、π 和 i，因此，不可能存在明确的解，除非获得与这些参数相关的其他可测量变量的附加方程。

通过分子轨道计算可以得出共振频率与卤原子上净电荷的关系，该类型的处理方法已经表明反式二氨二氯铂（tran – $PtCl_2(NH_3)_2$）的氯原子所拥有的负电荷要比顺式（cis – $PtCl_2(NH_3)_2$）的略高，因此，在反式同分异构体中 Pt – Cl 键具有稍高的价电离子。对于卤素来讲，共振频率和键合卤素原子的离子特性存在线性关系。因此，附连到不同元素上的同一卤素具有类似的共振频率，并且这些频率具有特异性。例如，Si – Cl 键中 ^{35}Cl 共振为 15 ~ 21MHz，S – Cl 键中为 30 ~ 40MHz，以及 N – Cl 键中为 43 ~ 57MHz。观测到的最大值对应于最共价化合物。

伴随着大量的可用数据，可以将四极耦合常数特定区域与特殊官能团相关联起来，如振动波谱学中的组频率。例如，腈类 RCN 中氮的 e^2Qq 值（单位

MHz）范围为 −4.2 ~ 4.6，异腈类 RNC 的约为 +0.5。+1.2MHz 氮共振 e^2Qq 值支持 HNCS 结构，而不支持 HSCN。因此，四极耦合常数的大小可用于区分几何异构体，例如，cis − $[Co(en)_2Cl_2]Cl$ 的 e^2Qq 值为 33.71MHz，而顺式同分异构体为 60.63MHz。

在顺利的情况下，基于化学键的数量可将同分异构体完全区分开。化合物 $PFCl_4$ 存在两种不同的同分异构体形式（图 20.10）。对于同分异构体 I，它具有轴向位置上的氟配体，存在两种不同氯环境的比例为 1:3。对于同分异构体 Ⅱ，基于两种不同氯环境的两期望信号的比值为 1:1。$PFCl_4$ 的 ^{35}Cl NQR 频谱显示两共振的比值为 1:3，这表明在固体中存在结构 I。

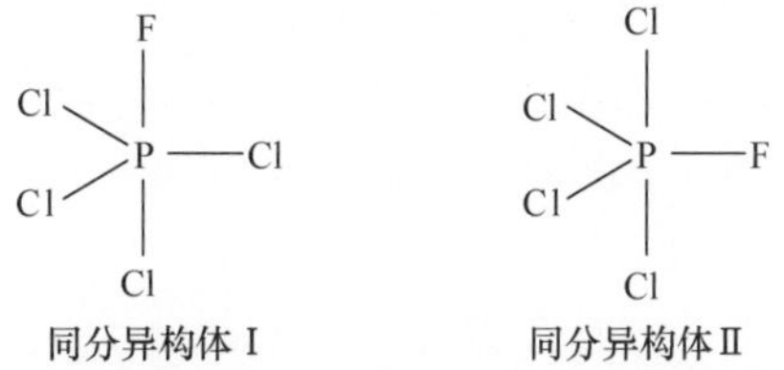

同分异构体 I　　　　同分异构体 Ⅱ

图 20.10　$PFCl_4$ 的同分异构体

随着化学键离子性质的增强，电子环境达到球对称性（其中 $q_{mol} = 0$），并且 e^2Qq 值降低。p 轨道和 s 轨道的混合降低了场梯度。在共价分子中，d 轨道有助于键合并增加了场梯度。已经发现从 $TiCl_3$、VCl_3 和 $CrBr_3$ 的 NQR 频谱计算得到的金属卤化物键的共价性质与基于电负性的金属卤化物键的共价性质一致，卤素 NQR 频率主要取决于 M − X 键（X = 卤化物），其中 M 为金属，如 Al、Ti、Cr 等。对于一个给定的 M − X 键，M 的其他取代基将改变 NQR 频率，因此，NQR 频率有利于化合物的分辨。

由于卤素原子核具有较大的四极矩，所以被广泛用于 NQR 波谱学研究。三卤化Ⅲ基团的 NQR 频谱一直备受关注，三溴化铝（$AlBr_3$）的 ^{79}Br NQR 频谱存在两个非常相近的共振频率 113.79MHz 和 115.45MHz（末端溴），以及另一共振 97.945MHz（桥接溴）。该频谱表明三溴化铝的结构为二聚体结构，具有两个卤素桥接键，如图 20.11 所示。

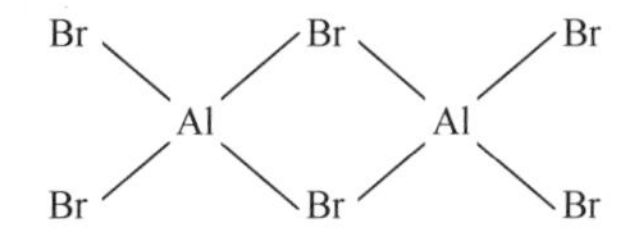

图 20.11　$AlBr_3$ 二聚体结构

其他三卤化合物表现出类似的频谱，例如 $GaCl_3$、$AuCl_3$ 等。观测到 $GaCl_3$ 的三个共振频率处于 19.084MHz、20.225MHz 和 14.667MHz，低频率信号归属于桥接原子，高频率高峰值归属于末端卤素原子。从 NQR 频谱可以确定出键角度和杂化类型，从其结果可推断出金属原子与桥接卤素的结合键弱于末端键。

含有卤素物质的信号指配是复杂的，是因为氯和溴均具有两个同位素。溴的同位素具有几乎相同的自然丰度，使得所有信号均为双重的。频率之比将与四极矩之比相同，并可识别出适当的信号对，但其前提是原子核必须处于同一环境中。类似的考查同样适用于氯同位素，其自然丰度为3∶1。

20.7.2 固态效应

对于复合体分子来讲，由于微波频谱的复杂性，NQR 波谱学是获取核四极信息的唯一途径。对固态而言，晶格效应的复杂性必须予以考虑。采用这两种方法（直接测量和微波）对这些分子进行研究，发现固态时的 e^2Qq 值通常要比气态时的低 10%～15%，这种降低归因于固态中化学键离子性增强。化合物通常以固态形式存在，而不是以气态或液态形式存在，例如 I_2 和 CNCl。根据固态碘频谱可获得大的非对称参数 η。由于碘分子是轴向对称的，那么，大的非对称性参数是固体中存在分子间相互作用的最有力证据。HIO_3 的碘 NQR 频谱中大 η 值证明其结构为 $IO_2(OH)$，而不是 HIO_3。HIO_3 存在一个 C_3 轴对称，使得 $q_{xx} = q_{yy}$。2ICl . $AlCl_3$ 和 2ICl . $SbCl_3$ 的 NQR 频谱（^{37}Cl、^{35}Cl、^{121}Sb、^{127}I）表明这些物质应该表示成 $ICl_2^+ AlCl_4^-$ 和 $ICl_2^+ SbCl_6^-$。

在某些情况下，区分晶格不等位置与分子构型化学不等价问题是非常困难的。在固体状态下，隶属于不同晶体场的分子产生结晶不等价原子核，像这样的分裂通常都很小，一般小于 500kHz。具有化学不等价的原子核会产生大的分裂。K_2SeBr_6 的溴存在不等晶格位置，在室温下，其 NQR 频谱表现出单谱线，但在 $-40^{\circ}C$ 时变为双谱线，产生这种差异的原因是晶相的改变。尽管 K_2PtI_6、K_2SnBr_6 和 K_2TeBr_6 含有‘八面体’阳离子，所有这些化合物的卤化物 NQR 频谱均由三条谱线组成，这表明至少存在三个不同的卤化环境，并说明了在固态晶格中卤化物是不等价的。在一定温度范围内，可以通过测量来检测相变。

如果所有四个氯原子在固态中是相等的，那么，$SiCl_4$ 的 ^{35}Cl NQR 频谱应仅出现一条谱线。然而，在 77K 时，固态 $SiCl_4$ NQR 频谱在 20.273MHz、20.408MHz、20.415MHz 和 20.464MHz 处存在四个谱峰，这表明四个氯原子是不相等的，即使室温下分子具有四面体对称性。类似地，固态 $GeCl_4$ 的 ^{35}Cl NQR 频谱也呈现出四条谱线，每条谱线对应于每个氯原子，这是因为晶体中每个分子具有低的位对称性，使得每个氯离子变得不对称。在 $TiCl_4$ 和 $SnCl_4$ 的氯共振频谱中也观测四条共振谱线。因此，可以做出如下结论，$SiCl_4$、$TiCl_4$ 和 $SnCl_4$ 具有类似的晶体结构。

通过 Nb_2Cl_{10} 的 ^{35}Cl NQR 频谱来阐明在解释频谱过程中出现的另一难题。尽管该分子存在末端和桥接两种氯原子，但在观测频谱中只有单个氯共振分配给桥接氯。可是，在 Re_2Cl_{10} 和 W_2Cl_{10} 中观测到大量共振。

NQR 频谱中观测到的共振数量可为检测固体中存在的物质种类提供有用信息。例如，在较低温度下，PCl_5 的 NQR 频谱存在十个共振，四个共振分配给 PCl_4^+，剩余六个处于低频区的共振归属于 PCl_6^-。对于 PCl_4^+ PCl_6^-，每个氯均会产生一个单独的共振。若 PCl_5 蒸气被迅速冷却，会形成稳定的金属相，这只会产生三个共振，其中两个共振归属于三角双锥体 PCl_5 轴向位置上非对称氯原子核，剩余共振属于三个处于中线上的氯原子核，它们是完全相等的。

开展 ^{14}N 的 NQR 研究是比较困难的。然而，对氮的四极矩共振研究却备受关注，这是由于在无机、有机和生物化合物中氮具有不同类型的键合和结构，其共振频率处于低频区（2～10MHz）。依据 Townes 和 Dailey 理论，像 ^{14}N 和卤族这样的原子核，电场梯度主要源于价电子层 p 电子。吡啶及其两个锌盐配位化合物的 ^{14}N 四极跃迁见表 20.3。吡啶上的孤对电子局部地离散在金属上，导致 e^2Qq/h 值下降，锌的接受能力略微受到其他配位体的影响。

表 20.3　吡啶及其复合物的 ^{14}N 四极跃迁，四极耦合常数和非对称参数（77K）

化合物	MHz				
	v_+	v_-	v_0	e^2Qq/h	η
吡啶	3.892	2.984	0.908	4.584	0.40
Py_2ZnCl_2	2.387	2.078	0.309	2.977	0.207
	2.332	2.038	0.294	2.913	0.202
$Py_2Zn(NO_3)_2$	2.124	1.884	0.240	2.672	0.580
	2.097	1.877	0.220	2.649	0.566

$Co(NH_3)_6Cl_3$ 具有低的自旋 $d^6(t^6{}_{2g})$ 配置，并且 Co^{3+} 周围的对称电子密度也很低，因此，在钴原子核处无电场梯度。氨的氮原子具有非对称（局部 C_{3v}）环境，因此，可以观测到 ^{14}N 的 NQR 共振，但无 ^{59}Co 共振。在 NH_3 分子中，电场梯度主要源于氮原子上的孤对电子。当孤对电子配位到 Co^{3+} 时，它对电场梯度的贡献降降低，这是因为电子离开了氮原子。

在溴化氰（BrCN）中，^{14}N NQR 共振是双重态，这是由晶格中两个不等价氮原子核或非对称场梯度所引起的氮共振分裂所致。通过对单晶体 X 射线衍射研究可以获得固态 BrCN 的结构是由 Br－C≡N…Br－C≡N…Br－C≡N… 这样的线性链组成的。氮原子具有轴向对称，因此是一条氮链。然而，氮链间的相互作用可能降低了氮原子处的对称性，致使频谱中出现两条谱线。e^2Qq 值表明 BrCN 中的溴具有正电荷，在固态中，$Br^+ - CN^-$ 是主要结构。相比于气态，观测到固态中溴的 e^2Qq 值大大增加了，这是因为配位 Br^+ 的稳定性。如果 N…Br – C 键可描述成电位差混合，那么对溴碳化学键贡献的增加也会导致 e^2Qq 值增加。

20.7.3 氢键结合

NQR 波谱学可用于研究氢键结合。一般来说，在从气相到固态转变过程中四极耦合常数是降低的。例如，HCl 的 ^{35}Cl 四极耦合常数，同样地，固态 NH_3 的 ^{14}N 四极耦合常数比气相时的低 20%。固态中分子间存在较强的氢键结合，当温度升高，氢键结合程度降低，随之 NQR 谱线发生偏移，这是原子核处场梯度减小的根源所在。

20.8 实验方面

NQR 波谱仪系统框图如图 20.12 所示。在 NQR 实验中，对共振频域施加射频辐射，射频振荡器的能量施加到前端平衡桥电路。共振时固态样品吸收能量，在电路中引起不平衡。生成的输出电压是关于射频的函数，被放大并且记录下来，这就是四极共振频谱。

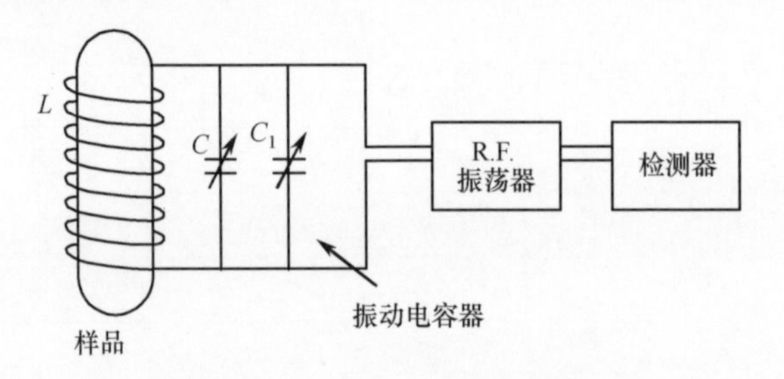

图 20.12 NQR 频谱仪系统框图

通常采用超再生振荡器和边限振荡器这两种类型的振荡器，它们均可用作原子核激励和检测器。最常用的振荡器是前者，因其允许扫描宽的共振频带和易于操作，然而，它却受每个共振所产生的多重态限制。真正共振频率是多重态的中线，如图 20.13 所示。对每个吸收谱，边限振荡器均可给出单谱峰，但不易操作，所以它在低频域是非常有用的。可检测的四极频率范围为 0.1 ~ 1000MHz。因此，在搜索吸收谱时，所施加频率必须连续变化，并保持良好的稳定度和灵敏度。这是因为与磁共振实验相比，四极核自旋晶格弛豫时间越小，实验所需的射频功率就越强。

在前两个方法中，射频振荡器均可用于原子核的激励和检测器，而在第三种方法中，分置的发射器和接收器实现这些功能。在傅里叶变换 NMR 中，紧随激励脉冲之后观测自由感应衰减信号也可实现频谱测量。

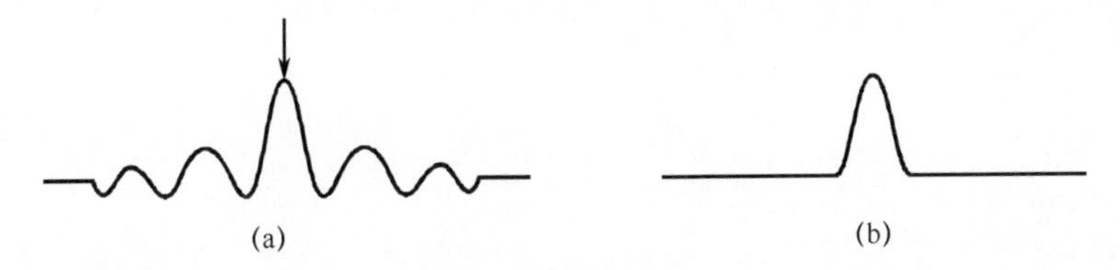

图 20.13　对于同一单共振（a）超再生振荡器所获得的多重态峰和（b）边限振荡器获得的单峰

频谱仪是一种相当简单的仪器。将样品置于线圈内，这是射频电路的一部分。样品通常是粉末状结晶固体，研究气态和液态样品时一般需要冷冻。对玻璃状固体通常会产生弱信号或观测不到信号。相对于射频方向，微晶方向差异只影响跃迁强度，但不影响其能量。所需样品大小取决于共振强度，NQR 测量所需物质的量通常比较大，高丰度的同位素通常仅需几克。获得强信号的必要因素有高纯度、结晶度和有效填充。通常地，记录液态氮温度下的频谱是非常有必要的，降低温度有助于增强信号强度。

射频辐射频率是不同的，并且可记录共振时样品所吸收的能量。共振频谱一般是非常微弱和宽的，并且在一个较宽的频域内描绘和记录频谱是比较困难的，NQR 频谱半高宽的范围为 1 ~ 10kHz。为了能够观测到弱信号，频谱通常表示为一阶或二阶导数形式（也就是，分别可表示为 d^2I/dv 或 d^2I/dv^2），且相对于 v 画出其关系图。Cl NQR 频谱仪可使用 $HgCl_2$ 、六氯环三磷腈（$N_3P_3Cl_6$）、对二氯苯、氯代吡啶和二氯吡啶。

附　　录

基本参数和基本常数

参数	符号	值
光速	c	$2.997925\times10^{8}\ \text{m}\cdot\text{s}^{-1}$
玻耳兹曼常数	k	$1.38066\times10^{-23}\ \text{J}\cdot\text{K}^{-1}$
		$8.6174\times10^{-5}\ \text{eV}\cdot\text{K}^{-1}$
气体常数	R	$8.31451\ \text{JK}^{-1}\cdot\text{mol}^{-1}$
		$8.20578\times10^{-2}\ \text{dm}^{3}\ \text{atm}\ \text{K}^{-1}\cdot\text{mol}^{-1}$
普朗克常数	h	$6.62608\times10^{-34}\ \text{J}\cdot\text{s}$
阿伏伽德罗数	N_{A}	$6.02214\times10^{23}\ \text{mol}^{-1}$
基本电荷	e	$1.602177\times10^{-19}\ \text{C}$
原子质量单位	u	$1.66054\times10^{-27}\ \text{kg}$
真空介电常数	ϵ_0	$8.85419\times10^{-12}\ \text{J}^{-1}\ \text{C}^{2}\cdot\text{m}^{-1}$
	$4\pi\epsilon_0$	$1.11265\times10^{-10}\ \text{J}^{-1}\ \text{C}^{2}\cdot\text{m}^{-1}$
玻尔磁子	μ_{B}	$9.27402\times10^{-24}\ \text{J}\cdot\text{T}^{-1}$
玻尔半径	a_0	$5.29177\times10^{-11}\ \text{m}$
里德伯常量	R_{∞}	$1.09737\times10^{5}\ \text{cm}^{-1}$

换算公式

$1\text{eV} = 1.60218\times10^{-19}\text{J} = 96.48\ 5\text{k}\cdot\text{J mol}^{-1} = 8065.5\text{cm}^{-1}$

$1\text{cm}^{-1} = 1.986\times10^{-23}\text{J} = 11.96\text{J}\cdot\text{mol}^{-1}$

$1\text{Cal} = 4.184\text{J}$

$1\text{D(debye)} = 3.33564\times10^{-30}\text{C}\cdot\text{m}$

$1\text{T(tesla)} = 10^{4}\text{G}$

$1\text{Å} = 100\text{pm}$